W0370972

ISBN: 3 – 921 270 – 13 – 8

Der Privatflugzeugführer
Band 5
Luftrecht, Luftverkehrs- und
Flugsicherungsvorschriften
(PPL A-C)
Verfasser: Wolfgang Kühr

Der Privatflugzeugführer

Band 5 Luftrecht, Luftverkehrs- und Flugsicherungsvorschriften (PPL A-C)

ISBN: 3 – 921 270 – 13 – 8

Verfasser: Wolfgang Kühr

Herausgeber,
Verlag und Copyright: Friedrich Schiffmann

Herstellung: Schiffmann-Gruppe
D-5060 Bergisch Gladbach 1
West Germany
Tel. 02204/400913 · Telefax 02204/400914
Telex 8878456

Auflage: Mai 1990

Vorwort

Der Inhalt dieses Bandes ist nach den „Richtlinien für die Ausbildung und Prüfung des Luftfahrtpersonals", herausgegeben vom Bundesminister für Verkehr, aufgebaut und berücksichtigt somit alle Vorschriften, die für Privatflugzeugführer, Motorseglerführer und Segelflugzeugführer von Bedeutung sind.

Da der Stoff bezüglich der Luftverkehrs- und Flugsicherungsvorschriften häufigen Änderungen unterliegt, haben wir die Auflagenhöhe so festgelegt, daß notwendig werdende Korrekturen in angemessener Frist berücksichtigt werden können.

Mai 1990

Verfasser
Wolfgang Kühr

Herausgeber
Friedrich Schiffmann

Inhaltsübersicht

Inhaltsübersicht

Inhaltsübersicht

Inhaltsübersicht

1.0 Rechtsvorschriften für den Luftverkehr

(Einteilung des Luftrechts)

1.1 Grundgesetz (GG)

Das **Grundgesetz (GG)** - die Verfassung der Bundesrepublik Deutschland vom 23. Mai 1949 - ist neben dem „Deutschlandvertrag" von 1955 die wichtigste Rechtsgrundlage für die Gesetzgebung im Luftverkehrswesen. Insbesondere wurde darin die

Gesetzgebungsbefugnis (siehe 1.1.1.) und die **Verwaltungsbefugnis** (siehe 1.1.2)

auf dem Gebiet des Luftverkehrs geregelt.

1.1.1 Die Gesetzgebungsbefugnis im Luftverkehrswesen

Im **Artikel 73 Ziffer 6** des Grundgesetzes (GG) wird die **Gesetzgebungsbefugnis** für den Luftverkehr behandelt. Danach obliegt dem

Bund die **ausschließliche Gesetzgebung**

für das Luftverkehrswesen in der Bundesrepublik Deutschland.

Alle **Gesetze** auf dem Gebiet des Luftverkehrs sind also ohne Ausnahme

Bundesgesetze.

Die Länder haben auf diesem Gebiet **keine** Gesetzgebungsbefugnis.

1.1.2 Die Verwaltungsbefugnis im Luftverkehrswesen

Die **Verwaltung des Luftverkehrs** konnte im Grundgesetz (GG) von 1949 nicht geregelt werden, da diese Aufgaben damals noch von den alliierten Siegermächten des 2. Weltkrieges wahrgenommen wurden.
Der Bund und die Länder schlossen aus diesem Grunde im Jahr 1952 eine **Verwaltungsvereinbarung**, in der man sich über die **Zuständigkeiten in der Luftverkehrsverwaltung** bis zu einer endgültigen gesetzlichen Regelung einigte.
Diese Vereinbarung blieb fast zehn Jahre gültig und führte im Laufe der Zeit zu einer so engen Zusammenarbeit zwischen dem Bund und den Ländern, daß die 1961 erfolgte **gesetzliche Regelung der Verwaltungszuständigkeiten im Luftverkehr** kaum noch etwas an der bisherigen Arbeitsweise und Struktur der Luftverkehrsverwaltung änderte.
Am 6. Februar 1961 wurde der **Artikel 87 d** in das **Grundgesetz (GG)** eingefügt, der besagt, daß die

Luftverkehrsverwaltung in bundeseigener Verwaltung

durchgeführt wird.

Das zur gleichen Zeit verabschiedete

Gesetz über die Zuständigkeiten in der Luftverkehrsverwaltung

sieht jedoch vor, daß der Bund den Ländern bestimmte Aufgaben der Luftverkehrsverwaltung als

Auftragsverwaltung (Bundesauftragsverwaltung)

übertragen kann.

Der Bund hat von diesem Recht Gebrauch gemacht und übertrug den Ländern im wesentlichen die gleichen Aufgaben, die sie gemäß der vorher erwähnten **Verwaltungsvereinbarung** von 1952 schon im Einvernehmen mit dem Bund wahrgenommen hatten (siehe **1.1.3 Bundesauftragsverwaltung)**.
Aus diesen gesetzlichen Regelungen geht eindeutig hervor, daß die Verwaltung des Luftverkehrs eine **Bundesangelegenheit** ist, soweit sie nicht den Ländern als **Auftragsverwaltung** übertragen ist.

Nach **Artikel 87 Abs. 3 Satz 1 GG** darf der Bund für Angelegenheiten, für die ihm die Gesetzgebung zusteht, selbstständige Bundesoberbehörden, Anstalten des öffentlichen Rechts und bundesunmittelbare Körperschaften errichten. Um bestimmte Aufgaben - insbesondere solche **hoheitlicher Natur** - in einer bundeseigenen Luftverkehrsverwaltung selbst wahrnehmen zu können, richtete der Bund durch Gesetz vom 23. März 1953 **(BFS-Gesetz)** die

Bundesanstalt für Flugsicherung (BFS) mit Sitz in Frankfurt/Main

und durch Gesetz vom 30. November 1954 **(LBA-Gesetz)** das

Luftfahrt-Bundesamt (LBA) mit Sitz in Braunschweig

ein (siehe hierzu Kapitel 2.0).

Die vom **Bundesminister für Verkehr (BMV)** als oberster Luftfahrtbehörde des Bundes, der **Bundesanstalt für Flugsicherung (BFS)** und dem **Luftfahrt-Bundesamt (LBA)** als dem BMV nachgeordnete Bundesbehörden wahrzunehmenden Aufgaben in der Luftverkehrsverwaltung haben fast ausschließlich

hoheitliche Natur.

In der Durchführung dieser Aufgaben üben diese Bundesbehörden

öffentliche Gewalt

aus.

1.1.3 Die Bundesauftragsverwaltung durch die Länder

Die Länder führen eine Vielzahl von Aufgaben auf dem Gebiet der Luftverkehrsverwaltung im Auftrag des Bundes **(Bundesauftragsverwaltung)** aus. Diese Aufgaben sind im **§ 31 Absatz 2 Luftverkehrsgesetz (LuftVG)** genau festgelegt. Es handelt sich dabei unter anderem um folgende wichtige Sachgebiete:

- **Erlaubniserteilung für Privatflugzeugführer (PPL),**
- **Genehmigung von Flugplätzen,**
- **Genehmigung von Luftfahrtveranstaltungen,**
- **Erlaubniserteilung zum Starten und Landen außerhalb von genehmigten Flugplätzen,**
- ~~**Erlaubniserteilung für Luftbildaufnahmen**~~

usw.

Alle nicht an die Länder delegierten Aufgaben führt der Bund durch seine Behörden (BMV, BFS und LBA) selbst aus.
Nach **Artikel 85** des **Grundgesetzes (GG)** ist es bei der Bundesauftragsverwaltung Sache der Länder, die zur Durchführung der übertragenen Aufgaben notwendigen Behörden selbst einzurichten.
Die **Luftfahrtbehörden der Länder** (siehe Kapitel 2.0) unterstehen bei der Ausführung ihrer Aufgaben im Auftrag des Bundes dem

Weisungsrecht und der **Aufsicht des Bundes.**

Die Bundesaufsicht erstreckt dabei auf die **Zweckmäßigkeit** und die **Gesetzmäßigkeit** der Ausführung.

Die Einteilung des deutschen Luftrechts

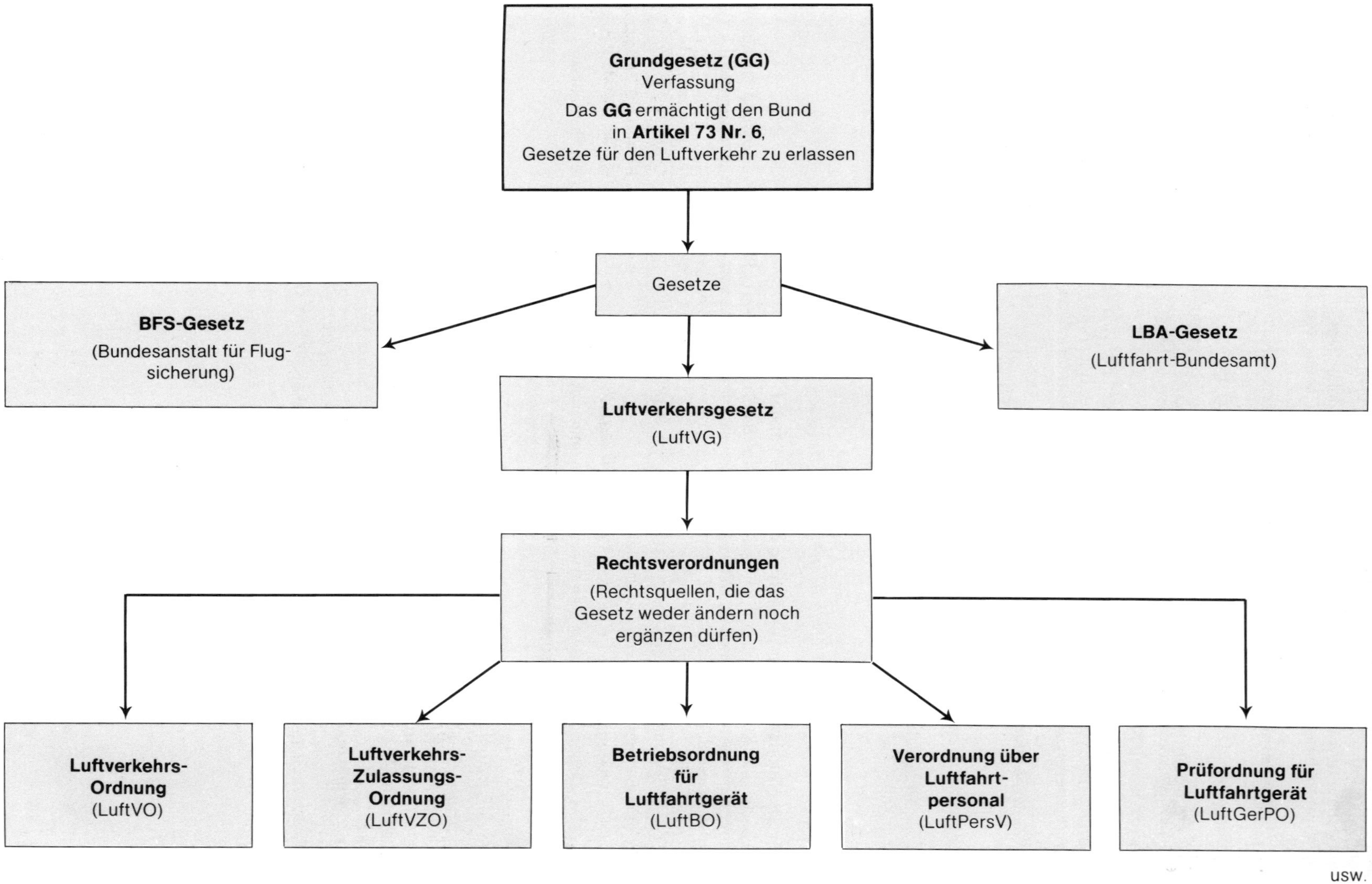

1.2 Das Luftverkehrsgesetz (LuftVG)

1.2.1 Allgemeines

Das Luftverkehrsgesetz **(LuftVG)** ist die **wichtigste Grundlage des deutschen Luftrechts.** In seiner ursprünglichen Fassung stammt es aus dem Jahre 1922 und wurde aufgrund der Artikel 123 und 124 des Grundgesetzes (GG) von 1949 als **Bundesgesetz** übernommen. In der Folgezeit mußte das **LuftVG** häufig geändert werden und entspricht deshalb heute nur noch in wenigen Punkten der ersten Fassung.

Zur Zeit gilt es in der **Fassung vom 1. Oktober 1980** mit verschiedenen Änderungen aus jüngster Zeit.
Das **LuftVG** enthält grundlegende **gesetzliche Vorschriften** für das gesamte Gebiet des **Luftrechts** und die Durchführung der **Luftverkehrsverwaltung** (§31 LuftVG). Es ist in die **drei Hauptabschnitte**

- **Luftverkehr,**
- **Haftpflicht** und
- **Straf- und Bußgeldvorschriften**

eingeteilt.

1.2.2 Inhalt des LuftVG

Das **LuftVG** gliedert sich in **drei Abschnitte:**

LuftVG

Erster Abschnitt:
Luftverkehr
1. Unterabschnitt:
Luftfahrzeuge und Luftfahrtpersonal (§§ 1 bis 5)
2. Unterabschnitt:
Flugplätze (§§ 6 bis 19 a)
3. Unterabschnitt:
Luftfahrtunternehmen und -veranstaltungen (§§ 20 bis 24)
4. Unterabschnitt:
Verkehrsvorschriften (§§ 25 bis 27)
5. Unterabschnitt:
Enteignung (§ 28)
6. Unterabschnitt:
Gemeinsame Vorschriften (§§ 29 bis 32 b)

Zweiter Abschnitt:
Haftpflicht
1. Unterabschnitt:
Haftung für Personen und Sachen, die nicht im Luftfahrzeug befördert werden (§§ 33 bis 43)
2. Unterabschnitt:
Haftung aus dem Beförderungsvertrag (§§ 44 bis 52)
3. Unterabschnitt:
Haftung für militärische Luftfahrzeuge (§§ 53 bis 54)
4. Unterabschnitt:
Gemeinsame Vorschriften für die Haftpflicht (§§ 55 bis 56)

Dritter Abschnitt:
Straf- und Bußgeldvorschriften
(§§ 58 bis 63)

Alle für den **Privatflugzeugführer** wichtigen gesetzlichen Bestimmungen des **LuftVG** werden in den **folgenden Kapiteln** ausführlich behandelt!

1.2.3 Rechtsverordnungen zum Luftverkehrsgesetz (LuftVG)

Der **§ 32 des LuftVG** enthält die nach Artikel 80 des Grundgesetzes (GG) erforderlichen **Ermächtigungen** für den Bundesminister für Verkehr (BMV) zum **Erlaß von Rechtsverordnungen** zur Durchführung des LuftVG.

Aufgrund dieser gesetzlichen Vorschrift wurden unter anderem die folgenden - für den **Privatflugzeugführer** wichtigen - **Rechtsverordnungen** erlassen:

- **Luftverkehrs-Ordnung** (LuftVO); **siehe 1.3!**
- **Luftverkehrs-Zulassungs-Ordnung** (LuftVZO); **siehe 1.4!**
- **Betriebsordnung für Luftfahrtgerät** (LuftBO); **siehe 1.5!**
- **Verordnung über Luftfahrtpersonal** (LuftPersV); **siehe 1.6!**
- **Prüfordnung für Luftfahrtgerät** (LuftGerPO); **siehe 1.7!**

Diese zu erlassenden **Rechtsverordnungen** bedürfen grundsätzlich der Zustimmung des **Bundesrates**, es sei denn, sie dienen der Durchführung von **Richtlinien und Empfehlungen** der **Internationalen Zivilluftfahrt-Organisation** (ICAO; siehe hierzu Kapitel 2.0).

WICHTIG: Rechtsverordnungen sind abgeleitete Rechtsquellen, die **weder das Gesetz ändern noch ergänzen** dürfen!

1.3 Die Luftverkehrs-Ordnung (LuftVO)

1.3.1 Allgemeines

Die Luftverkehrs-Ordnung **(LuftVO)** wurde als erste der großen **Durchführungsverordnungen zum LuftVG** am 10. August 1963 verkündet. Sie enthält alle bei der Teilnahme am Luftverkehr zu beachtenden **Verkehrsvorschriften** und kann mit der Straßenverkehrs-Ordnung (StVO) für den Straßenverkehr verglichen werden.

Mit dieser Verordnung wurden auf dem für die Sicherheit des Luftverkehrs sehr wichtigen Gebiet des **Flugbetriebs** klare und eindeutige Regelungen getroffen.

Da die Bundesrepublik Deutschland Mitglied der **Internationalen Zivilluftfahrt-Organisation** (ICAO; siehe Kapitel 2.0) ist, mußten die **Richtlinien und Empfehlungen** der ICAO weitgehend berücksichtigt werden. Deshalb enthält die **LuftVO** insbesondere die Bestimmungen des **ICAO-Anhang 2** (Annex 2) zum ICAO-Abkommen, der den Titel **„Rules of the Air"** (Luftverkehrsregeln) trägt. **Abweichungen** von diesen **internationalen Luftverkehrsregeln** wurden nur da vorgenommen, wo dies aus Sicherheitsgründen oder aufgrund der Besonderheiten des deutschen Luftraums unumgänglich war.

Zur **LuftVO** hat die Bundesanstalt für Flugsicherung (BFS) eine Vielzahl von **Durchführungsverordnungen - DVOs** (z. Zt. über 70) erlassen, die - soweit für den **Privatflugzeugführer** wichtig - in den **folgenden Kapiteln** behandelt werden.

Die **LuftVO** gilt zur Zeit in der Fassung vom 14. November 1969 mit verschiedenen Änderungen jüngeren Datums.

1.3.2 Inhalt der LuftVO

Die **LuftVO** gliedert sich in **fünf Abschnitte** und enthält am Ende **drei Anlagen:**

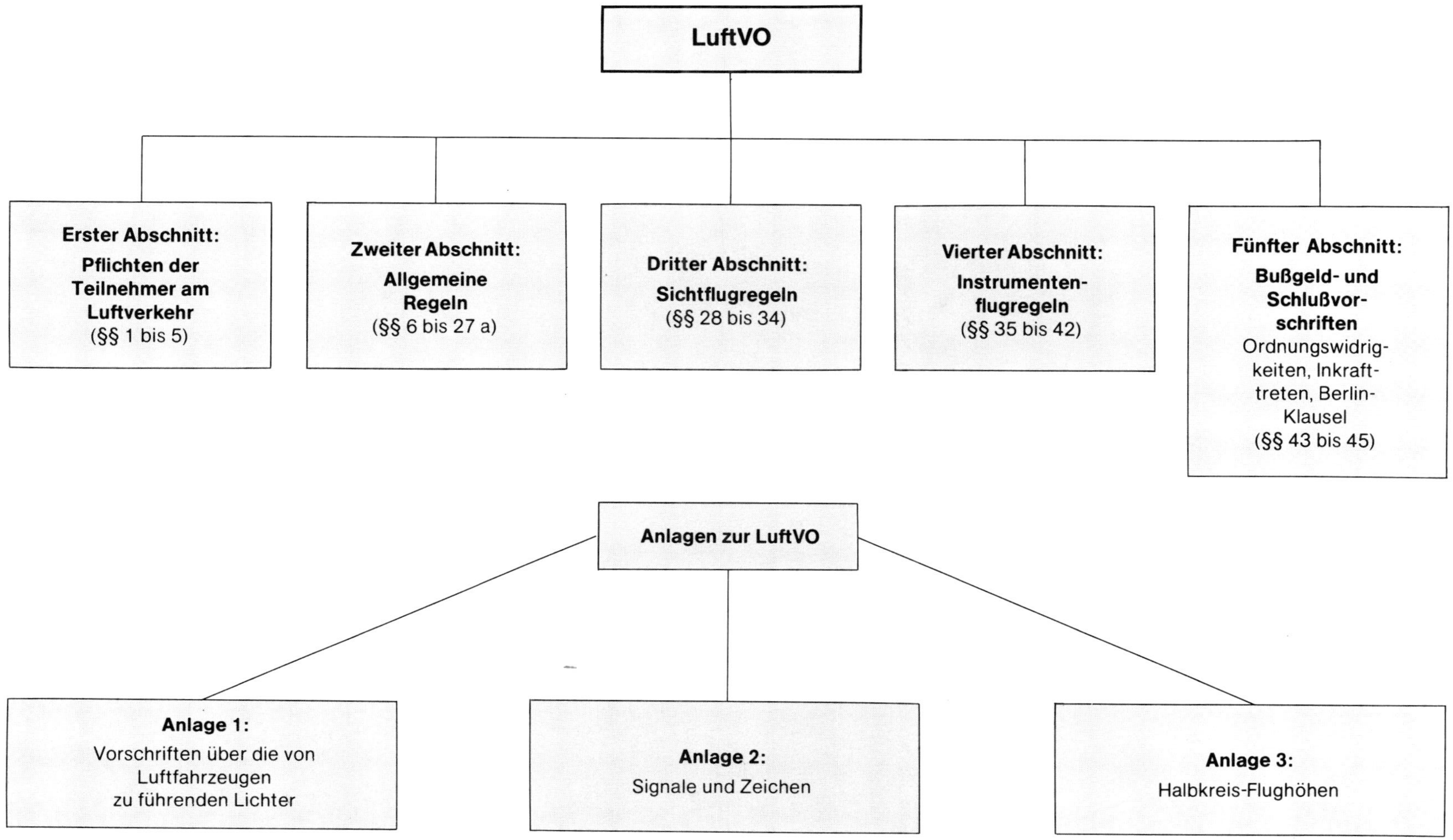

Alle für den Privatflugzeugführer wichtigen Bestimmungen der **LuftVO** werden in den **folgenden Kapiteln** ausführlich behandelt!
(siehe insbesondere Kapitel 7.0 „Teilnahme am Luftverkehr")!

1.3.3 Anwendung der Flugregeln der LuftVO

Bei der Anwendung der Flugregeln der LuftVO gilt **immer** folgender Grundsatz:

- Der **Betrieb** eines Luftfahrzeugs richtet sich nach den **Allgemeinen Regeln** (§§ 6 bis 27 a, LuftVO),
- die **Führung** eines Luftfahrzeugs während des Fluges richtet sich **zusätzlich** nach den **Sichtflugregeln** (§§ 28 bis 34) **oder** den **Instrumentenflugregeln** (§§ 36 bis 42, LuftVO)!

1.4 Die Luftverkehrs-Zulassungs-Ordnung (LuftVZO)

1.4.1 Allgemeines

Die Luftverkehrs-Zulassungs-Ordnung **(LuftVZO)** trat in ihrer ursprünglichen Form erstmals am 14. Juni 1964 in Kraft.

Während in der **LuftVO** alle bei der Teilnahme am Luftverkehr zu beachtenden **Verkehrsvorschriften** zu finden sind, regelt die **LuftVZO** im wesentlichen die **Voraussetzungen** für die Teilnahme am Luftverkehr.

Sie enthält genaue **Einzelvorschriften** über die Erteilung von luftrechtlichen **Zulassungen, Erlaubnissen** und **Genehmigungen.** Desweiteren werden **Versicherungsfragen** am Ende der Verordnung detailliert behandelt.

Zusammenfassend kann gesagt werden, daß die **LuftVZO** fast ausschließlich **Zulassungsvorschriften** für das **Luftfahrtgerät**, das **Luftfahrtpersonal**, die **Flugplätze** und die **Verwendung und den Betrieb von Luftfahrtgerät** enthält. Sie gibt Auskunft über die **Zulassungsverfahren** und die zuständigen **Zulassungsbehörden.**

Die **LuftVZO** gilt zur Zeit in der Fassung vom 13. März 1979.

Alle für den **Privatflugzeugführer** wichtigen Bestimmungen der **LuftVZO** werden in den **nachfolgenden Kapiteln** ausführlich behandelt!

1.4.2 Inhalt der LuftVZO

Die **LuftVZO** gliedert sich in **sechs Abschnitte** und enthält am Ende **drei Anlagen:**

LuftVZO

Erster Abschnitt:

Zulassung des Luftfahrtgeräts und Eintragung der Luftfahrzeuge

1. Musterzulassung des Luftfahrtgeräts (§§ 1 bis 5)
2. Verkehrszulassung des Luftfahrtgeräts (§§ 6 bis 13)
3. Eintragungsverzeichnisse und Kennzeichen (§§ 14 bis 19)

Zweiter Abschnitt:

Luftfahrtpersonal

1. Betätigung als Luftfahrtpersonal (§§ 20 bis 29)
2. Ausbildung von Luftfahrern (§§ 30 bis 37)

Dritter Abschnitt:

Flugplätze

1. Flughäfen (§§ 38 bis 48)
2. Landeplätze (§§ 49 bis 53)
3. Segelfluggelände (§§ 54 bis 60)

Vierter Abschnitt:

Verwendung und Betrieb von Luftfahrtgerät

1. Luftfahrtunternehmen und Fluglinien (§§ 61 bis 65)
2. Gewerbsmäßige Verwendung von Luftfahrzeugen für sonstige Zwecke (§§ 66 bis 68)
3. Selbstkostenflüge (§§ 69 bis 72)
4. Luftfahrtveranstaltungen (§§ 73 bis 75)
5. Mitführen gefährlicher Güter (§§ 76 bis 78)
6. Mitführen von Funkgeräten (§§ 79 bis 80)
7. Einrichten von Bodenfunkstellen (§§ 81 bis 82)
8. Luftbildwesen (§§ 83 bis 89)
9. Ausflug deutscher Luftfahrzeuge (§§ 90 bis 93)
10. Einflug ausländischer Luftfahrzeuge (§§ 94 bis 100)

Fünfter Abschnitt:

Haftpflicht- und Unfallversicherung, Hinterlegung

1. Haftpflichtversicherung (§§ 102 bis 104)
2. Hinterlegung (§ 105)
3. Unfallversicherung (§ 106)

Sechster Abschnitt:

Kosten, Ordnungswidrigkeiten und Schlußvorschriften

(§§ 107 bis 110)

Anlagen zur LuftVZO

Anlage 1:
Vorschriften über den Eintragungsschein und das Lufttüchtigkeitszeugnis sowie die Kennzeichnung von Luftfahrzeugen

Anlage 2:
Vorschriften für Luftfahrerschulen

Anlage 3:
Vorschriften für die Anerkennung fliegerärztlicher Untersuchungsstellen

1.5 Die Betriebsordnung für Luftfahrtgerät (LuftBO)

1.5.1 Allgemeines

Die Betriebsordnung für Luftfahrtgerät **(LuftBO)** vom 4. März 1970 mit verschiedenen Änderungen aus jüngerer Zeit enthält im wesentlichen **technische Betriebsvorschriften** für das nach der LuftVZO zum Verkehr zugelassene Luftfahrtgerät, **Ausrüstungsvorschriften für Luftfahrzeuge** und **Flugbetriebsvorschriften.**
Die meisten dieser Vorschriften richten sich direkt an die **Halter von Luftfahrzeugen** und an die **Luftfahrzeugführer.**
Die **technischen Betriebsvorschriften** der LuftBO enthalten unter anderem Regelungen über

- **zulässige Betriebszeiten** des Luftfahrtgeräts,
- **Instandhaltung** (Wartung, Überholung, Reparatur, Wägung, Prüfflüge) des Luftfahrtgeräts,
- **Betriebsaufzeichnungen** (Bordbuch) und
- **technische Betriebshandbücher** für luftfahrttechnische Betriebe.

Die **Ausrüstungsvorschriften** der LuftBO unterscheiden zwischen der

- **Grundausrüstung** gemäß den Bauvorschriften.
- **Flugsicherungsausrüstung** gemäß der Verordnung über die Flugsicherungsausrüstung der Luftfahrzeuge (FSAVO, **siehe 1.8**),
- **Ergänzungsausrüstung** gemäß LuftBO.

Zur Ergänzungsausrüstung nach **LuftBO** gehören unter anderem **Anschnallgurte, Rettungsausrüstung, Sauerstoffanlagen, Enteisungsanlagen, Instrumentenbeleuchtung** usw.
Die **Flugbetriebsvorschriften** der LuftBO enthalten u. a. Regelungen über

- **Kontrollen nach Klarlisten** (Checklisten),
- **Mitführen ausreichender Betriebsstoffmengen,**
- **Führung des Bordbuches,**
- **Flugdurchführungsplan,**
- **Zusammensetzung der Besatzung,**
- **Verhalten der Besatzung im Flugbetrieb** usw.

Das Luftfahrt-Bundesamt (LBA) hat zur **LuftBO drei Durchführungsverordnungen** (DVOs) erlassen, in denen Einzelheiten geregelt sind.

1.5.2 Inhalt der LuftBO

Die **LuftBO** gliedert sich in **sieben Abschnitte** und enthält am Ende **drei Durchführungsverordnungen** (DVOs):

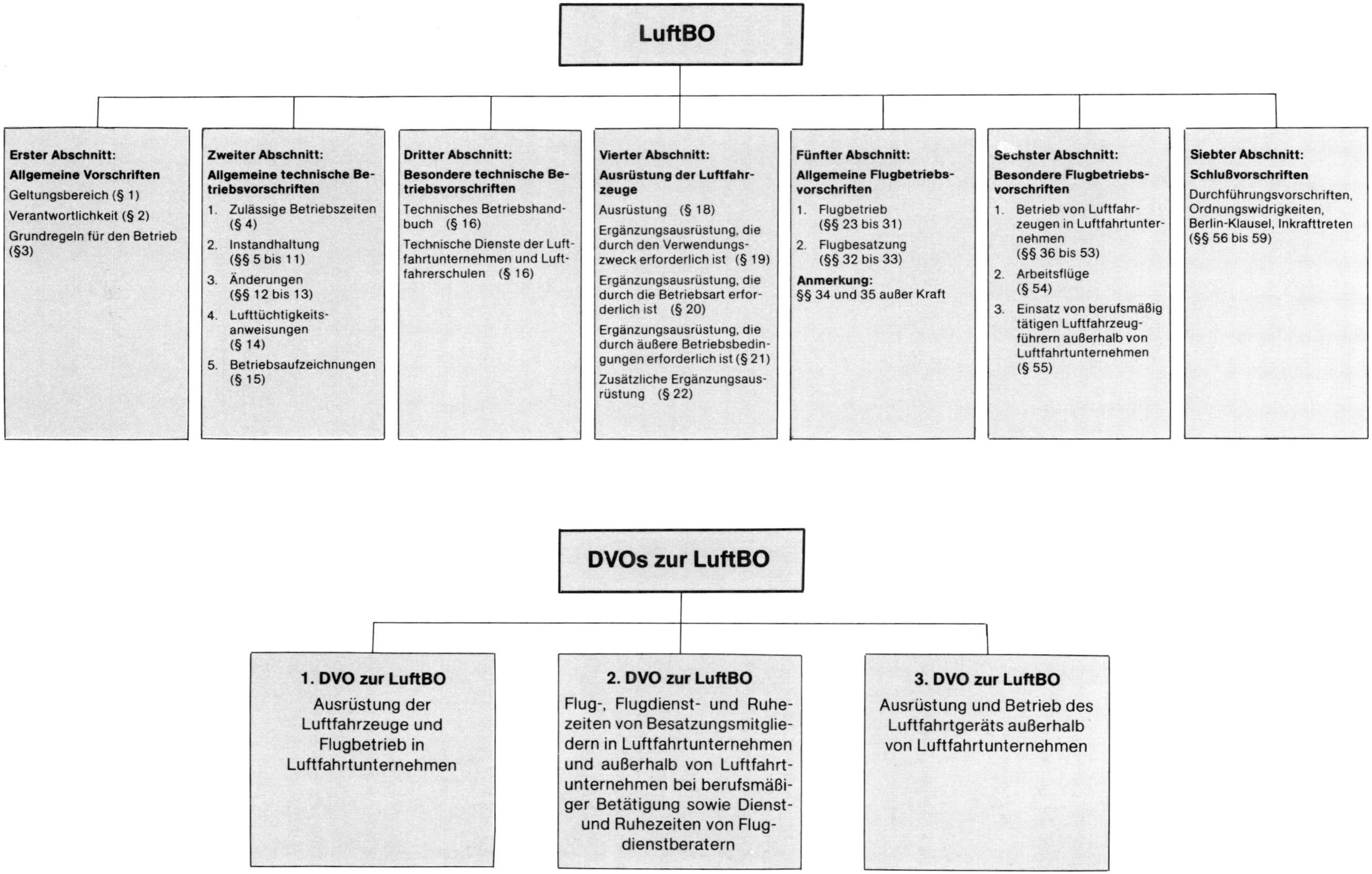

Alle für den **Privatflugzeugführer** wichtigen Vorschriften der **LuftBO** werden in den **folgenden Kapiteln** ausführlich behandelt!

1.6 Die Verordnung über Luftfahrtpersonal (LuftPersV)

1.6.1 Allgemeines

Die Verordnung über Luftfahrtpersonal **(LuftPersV)** gilt zur Zeit in der Fassung vom 1. April 1983. Sie enthält Vorschriften über die einzelnen **Erlaubnisse** und **Berechtigungen** für das **Luftfahrtpersonal.**
In der **LuftPersV** finden wir im wesentlichen Regelungen über

- **die fachlichen Voraussetzungen für den Erwerb der einzelnen Erlaubnisse** (Luftfahrerscheine),
- **die durchzuführenden Prüfungen,**
- **die Erteilung und den Umfang der einzelnen Erlaubnisse** (Luftfahrerscheine),
- **die Gültigkeitsdauer, Verlängerung und Erneuerung der einzelnen Erlaubnisse** (Luftfahrerscheine).

Da die **LuftPersV** zwischen **Erlaubnissen** und **Berechtigungen** unterscheidet, enthält sie desweiteren noch Vorschriften über

- **die Musterberechtigung,** die Luftfahrer zum Führen oder Bedienen der Luftfahrzeuge eines bestimmten Musters benötigen,
- **die Instrumentenflugberechtigung,** die Luftfahrer zur Durchführung von Flügen nach Instrumentenflugregeln benötigen,
- **die Berechtigungen** für **Kunstflug,** zur Durchführung **kontrollierter Sichtflüge** (CVFR), **Nachtflug, Schleppflug, Wolkenflug mit Segelflugzeugen** usw.,
- **die Berechtigung zur praktischen Ausbildung** von Luftfahrern und **Einweisung auf weitere Flugzeugmuster** usw.

Die Vorschriften der **LuftPersV** entsprechen in allen wesentlichen Punkten den **Richtlinien und Empfehlungen** des **ICAO-Anhang 1** zum ICAO-Abkommen (ICAO, siehe Kapitel 2.0), der den Titel „Personnel Licensing" (Zulassung des Luftfahrtpersonals) trägt.

In der LuftPersV sind keine Einzelheiten über den **zu prüfenden Stoff** und die **Prüfverfahren** enthalten. Diese Einzelheiten sind in den sogenannten

„Richtlinien für die Ausbildung und Prüfung des Luftfahrtpersonals"

des Bundesministers für Verkehr (BMV) von 1976 geregelt.
Anmerkung zu den „Richtlinien":
Die „Richtlinien für die Ausbildung und Prüfung des Luftfahrtpersonals" haben **weder Gesetzes- noch Rechtsverordnungscharakter.** Es sind **Verwaltungsvorschriften**, die nur die **Luftfahrtbehörden rechtlich binden.**

1.6.2 Inhalt der LuftPersV

Die **LuftPersV** gliedert sich in **vier Abschnitte:**

LuftPersV

Erster Abschnitt:

Erlaubnisse u. Berechtigungen für Luftfahrer

1. Privatflugzeugführer (§§ 1 bis 5)
2. Berufsflugzeugführer 2. Klasse (§§ 6 bis 11)
3. Berufsflugzeugführer 1. Klasse (§§ 12 und 13)
4. Verkehrsflugzeugführer (§§ 14 bis 17)
5. Privathubschrauberführer (§§ 18 bis 22)
6. Berufshubschrauberführer (§§ 23 bis 28)
7. Verkehrshubschrauberführer (§§ 29 und 30)
8. Motorseglerführer (§§ 31 bis 35)
9. Segelflugzeugführer (§§ 36 bis 41)
10. Fallschirmspringer (§§ 42 bis 45)
11. Freiballonführer (§§ 46 bis 49)
12. Luftschiffführer (§§ 50 bis 53)
13. Flugnavigatoren (§§ 54 bis 57)
14. Flugingenieure (§§ 58 bis 61)
15. Bordwarte auf Hubschraubern im Bundesgrenzschutz und bei der Polizei (§§ 62 bis 65)
16. Musterberechtigung (§§ 66 bis 70)
17. Instrumentenflugberechtigung (§§ 71 bis 76)
18. Langstreckenflugberechtigung (§§ 77 bis 80)
19. Berechtigung für Kunstflug, Schleppflug, Wolkenflug, zur Durchführung kontrollierter Sichtflüge, Nachtflug und für das Abstreuen und Absprühen von Stoffen (§§ 81 bis 87)
20. Berechtigung zur praktischen Ausbildung von Luftfahrern und Einweisung auf weitere Luftfahrzeugmuster (§§ 88 bis 97)
21. Führer von Luftfahrzeugen besonderer Art und Testflugberechtigungen (§§ 98 bis 103)

Zweiter Abschnitt:

Erlaubnisse und Berechtigungen für sonstiges Luftfahrtpersonal

1. Prüfer von Luftfahrtgerät (§§ 104 bis 111)
2. Flugdienstberater (§§ 112 bis 114)
3. Starter und Steuerer von verkehrszulassungspflichtigen Flugmodellen und von nach § 6 Nr. 10 der Luftverkehrs-Zulassungs-Ordnung verkehrszulassungspflichtigen Luftfahrtgeräten (§§ 115 bis 116)

Dritter Abschnitt:

Gemeinsame Vorschriften

1. Alleinflüge für den Erwerb oder zur Erneuerung einer Erlaubnis oder Berechtigung (§§ 117 bis 119)
2. Nachweis der fliegerischen und fachlichen Voraussetzungen, Flugerfahrung der Luftfahrzeugführer, Flugstundenanrechnung und erweiterte Gültigkeitsdauer einer Erlaubnis (§§ 120 bis 127)
3. Durchführung der Prüfungen und Überprüfungen, Prüfungsrat, Sachverständige (§ 128)
4. Erleichterungen für den Erwerb und die Erneuerung von Erlaubnissen und Berechtigungen (§§ 129 und 130)
5. Zuständige Behörden, Antragstellung und Sprechfunkdienst (§§ 131 bis 133)

Vierter Abschnitt:

Ordnungswidrigkeiten und Schlußvorschriften

(§§ 134 bis 137)

Alle Vorschriften der **LuftPersV,** die für den **Privatflugzeugführer** von Bedeutung sind, werden in den **folgenden Kapiteln** ausführlich behandelt (siehe insbesondere Kapitel 6.0 „Luftfahrtpersonal")!

1.7 Die Prüfordnung für Luftfahrtgerät (LuftGerPO)

1.7.1 Allgemeines

Die Prüfordnung für Luftfahrtgerät **(LuftGerPO)** vom 16. Mai 1968 legt fest, welche **Prüfungen** zur Feststellung der **Verkehrssicherheit (Lufttüchtigkeit) des Luftfahrtgeräts** durchgeführt werden müssen. Sie unterscheidet dabei zwischen

- **Musterprüfungen,**
- **Stückprüfungen** und
- **Nachprüfungen.**

In der Musterprüfung wird festgestellt, ob das Muster eines Luftfahrtgeräts, das neu entwickelt wird, den **Bauvorschriften für Luftfahrtgerät** gemäß der Bauordnung für Luftfahrtgerät (**LuftBauO, siehe 1.8**) entspricht und nicht Eigenschaften oder Merkmale aufweist, die einen **sicheren Betrieb** beeinträchtigen können. Ferner ist bei der Musterprüfung festzustellen, ob die **Musterunterlagen** sowie die **Betriebsanweisungen**, die für die ordnungsgemäße **Wartung, Überholung und Reparatur** (Instandhaltung) und den **sicheren Betrieb** des Luftfahrtgeräts erforderlich sind, den Anforderungen der **LuftGerPO** genügen. Die Musterprüfungen werden hauptsächlich von den Betrieben, die das Muster entwickelt haben, durchgeführt. Diese **Entwicklungsbetriebe** müssen vom **Luftfahrt-Bundesamt (LBA)** anerkannt sein. In anderen Fällen werden Musterprüfungen vom LBA als **Zulassungsbehörde** selbst durchgeführt.
Die Lufttüchtigkeit des Luftfahrtgeräts, das in Übereinstimmung mit einem vom LBA zugelassenen Muster hergestellt wird, ist in einer sogenannten **Stückprüfung** festzustellen. Die Stückprüfung des Luftfahrtgeräts wird vom **Hersteller** durchgeführt, der hierfür einer Anerkennung durch das **LBA** als Zulassungsbehörde bedarf. In der **Stückprüfung** ist festzustellen, ob das Luftfahrtgerät **mit dem Muster übereinstimmt** und **lufttüchtig** ist, also den Anforderungen der Verkehrssicherheit entspricht. Die erforderlichen technischen Prüfungen dürfen nur von anerkannten **Prüfern von Luftfahrtgerät** durchgeführt werden.
In der **Nachprüfung** soll die **Aufrechterhaltung der Lufttüchtigkeit** (Verkehrssicherheit) des Luftfahrtgeräts, das sich in Betrieb befindet, festgestellt werden. Die Nachprüfungen erfolgen in **vorgeschriebenen Zeitabständen** oder **fortlaufend, auf Anordnung der Zulassungsbehörde** (LBA) sowie bei der **Instandhaltung** und der **Änderung** des Luftfahrtgeräts. Sie dürfen nur von LBA-anerkannten **luftfahrttechnischen Betrieben** oder von anerkannten **Prüfern von Luftfahrtgerät** durchgeführt werden.
Das Luftfahrt-Bundesamt (LBA) überwacht die durchzuführenden **Muster-, Stück- und Nachprüfungen,** sofern es nicht selbst dafür zuständig ist.

Zur LuftGerPO wurde bisher eine **Durchführungsverordnung** (1. DVLuftGerPO vom 1. Dezember 1977) erlassen.
Ist bei irgendwelchen Angelegenheiten, die in der LuftGerPO geregelt sind, die **Flugsicherungsausrüstung der Luftfahrzeuge** betroffen, so ist zwischen dem **LBA** und der **Bundesanstalt für Flugsicherung (BFS)** Einvernehmen herbeizuführen.

1.7.2 Inhalt der LuftGerPO

Die **LuftGerPO** gliedert sich in **sechs Abschnitte** und enthält am Ende eine Durchführungsverordnung (DVO):

LuftGerPO

Erster Abschnitt:
Allgemeine Vorschriften
Grundsatz, Prüfpflicht (§ 1)

Zweiter Abschnitt:
Musterprüfung
Zweck und Arten der Musterprüfung, Umfassende Musterprüfung, Vereinfachte Musterprüfung, Ergänzende Musterprüfung, Zuständige Stellen, Antrag auf Anerkennung, Anerkennung und Widerruf, Anzeigepflichten, Überwachung, Musterunterlagen, Betriebsanweisungen, Änderungen des zugelassenen Musters, Behebung von Mängeln des Musters
(§§ 2 bis 14)

Dritter Abschnitt:
Stückprüfung
Zweck der Stückprüfung, Zuständige Stellen, Antrag auf Anerkennung, Anerkennung und Widerruf, Anzeigepflichten, Überwachung, Durchführung der Stückprüfung, Prüfpersonal, Prüfaufzeichnungen, Bescheinigung der Stückprüfung, Anerkennung der Stückprüfung anderer Stellen
(§§ 15 bis 25)

Vierter Abschnitt:
Nachprüfung
Zweck und Arten der Nachprüfung, Nachprüfung in Zeitabständen, Fortlaufende Nachprüfung von Luftfahrzeugen, Angeordnete Nachprüfung, Nachprüfung bei der Instandhaltung und Änderung des Luftfahrtgeräts, Zuständige Stellen, Antrag auf Anerkennung, Anerkennung und Widerruf, Anzeigepflichten, Überwachung, Durchführung der Nachprüfung, Prüfpersonal, Prüfaufzeichnungen, Bescheinigung der Nachprüfung, Anerkennung der Nachprüfung anderer Stellen
(§§ 26 bis 40)

Fünfter Abschnitt:
Besondere Vorschriften
Einzelstücke von Luftfahrgerät (§ 41)
Herstellung im Amateurbau (§ 42)
Kleinbetriebe (§ 43)
Nachprüfung in Sonderfällen (§ 44)

Sechster Abschnitt:
Schlußvorschriften
Durchführungsvorschriften, Bußgeldvorschriften, Berlin-Klausel, Inkrafttreten
(§§ 45 is 48)

Alle Vorschriften der **LuftGerPO**, die für den **Privatflugzeugführer** von Bedeutung sind, werden in den **folgenden Kapiteln** ausführlich behandelt (siehe insbesondere Kapitel 5.0 „Luftfahrzeuge und zulassungspflichtige Ausrüstung“)!

1.8 Weitere Gesetze und Rechtsverordnungen

(soweit für den Privatflugzeugführer von Bedeutung)

1.8.1 Zuständigkeitsgesetze

1.8.1.1 Das Gesetz über die Bundesanstalt für Flugsicherung (BFS-Gesetz)

Das Gesetz über die Bundesanstalt für Flugsicherung (**BFS-Gesetz**) trat im März 1953 in Kraft. Es enthält Vorschriften über den **Aufbau** und die **Aufgaben** (Zuständigkeiten) dieser **Luftfahrt-Bundesbehörde.**
Die Bundesanstalt für Flugsicherung (**BFS**) wurde zur Sicherung des Luftverkehrs - z. B. durch **Flugverkehrskontrolle** mit Bewegungslenkung, Flugberatung, Fluginformationsdienst, Flugalarmdienst usw. - errichtet. Sie ist gemäß **BFS-Gesetz** die **allein zuständige** Behörde für die **Flugsicherung** in der Bundesrepublik Deutschland.
Die **BFS** hat ihren Sitz in **Frankfurt/Main** und ist als **nicht rechtsfähige** Bundesbehörde dem Bundesminister für Verkehr **(BMV)** unterstellt **(siehe auch Kapitel 2.0).**

1.8.1.2 Das Gesetz über das Luftfahrt-Bundesamt (LBA-Gesetz)

Das Gesetz über das Luftfahrt-Bundesamt **(LBA-Gesetz)** trat im November 1954 in Kraft. Es enthält im wesentlichen Vorschriften über den **Aufbau** und die **Aufgaben** (Zuständigkeiten) dieser **zweiten Luftfahrt-Bundesbehörde** neben der BFS.
Während die BFS zur Sicherung des Luftverkehrs direkt in den Bewegungsablauf des Luftverkehrs eingreifen darf, ist das Luftfahrt-Bundesamt **(LBA)** gemäß **LBA-Gesetz** in erster Linie als **Prüf-, Zulassungs-, Überwachungs- und Erlaubnisbehörde** für Luftfahrtgerät und Luftfahrtpersonal tätig. Desweiteren ist diese Behörde für die **Untersuchung von Flugunfällen** zuständig.
Das **LBA** hat seinen Sitz in **Braunschweig** und ist - wie die BFS - dem Bundesminister für Verkehr **(BMV)** direkt unterstellt **(siehe auch Kapitel 2.0).**

1.8.1.3 Das Gesetz über den Deutschen Wetterdienst (DWD)

Das Gesetz über den Deutschen Wetterdienst **(DWD)** aus dem Jahre 1952 war eines der ersten Gesetze, die auch den **Luftverkehr** betrafen. Durch dieses Gesetz wurde die **nicht rechtsfähige Anstalt** „Deutscher Wetterdienst" **(DWD)** errichtet, die ebenfalls dem Bundesminister für Verkehr **(BMV)** unterstellt ist. Die Anstalt hat ihren Sitz in **Offenbach/Main** und ist **keine** Luftfahrt-Bundesbehörde.
Neben den vielfältigen allgemeinen meteorologischen Aufgaben für den gesamten Bereich der Bundesrepublik Deutschland ist der **DWD** auch für die **meteorologische Sicherung der Luftfahrt** zuständig. Um diese wichtige Aufgabe erfüllen zu können, hat der Deutsche Wetterdienst **(DWD)** auf allen großen Flughäfen **Flugwetterwarten** eingerichtet, die die Luftfahrzeugführer im Rahmen der Flugvorbereitung mit **Wetterinformationen** versorgen.

1.8.2 Besondere Gesetze für die Luftfahrt

1.8.2.1 Das Gesetz über die Luftfahrtstatistik

Das Gesetz über die Luftfahrtstatistik vom 30. Oktober 1967 bestimmt, daß eine **Statistik** über den **Umfang** und die **Entwicklung** des **zivilen Luftverkehrs** zu führen ist. Es unterscheidet zwischen einer **Unternehmensstatistik** (Luftverkehrsunternehmen) und einer **Luftverkehrsstatistik** (Anzahl der Starts und Landungen usw.).
Die deutsche Luftverkehrsstatistik und die Unternehmensstatistik dient ausschließlich der **Kontrolle der Entwicklung** des gesamten zivilen Luftverkehrs.

1.8.2.2 Das Gesetz zum Schutz gegen Fluglärm

Das Gesetz zum Schutz gegen Fluglärm vom 30. März 1971 enthält im wesentlichen Vorschriften zum **Schutz der Allgemeinheit** (Bevölkerung) vor **Gefahren,** erheblichen **Nachteilen** und erheblichen **Belästigungen durch Fluglärm** in der Umgebung von Flugplätzen.
Durch dieses Gesetz werden für **Flughäfen, militärische Flugplätze** mit Betrieb von Strahlflugzeugen und bestimmte **andere Flugplätze,** die für den Betrieb von Strahlflugzeugen zugelassen sind, **Lärmschutzbereiche** festgelegt. Desweiteren enthält das Gesetz Vorschriften über **Bauverbote** in Lärmschutzbereichen, **Schallschutz** im Hochbau, **Entschädigung** bei Bauverboten usw.

1.8.2.3 Das Gesetz über Rechte an Luftfahrzeugen

Im Gesetz über Rechte an Luftfahrzeugen vom 29. Februar 1959 wird das **Pfandrecht an Luftfahrzeugen** geregelt. Es bestimmt, daß an Luftfahrzeugen - ähnlich wie bei Schiffen - ein **Registerpfandrecht** begründet werden kann. Da durch die hohen Anschaffungskosten das **Kreditgeschäft** beim Kauf eines Luftfahrzeugs eine wichtige Rolle spielt, hat man hier - im Gegensatz zum Pfandrecht nach dem Bürgerlichen Gesetzbuch (BGB) - ein „besitzloses" Pfandrecht, das sogenannte **Registerpfandrecht,** eingeführt. Dieses Registerpfandrecht sichert dem Verkäufer einen von ihm gewährten Kredit und garantiert dem Käufer die Benutzung des Luftfahrzeugs.
Das **Registerpfandrecht** kann nur für Luftfahrzeuge zur Anwendung kommen, die in die deutsche **„Luftfahrzeugrolle"** (Eintragungsverzeichnis) beim Luftfahrt-Bundesamt (LBA) eingetragen sind. Desweiteren müssen die Pfandrechte in das **„Register für Pfandrechte an Luftfahrzeugen"** eingetragen werden, welches vom **Amtsgericht Braunschweig** (Sitz des LBA) geführt wird.

1.8.3 Weitere wichtige Verordnungen für den Luftverkehr

1.8.3.1 Die Verordnung über die Flugsicherungsausrüstung der Luftfahrzeuge (FSAVO)

Die Verordnung über die Flugsicherungsausrüstung der Luftfahrzeuge **(FSAVO)** vom 11. Juni 1968 schreibt die **Ausrüstung der Luftfahrzeuge** vor, die aus **Flugsicherungsgründen** vorhanden sein muß. Es handelt sich um eine **Rahmenvorschrift,** die sich darauf beschränkt, die Ausrüstung der Luftfahrzeuge bei Flügen nach Sichtflugregeln (VFR-Flüge) und nach Instrumentenflugregeln (IFR-Flüge) **allgemein** festzulegen.
Die Bundesanstalt für Flugsicherung (BFS) hat durch die 1. Durchführungsverordnung (DVO) zur **FSAVO** genau geregelt, mit **welchen Geräten** die Luftfahrzeuge bei **Flügen nach Sichtflugregeln** (VFR) und bei **Flügen nach Instrumentenflugregeln** (IFR) ausgerüstet sein müssen. Desweiteren ist in dieser DVO detailliert vorgeschrieben, welche **Sende- und Empfangsgeräte** vorhanden sein müssen, welchen **Frequenzbereich** diese Geräte umfassen müssen, welche **Frequenztoleranz** nicht überschritten werden darf usw.
Alle Vorschriften der **FSAVO** und der 1. DVO zur FSAVO, die für den **Privatflugzeugführer** von Bedeutung sind, werden in den **folgenden Kapiteln** ausführlich behandelt!

1.8.3.2 Die Verordnung über Flugfunkzeugnisse

In der Verordnung über Flugfunkzeugnisse vom 21. Januar 1977 ist festgelegt, daß zur **Ausübung des Flugfunkdienstes** bei Boden- und Luftfunkstellen in der Bundesrepublik Deutschland ein **gültiges Flugfunkzeugnis** notwendig ist.
Die **Deutsche Bundespost** stellt aufgrund dieser Verordnung **folgende Flugfunkzeugnisse** aus:

- **Allgemeines Sprechfunkzeugnis für den Flugfunkdienst** (AZF),
- **Beschränkt gültiges Sprechfunkzeugnis I für den Flugfunkdienst** (BZF I),
- **Beschränkt gültiges Sprechfunkzeugnis II für den Flugfunkdienst** (BZF II).

Wer bei einer **Boden- oder Luftfunkstelle** den Sprechfunkdienst **uneingeschränkt** ausüben will, muß das Allgemeine Sprechfunkzeugnis für den Flugfunkdienst - das sogenannte **AZF** - der Deutschen Bundespost besitzen.
Privatflugzeugführer und andere Personen, die den Sprechfunkverkehr bei einer **Luftfunkstelle** an Bord eines Luftfahrzeuges, das nur nach den **Sichtflugregeln (VFR)** fliegt, oder bei einer **Bodenfunkstelle** im Funkverkehr mit Luftfunkstellen der vorgenannten Art ausüben wollen, müssen das

Beschränkt gültige Sprechfunkzeugnis I für den Flugfunkdienst (BZF I)

der Deutschen Bundespost erwerben.
Wer den Sprechfunkdienst nur **innerhalb der Bundesrepublik Deutschland in deutscher Sprache** bei VFR-Flügen ausüben will, muß das

Beschränkt gültige Sprechfunkzeugnis II für den Flugfunkdienst (BZF II)

der Deutschen Bundespost erwerben.
Zuständig für die **Prüfungen zum Erwerb von Flugfunkzeugnissen** sind die Oberpostdirektionen

Bremen	für die Bezirke der Oberpostdirektionen Bremen und Münster,
Düsseldorf	für die Bezirke der Oberpostdirektionen Dortmund und Düsseldorf,
Frankfurt/Main	für die Bezirke der Oberpostdirektionen Frankfurt/Main und Saarbrücken,
Hamburg	für die Bezirke der Oberpostdirektionen Hamburg und Kiel,
Hannover/ Braunschweig	für die Bezirke der Oberpostdirektion Hannover/Braunschweig und der Landespostdirektion Berlin,

Rostok

Köln	für die Bezirke der Oberpostdirektionen Koblenz und Köln,
München	für den Bezirk der Oberpostdirektion München,
Nürnberg	für die Bezirke der Oberpostdirektionen Nürnberg und Regensburg,
Stuttgart	für die Bezirke der Oberpostdirektion Freiburg im Breisgau, Karlsruhe und Stuttgart.

Desweiteren enthält die **Verordnung über Flugfunkzeugnisse** genaue Vorschriften über die **Prüfungen** zum Erwerb eines Flugfunkzeugnisses, die **Gültigkeitsdauer** der Flugfunkzeugnisse, die **Entziehung** eines Flugfunkzeugnisses und die **Gebühren** für die Prüfungen einschließlich des Ausstellens eines Flugfunkzeugnisses.

1.8.3.3 Die Bauordnung für Luftfahrtgerät (LuftBauO)

Die Bauordnung für Luftfahrtgerät **(LuftBauO)** enthält allgemeine Vorschriften, die beim **Bau von Luftfahrtgerät** und der dazugehörigen **Grundausrüstung** zu beachten sind.

In der **1. Durchführungsverordnung** (DVO) zur LuftBauO sind die Einzelvorschriften für **Segelflugzeuge** und **Motorsegler** niedergelegt (Titel: „Lufttüchtigkeitsanforderungen für Segelflugzeuge und Motorsegler"), während für **andere Luftfahrzeuge** und Luftfahrtgerät z. Zt. noch **amerikanische Vorschriften** gelten, die vom Bundesminister für Verkehr (BMV) anerkannt sind. Es handelt sich dabei um bestimmte Abschnitte (Parts) aus den **„Federal Aviation Regulations" (FAR)** der U.S.-Luftfahrtbehörde **„Federal Aviation Administration" (FAA).** Das sind z. B.:

- **FAR Part 23** für Flugzeuge unter 5,7 t,
- **FAR Part 25** für Flugzeuge über 5,7 t und für Flugzeuge unter 5,7 t mit 10 oder mehr Fluggastsitzen,
- **FAR Part 27** für Hubschrauber unter 2,72 t,
- **FAR Part 29** für Hubschrauber über 2,72 t,
- **FAR Part 33** für Flugmotoren,
- **FAR Part 35** für Propeller (Luftschrauben).

1.8.3.4 Die Kostenverordnung der Luftfahrtverwaltung (LuftKostV)

Die Kostenverordnung der Luftfahrtverwaltung **(LuftKostV)** vom 14. Februar 1984 legt fest, daß die Luftfahrtbehörden für Amtshandlungen im Bereich der Luftfahrtverwaltung **Kosten** (Gebühren und Auslagen) erheben.
Nach der **LuftKostV** wird zwischen **Gebühren** und **Auslagen** unterschieden.
Die gebührenpflichtigen Amtshandlungen und die Gebührensätze sind in einem **Gebührenverzeichnis** festgelegt, das am Ende der **LuftKostV** als Anlage zu finden ist.
Danach sind unter anderem die **Prüfungen und Überprüfungen von Luftfahrtpersonal** für den Erwerb von Erlaubnissen (Luftfahrerscheinen) und Berechtigungen, die **Erteilung** von Erlaubnissen (Luftfahrerscheinen) und Berechtigungen usw. **gebührenpflichtig.**

2.0 Nationale und internationale Organisationen der Luftfahrt

(Behörden und Organisationen)

2.1 Nationale Organisation der Luftfahrt

2.1.1 Das Bundesministerium für Verkehr (BMV)

Das Bundesministerium für Verkehr **(BMV)** ist als oberste Bundesbehörde der Verkehrsverwaltung auch

oberste Luftfahrtbehörde

in der Bundesrepublik Deutschland. Die zivile Luftfahrtverwaltung wird auf Bundesebene von der **Abteilung Luft- und Raumfahrt** des **BMV** wahrgenommen.
Dem **BMV** sind auf dem Gebiet der Luftfahrtverwaltung zwei **Bundesoberbehörden** unmittelbar nachgeordnet (unterstellt):

1. **die Bundesanstalt für Flugsicherung** (BFS) mit Sitz in Frankfurt/Main **(siehe 2.1.2!)**

und

2. **das Luftfahrt-Bundesamt** (LBA) mit Sitz in Braunschweig **(siehe 2.1.3!)**.

2.1.1.1 Gliederung und Aufgaben des BMV

Das **BMV** gliedert sich in 8 Abteilungen, von denen die **Abteilung Luft- und Raumfahrt** für die **zivile Luftfahrtverwaltung** zuständig ist.
Die Abteilung Luft- und Raumfahrt besteht aus **9 Referaten,** die im einzelnen für **folgende Sachgebiete** verantwortlich sind:

- **Referat LR 10:** Luftrecht und Gesetzgebung
- **Referat LR 11:** Flugplätze, Allgemeine Luftfahrt, Luftfahrtpersonal, Luftaufsicht, Luftsicherheit
- **Referat LR 12:** Luftverkehr I (Linienverkehr, Luftfahrtunternehmen, Tarife)
- **Referat LR 13:** Luftverkehr II (Luftfahrtpolitik, Gelegenheitsluftverkehr, Flugplankoordination)
- **Referat LR 14:** Wetterdienst (DWD)
- **Referat LR 15:** Luftfahrttechnik und Forschung, Luftfahrt-Bundesamt (LBA), Umweltschutz usw.
- **Referat LR 16:** Flugsicherung, Bundesanstalt für Flugsicherung (BFS)
- **Referat LR 17:** Flugbetrieb, berufliches Luftfahrtpersonal, Flugunfallwesen
- **Referat LR 18:** Internationale Zusammenarbeit, deutsche Vertretung bei der ICAO in Montreal/Kanada

Das **BMV** hat unter anderem folgende **wichtige Aufgaben** wahrzunehmen:
Es muß die **Bundesgesetze** und **Verordnungen** (VO) ausarbeiten, die das Verkehrswesen betreffen und ist für die **Überwachung der Durchführung der Gesetze** verantwortlich. Die Überwachung der Durchführung der Gesetze wird durch den Erlaß von Allgemeinen Verwaltungsvorschriften (AVV) und durch Beaufsichtigung der nachgeordneten Behörden erreicht.

Gliederung und Aufgaben der Luftfahrtbehörden in der Bundesrepublik Deutschland

Bundesministerium für Verkehr (BMV), Abteilung Luft- und Raumfahrt (LR)

Aufgaben: Ausarbeitung der das Luftverkehrswesen betreffenden Bundesgesetze und Verordnungen; Überwachung der Durchführung der Gesetze; Beaufsichtigung der nachgeordneten Behörden usw.

Bundesanstalt für Flugsicherung (BFS)

Wichtigste Aufgaben: Planung und Erprobung von flugsicherungstechnischen Verfahren und Einrichtungen; Errichtung und Unterhaltung von Flugsicherungsanlagen; Ausbildung des Flugsicherungspersonals; Sammlung und Bekanntgabe der Nachrichten für Luftfahrer; Herausgabe des Luftfahrthandbuches (AIP) und der Luftfahrtkarten; Durchführung der Flugverkehrsdienste usw.

Luftfahrt-Bundesamt (LBA)

Wichtigste Aufgaben: Prüfung der Verkehrssicherheit (Lufttüchtigkeit) des Luftfahrtgeräts; Musterzulassung des Luftfahrtgeräts; Verkehrszulassung des Luftfahrtgeräts; Führung der Luftfahrzeugrolle; Abnahme der Prüfung zum Erwerb der IFR-Berechtigung; Untersuchung von Störungen und Unfällen beim Betrieb von Luftfahrzeugen; Mitwirkung bei der Durchführung des Such- und Rettungsdienstes (SAR) usw.

Deutscher Wetterdienst (DWD)

Aufgaben im Luftverkehr: Gewährleistung der meteorologischen Sicherung des Luftverkehrs nach den Richtlinien und Empfehlungen der ICAO; Wetterberatung der Luftfahrzeugführer im Rahmen der Flugvorbereitung; Versorgung der Flugsicherungsdienste mit Wetterbeobachtungen und Wettervorhersagen, die für die Sicherung des Luftverkehrs und die Übermittlung an Luftfahrzeuge während des Fluges erforderlich sind usw.

Bundesauftragsverwaltung

Luftfahrtbehörden der Länder

Wichtigste Aufgaben: Erteilung der Erlaubnis für Privatflugzeugführer, Führer von Motorseglern, Segelflugzeugführer, Freiballonführer und Fallschirmspringer; Genehmigung von Flugplätzen; Genehmigung von Luftfahrtveranstaltungen; Erteilung der Erlaubnis zum Starten und Landen außerhalb von genehmigten Flugplätzen; Erteilung der Erlaubnis für die Fertigung von Luftbildaufnahmen; Ausübung der Luftaufsicht, soweit diese nicht der BFS oder dem LBA übertragen ist; usw.

2.1.2 Die Bundesanstalt für Flugsicherung (BFS)

Die Bundesanstalt für Flugsicherung **(BFS)** mit Sitz in Frankfurt/Main wurde im Jahre 1953 durch Gesetz (siehe 1.8.1.1) zur **Sicherung der Luftfahrt** - insbesondere durch die Kontrolle des Luftverkehrs mit Bewegungslenkung im Luftraum und auf den Rollfeldern der Flughäfen - errichtet. Sie ist als **nicht rechtsfähige Bundesoberbehörde** dem Bundesminister für Verkehr (BMV) unterstellt und gehört zur **bundeseigenen Luftverkehrsverwaltung**. Die Leitung der **BFS** obliegt einem **Präsidenten,** der die Bundesrepublik Deutschland in Angelegenheiten der Anstalt gerichtlich und außergerichtlich vertritt.

2.1.2.1 Gliederung, Zuständigkeiten und Aufgaben der BFS

Die Bundesanstalt für Flugsicherung **(BFS)** gliedert sich in

- **eine Zentralstelle** (BFS/Z) in Frankfurt/Main.
- **verschiedene Außenstellen**

und

- **einige Sonderstellen** (Siehe folgende Ausführungen).

Die Zentralstelle (BFS/Z) in Frankfurt hat alle Angelegenheiten der Behörde zu bearbeiten, die einer einheitlichen Regelung bedürfen oder von grundsätzlicher Bedeutung sind. Ferner ist sie für die Überwachung des gesamten Dienstbetriebs der **BFS** verantwortlich.
Die Außenstellen der BFS sind für die **Durchführung der Flugverkehrsdienste** (Flugverkehrskontrolldienst, Fluginformationsdienst, Flugalarmdienst usw.) auf den Flughäfen, in der Nähe der Flughäfen (Kontrollzonen und Nahverkehrsbereiche) und in den Fluginformationsgebieten und Kontrollbezirken zuständig (**Luftraumgliederung:** siehe Kapitel 7.0).
Diese **Außenstellen** gliedern sich in

4 Flugsicherungs-Regionalstellen (FS-Regionalstellen)

auf den Flughäfen **Bremen, Düsseldorf, Frankfurt** und **München.** Sie führen neben den **Flugverkehrsdiensten** auf den genannten Flughäfen und in deren Nähe (Kontrollzonen und Nahverkehrsbereiche) auch die **Flugverkehrsdienste** in den Fluginformationsgebieten Bremen, Düsseldorf, Frankfurt und München einschließlich der darin enthaltenen Kontrollbezirke aus.
Desweiteren gibt es

7 Flugsicherungs-Stellen (FS-Stellen)

auf den Flughäfen **Hamburg, Hannover, Köln/Bonn, Stuttgart, Nürnberg, Saarbrücken und Münster-Osnabrück,** die für die Durchführung der **Flugverkehrsdienste** auf den genannten Flughäfen und in deren Nähe (Kontrollzonen und Nahverkehrsbereiche) zuständig sind.
Der Vollständigkeit halber sei noch die

Flugsicherungs-Leitstelle (FS-Leitstelle) **Karlsruhe**

genannt, die im süddeutschen Bereich im oberen Luftraum (UIR/UTA Rhein) die **Flugverkehrsdienste** im Auftrag von **EUROCONTROL** (Europäische Organisation zur Sicherung der Luftfahrt) durchführt.
Die Sonderstellen der BFS sind der Zentralstelle (BFS/Z) in Frankfurt angegliedert. Es gibt folgende **Sonderstellen:**

1. Büro der Nachrichten für Luftfahrer (Büro NfL)

in Frankfurt, das für die Sammlung und Veröffentlichung der **Nachrichten für Luftfahrer** (NfL), die Herausgabe des **Luftfahrthandbuches** (AIP; Bände I, II und III) und die Herstellung und Veröffentlichung von **Luftfahrtkarten** zuständig ist.

2. Gemeinsame Flugvermessungs-Stelle (GFMS)

in Lechfeld, die **Meßflüge** zur Überprüfung der Funknavigationsanlagen durchzuführen hat.

3. Erprobungsstelle (ESt)

in Frankfurt, die für die **Erprobung** neuer Verfahren und Anlagen im Flugsicherungswesen verantwortlich ist.

4. Flugsicherungsschule (FSS)

in München, bei der das Betriebspersonal und das technische Personal der BFS ausgebildet wird.
Die wichtigsten Aufgaben der BFS sind gemäß **BFS-Gesetz:**

- **die Planung und Erprobung** von flugsicherungstechnischen Verfahren und Einrichtungen,
- **die Errichtung und Unterhaltung** von Flugsicherungsanlagen,
- **die Ausbildung** des Flugsicherungspersonals,
- **die Sammlung und Bekanntgabe** der Nachrichten für Luftfahrer (NfL) sowie die Herausgabe des Luftfahrthandbuches (AIP) und der Luftfahrtkarten.
- **die Durchführung** der Flugverkehrsdienste usw.

Organisation der BFS

(vereinfachte Darstellung)

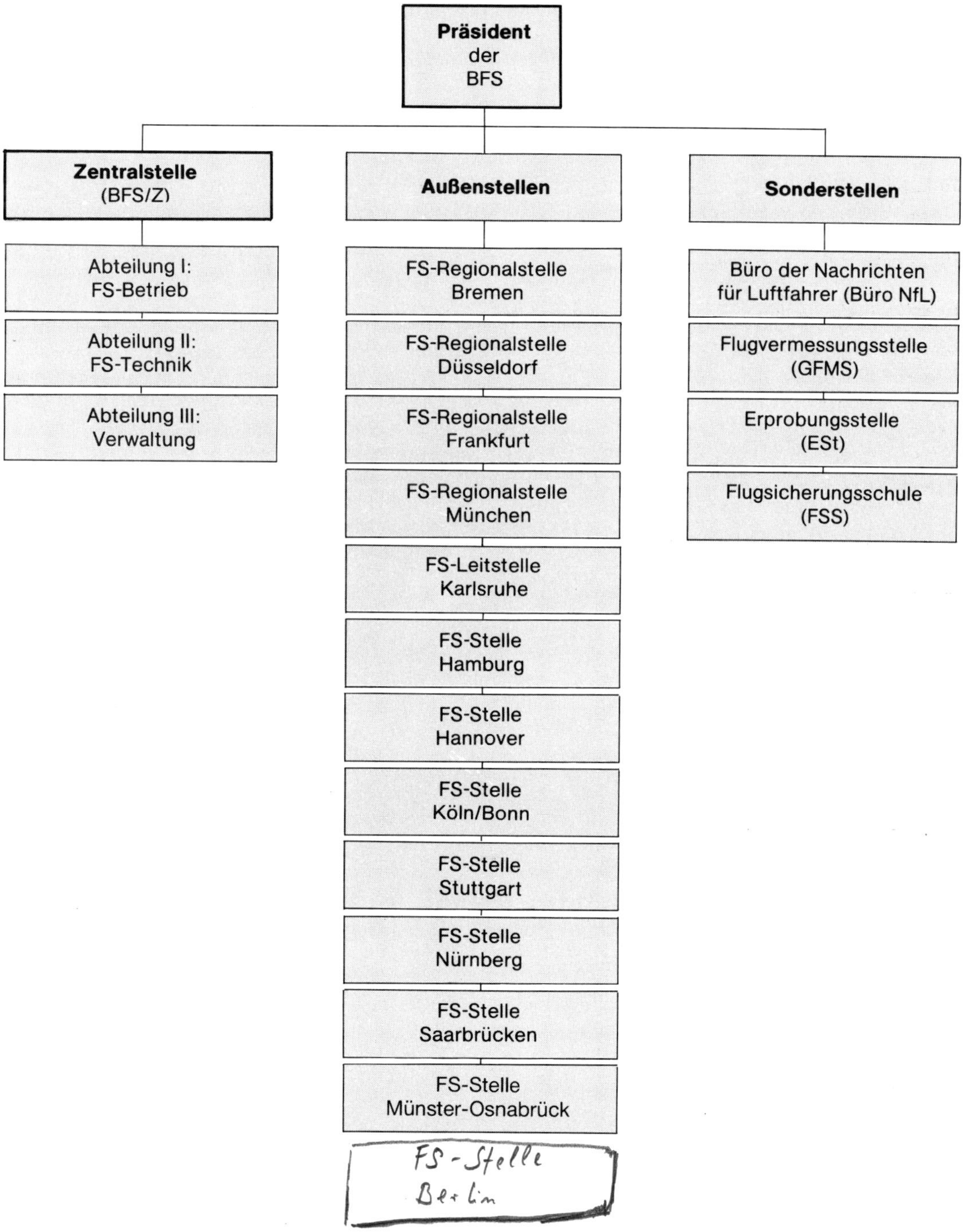

2.1.3 Das Luftfahrt-Bundesamt (LBA)

Das Luftfahrt-Bundesamt **(LBA)** mit Sitz in Braunschweig wurde durch Gesetz von 1954 (siehe 1.8.1.2) als zweite **Bundesoberbehörde der Luftverkehrsverwaltung** errichtet. Es untersteht - wie auch die BFS - dem Bundesminister für Verkehr (BMV) und ist in erster Linie als **Prüf-, Zulassungs-, Überwachungs- und Erlaubnisbehörde** für Luftfahrtgerät, Luftfahrtpersonal (mit Einschränkungen), Luftfahrtunternehmen und luftfahrttechnische Betriebe tätig. Desweiteren ist das **LBA** für die **Untersuchung von Flugunfällen** zuständig. Die Behörde wird von einem **Direktor** geleitet.

2.1.3.1 Gliederung, Zuständigkeiten und Aufgaben des LBA

Das **LBA** ist in verschiedene **Abteilungen** und **Gruppen** gegliedert:

Abteilung I, TECHNIK,

befaßt sich hauptsächlich mit dem **Luftfahrtgerät** und den **Luftfahrtindustrie-Unternehmen**.

Abteilung II, BETRIEB,

ist für bestimmte **Erlaubnisse für das Luftfahrtpersonal** (Berufsflugzeugführer I. Klasse, Verkehrsflugzeugführer, Berufshubschrauberführer usw.) und die **Luftfahrtunternehmen** zuständig.

Gruppe III, RECHT und VERWALTUNG,

kümmert sich um interne Rechts- und Verwaltungsangelegenheiten des LBA.

Gruppe IV, FLUGUNFALL-UNTERSUCHUNG,

ist für die **Untersuchung von Störungen und Unfällen im Flugbetrieb** verantwortlich.
Die Abteilungen und Gruppen des LBA sind nochmals in **einzelne Fachreferate** gegliedert, die jeweils für ein bestimmtes Fachgebiet zuständig sind.
Neben den oben erwähnten Abteilungen und Gruppen hat das LBA noch **fünf Außenstellen:**

- **LBA-Außenstelle Hamburg** (Flughafen),
- **LBA-Außenstelle Düsseldorf** (Flughafen),
- **LBA-Außenstelle Frankfurt/Main** (Flughafen),
- **LBA-Außenstelle Stuttgart** (Flughafen) und
- **LBA-Außenstelle München** (Flughafen).
- LBA-Außenstelle Berlin

Diese **Außenstellen** des LBA sind in festgelegten Bereichen für die dort ansässigen luftfahrttechnischen Betriebe und Herstellerbetriebe zuständig.

Desweiteren gibt es noch **zwei Flugbetriebsinspektionen** des LBA auf den Flughäfen Frankfurt und Düsseldorf, die für die **Überwachung des Flugbetriebs** der Luftfahrtunternehmen (z. B. Lufthansa, LTU usw.) verantwortlich sind.
Die wichtigsten Aufgaben des LBA sind gemäß **LBA-Gesetz** von 1954:

- **die Prüfung der Verkehrssicherheit** (Lufttüchtigkeit) des Luftfahrtgeräts,
- **die Musterzulassung** des Luftfahrtgeräts,
- **die Verkehrszulassung** des Luftfahrtgeräts,
- **die Führung der Luftfahrzeugrolle** sowie sonstiger Verzeichnisse für Luftfahrtgerät,
- **die Erteilung der Erlaubnisse** für Berufsflugzeugführer I. Klasse, Verkehrsflugzeugführer, Berufshubschrauberführer, Verkehrshubschrauberführer, Luftschiff-Führer, Flugnavigatoren, Flugingenieure, Prüfer von Luftfahrtgerät und Flugdienstberater,
- **die Abnahme der Prüfung** zum Erwerb der **IFR-Berechtigung,**
- **die Untersuchung von Störungen und Unfällen** beim Betrieb von Luftfahrzeugen und Mitwirkung bei der Verhütung von Luftfahrzeugunfällen,
- **die Mitwirkung** bei der Durchführung des **Such- und Rettungsdienstes (SAR),**
- **die Sammlung von Nachrichten für Luftfahrer** (NfL) über Luftfahrtpersonal und Luftfahrtgerät sowie die Auskunftserteilung über diese Nachrichten usw.

Organisation des LBA
(vereinfachte Darstellung)

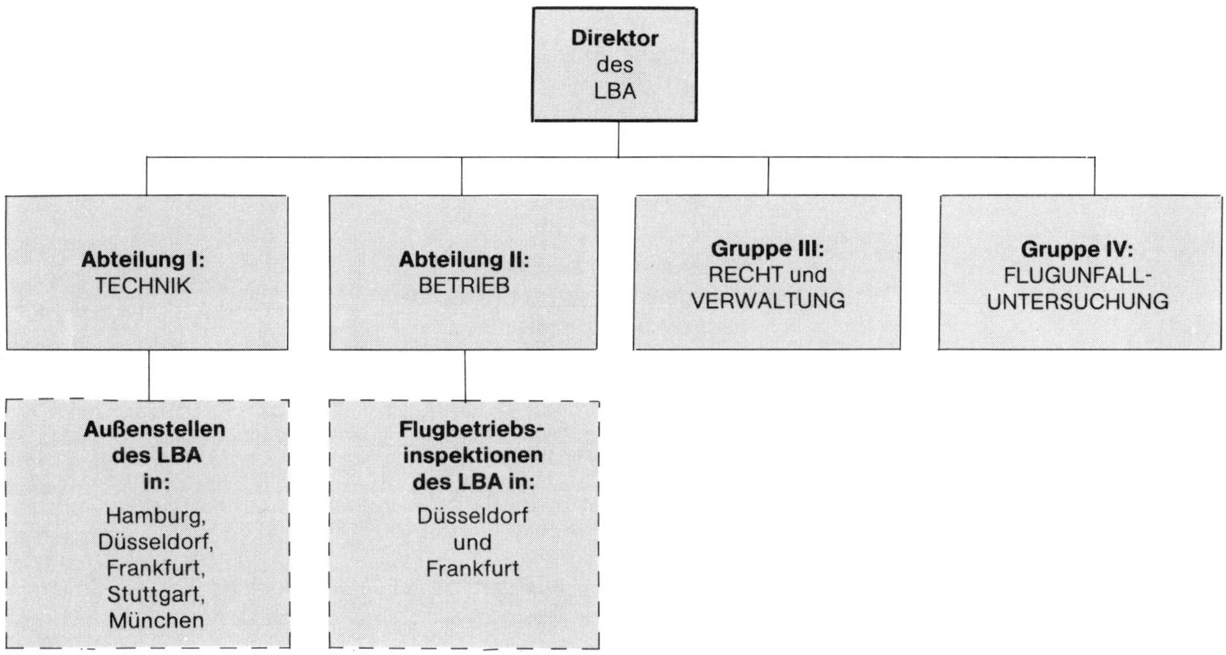

2.1.4 Die Anstalt „Deutscher Wetterdienst" (DWD)

Die Anstalt „Deutscher Wetterdienst" **(DWD)** mit Sitz in Offenbach/Main wurde durch Gesetz aus dem Jahre 1952 (siehe 1.8.1.3) als **nicht rechtsfähige Anstalt** des öffentlichen Rechts errichtet. Sie untersteht - wie die BFS und das LBA - dem Bundesminister für Verkehr (BMV), gehört jedoch **nicht** zur **bundeseigenen Luftverkehrsverwaltung**. Das **Gesetz über den DWD** bestimmt unter anderem, daß der Deutsche Wetterdienst die

meteorologische Sicherung der Luftfahrt

zu gewährleisten hat.
Der **DWD** hat zu diesem Zweck - wie schon unter 1.8.1.3 erwähnt - auf allen Flughäfen in der Bundesrepublik Deutschland und in West-Berlin **Flugwetterwarten** eingerichtet, um den Luftverkehr mit den notwendigen **Wetterinformationen** versorgen zu können.
Die Anstalt „Deutscher Wetterdienst" **(DWD)** wird von einem **Präsidenten** geleitet.

2.1.4.1 Gliederung, Zuständigkeiten und Aufgaben des DWD im Bereich des Flugwetterdienstes

Der **DWD** gliedert sich im Bereich des **Flugwetterdienstes** (engl.: Aeronautical Meteorological Service) in

das Zentralamt in Offenbach/Main,

das als **„regionale Gebietsvorhersagezentrale Frankfurt"** („RAFC Frankfurt"; RAFC = Regional Area Forecast Centre) gemäß eines ICAO-Regionalplans für die Europa-Region (EUR-Region) tätig ist, und in

die Flugwetterwarten (engl.: Aeronautical Meteorological Office)

auf den **Flughäfen** Berlin-Tegel, Berlin-Tempelhof, Bremen, Düsseldorf, Frankfurt, Hamburg, Hannover, Köln/Bonn, München, Münster-Osnabrück, Nürnberg, Saarbrücken und Stuttgart. Die **Flugwetterwarten** unterstehen jeweils dem regionalen **Wetteramt**, in dessen Bereich sie liegen.
Die Tätigkeit des **Flugwetterdienstes** wird entsprechend den **Empfehlungen und Richtlinien der Internationalen Zivilluftfahrt-Organisation** (ICAO: siehe 2.2) und der Weltorganisation für Meteorologie (WMO) durchgeführt.

Die wichtigsten Aufgaben des DWD im Bereich des **Flugwetterdienstes** sind gemäß **DWD-Gesetz** von 1952:

- **die Erstellung von Beratungsunterlagen** für Flüge im Europa-Mittelmeergebiet;
- **die schriftliche und mündliche Wetterberatung des Luftfahrtpersonals** einschließlich seiner Versorgung mit allen für die Flugplanung und Flugdurchführung erforderlichen meteorologischen Meldungen und Vorhersagen;
- **die Versorgung der Flugverkehrskontrollstellen mit allen Wettermeldungen und Vorhersagen,** die diese für die Sicherung des Luftverkehrs sowie für die Übermittlung an Luftfahrzeuge im Fluge benötigen;
- **die Durchführung eines** den Erfordernissen der Luftfahrt angepaßten **Wetterbeobachtungs- und Meldedienstes** usw.

Organisation des DWD im Bereich des Flugwetterdienstes

(vereinfachte Darstellung)

Präsident
des
DWD

Zentralamt
mit regionaler Gebietsvorhersagezentrale
„RAFC Frankfurt"

Wetterämter
in Hamburg, Berlin, Bremen, Essen, Frankfurt, Freiburg, Hannover, München, Nürnberg, Schleswig, Stuttgart und Trier

Flugwetterwarten
auf den Flughäfen
Berlin-Tegel, Berlin-Tempelhof, Bremen, Düsseldorf, Frankfurt, Hamburg, Hannover, Köln/Bonn, München, Münster-Osnabrück, Nürnberg, Saarbrücken, Stuttgart

2.1.5 Die Luftfahrtbehörden der Länder

Die Luftfahrtbehörden der Länder nehmen - neben den schon behandelten Luftfahrtbehörden des Bundes (BMV, BFS und LBA) - ebenfalls **wichtige Aufgaben der Luftverkehrsverwaltung** im Rahmen der

Bundesauftragsverwaltung (siehe 1.1.3)

wahr.

Diese Luftverkehrsverwaltung im Auftrag des Bundes wird in den einzelnen Bundesländern von **Abteilungen der Ministerien für Wirtschaft und Verkehr** durchgeführt.

In Baden-Württemberg, Bayern, Hessen, Niedersachsen, Nordrhein-Westfalen und Rheinland-Pfalz haben die zuständigen Ministerien einen großen Teil der Aufgaben an **nachgeordnete Stellen** - wie z. B. **Regierungspräsidenten, Bezirksregierungen** und **Luftämter** - delegiert.

2.1.5.1 Zuständigkeiten, Aufgaben und Gliederung der Luftfahrtbehörden der Länder

Die Luftfahrtbehörden der Länder führen gemäß **§ 31 Absatz 2 LuftVG** folgende Aufgaben im **Auftrag des Bundes** (in Bundesauftragsverwaltung) aus:

1. **die Erteilung der Erlaubnis für Privatflugzeugführer,** Berufsflugzeugführer 2. Klasse, nicht berufsmäßige Führer von Drehflüglern, Führer von Motorseglern, Segelflugzeugführer, Freiballonführer und Fallschirmabspringer, Steuerer von verkehrszulassungspflichtigen Flugmodellen und sonstigem verkehrszulassungspflichtigen Luftfahrtgerät sowie die Erteilung der Berechtigungen nach der LuftPersV an diese Personen (§ 4 LuftVG);
2. **die Anerkennung fliegerärztlicher Untersuchungsstellen** und die Bestellung ärztlicher Sachverständiger für die fliegerärztlichen Untersuchungen der in Nummer 1 genannten Luftfahrer (§ 4 LuftVG);
3. **die Erteilung der Erlaubnis für die Ausbildung des** in Nummer 1 genannten **Luftfahrtpersonals** (§ 5 LuftVG);
4. **die Genehmigung von Flugplätzen,** mit Ausnahme der Prüfung und Entscheidung, inwieweit durch die Anlegung und den Betrieb eines Flughafens, der dem allgemeinen Verkehr dienen soll, die öffentlichen Interessen des Bundes berührt werden (§ 6 LuftVG);
5. **die Erteilung der Erlaubnis für Vorbereitungsarbeiten zur Anlegung von Flugplätzen** (§ 7 LuftVG);
6. **die Bestimmung von beschränkten Bauschutzbereichen** bei Landeplätzen und Segelfluggeländen (§ 17 LuftVG);
7. **die Zustimmung zur Baugenehmigung** oder einer sonstigen nach allgemeinen Vorschriften erforderlichen Genehmigung oder die luftrechtliche Genehmigung bei der Errichtung von Bauwerken, Anlagen und Geräten, bei Bäumen sowie bei der Herstellung von Bodenvertiefungen in Bauschutzbereichen und beschränkten Bauschutzbereichen (§§ 12, 15 und 17 LuftVG);
8. **die Festlegung von Bauhöhen,** bis zu denen in Bauschutzbereichen und beschränkten Bauschutzbereichen ohne Zustimmung der Luftfahrtbehörden Baugenehmigungen oder sonstige nach allgemeinen Vorschriften erforderliche Genehmigungen erteilt werden können (§§ 13, 15 und 17 LuftVG);
9. **die Zustimmung zur Baugenehmigung** oder einer sonstigen nach allgemeinen Vorschriften erforderlichen Genehmigung oder die luftrechtliche Genehmigung bei der Errichtung von Bauwerken, Anlagen und Geräten sowie bei Bäumen außerhalb der Bauschutzbereiche (§§ 14 und 15 LuftVG);
10. **das Verlangen, die Abtragung von Bauwerken und anderen Luftfahrthindernissen,** welche die zulässigen Höhen überragen, und die Beseitigung von Vertiefungen oder die erforderlichen Sicherheitsmaßnahmen zu dulden (§§ 16 und 17 LuftVG);
11. **die Genehmigung von Luftfahrtunternehmen,** die nur Gelegenheitsverkehr mit Drehflüglern oder Flugzeugen bis zu fünftausendsiebenhundert Kilogramm höchstzulässigem Fluggewicht betreiben oder deren Linienverkehr mit derartigen Luftfahrzeugen nicht über das Land, in dem das Unternehmen seinen Sitz hat, hinausgeht, ferner die **Genehmigung der gewerbsmäßigen Verwendung von Luftfahrzeugen für sonstige Zwecke** und **Selbstkostenflüge** (§§ 20 und 21 LuftVG);
12. **die Genehmigung von Luftfahrtveranstaltungen,** die nicht über das Land, in dem die Veranstaltung stattfindet, hinausgehen (§ 24 LuftVG);
13. **die Erteilung der Erlaubnis zum Starten und Landen außerhalb der genehmigten Flugplätze** (§ 25 LuftVG);
14. **die Erteilung der Erlaubnis zur Mitführung von Funkgerät** in Luftfahrzeugen innerhalb des Geltungsbereichs dieses Gesetzes (§ 27 Abs. 1 LuftVG);
15. **die Erteilung der Erlaubnis, von einem Luftfahrzeug aus Lichtbildaufnahmen zu fertigen** oder solche Lichtbilder sowie danach hergestellte Zeichnungen oder Abbildungen in den Verkehr zu bringen, mit Ausnahme der Erlaubnis für Personen, die ihren Wohnsitz nicht im Geltungsbereich dieses Gesetzes haben (§ 27 Abs. 2 LuftVG);
16. **die Erteilung der Erlaubnis zu besonderer Benutzung des Luftraums** für
    a) Kunstflüge,
    b) Schleppflüge,
    c) Reklameflüge,
    d) Abwerfen von Gegenständen aus Luftfahrzeugen,
    e) Aufstieg von Frei- und Fesselballonen,
    f) Steigenlassen von Drachen, Flugmodellen und Flugkörpern mit Eigenantrieb,
    g) Abweichung von Sicherheitsmindesthöhen und Sicherheitsmindestabständen,
    mit Ausnahme der Erlaubnisse, die von der Bundesanstalt für Flugsicherung erteilt werden (§ 32 LuftVG);
17. **die Aufsicht** innerhalb der in den Nummern 1 bis 16 festgelegten Verwaltungszuständigkeiten;
18. **die Ausübung der Luftaufsicht,** soweit diese nicht der Bundesanstalt für Flugsicherung oder dem Luftfahrt-Bundesamt übertragen ist (§ 29 LuftVG).

Die Gliederung der **Luftfahrtbehörden der Länder** ist in den einzelnen Bundesländern verschieden. Die nachfolgende Aufstellung enthält die **zuständigen Luftfahrtbehörden** mit den ihnen **nachgeordneten Stellen** (Behörden) und **Zuständigkeitsbereichen** für jedes Bundesland:

1. BADEN-WÜRTTEMBERG

Ministerium für Wirtschaft, Mittelstand und Verkehr Abteilung Verkehr
Stuttgart
(oberste Verkehrsbehörde des Landes)

- **Regierungspräsidium Freiburg (BWFR)** für den Bezirk Freiburg
- **Regierungspräsidium Karlsruhe (BWKA)** f. den Bezirk Karlsruhe
- **Regierungspräsidium Stuttgart (BWS)** f. den Bezirk Stuttgart
- **Regierungspräsidium Tübingen (BWTÜ)** f. den Bezirk Tübingen

2. BAYERN

Bayerisches Staatsministerium für Wirtschaft und Verkehr
München
(oberste Verkehrsbehörde des Landes)

- **Luftamt Nordbayern (BYLAN)** Nürnberg für Nordbayern
- **Luftamt Südbayern (BYLAS)** München für Südbayern

3. BREMEN

Der Senator für Häfen, Schiffahrt und Verkehr
Bremen
(HB)
für das gesamte Land
(oberste Verkehrsbehörde des Landes)

4. HAMBURG

Freie und Hansestadt Hamburg, Behörde für Wirtschaft, Verkehr und Landwirtschaft
Hamburg
(HH)
für das gesamte Land
(oberste Verkehrsbehörde des Landes)

5. HESSEN

- **Der Hessische Minister für Wirtschaft und Technik**
  Wiesbaden
  (oberste Verkehrsbehörde des Landes)
  - **Regierungspräsident Kassel (HEKA)**
    für Hessen Nord
  - **Regierungspräsident Gießen (HEGI)**
    für Hessen Mitte
  - **Regierungspräsident Darmstadt (HEDA)**
    für Hessen Süd

6. NIEDERSACHSEN

- **Der Niedersächsische Minister für Wirtschaft, Technologie und Verkehr**
  Hannover
  (oberste Verkehrsbehörde des Landes)
  - **Bezirksregierung Braunschweig (NIBR)**
    für den Bezirk Braunschweig
  - **Minister für Wirtschaft, Technologie und Verkehr (H)**
    für Hannover
  - **Bezirksregierung Oldenburg (NIOL)**
    für den Weser/Ems-Bezirk

7. NORDRHEIN-WESTFALEN

- **Der Minister für Wirtschaft, Mittelstand und Verkehr**
  Düsseldorf
  (oberste Verkehrsbehörde des Landes)
  - **Regierungspräsident Düsseldorf**
    Luftamt
    (NWDU)
    für das Rheingebiet
  - **Regierungspräsident Münster**
    Luftamt
    (NWMS)
    für Westfalen

8. RHEINLAND-PFALZ

- **Ministerium für Wirtschaft und Verkehr**
  Mainz
  (oberste Verkehrsbehörde des Landes)
  - **Bezirksregierung Koblenz (RPK)**
    für den Bezirk Koblenz
  - **Bezirksregierung Rheinhessen-Pfalz (RPR)**
    Neustadt/Weinstraße
    für den Bezirk Rheinhessen-Pfalz
  - **Bezirksregierung Trier (RPT)**
    für den Bezirk Trier

9. SAARLAND

Der Minister für Wirtschaft, **Verkehr und Landwirtschaft** Saarbrücken **(SL)** für das gesamte Land (oberste Verkehrsbehörde des Landes)

10. SCHLESWIG-HOLSTEIN

Der Minister **für Wirtschaft und Verkehr** **Abteilung Verkehrsordnung** Kiel **(SH)** für das gesamte Land (oberste Verkehrsbehörde des Landes)

2.2 Internationale Organisation der Luftfahrt

2.2.1 Die Internationale Zivilluftfahrt-Organisation (ICAO)

Die sprunghafte Entwicklung des internationalen Luftverkehrs vor und nach dem Zweiten Weltkrieg zwang die luftverkehrstreibenden Staaten zur Gründung einer **weltweiten Luftfahrtorganisation**. Einen ersten Schritt in diese Richtung unternahmen die USA im Jahre 1944, indem sie 55 alliierte und neutrale Staaten zu einer Konferenz nach Chicago einluden, auf der die Probleme des internationalen Luftverkehrs möglichst umfassend und einheitlich gelöst werden sollten. 52 Staaten folgten der Einladung der US-Regierung zu dieser Luftverkehrskonferenz, die vom 1. November bis zum 7. Dezember 1944 stattfand und als **„Konferenz von Chicago“** in die Luftfahrtgeschichte einging.
Die wichtigsten Ergebnisse dieser Konferenz waren das **„Abkommen über die Internationale Zivilluftfahrt“** (ICAO-Abkommen, engl.: ICAO-Convention) und die Gründung der provisorischen Luftfahrtorganisation **PICAO** (Provisional International Civil Aviation Organization). Nachdem genügend Teilnehmerstaaten das **„Chicagoer Abkommen“** (ICAO-Abkommen) ratifiziert hatten, wurde am 4. April 1947 aus der provisorischen Organisation PICAO

die „Internationale Zivilluftfahrt-Organisation“
ICAO (**I**nternational **C**ivil **A**viation **O**rganization)

gegründet.
Gemäß eines Abkommens mit den Vereinten Nationen (UNO) hat die ICAO den Rang einer

Sonderorganisation der UNO

und besteht zur Zeit aus mehr als 160 Mitgliedstaaten.
Im Jahre 1956 ratifizierte die Bundesrepublik Deutschland das „Chicagoer Abkommen“ (ICAO-Abkommen) und wurde als 67. Mitgliedstaat in die ICAO aufgenommen.
Die ICAO hat ihren Sitz in **Montreal** (Kanada).

2.2.1.1 Gliederung der ICAO

Die ICAO gliedert sich in folgende Organe:

- **die Vollversammlung** (engl.: Assembly),
- **den Rat** (engl.: Council) und
- **die Fachausschüsse des Rates** (engl.: Commissions and Commitees)

Die **Vollversammlung** (Assembly) ist das **oberste Organ** der ICAO und tritt normalerweise alle drei Jahre zusammen. Sie besteht aus Vertretern aller Mitgliedstaaten, bestimmt die Richtlinien der ICAO-Politik, wählt den Rat (Council), verabschiedet den Haushaltsplan der ICAO und legt die finanziellen Beiträge der einzelnen Mitgliedstaaten fest.
Der **Rat** (Council) wird von der Vollversammlung (Assembly) für jeweils drei Jahre gewählt, besteht aus den Vertretern von 27 Mitgliedstaaten und ist das **Exekutivorgan der ICAO**. Er wählt den Präsidenten und den Generalsekretär der ICAO. Der Präsident vertritt die Organisation in allen Angelegenheiten nach außen hin und beruft die Fachausschüsse des Rates ein, während der Generalsekretär das **ICAO-Sekretariat** in Montreal leitet und für die **ICAO-Regionalbüros** in Paris, Kairo, Dakar, Lima, Mexico City und Bangkok verantwortlich ist. Das ICAO-Sekretariat unterhält einen großen Stab von Experten für alle Gebiete der Luftfahrt, die die Arbeit der Fachausschüsse des Rates unterstützen sollen. Zu den Hauptaufgaben des Rates (Council) gehören unter anderem die Überprüfung und Genehmigung der von den Fachausschüssen ausgearbeiteten **„Richtlinien und Empfehlungen“** für den Luftverkehr (engl.: „Standards and Recommended Practices“), die Einberufung von Konferenzen und die Verwaltung der ICAO-Finanzen.
Die folgenden fünf **Fachausschüsse des Rates** leisten die Hauptarbeit der ICAO:

- **Air Navigation Commission,**
- **Air Transport Committee,**
- **Legal Committee,**
- **Committee on Joint Support of Air Navigation Services** und
- **Finance Committee.**

Die **„Air Navigation Commission“** (Luftfahrtkommission) hat das weitaus größte Aufgabengebiet zu bewältigen. Sie arbeitet ständig an einer **einheitlichen Regelung** aller Angelegenheiten, die den **Flugbetrieb** betreffen und ist in elf Abteilungen (engl.: Divisions) gegliedert:

1. AGA: Aerodromes, Air Routes and Ground Aids Division
(Flugplätze, Flugstrecken und Bodenorganisation)

2. AIG: Accident Investigation Division
(Untersuchung von Flugunfällen)

3. AIR: Airworthiness Division
(Lufttüchtigkeit von Luftfahrzeugen)

4. AIS: Aeronautical Information Services Division
(Flugberatungsdienst)

5. COM: Communications Division
(Flugfernmelde- und Technischer Dienst)

6. MAP: Aeronautical Maps and Charts Division
(Luftfahrtkarten)

7. MET: Meteorology Division
(Wetterdienst)

8. OPS: Operations Division
(Flugbetrieb)

9. PEL: Personnel Licensing Division
(Luftfahrtpersonal)

10. RAC: Rules of the Air and Air Traffic Control Division
(Luftverkehrsregeln und Flugverkehrskontrolle)

11. SAR: Search and Rescue Division
(Such- und Rettungsdienst)

Die anderen Fachausschüsse bearbeiten Aufgabengebiete, die für uns von weniger großer Bedeutung sind. So ist z. B. das **„Air Transport Committee“** (Luftverkehrsausschuß) vor allem für die wirtschaftlichen Probleme des internationalen Luftverkehrs zuständig und das **„Legal Committee“** (Rechtsausschuß) bearbeitet alle Rechtsfragen auf dem Gebiet des internationalen Luftverkehrs (z. B. multilaterale Luftverkehrsabkommen).

Organe der ICAO
(vereinfachte Darstellung)

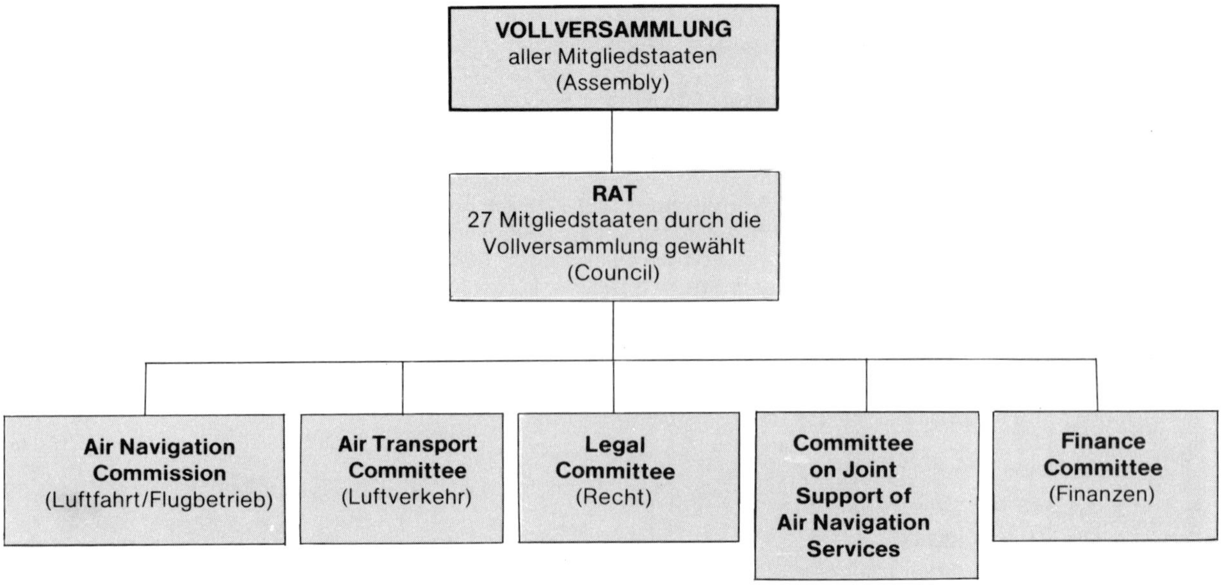

2.2.1.2 Ziele und Aufgaben der ICAO

Gemäß **Artikel 44 des ICAO-Abkommens** (ICAO-Convention) verfolgen die luftfahrttreibenden Staaten, die sich der ICAO angeschlossen haben, **folgende Ziele:**

- Sicherung eines gesunden und geordneten Wachstums der internationalen Zivilluftfahrt,
- Förderung der Entwicklung und des Betriebes von Luftfahrzeugen zu friedlichen Zwecken,
- Förderung der Entwicklung und des Ausbaus von Flugstrecken, Flughäfen und Flugsicherungseinrichtungen für die internationale Zivilluftfahrt,
- Befriedigung des Anspruchs der Völker der Erde auf einen sicheren, regelmäßigen, leistungsfähigen und wirtschaftlichen Luftverkehr,
- Verhütung von unwirtschaftlichen Konkurrenzmethoden im internationalen Luftverkehr,
- Verbesserung der Flugsicherheit in der internationalen Zivilluftfahrt durch die Einführung einheitlicher Richtlinien,
- Förderung der freien Entfaltung aller Zweige der internationalen Zivilluftfahrt.

Die **Aufgaben der ICAO** erstrecken sich auf die Arbeitsgebiete Flugbetrieb/Technik, Wirtschaft und Recht für die gesamte Zivilluftfahrt. Durch die Entwicklung und Einführung **einheitlicher Richtlinien** auf allen Gebieten der Zivilluftfahrt soll auf weltweiter Grundlage die Sicherheit und Regelmäßigkeit des Luftverkehrs gewährleistet werden.
Wie schon erwähnt, wird die Hauptarbeit der ICAO in den Fachausschüssen des Rates - insbesondere in der „Air Navigation Commission" (Luftfahrtkommission) - geleistet. Die Arbeitsergebnisse der Fachausschüsse werden nach der Genehmigung durch den Rat (Council) und Billigung durch die Vollversammlung (Assembly) als

„Richtlinien und Empfehlungen"
(engl.: „Standards and Recommended Practices")

in den **Anhängen** (engl.: Annexes) **zum ICAO-Abkommen** veröffentlicht (siehe 2.2.1.3 „Veröffentlichungen der ICAO").
Neben den weltweiten Aufgaben muß sich die ICAO auch mit vielen **regionalen Problemen** der Luftfahrt befassen. Aus diesem Grund unterhält die ICAO **sieben Regionalbüros** in Paris (Europa), Kairo (Mittlerer Osten), Dakar (Afrika), Nairobi (Ostafrika), Bangkok (Asien/Pacific), Mexiko City (Nordamerika/Karibik) und Lima (Südamerika), die dem ICAO-Generalsekretär direkt unterstehen und hat **acht Regional-Konferenzen** für die folgenden **ICAO-Regionen** eingerichtet:

1. AFI: Africa/Indian Ocean
(Afrika/Indischer Ozean)

2. CAR: Caribbean
(Karibische See)

3. EUR: Europe
(Europa)

4. MID/ASIA: Middle East/Asia
(Mittlerer Osten/Asien)

5. NAM: North America (incl. Arctic)
(Nordamerika)

6. NAT: North Atlantic
(Nordatlantik)

7. PAC: Pacific
(Pazifik)

8. SAM: South America (incl. Antarctic)
(Südamerika)

Diese Regional-Konferenzen (engl.: Regional Air Navigation Meetings) werden vom Rat der ICAO (Council) einberufen und befassen sich mit den speziellen Problemen der einzelnen ICAO-Luftfahrtregionen.

2.2.1.3 Veröffentlichungen der ICAO

Das ICAO-Abkommen (ICAO Convention) mit seinen 96 Artikeln wurde im Laufe der Zeit durch **18 Anhänge** (engl.: Annexes) ergänzt, die grundsätzliche Regelungen für den Luftverkehr in Form von

„Richtlinien“ (engl.: „Standards“) und
„Empfehlungen“ (engl.: „Recommended Practices“)

enthalten.
Die **„Richtlinien“** (Standards) sind **einheitliche Regeln**, die für die sichere Durchführung des Luftverkehrs als **notwendig** erachtet werden.

WICHTIG: Alle ICAO-Mitgliedstaaten **müssen** diese „Richtlinien“ (Standards) befolgen!

Abweichungen von den „ICAO-Richtlinien“ sind der Organisation zu melden und nur mit Genehmigung des Rates (Council) zulässig.

Die Beachtung der **„Empfehlungen“** (Recommended Practices) hingegen ist den einzelnen Mitgliedstaaten lediglich anheimgestellt. Von der ICAO wird die **Einhaltung der „Empfehlungen“** im Interesse der Sicherheit und Leistungsfähigkeit des Luftverkehrs als **wünschenswert** betrachtet.

In den schon erwähnten **18 Anhängen** (Annexes) **zum ICAO-Abkommen** sind einheitliche Regelungen für folgende Gebiete der zivilen Luftfahrt festgelegt, die den ICAO-Mitgliedstaaten als **Grundlage für ihre nationale Luftfahrtgesetzgebung dienen:**

Anhang 1: Personnel Licensing
(Zulassung von Luftfahrtpersonal
Anmerkung: Grundlage für unsere **LuftPersV!**

Anhang 2: Rules of the Air
(Luftverkehrsregeln)
Anmerkung: Grundlage für unsere **LuftVO!**

Anhang 3: Meteorology
(Flugwetterdienst)
Anmerkung: Grundlage für die Durchführung des Flugwetterdienstes **(DWD)!**

Anhang 4: Aeronautical Charts
(Luftfahrtkarten)
Anmerkung: Grundlage für das Erstellen von **Luftfahrtkarten!**

Anhang 5: Units of Measurement
(Maßeinheiten)
Anmerkung: In das Luftfahrthandbuch (AIP), Band I, **GEN-Teil,** eingearbeit!

Anhang 6: Operation of Aircraft
(Betrieb von Luftfahrzeugen)
Anmerkung: Grundlage für unsere **LuftBO!**

Anhang 7: Aircraft Nationality and Registration Marks
(Staatszugehörigkeits- und Eintragungszeichen von Luftfahrzeugen)
Anmerkung: In die **LuftVZO** als Anlage eingearbeitet!

Anhang 8: Airworthiness of Aircraft
(Lufttüchtigkeit von Luftfahrzeugen)
Anmerkung: Grundlage für unsere **LuftGerPO!**

Anhang 9: Facilitation of International Air Transport
(Erleichterungen für den internationalen Luftverkehr)
Anmerkung: In das Luftfahrthandbuch (AIP), Band 1, **FAL-Teil,** eingearbeitet!

Anhang 10: Aeronautical Telecommunications
(Flugfernmeldedienst)
Anmerkung: Grundlage für die Durchführung der Flugfernmeldedienste (COM/NAV)!

Anhang 11: Air Traffic Services
(Flugverkehrsdienste)
Anmerkung: Grundlage für die Durchführung der Flugverkehrsdienste (BFS)!

Anhang 12: Search and Rescue
(Such- und Rettungsdienst)
Anmerkung: Grundlage für die Durchführung des Such- und Rettungsdienstes (SAR)!

Anhang 13: Aircraft Accident Inquiry
(Flugunfalluntersuchung)
Anmerkung: Grundlage für die Durchführung von Flugunfalluntersuchungen (LBA)!

Anhang 14: Aerodromes
(Flugplätze)
Anmerkung: Grundlage für die Anlage und Ausrüstung von Flugplätzen!

Anhang 15: Aeronautical Information Service
(Flugberatungsdienst)
Anmerkung: Grundlage für die Durchführung des Flugberatungsdienstes (AIS)!

Anhang 16: Aircraft Noise
(Fluglärm)

Anhang 17: Security
(Luftsicherheit)

Anhang 18: Safe Transport of Dangerous Goods by Air
(Transport von gefährlichen Gütern)

Diese Anhänge (Annexes) zum ICAO-Abkommen sind durch eine Reihe von **Verfahrensvorschriften** ergänzt worden, die als **„PANS“** (Procedures for Air Navigation Services) bezeichnet werden. Sie erscheinen als sogenannte **„ICAO-Documents“** (ICAO-Druckschriften) und enthalten detaillierte Ausführungsbestimmungen über einheitlich anzuwendende Verfahren.
Die wichtigsten **„ICAO-Documents“** (ICAO-Druckschriften) sind:

- **DOC 4444/PANS-RAC**
  „Rules of the Air and Air Traffic Services“ (Luftverkehrsregeln und Flugverkehrsdienste)
- **Doc 8168/PANS-OPS**
  „Aircraft Operations“ (Betrieb von Luftfahrzeugen)
- **Doc 7910**
  „Location Indicators“ (Ortskennungen)
- **Doc 8400**
  „Abbreviations and Codes“ (Abkürzungen und Codes)

Zusätzlich gibt es noch **regionale Ergänzungsverfahren (SUPPS** - Regional Supplementary Procedures), die nur in bestimmten ICAO-Regionen Gültigkeit haben. Diese Ergänzungsverfahren (SUPPS) sind zusammengefaßt im **ICAO-Doc 7030** (Titel: „Regional Supplementary Procedures“) veröffentlicht.

3.0 Veröffentlichungen der Luftfahrtbehörden

3.1 Das Büro der Nachrichten für Luftfahrer (Büro NfL)

Die Bundesanstalt für Flugsicherung (BFS) ist gemäß BFS-Gesetz auch für die verschiedenen **Veröffentlichungen der Luftfahrtbehörden** zuständig. Sie hat zur Durchführung dieser Aufgaben das

Büro der Nachrichten für Luftfahrer (Büro NfL)

in Frankfurt eingerichtet, welches den Rang einer **Sonderstelle** der BFS einnimmt und der Zentralstelle (BFS/Z) angegliedert ist.
Das **Büro NfL** befaßt sich insbesondere mit der Herstellung, Bearbeitung und Herausgabe

- **des Luftfahrthandbuches**
  (AIP = Aeronautical Information Publication; siehe 3.2),
- **der Nachrichten für Luftfahrer**
  (NfL I und II, NOTAM, Information Circular; siehe 3.3),
- **von Luftfahrtkarten** (siehe 3.4).

Ein wesentlicher Bestandteil des Büro NfL ist die sogenannte **„NOTAM-Zentrale“** (NOTAM = Notice to Airmen, deutsch: Nachrichten für Luftfahrer = NfL), die zusätzlich folgende Aufgaben wahrnimmt:

- **Luftfahrt-Nachrichten** zu beschaffen, zu bearbeiten und zu verbreiten, die für die Planung, Durchführung und Sicherheit von Flügen, die auf Flugplätzen in der Bundesrepublik Deutschland starten oder landen, wichtig sind;
- **NOTAM-Kurzfassungen und NOTAM-Handbücher** für die Flugberatung (AIS = Aeronautical Information Service) herauszugeben;
- **bei der Herstellung von Luftfahrtkarten** durch navigatorische und flugsicherungsbetriebliche Beratung mitzuwirken;
- **die Flugberatungsstellen** (AIS) mit allen erforderlichen Beratungsunterlagen zu versorgen.

3.2 Das Luftfahrthandbuch (AIP - Aeronautical Information Publication)

Die BFS (Büro NfL) gibt für den Bereich der Bundesrepublik Deutschland und West-Berlin ein **Luftfahrthandbuch** (AIP = Aeronautical Information Publication) **nach den Richtlinien des ICAO-Anhang 15** (siehe 2.2.1.3) heraus, das in deutscher und englischer Sprache abgefaßt ist.

Das **Luftfahrthandbuch (AIP)** ist eine Sammlung von Anordnungen, Informationen und Hinweisen für die Luftfahrt, die für einen **längeren Zeitraum** gültig sind. Es enthält Veröffentlichungen über wichtige Sachgebiete der Luftfahrt unter besonderer Berücksichtigung des Flugsicherungssystems der Bundesrepublik Deutschland und besteht aus **drei Bänden.**

3.2.1 Luftfahrthandbuch (AIP), Band I

Der Band I des Luftfahrthandbuches (AIP) gliedert sich in die folgenden Abschnitte mit folgendem Inhalt (Auszug):

GEN – Allgemeines/General

Inhalt:
- Flugberatungsdienst (AIS),
- Zusammenstellung der wesentlichen luftverkehrsrechtlichen Vorschriften,

- Abweichungen von ICAO-Bestimmungen,
- Festlegung der Maßeinheiten,
- Zeitsystem,
- Staatszugehörigkeits- und Eintragungszeichen,
- Flugsicherungsausrüstung der Luftfahrzeuge,
- Luftbildaufnahmen,
- Anerkennung ausländischer Luftfahrerscheine,
- Feiertage,

- Abkürzungen,
- Anschriften der Luftfahrtbehörden.

AGA - Flugplätze/Aerodromes
(mit Ausnahme der Landeplätze, die im Band III veröffentlicht sind)

Inhalt:
AGA-0:
- Begriffsbestimmungen,
- Erlaubnis für zivile Luftfahrzeuge zu gelegentlichen Landungen auf Militärflugplätzen,
- Schneeplan,
- Verschlüsselung des Zustands von Start- und Landebahnen,

AGA-1:
- Liste der internationalen Flughäfen mit Zollabfertigung.

AGA-2:
Verkehrsflughäfen (umfassende Beschreibung der äußeren Merkmale und der verfügbaren Bodeneinrichtungen); **AGA 2A:** Sonstige Flughäfen.

COM - Flugfernmeldedienst/Aeronautical Telecommunication Service

Inhalt:
COM-0:
- Sprechfunkverfahren,
- Funknavigationsanlagen,
- Fester Flugfernmeldedienst,
- Fernschreib- und Sprechfunkabkürzungen deutscher Luftfahrtunternehmen,
- Alphabetisches Verzeichnis der Kennungen von Funknavigationsanlagen.

COM-1:
- Ortskennungen.

COM-2:
- Liste der Flugfunkanlagen für Fernmeldeverkehr und Navigation,
- Radaranlagen.

COM-4:
- Funkzeitzeichen des Deutschen Hydrographischen Instituts.

COM-5:
- Fester Flugfernmeldedienst: internationale und innerstaatliche Verbindungen, Fernschreibverbindungen, Fernsprechverbindungen.

MET - Flugwetterdienst/Aeronautical Meteorological Service

Inhalt:
MET-0:
- Organisation, zuständige Behörde,
- Aufgaben,
- Gebühren,
- Arbeitsverfahren (Flugwetterberatungsdienst usw.),
- Flugklimatologische Angaben,
- Angewendete ICAO-Dokumente.

MET-1:

- Flugwetterberatungsdienst an Flughäfen (Dienstzeiten, verfügbare Unterlagen usw.),
- Besondere Aufgaben von Dienststellen des Flugwetterdienstes (Telefonnummern für Beratung und Automatische Flugwetteransage – AFWA usw.),
- Flugplatzwettervorhersagen (TAF),
- Liste meteorologischer Stationen an Flughäfen,
- Inhalt von Wettermeldungen für die Luftfahrt,
- Zahlen und Buchstabenabkürzungen für „Gegenwärtiges Wetter" (w'w'),
- Kriterien für die Abgabe von Sonder-Wettermeldungen (Special Weather Reports),
- Wetterfunksendungen (VOLMET),
- Meteorologischer Dienst an Flughäfen mit Kontrollzone.

RAC - Luftverkehrsvorschriften und Flugsicherungsverfahren/Air Traffic Regulations and Air Traffic Services Procedures

Inhalt:
RAC-O:
- Verzeichnis der Luftverkehrsvorschriften.

RAC-1:
Luftverkehrsregeln:
I. Luftverkehrs-Ordnung (LuftVO);
II. Durchführungsverordnungen zur LuftVO (DVO/LuftVO):
- Flugpläne,
- Verfahren bei Ausfall der Funkverbindung,
- Standortmeldungen,
- Start- und Landemeldungen,
- Höhenmessereinstellung bei Flügen nach Sichtflugregeln (VFR) usw.

III. Sonstige Durchführungsbestimmungen zur LuftVO:
- Anzeige von Flugunfällen und Störungen im Flugbetrieb,
- Flugbeschränkungen in der Flugüberwachungszone (FlugÜZ/ADIZ),
- Ausnahmen vom Verbot des Durchflugs durch Gebiete mit Flugbeschränkungen,
- Fallschirmabsprünge und Abwerfen von Gegenständen an Fallschirmen,
- Signale und Zeichen sowie zu treffende Maßnahmen bei der Ansteuerung von Zivilluftfahrzeugen durch militärische Luftfahrzeuge,
- Meldung vor dem Start bei der Luftaufsichtstelle oder Flugleitung,
- Flugverkehrsfreigaben (Sonderregelungen)
- Voraussetzungen für die Erteilung von Flugverkehrsfreigaben für Sonderflüge nach Sichtflugregeln (Special VFR) in Kontrollzonen,
- Ausnahmen vom Verbot von VFR-Flügen oberhalb FL 200,
- Ergänzende Bekanntmachung über Ausnahmen vom Verbot für VFR-Flüge oberhalb FL 200 sowie innerhalb ED-R9,
- Zusammenstoß-Warnlichter (Anti-collision lights) für Luftfahrzeuge usw.

IV. Durchführung der Flugsicherungsbetriebsdienste:
- Verbreitung von SIGMET-Meldungen,
- Auftreten von Luftwirbelschleppen und deren Vermeidung,
- Meldungen über gefährliche Begegnungen zwischen Luftfahrzeugen,
- Durchführung von Verbandsflügen usw.

RAC-2:
Luftraumgliederung:
- Fluginformationsgebiete (FIR),
- Kontrollbezirke (CTA),
- Nahverkehrsbereiche (TMA),
- CVFR-Gebiete,
- Flugverkehrsstrecken,
- Kontrollzonen (CTR),
- Luftkorridore nach Berlin usw.

RAC 3:
Gebiete mit Flugbeschränkungen und Gefahrengebiete:
- Liste der Flugbeschränkungsgebiete (ED-R),
- Liste der Segelflugbeschränkungsgebiete,
- Liste der Gefahrengebiete (ED-D),
- Liste der zeitweilig reservierten Lufträume (TRA),
- Gebiete mit besonderen Aktivitäten,
- Liste der Luftfahrthindernisse,
- Überschallflüge militärischer Strahlflugzeuge,
- Radiosondenaufstiege und Radarhöhenwindmessungen,
- Vogelkonzentrationen und Vogelzugbewegungen.

RAC-4:
- Kriterien für Instrumentenanflugverfahren und Warteverfahren,
- Warteverfahren (IFR),
- Automatische Ausstrahlung von Start- und Landeinformationen (ATIS),
- Benutzung von VASIS usw.

FAL - Erleichterungen für den internationalen Luftverkehr/Facilitation of International Air Transport

Inhalt:

FAL-O:
- Abweichungen innerstaatlicher Vorschriften von den Richtlinien und Empfehlungen der ICAO.

FAL-1:
- Bestimmungen über den Einflug und Ausflug von Luftfahrzeugen im Bereich der Bundesrepublik Deutschland.

FAL-2:
- Abfertigung durch Zoll-, Grenzpolizei- und Gesundheitsbehörden auf Flugplätzen.

FAL-3:
- Gebührenordnung der Verkehrsflughäfen.

SAR - Such- und Rettungsdienst/Search and Rescue Service

Inhalt:

SAR-O:
- Organisation des Such- und Rettungsdienstes.

SAR-1:
- Gliederung des Such- und Rettungsdienstes.

SAR-2:
- Optische Boden-/Bord-Zeichen zur Benutzung am Boden durch Überlebende.

Abb. 1
Luftfahrthandbuch (AIP), Band I

3.2.2 Luftfahrthandbuch (AIP), Band II

Der **Band II** des Luftfahrthandbuches (AIP) gliedert sich in die Abschnitte **ENROUTE** und **TERMINAL** (Luftfahrtkarten/ Aeronautical Charts).
Er enthält im wesentlichen

- **die Streckenkarte** (Enroute Chart) für die Bundesrepublik Deutschland und Westberlin und
- **Verfahrenskarten für Flüge nach Instrumentenflugregeln** (IFR-Ein- und Abflugstrecken, IFR-Anflug-verfahren).

Anmerkung: Band II des Luftfahrthandbuches gehört **nicht** zum Prüfungsstoff für den Erwerb des PPL!

3.2.3 Luftfahrthandbuch (AIP), Band III

Der **Band III** des Luftfahrthandbuches (AIP) ist ein **Ergänzungsband** zum Luftfahrthandbuch, Band I. Er enthält wichtige Anordnungen und Informationen für **Flüge nach Sichtflugregeln** (VFR = Visual Flight Rules) und ist für die Vorbereitung und Durchführung von VFR-Flügen unerläßlich.
Band III gliedert sich in die folgenden Abschnitte mit folgendem Inhalt:

	– Titelblatt, Prüfliste, Liste der Betriebszeiten der Landeplätze
GEN	– Vorwort, Kartenzeichen, Abkürzungen, Umrechnungstabellen und Allgemeine Informationen
COM	– Funknavigationsanlagen
MET	– Wetterberatung für die Allgemeine Luftfahrt
RAC	– Wesentliche Vorschriften, Verfahren und Informationen für die Durchführung von Flügen nach Sichtflugregeln
Flugplätze	– AGA-Angaben, VFR-Flugverfahren sowie Sichtanflug- und Landekarten

BREMEN
EDDW

1. **Lage/Location:**

2 NM S Stadtmitte Bremen / centre of Bremen

2. **Flugplatzbezugspunkt: Aerodrome reference point:**

53 02 56 N
08 47 16 E
10.5 ft

3. **Zugelassen für/Admitted for:**

a. **Arten der Luftfahrzeuge: Types of aircraft:**

Flugzeuge bis / Aeroplanes up to 27000 kg SIWL
Hubschrauber / Helicopters
Segelflugzeuge / Gliders PPR

b. VFR-Nachtflug: Ja
VFR night: Yes

c. IFR-Flugbetrieb: Ja
IFR operations: Yes

4. **Zweck des Flugplatzes: Purpose of aerodrome:**

Verkehrsflughafen für den internationalen gewerblichen Luftverkehr
Airport for use by international commercial air transport

5. **Betriebszeit/Operating hours:**

H 24

EXC Sat 2230 - Sun 0500
Sun 2230 - Mon 0500

Örtl. Flugbeschränkungen s. AIP Band I, AGA 2-3-2
Local flying restrictions see AIP VOL I, AGA 2-3-2

6. **Flugplatzunternehmer: Aerodrome operator:**

Flughafen Bremen GmbH
Postfach 105747
Köhlstraße
2800 Bremen 1
TEL: 0421/55951
Telex: 0244118
AFTN: EDDWYD

7. **Zuständige Flugberatungsstelle: Competent AIS unit:**

Bremen, TEL: 0421/554406

8a. **Zuständige Flugwetterwarte: Competent MET office:**

Bremen, TEL: 0421/552062

b. **Vorhersagegebiet (AFWA): Forecast area:**

14 Nordwestliches Niedersachsen

9. **Zoll- und Paßabfertigung: Customs and immigration clearance:**

Zoll/customs: 0530 - 2200
Paßabfertigung/immigration: 0530-2130
Zu anderen Zeiten/other times PPR

10. **Treibstoffsorten/Fuel grades:**

100 LL, 80/87, Jet A1

11. **Ölsorten/Oil grades:**

80, 100, EE80, EE100, EETO 274, ETO 2380

12. **Hallenraum/Hangar space:**

Nein/No

13. **Instandsetzungen/Repairs:**

Hanseatische Luftwerft GmbH
TEL: 0421/552093
LBA II-A 37

Gesamte Instandhaltung von Flugzeugen in Gemischt- und Metallbauweise bis 5,7 t, für Flugzeuge in Holzbauweise nur Wartung und Jahresnachprüfung. Bordinstrumente, Propeller, Funk-Anlagen.
Entire maintenance of aeroplanes in composite and metal construction up to 5.7 t, for aeroplanes in wood construction minor maintenance and yearly check-up only. Airborne equipment, propellers and radio equipment.

VFW
TEL: 0421/5381
LBA II-A 51, I-A 8

Gesamte Instandhaltung von Flugzeugen bis 2 t. Bordinstrumente.
Entire maintenance of aeroplanes up to 2 t. Airborne equipment.

14. **Hotel:**

Bremen

15. **Restaurant:**

Ja/Yes

16. **Verkehrsmittel/Transportation:**

Straßenbahn/Tram, Taxi

(Genehmigung/Approval: NfL I-322/78, I-323/78)

6 MAR 1980 BUNDESANSTALT FÜR FLUGSICHERUNG EDDW 1

Abb. 2

Beschreibung eines Verkehrsflughafens im Band III (AIP)

(Nur für Übungszwecke!)

17. VFR-Flugverfahren/VFR Flight Procedures
(NfL I-21/78, I-391/79)

1. Anflüge

1.1 VFR-Flüge zum Flughafen Bremen sind auf einer der in der Sichtanflugkarte dargestellten Einflugstrecken durchzuführen, wobei Standortmeldungen über den gekennzeichneten Pflichtmeldepunkten zu übermitteln sind.

1.2 Sprechfunkverbindung mit der Flugplatzkontrolle Bremen ist spätestens 5 Minuten vor Erreichen des ersten Pflichtmeldepunktes aufzunehmen.

1.3 Flüge in der Platzrunde sind südlich der RWY 09/27 durchzuführen.

1.4 Sofern die Flugplatzkontrolle Bremen eine Anweisung zum Warten nördlich oder südlich der Start- und Landebahn 09/27 erteilt hat, hat der Luftfahrzeugführer weitere Anweisungen der Flugplatzkontrolle in den aus der Sichtanflugkarte ersichtlichen nördlichen oder südlichen Warteschleifen abzuwarten.

1.5 Luftfahrzeugführer, die aufgrund der Leistungsdaten ihres Luftfahrzeugs die festgelegten Einflugstrecken nicht einhalten können, haben eine der für IFR-Flüge zum Flughafen Bremen festgelegten Einflugstrecken zu benutzen. Hierbei haben sie Sprechfunkverbindung mit der Anflugkontrolle Bremen aus einer Entfernung von mindestens 25 NM vom Flughafen Bremen aufzunehmen.

2. Abflüge

2.1 VFR-Abflugstrecken Startbahn 09:
– über ECHO
– über NOVEMBER 2 nach NOVEMBER 1
– über NOVEMBER 2, LIMA 2 nach LIMA 1
– über WHISKEY.
VFR-Abflugstrecken Startbahn 27:
– über SIERRA 2 nach SIERRA 1
– nach 1 NM vom RWY Ende über NOVEMBER 2 nach NOVEMBER 1
– nach 1 NM vom RWY Ende über LIMA 2 nach LIMA 1
– über WHISKEY.
Standortmeldungen sind über den gekennzeichneten Pflichtmeldepunkten zu übermitteln.

2.2 Luftfahrzeugführer, die aufgrund der Leistungsdaten ihrer Luftfahrzeuge die festgelegten Abflugstrecken nicht einhalten können, haben die für Abflüge nach Instrumentenflugregeln festgelegten Abflugstrecken zu benutzen.

1. Approaches

1.1 VFR approaches to Bremen Airport shall be conducted on one of the arrival routes depicted on the Visual Approach Chart; position reports shall be made over the indicated compulsory reporting points.

1.2 Radio contact with Bremen Aerodrome Control shall be established at least 5 minutes prior reaching the first compulsory reporting point.

1.3 Traffic circuits shall be executed south of RWY 09/27.

1.4 If Bremen Aerodrome Control has given instruction to hold N or S of RWY 09/27, the pilot shall await further instructions by Aerodrome Control in the N or S holding pattern inserted in the Visual Approach Chart.

1.5 Pilots, who due to the performance criteria of their aircraft cannot adhere to the established inbound routes shall use one of the Standard Instrument Arrival Routes established for Bremen Airport. In this case radio contact with Bremen Approach Control shall be established at a distance of at least 25 NM from Bremen Airport.

2. Departures

2.1 VFR departure routes RWY 09:
– via ECHO
– via NOVEMBER 2 to NOVEMBER 1
– via NOVEMBER 2, LIMA 2 to LIMA 1
– via WHISKEY.
VFR departure routes RWY 27:
– via SIERRA 2 to SIERRA 1
– 1 NM after RWY end via NOVEMBER 2 to NOVEMBER 1
– 1 NM after RWY end via LIMA 2 to LIMA 1
– via WHISKEY.
Position reports shall be transmitted over the indicated compulsory reporting points.

2.2 Pilots, who due to the performance criteria of their aircraft cannot adhere to the established departure routes shall use the Standard Instrument Departure Routes established for Bremen Airport.

EDDW 2 BUNDESANSTALT FÜR FLUGSICHERUNG 6 MAR 1980

Abb. 3

VFR-Flugverfahren für einen Verkehrsflughafen im Band III (AIP)

(Nur für Übungszwecke!)

Sichtanflugkarte
Visual Approach Chart

Höhe ü. NN ELEV 300

KÖLN-BONN EDDK

DÜSSELDORF INFORMATION 135.350 (En/Ge) 123.200 (En/Ge)
BREMEN VOLMET 127.400
FRANKFURT VOLMET 127.600
ATIS 108.80 121.750

TWR/TURM 118.900 (En/Ge) 120.500 (En/Ge)
GROUND ROLLKONTR. 121.850 (En/Ge)
QDM O/R

EMERG NOTFREQ 121.500 (En/Ge)
GUARD WACHFREQ 119.700 (En/Ge)

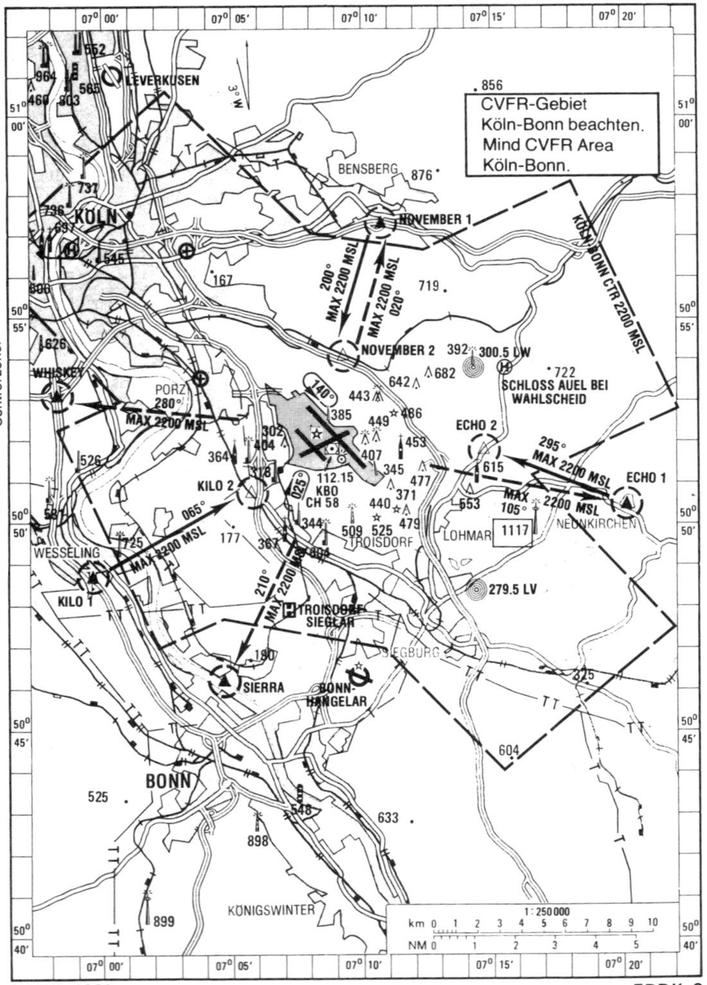

Berichtigung: Kontrollzone.
Correction: Control zone.

24 JUL 1980 BUNDESANSTALT FÜR FLUGSICHERUNG **EDDK 3**

Abb. 4
Sichtanflugkarte eines Verkehrsflughafens im Band III (AIP)

Landekarte
Landing Chart

50 52 02 N
07 08 37 E

KÖLN-BONN EDDK

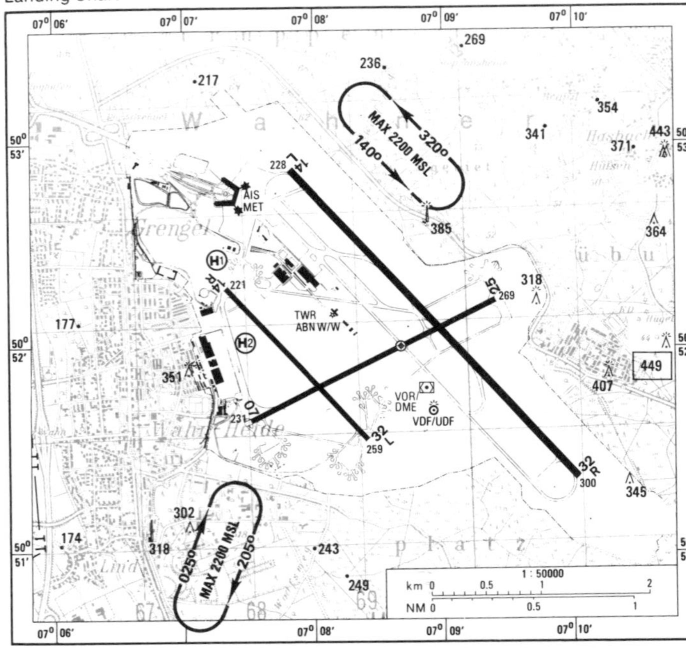

Berichtigung: Topographie.
Correction: Topo.

RWY Mag		Abmessungen Dimensions m	Belag Surface	Gewichtsbeschränkung Weight limitation kg	TKOF	LDG
140 L	320 R	3800 x 60	Beton Concrete	LCN 100	3800m	3800m
140 R	320 L	1866 x 50		LCN 53	1866m	1866m
067	247	2459 x 46		LCN 63	2459m	2459m

Bemerkungen: Tarmac Überzug
Remarks: Tarmac coating

Längsprofil/Longitudinal profile:
RWY 14L/32R, 14R/32L, 07/25
Längsneigung unter 1%
Longitudinal slope below 1%

EDDK 4 BUNDESANSTALT FÜR FLUGSICHERUNG **24 JUL 1980**

Abb. 5
Landekarte eines Verkehrsflughafens im Band III (AIP)

(Nur für Übungszwecke!)

FLUGPLATZKARTE
AERODROME CHART

KÖLN-BONN
EDDK

Berichtigung: Gleitwinkelbefeuerung.
Correction: VASIS.

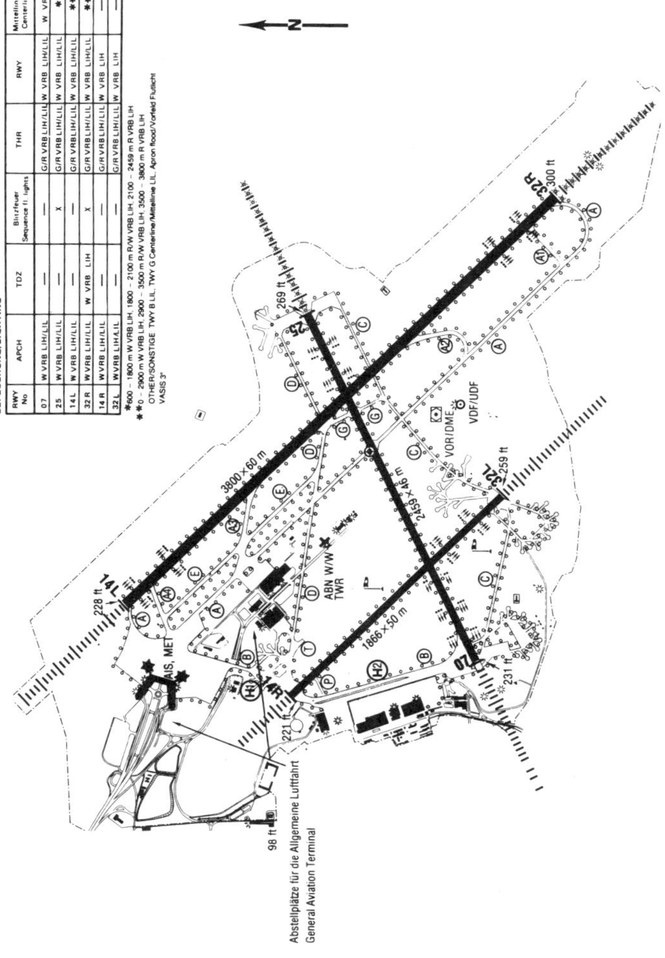

BEFEUERUNG/LIGHTING

RWY No	APCH	TDZ	Blitzfeuer Sequence fl. lights	THR	RWY	Mittellinienfeuer/ Centerline lights
07	W VRB LIH/LIL	—	—	G/R VRB LIH/LIL	W VRB LIH/LIL	W VRB LIH
25	W VRB LIH/LIL	—	X	G/R VRB LIH/LIL	W VRB LIH/LIL	*
14L	W VRB LIH/LIL	—	—	G/R VRB LIH/LIL	W VRB LIH/LIL	**
32R	W VRB LIH/LIL	W VRB LIH	X	G/R VRB LIH/LIL	W VRB LIH/LIL	**
14R	W VRB LIH/LIL	—	—	G/R VRB LIH/LIL	W VRB LIH	—
32L	W VRB LIH/LIL	—	—	G/R VRB LIH/LIL	W VRB LIH	—

*600 – 1800 m W VRB LIH, 1800 – 2100 m R/W VRB LIH, 2100 – 2459 m R VRB LIH
**0 – 2900 m W VRB LIH, 2900 – 3500 m R/W VRB LIH, 3500 – 3800 m R VRB LIH
OTHER/SONSTIGE: TWY B LIL, TWY G Centerline/Mittellinie LIL, Apron flood/Vorfeld Flutlicht
VASIS 3°

24 JUL 1980 BUNDESANSTALT FÜR FLUGSICHERUNG **EDDK 5**

Abb. 6
Flugplatzkarte eines Verkehrsflughafens im Band III (AIP)

BONN-HANGELAR
EDKB

1. **Lage/Location:**
   3 NM NE Bonn
2. **Flugplatzbezugspunkt/ Aerodrome Reference Point:**
   50 46 12 N
   07 09 53 E 197 ft
3. **Zugelassene Luftfahrzeugarten/ Types of aircraft admitted:**
   Flugzeuge bis
   Aeroplanes up to
   Hubschrauber bis
   Helicopters up to } 5700 kg MPW
   Motorsegler
   Powered gliders
   Segelflugzeuge
   Gliders
4. **Zweck des Flugplatzes/ Purpose of aerodrome:**
   Verkehrslandeplatz
   Airfield for public use
5. **Betriebszeit/Operating hours:**
   1. MAR - 31. OCT 0700 - SS+30
   1. NOV - 28. FEB 0700 - 0800 O/R
   0800 - SS+30
6. **Flugplatzunternehmer/ Aerodrome operator:**
   Flugplatzgesellschaft Hangelar GmbH
   Flugplatz
   5205 Sankt Augustin 2
   Betriebsbüro
   Operations TEL: 02241/22000
   Luftaufsicht TEL: 02241/21760
7. **Zuständige FS-Stelle/ Competent ATS Unit:**
   Köln-Bonn (AIS TEL: 02203/402218)

8a. **Zuständige Flugwetterwarte/ Competent MET office:**
   Köln-Bonn, TEL: 02203/402247, 402248

b. **Gebietsziffer und geogr. Bezeichnung/ Numerical and geograph. designation: (AFWA)**
   34 Kölner Bucht

9. **Zoll- und Paßabfertigung/ Customs and immigration clearance:**
   O/R 1 HR TEL: 02241/22000
   Zollabfertigung nur für Flugzeuge der Allgemeinen Luftfahrt im gewerblichen Gelegenheitsverkehr und im nichtgewerblichen Verkehr.
   Customs and immigration clearance for General Aviation engaged in commercial non-scheduled and non-commercial traffic.
10. **Treibstoffsorten/Fuel grades:**
    80/87, 100 LL, A-1
11. **Ölsorten/Oil grades:**
    Esso 80, 100, E 80, E 100
12. **Hallenraum/Hangar space:**
    Ja/Yes
13. **Instandsetzungen/Repairs:**
    Luftfahrtbetriebs GmbH
    Flugplatz, 5205 St. Augustin 2
    TEL: 02241/24055
    LBA Nr. IIA-138
14. **Hotel:**
    Hangelar
15. **Restaurant:**
    Ja/Yes
16. **Verkehrsmittel/Transportation:**
    Straßenbahn/Street car, Taxi,
    Leihwagen/Rent-a-car,

(Genehmigung/Approval: NfL 3/65)

5 APR 1979 BUNDESANSTALT FÜR FLUGSICHERUNG **EDKB 1**

Abb. 7
Beschreibung eines Landeplatzes im Band III (AIP)

(Nur für Übungszwecke!)

17. Regelung des Flugplatzverkehrs/Regulation of Aerodrome Traffic
(NfL I-13/79)

1. Flugbetriebsbeschränkungen für motorgetriebene Luftfahrzeuge

Flüge die nicht über die Umgebung des Flugplatzes hinausführen (Flüge mit einer Flugzeit von weniger als 20 Minuten) sind nur zu folgenden Zeiten gestattet:

1. Flight Restrictions for Powered Aircraft

Flights in the surroundings of the aerodrome (flights of less than 20 minutes flight time) are permitted during the following times only:

Mon - Sat: 0800 - 1200, 1400 - 1800
Sun + HOL*:0800 - 1200

* außer Flügen zur gewerblichen Personenbeförderung.

* except flights for the commercial transportation of passengers.

Ausgenommen hiervon sind Flüge mit Luftfahrzeugen, die den erhöhten Schallschutzanforderungen des § 4 Abs. 2 des AIC 13/76 entsprechen.

Permitted are flights of aircraft complying with the increased noise abatement requirements of § 4 para 2 of AIC 13/76.

An- und abfliegende Luftfahrzeuge haben innerhalb eines Radius von 5 NM um den Flugplatz ständige Hörbereitschaft auf der Informationsfrequenz (Hauptfrequenz) zu halten. Für Ausbildungsflüge ist die entsprechende Frequenz mit der Luftaufsichtsstelle vorher abzustimmen.

Approaching and departing aircraft shall maintain constant listening watch on the main frequency within a radius of 5 NM around the airfield. For training flights the appropriate frequency shall be coordinated with the Luftaufsichtsstelle.

Luftfahrzeuge ohne Funk dürfen nur nach vorheriger Genehmigung durch die Luftaufsichtsstelle an- und abfliegen.

Take-offs and landings of aircraft without radio equipment are permitted only after prior permission by the Luftaufsichtsstelle.

2. Motorflugbetrieb

Die den Flugplatz anfliegenden und die vom Flugplatz abfliegenden Luftfahrzeuge haben sich in die vorgeschriebenen Platzrunden einzuordnen.

2. Flight Operations of Powered Aircraft

Approaching and departing aircraft shall use the prescribed traffic circuits.

Platzrunden motorgetriebener Luftfahrzeuge sind unter Beachtung des vorgeschriebenen Flugweges auszuführen; insbesondere ist ein vorzeitiges Verlassen der Platzrunden in Richtung St. Augustin verboten.

Traffic circuits of powered aircraft shall be flown according to the prescribed routing; especially too early leaving of the traffic circuit into the direction of St. Augustin is prohibited.

Luftfahrzeuge, die die Platzrunde nicht einhalten können, haben ihren An- und Abflug so einzurichten, daß möglichst kein Gebiet mit Wohnbebauung überflogen wird.

Aircraft which cannot adhere to the traffic circuit shall approach and depart in such a way that, as far as possible, no built-up areas are overflown.

Motorgetriebene Luftfahrzeuge ohne Funk müssen sich nach Feststellung der Landerichtung in den Gegenanflugteil der Platzrunde einordnen.

Powered aircraft without radio equipment shall enter the downwind leg of the traffic circuit according to the runway in use.

Der Bereich für Segelflug im Norden des Verkehrslandeplatzes ist zu meiden.

The glider flying area in the northern part of the airfield shall be avoided.

Gleichzeitige parallele Landeanflüge und gleichzeitige Landungen von Schleppflugzeugen und anderen motorgetriebenen Luftfahrzeugen sind verboten.

Simultaneous, parallel approaches as well as simultaneous landings of towing aircraft and other powered aircraft are prohibited.

3. Allgemeines

Im übrigen wird auf die Regelung des Sichtflugverkehrs im Raum Köln-Bonn (Luftfahrthandbuch Band I, RAC-3-1-11) besonders hingewiesen.

3. General

Attention is drawn to the regulation of VFR Traffic in the Köln-Bonn Area (AIP I, RAC-3-1-11).

Weitere Bestimmungen für den Segelflugbetrieb, den Betrieb mit Schleppflugzeugen und die Benutzung der Bewegungsflächen sind in NfL I-13/79 veröffentlicht.

Further regulations concerning glider flying, aero-tows as well as rules for the use of the movement area are published in NfL I-13/79.

EDKB 2 — BUNDESANSTALT FÜR FLUGSICHERUNG — 5 APR 1979

Abb. 8
Regelung des Flugplatzverkehrs für einen Landeplatz im Band III (AIP)

(Nur für Übungszwecke!)

Sichtanflugkarte / Visual Approach Chart — Höhe ü. NN / ELEV 197 — BONN-HANGELAR EDKB

DÜSSELDORF INFORMATION		VDF (QDM)		BONN-HANGELAR INFO
135.350	123.200	122.000, 123.000, 122.600	O/R 119.250, 122.500	119.250* (EN + GE)
(En + Ge) H 24				122.500 (EN + GE)
				s. AD Zeiten times

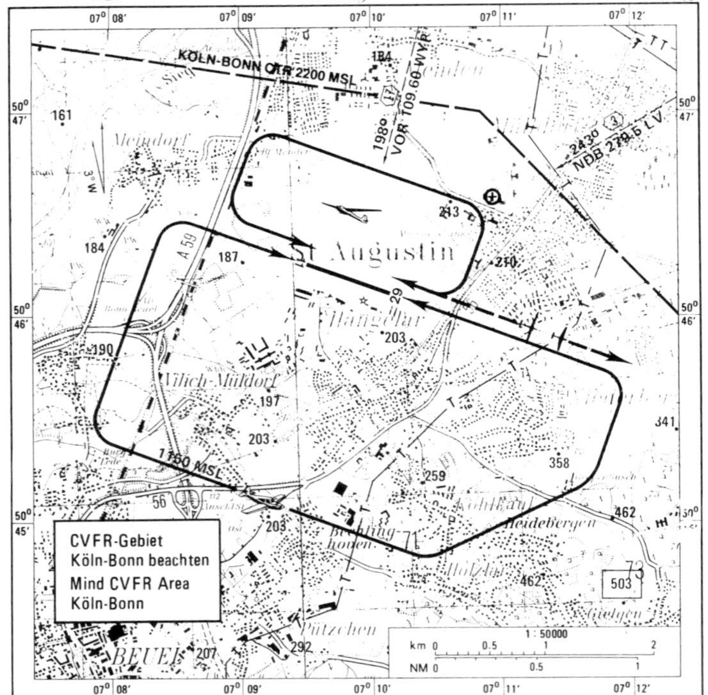

Berichtigung: / Correction: Köln-Bonn CTR.

Bei Flügen zum, vom und am Flugplatz sind die Bestimmungen für das CVFR-Gebiet Köln-Bonn zu beachten.

On flights to, from and at the aerodrome attention must be paid to the regulations concerning the CVFR Area Köln-Bonn.

Starker Segelflugbetrieb auf dem NE-Teil des Landeplatzes.

Intensive glider flying on the NE portion of the airfield.

*FREQ 119.250 darf nur bis zu 25 NM vom Platz und bis max. 4000 ft über AD benutzt werden.

*FREQ 119.250 shall be used only at a distance up to 25 NM from airfield and up to 4000 ft above AD.

24 JUL 1980 — BUNDESANSTALT FÜR FLUGSICHERUNG — EDKB 3

Abb. 9
Sichtanflugkarte eines Landeplatzes im Band III (AIP)

(Nur für Übungszwecke!)

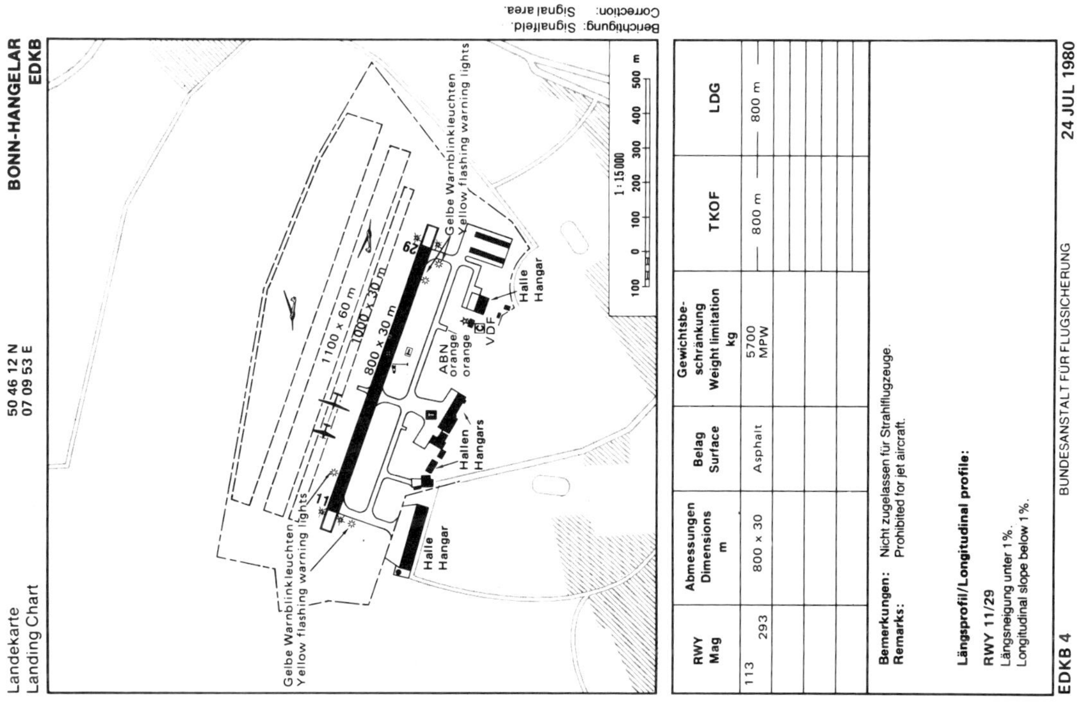

Abb. 10
Landekarte eines Landeplatzes im Band III (AIP)
(Nur für Übungszwecke!)

3.2.4 Berichtigung des Luftfahrthandbuches (AIP)

Das Luftfahrthandbuch wird durch einen **regelmäßigen Berichtigungsdienst** des Büro NfL auf dem laufenden gehalten.
Die Berichtigungen zu den Bänden I, II und III erfolgen ab Januar 1981 aus Kostengründen nur noch

monatlich.

Falls aus irgendwelchen Gründen zu den vorgesehenen Daten keine Berichtigung veröffentlicht werden kann, wird dies durch „NOTAM" (siehe 3.3) bekanntgegeben.

3.3 Nachrichten für die Luftfahrt

Gemäß **ICAO-Anhang 15** (AIS = Aeronautical Information Service) sind **Anordnungen**, wichtige **Informationen** und **Hinweise** für die Luftfahrt immer dann als **„Nachrichten für Luftfahrer"** (engl.: „Notice to Airmen = NOTAM) bekanntzugeben, wenn die zu verbreitenden Nachrichten nur eine **begrenzte Gültigkeitsdauer** haben oder - bei längerer Gültigkeitsdauer - nicht rechtzeitig im Luftfahrthandbuch (AIP) veröffentlicht werden können.

3.3.1 Nachrichten für Luftfahrer (NfL)

Die Nachrichten für Luftfahrer (NfL) dienen der rechtsförmigen Bekanntmachung von Anordnungen sowie wichtigen Informationen und Hinweisen für die Luftfahrt. Sie sind in deutscher Sprache abgefaßt und in zwei Einzelausgaben wie folgt unterteilt :

a) Nachrichten für Luftfahrer Teil I (NfL I)

In den Nachrichten für Luftfahrer Teil I (NfL I) werden Anordnungen sowie wichtige Informationen und Hinweise für die Luftfahrt bekanntgemacht, soweit sie die **Durchführung des Flugbetriebs** betreffen.:

- Flugplätze
- Flugsicherungsbetriebsdienste
- Flugwetterdienst
- Luftverkehrsvorschriften
- Flugsicherungsverfahren
- Luftraumstruktur
- Flugbeschränkungen und Gefahren für die Luftfahrt
- Einflugbestimmungen
- Such - und Rettungsdienst
- Luftfahrtkarten

b) Nachrichten für Luftfahrer Teil II (NfL II)

In den Nachrichten für Luftfahrer Teil II (NfLII) werden Anordnungen sowie wichtige Informationen und Hinweise für die Luftfahrt bekanntgemacht, soweit sie **Luftfahrtgerät und Luftfahrtpersonal** betreffen und nicht in den Nachrichten für Luftfahrer Teil I (NfL I) einzuordnen sind :

- Registrierung von Luftfahrzeugen
- Musterzulassung
- Lufttüchtigkeit
- Ausbildung und Lizenzierung von Luftfahrtpersonal
- Betrieb von Luftfahrzeugen
- Unfalluntersuchung
- Fliegertauglichkeit
- Luftfahrttechnische Betriebe

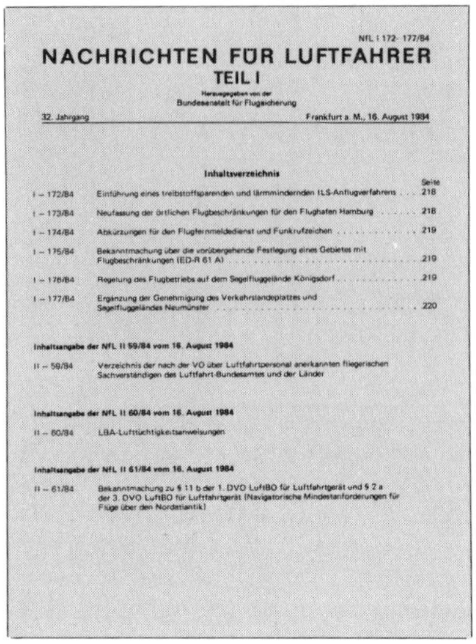

NfL I 172- 177/84

NACHRICHTEN FÜR LUFTFAHRER
TEIL I

Herausgegeben von der
Bundesanstalt für Flugsicherung

32. Jahrgang — Frankfurt a. M., 16. August 1984

Inhaltsverzeichnis

		Seite
I – 172/84	Einführung eines treibstoffsparenden und lärmmindernden ILS-Anflugverfahrens	218
I – 173/84	Neufassung der örtlichen Flugbeschränkungen für den Flughafen Hamburg	218
I – 174/84	Abkürzungen für den Flugfernmeldedienst und Funkrufzeichen	219
I – 175/84	Bekanntmachung über die vorübergehende Festlegung eines Gebietes mit Flugbeschränkungen (ED-R 61 A)	219
I – 176/84	Regelung des Flugbetriebs auf dem Segelfluggelände Königsdorf	219
I – 177/84	Ergänzung der Genehmigung des Verkehrslandeplatzes und Segelfluggeländes Neumünster	220

Inhaltsangabe der NfL II 59/84 vom 16. August 1984

II – 59/84 Verzeichnis der nach der VO über Luftfahrtpersonal anerkannten fliegerischen Sachverständigen des Luftfahrt-Bundesamtes und der Länder

Inhaltsangabe der NfL II 60/84 vom 16. August 1984

II – 60/84 LBA-Lufttüchtigkeitsanweisungen

Inhaltsangabe der NfL II 61/84 vom 16. August 1984

II – 61/84 Bekanntmachung zu § 11 b der 1. DVO LuftBO für Luftfahrtgerät und § 2 a der 3. DVO LuftBO für Luftfahrtgerät (Navigatorische Mindestanforderungen für Flüge über den Nordatlantik)

Abb. 11
Nachrichten für Luftfahrer, Teil I (NfL I)

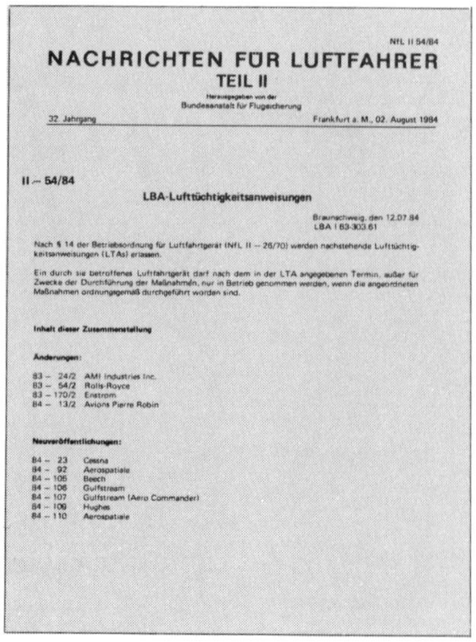

NfL II 54/84

NACHRICHTEN FÜR LUFTFAHRER
TEIL II

Herausgegeben von der
Bundesanstalt für Flugsicherung

32. Jahrgang — Frankfurt a. M., 02. August 1984

II – 54/84

LBA-Lufttüchtigkeitsanweisungen

Braunschweig, den 12.07.84
LBA I 63-303.61

Nach § 14 der Betriebsordnung für Luftfahrtgerät (NfL II – 26/70) werden nachstehende Lufttüchtigkeitsanweisungen (LTAs) erlassen.

Ein durch sie betroffenes Luftfahrtgerät darf nach dem in der LTA angegebenen Termin, außer für Zwecke der Durchführung der Maßnahmen, nur in Betrieb genommen werden, wenn die angeordneten Maßnahmen ordnungsgemäß durchgeführt worden sind.

Inhalt dieser Zusammenstellung

Änderungen:

83 – 24/2 AMI Industries Inc.
83 – 54/2 Rolls-Royce
83 – 170/2 Enstrom
84 – 13/2 Avions Pierre Robin

Neuveröffentlichungen:

84 – 23 Cessna
84 – 92 Aerospatiale
84 – 105 Beech
84 – 106 Gulfstream
84 – 107 Gulfstream (Aero Commander)
84 – 109 Hughes
84 – 110 Aerospatiale

Abb. 12
Nachrichten für Luftfahrer, Teil II (NfL II)

3.3.2 NOTAM Class II

Alle Anordnungen und Informationen über Luftfahrt- und Flugsicherungseinrichtungen und -Verfahren sowie über Gefahren und Beschränkungen für die Luftfahrt, die internationaler Verbreitung bedürfen, werden in den NOTAM Class II bekanntgemacht. Die NOTAM Class II sind in deutscher und englischer Sprache abgefasst und in 2 Serien wie folgt unterteilt :

a) Serie A – NOTAM für den IFR-Flugbetrieb

b) Serie B – NOTAM für den VFR-Flugbetrieb

Anmerkung : NOTAM Class II, die den IFR- und VFR-Flugbetrieb betreffen, erscheinen sowohl in der Serie A als auch in der Serie B.

AIRAC-System

NOTAM Class II über geplante Änderungen von Anlagen, Bestimmungen, Verfahren, Beschränkungen und Gefahren, die für den grenzüberschreitenden Luftverkehr von besonderer Bedeutung sind, werden nach dem international geregelten AIRAC-System bekanntgemacht. Danach werden solche Änderungen nur zu international vereinbarten Daten in Kraft gesetzt und so rechtzeitig bekanntgemacht, daß die entsprechenden NOTAM spätestens **vier Wochen vor Inkrafttreten** in den Händen der Bezieher sind. Die AIRAC-Daten werden für das jeweils folgende Kalenderjahr als NOTAM Class II bekanntgemacht.

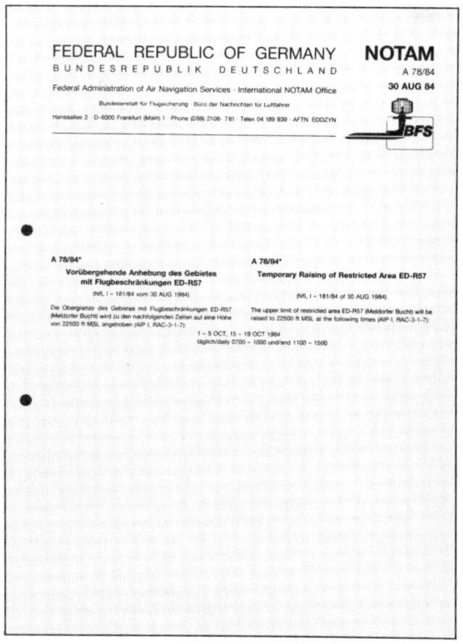

FEDERAL REPUBLIC OF GERMANY **NOTAM**
BUNDESREPUBLIK DEUTSCHLAND
A 78/84
30 AUG 84

A 78/84*
Vorübergehende Anhebung des Gebietes mit Flugbeschränkungen ED-R57

A 78/84*
Temporary Raising of Restricted Area ED-R57

Abb. 13a
NOTAM Class II, Serie A

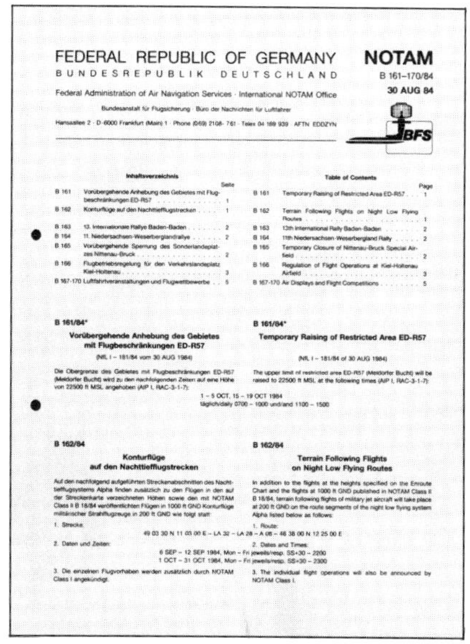

FEDERAL REPUBLIC OF GERMANY **NOTAM**
BUNDESREPUBLIK DEUTSCHLAND
B 161–170/84
30 AUG 84

B 161/84*
Vorübergehende Anhebung des Gebietes mit Flugbeschränkungen ED-R57

B 161/84*
Temporary Raising of Restricted Area ED-R57

B 162/84
Konturflüge auf den Nachttiefflugstrecken

B 162/84
Terrain Following Flights on Night Low Flying Routes

Abb. 13b
NOTAM Class II, Serie B

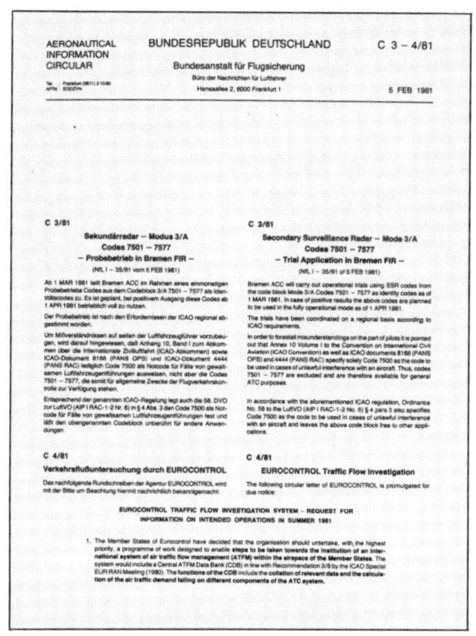

AERONAUTICAL INFORMATION CIRCULAR
BUNDESREPUBLIK DEUTSCHLAND
C 3 – 4/81
Bundesanstalt für Flugsicherung
Hansaallee 2, 6000 Frankfurt 1
5 FEB 1981

C 3/81
Sekundärradar – Modus 3/A Codes 7501 – 7577 – Probebetrieb in Bremen FIR –

C 3/81
Secondary Surveillance Radar – Mode 3/A Codes 7501 – 7577 – Trial Application in Bremen FIR –

C 4/81
Verkehrsflußuntersuchung durch EUROCONTROL

C 4/81
EUROCONTROL Traffic Flow Investigation

Abb. 14
Aeronautical Information Circular (AIC)

3.3.3 Aeronautical Information Circulars (AIC)

Als AIC (Aeronautical Information Circular) werden Informationen für die Luftfahrt bekanntgemacht, die gemäß ICAO Anhang 15 weder im Luftfahrthandbuch noch als NOTAM zu veröffentlichen sind, deren internationale Verbreitung jedoch aufgrund der internationalen Verflechtung auf dem Gebiet der Luftfahrt im rechtlichen und technischen Bereich oder im Interesse der Flugsicherheit zweckdienlich erscheint.

AIC sind in deutscher und englischer Sprache abgefaßt. Alle Bezieher von NOTAM Class II werden mit den AIC beliefert.

3.3.4 VFR-Bulletin

Das VFR-Bulletin ist eine **14-tägig herausgegebene Veröffentlichung** des Büros NfL in deutscher Sprache. Es enthält alle zum Zeitpunkt der Herausgabe verfügbaren Informationen über Einrichtung, Zustand oder Veränderungen von Anlagen, Diensten, Verfahren oder Gefahren für die Luftfahrt innerhalb der Bundesrepublik Deutschland, soweit sie **für die Durchführung von Flügen nach Sichtflugregeln** von Bedeutung sind (NOTAM Class I und II, alle Serien). Darüber hinaus werden darin **wichtige Berichtigungen zur Luftfahrtkarte 1:500.000** sowie **Berichtigungen zum Luftfahrthandbuch Deutschland, Band III,** aufgenommen.

Das VFR-Bulletin ist in **drei Sachgebiete** unterteilt:

- **a) Flugwarnungen;**
- **b) Funk- und Navigationsanlagen;**
- **c) Flugplätze.**

Regionale sowie überregionale Informationen, insbesondere Flugwarnungen, werden auf einer Karte dargestellt und sind über Referenznummern miteinander verknüpft.

Mit dem **VFR-Bulletin** wird die **Vorbereitung innerdeutscher VFR-Flüge durch Selbstunterrichtung** ermöglicht. Nachträglich veröffentlichte NOTAM (die jeweils zuletzt berücksichtigten NOTAM-Nummern sind im VFR-Bulletin angegeben) sind als Nachtrag (Update) zum VFR-Bulletin über die Flugberatungsstellen zu erhalten.

3.3.5 NOTAM Class I

Ein NOTAM wird immer dann als NOTAM Class I (fernschriftlich) verbreitet, wenn eine rechtzeitige Bekanntgabe auf dem Postwege nicht sichergestellt ist. Dies betrifft insbesondere die Informationen über **kurzfristige Ausfälle und/oder Betriebseinschränkungen** von Luftfahrtbodeneinrichtungen.

NOTAM Class I werden in englischer Sprache fernschriftlich über AFTN verbreitet und sind in drei Serien wie folgt unterteilt, die, beginnend am 1. Januar jeden Jahres, von 0001 fortlaufend numeriert werden:

a) **Serie A** – Folgende Informationen werden als NOTAM Serie A verbreitet:

1. Informationen für den **Streckenflug,** die entweder für den **IFR-Flugbetrieb** oder sowohl für den **IFR-** als auch für den **VFR-Flugbetrieb** von Bedeutung sind.
2. Informationen, die den **IFR-Flugbetrieb** von und zu den **internationalen Verkehrsflughäfen** in der Bundesrepublik Deutschland und West-Berlin gemäß Luftfahrthandbuch Band I, Teil AGA – 1 – 1, betreffen.

b) **Serie B** – Folgende Informationen werden als NOTAM Serie B verbreitet:

1. Informationen für den **Streckenflug,** die ausschließlich den **VFR-Flugbetrieb** betreffen, sofern sie nicht in der Serie C verbreitet werden.
2. Informationen, die den **IFR- oder VFR-Flugbetrieb** von und zu **Flugplätzen mit Zollabfertigung** in der Bundesrepublik Deutschland betreffen, sofern sie nicht in der Serie A verbreitet werden.

c) **Serie C** – Folgende Informationen werden als NOTAM Serie C verbreitet:

1. Informationen, die den **VFR-Flugbetrieb** von und zu **Flugplätzen ohne Zollabfertigung** in der Bundesrepublik Deutschland betreffen.
2. Sonstige Informationen, die nur eine Verbreitung innerhalb der Bundesrepublik Deutschland erfordern.

3.4 Luftfahrtkarten (Aeronautical Charts)

Das Büro der Nachrichten für Luftfahrer (Büro NfL) ist auch für die Herstellung, Bearbeitung und **Herausgabe von Luftfahrtkarten** verantwortlich. Die nachfolgend aufgeführten Luftfahrtkarten werden nach den **Richtlinien und Empfehlungen des ICAO-Anhang 4** (Aeronautical Charts/Luftkarten) hergestellt und erscheinen entweder als **Einzeldrucke** oder als **Bestandteil des Luftfahrthandbuches** (AIP).

3.4.1 Die Luftfahrtkarte ICAO 1:500.000 (Aeronautical Chart ICAO 1:500.000)

Die Luftfahrtkarte ICAO 1:500.000 für das Gebiet der Bundesrepublik Deutschland besteht aus **6 Blättern** (die Blätter Rostock und Berlin erscheinen nicht mehr) und ist als **Navigationskarte für den Sichtflieger** (VFR-Flieger) unentbehrlich.

Dieses Kartenwerk ist der Beitrag der Bundesrepublik Deutschland gemäß **ICAO-Anhang 4 Abs. 9.1.1.** Der Maßstab 1:500.000 wurde statt 1:1.000.000 gewählt, weil es mit einem kleineren Maßstab nicht möglich ist, den betrieblichen Erfordernissen zu genügen.

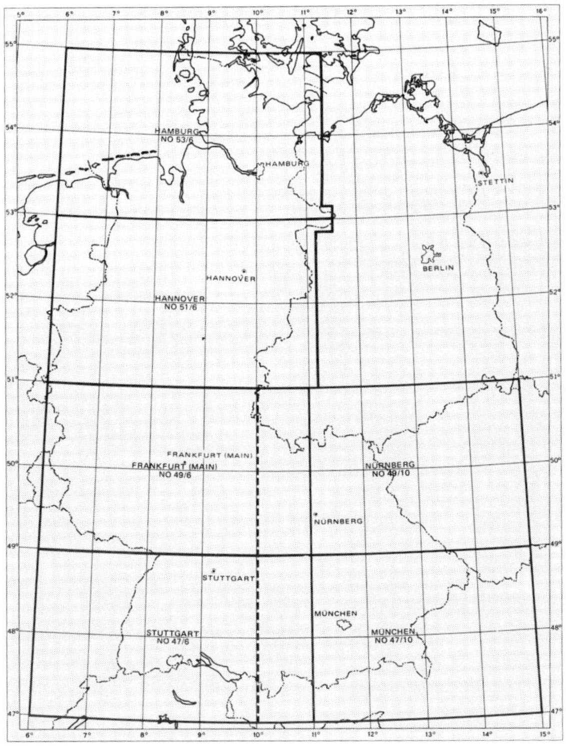

Abb. 15
Schnittplan für das Luftfahrtkartenwerk ICAO 1:500.000

Das 11-farbige Kartenwerk in **winkeltreuer Schnittkegelprojektion** (siehe Band 4 a, Seiten 53/54) **nach Lambert** enthält in der **Grundkarte:** Siedlungsbild, Verkehrswege, Gewässernetz, Geländedarstellung (Höhenlinien, Schummerung und Höhenpunkte), Waldaufdruck sowie andere Geländemerkmale und Grenzen.
Der **mehrfarbige Flugsicherungsaufdruck** enthält: Luftraumstruktur (FIR, CTA, TMA, CTR, CVFR-Gebiete, Flugbeschränkungs- und Gefahrengebiete, Sprechfunkfrequenzen usw.), Flugplätze und für Flugzeugschleppstart zugelassene Segelfluggelände, Funknavigationsanlagen (mit Namen, Frequenz und Kennung), ausgewählte Luftfahrthindernisse, Luftfahrtfeuer, Isogonen, Tieffluggebiete usw.
Die **Vorder- und Rückseiten der Kartenblätter** enthalten eine Zeichenerklärung des Karteninhalts sowie **wichtige Informationen für den VFR-Flieger** (Sprechfunkfrequenzen der Fluginformationsdienste – FIS, ATIS-Frequenzen, VOLMET-Frequenzen, Halbkreisregeln für VFR-Flüge, Sichtflugregeln – VFR, Luftraumgliederung unter FL 100, Bodensignale usw.).
Die Luftfahrtkarte ICAO 1:500.000 erscheint **nach Bedarf** (normalerweise jährlich) mit **neuem Flugsicherungsaufdruck.**
Neuerscheinungen werden in den Nachrichten für Luftfahrer, Teil I (NfL I) und in den Aeronautical Information Circulars (AIC) bekanntgegeben.
Zur **laufenden Berichtigung** dieser wichtigen Luftfahrtkarte für den VFR-Flieger müssen die in den **NfL, NOTAM** und im **VFR-Bulletin** veröffentlichten Änderungen berücksichtigt werden!

3.4.2 Flugsicherungsarbeitskarte 1:500.000 für die Bundesrepublik Deutschland (ATS Plotting Chart 1:500.000 for the Federal Republic of Germany)

Dieses aus 2 Blättern bestehende **4-farbige Arbeitskartenwerk** im Format 100 x 124 cm wurde unter Verwendung des Netzes der Luftfahrtkarte ICAO 1:500.000 hergestellt.
Der Karteninhalt umfaßt für das Gebiet der Bundesrepublik Deutschland **folgende Angaben:** Gradnetz, Grenzen, Gewässer und Flugplätze in Grau; Luftraumstruktur einschließlich der Flugverkehrsstrecken (ATS Routes), Funknavigationsanlagen und Luftraumbeschränkungen in Blau; Zuständigkeitsbereiche der Flugsicherungsdienststellen und Isogonen in Rot.
Die vertikale Gliederung des kontrollierten Luftraumes wird durch rote, blaue und grüne Flächenfarben besonders gekennzeichnet.

3.4.3 Streckenkarte (Enroute Chart) – ICAO 1:1.000.000

Dieses **4-farbige Kartenwerk** im **Maßstab 1:1.000.000** erscheint in **2 Ausgaben,** d. h. eine für den **unteren** und eine für den **oberen Luftraum** und besteht aus **je 2 Blättern** (nördliches und südliches Blatt). Es handelt sich um eine winkeltreue Schnittkegelprojektion.
Die Karten erfassen das Staatsgebiet der Bundesrepublik Deutschland und enthalten Angaben über das Flugverkehrssystem, Flugplätze, Funkanlagen und andere für die Streckennavigation nach Instrumentenflugregeln wichtige Einzelheiten.

3.4.4 Radarführungsmindesthöhenkarte (Minimum Radar Vectoring Altitude Chart)

Diese **4-farbige Karte** stellt die **IFR-Sicherheitsmindesthöhe** einschließlich eines Puffers von 500 ft zur Untergrenze des kontrollierten Luftraumes dar. Als Grundlage dient die Streckenkarte im Maßstab 1:1.000.000.

3.4.5 Luftfahrtkarten, die Bestandteil des Luftfahrthandbuches, Band I, sind

3.4.5.1 Flugplatzkarten – ICAO (Aerodrome Charts – ICAO)

Die **Flugplatzkarten – ICAO** für die Verkehrsflughäfen sind im **Luftfahrthandbuch (AIP), Band I, AGA-2,** veröffentlicht. Diese mehrfarbigen Karten dienen der **Orientierung** von Luftfahrzeugbesatzungen beim **Rollen** auf Verkehrsflughäfen und enthalten Angaben über die vorhandenen Abfertigungseinrichtungen.
Die **Flugplatzkarte-ICAO** enthält Start- und Landebahnen, Stopp- und Freiflächen sowie Rollbahnen mit Abmessungen, Bezeichnungen und Befeuerung, Flughafenvorfeld, Gebäude und Hallen, Flugplatzbezugspunkt, Navigations- und Radaranlagen.

3.4.5.2 Flugplatzhinderniskarten-ICAO (Aerodrome Obstacle Charts-ICAO)

Die **Flugplatzhinderniskarten-ICAO** für die Verkehrsflughäfen sind ebenfalls im **Luftfahrthandbuch (AIP), Band I, AGA-2,** veröffentlicht.
Diese zweifarbige Spezialkarte enthält alle **Hindernisse** in den **An- und Abflugbereichen** der Start- und Landebahnen für die deutschen Verkehrsflughäfen mit IFR-Flugbetrieb.

3.4.5.3 Bodenprofilkarten für Präzisionsanflug – ICAO (Precision Approach Terrain Chart – ICAO)

Diese im **Luftfahrthandbuch (AIP), Band I, AGA-2,** veröffentlichten Spezialkarten für den IFR-Allwetterflugbetrieb stellen das **Bodenprofil** für alle Landebahnen der deutschen Verkehrsflughäfen dar, die für ILS-Anflüge nach Betriebsstufe II und III zugelassen sind.

3.4.6 Luftfahrtkarten, die Bestandteil des Luftfahrthandbuches, Band II, sind

3.4.6.1 Instrumenten-Einflug- und Abflugstreckenkarten (STAR/SID Charts)

Für Verkehrsflughäfen mit komplizierten IFR-Einflug- und Abflugverfahren werden im **Band II des Luftfahrthandbuches** (AIP) besondere **Streckenführungskarten** veröffentlicht (§ 27 a LuftVO).
Die in diesen Karten dargestellten **Standard-Instrumenten-Einflugstrecken** (engl.: Standard Instrument Arrival Routes = **STAR**) und **Standard-Instrumenten-Abflugstrecken** (engl.: Standard Instrument Departure Routes = **SID**) können bei

VFR-Nachtflügen im kontrollierten Luftraum

von und zu Verkehrsflughäfen Bestandteil der **Flugverkehrskontrollfreigabe** (engl.: ATC clearance) sein.

3.4.6.2 Instrumentenanflugkarten-ICAO (Instrument Approach Charts – ICAO)

Die Instrumentenanflugkarten-ICAO (engl.: Instrument Approach Charts – ICAO) werden für alle Flughäfen, für die Instrumentenanflugverfahren festgelegt sind, im **Luftfahrthandbuch (AIP), Band II,** veröffentlicht.
Sie erscheinen einfarbig und enthalten alle Daten, die für einen Instrumentenanflug notwendig sind.

3.4.7 Luftfahrtkarten, die Bestandteil des Luftfahrthandbuches, Band III, sind

3.4.7.1 Sichtanflugkarten-ICAO (Visual Approach Charts – ICAO)

Die **Sichtanflugkarten-ICAO** für die Verkehrsflughäfen, kontrollierten Flugplätze und Landeplätze der Bundesrepublik Deutschland werden im **Band III des Luftfahrthandbuches** (AIP) veröffentlicht.

Sie enthalten die festgelegten **An- und Abflugverfahren** (bei Landeplätzen die zu fliegenden Platzrunden), die erforderlichen Sprechfunkfrequenzen (TWR/INFO, FIS) und Informationen über die Luftraumstruktur (Kontrollzonen-CTR, Nahverkehrsbereiche-TMA, CVFR-Gebiete usw.).

Die in den Sichtanflugkarten-ICAO **festgelegten Verfahren** (Flugwege, Platzrunden usw.) sind **Anordnungen der zuständigen Luftfahrtbehörden,** die unbedingt zu befolgen sind.

Verstöße gegen diese Verfahren werden von den Luftfahrtbehörden als **Ordnungswidrigkeiten** und unter Umständen auch als **Straftaten** geahndet!

Eine Darstellung von Sichtanflugkarten finden Sie unter 3.2.3 (Abb. 4 und 9).

3.4.7.2 Landekarten-ICAO (Landing Charts-ICAO) und Flugplatzkarten-ICAO (Aerodrome Charts – ICAO)

Die **Landekarten-ICAO** für die Verkehrsflughäfen der Bundesrepublik Deutschland sind im **Band III des Luftfahrthandbuches** (AIP) auf der **Rückseite der entsprechenden Sichtanflugkarte-ICAO** veröffentlicht.
Für alle Flughäfen und Landeplätze sind **zusätzlich zur Sichtanflugkarte** noch sogenannte **Flugplatzkarten** engl.: Aerodrome Charts) herausgegeben worden.
Sowohl die **Landekarten-ICAO** als auch die **Flugplatzkarten-ICAO** des Bandes III (AIP) enthalten **Angaben für die Orientierung von Flugzeugbesatzungen in der Nähe des Flugplatzes** (Warteschleifen) und für das **Rollen auf dem Flugplatz.** Desweiteren werden die Abfertigungsanlagen, Start- und Landebahnen, Rollbahnen, Stopp- und Freiflächen, Befeuerung, Gebäude und Hallen sowie am Flugplatz vorhandene Navigationsanlagen (UKW-Peiler usw.) dargestellt (siehe auch 3.4.5.1).

3.5 Sonderdrucke der Bundesanstalt für Flugsicherung (Büro NfL)

Die Bundesanstalt für Flugsicherung (Büro NfL) gibt neben den bisher erwähnten Veröffentlichungen auch eine Reihe von **Sonderdrucken** heraus.
Diese Art der Veröffentlichung wird gewählt, wenn eine rechtsverbindliche Vorschrift zur Bekanntmachung in den „NfL" oder „NOTAM" nicht besteht oder ein begrenzter Interessenkreis angesprochen werden soll.
Die **wesentlichsten Sonderdrucke** der BFS sind:

- **das Luftverkehrsgesetz** (LuftVG);
- **die Luftverkehrs-Ordnung** (LuftVO);
- **die Luftverkehrs-Zulassungs-Ordnung** (LuftVZO);
- **die Betriebsordnung für Luftfahrtgerät** (LuftBO);
- **die Prüfordnung für Luftfahrtgerät** (LuftGerPO);
- **die Verordnung über Luftfahrtpersonal** (LuftPersV) und die **„Richtlinien des Bundesministers für Verkehr für die Ausbildung und Prüfung des Luftfahrtpersonals"** (9 Hefte);
- **Zusammenstellung der in der Bundesrepublik als Muster zugelassenen Luftfahrtgeräte** (Loseblattsammlung);
- **Flugplätze mit Segelflugbetrieb in der Bundesrepublik Deutschland**;
- **Lufttüchtigkeitsanforderungen** (FAR parts), 3 Bände, Loseblattsammlung;
- **Lufttüchtigkeitsanweisungen** (LTA)

usw.

4.0 Flugplätze

4.1 Arten der Flugplätze und deren Genehmigung

Die **rechtlichen Grundlagen** für die **Flugplätze** sind im **Luftverkehrsgesetz** (LuftVG), in der **Luftverkehrs-Zulassungs-Ordnung** (LuftVZO) und - was Außenstarts und Außenlandungen betrifft - teilweise auch in der **Luftverkehrs-Ordnung** (LuftVO) enthalten.

In der deutschen Luftverkehrsgesetzgebung ist der Begriff **„Flugplätze“** (engl.: Aerodromes) der Oberbegriff für

- **Flughäfen** (engl.: airports), siehe 4.1.1;
- **Landeplätze** (engl.: landing sites), siehe 4.1.2 und
- **Segelfluggelände** (engl.: glider sites), siehe 4.1.3.

Nach **§ 6 LuftVG** dürfen Flugplätze nur mit **Genehmigung** angelegt oder betrieben werden.
Die gesetzlichen Vorschriften für das Genehmigungsverfahren sind in den **§§ 6 bis 11 LuftVG** niedergelegt. Bei der **Anlegung** und bei **wesentlichen Änderungen** eines Flughafens oder eines Landeplatzes mit beschränktem Bauschutzbereich (siehe folgende Ausführungen) bedarf es eines sogenannten **„Planfeststellungsverfahrens“.** Diese Planfeststellung ersetzt alle nach anderen Rechtsvorschriften notwendigen öffentlich-rechtlichen Genehmigungen (§ 9 LuftVG).

In den **§§ 12 bis 19 a LuftVG** sind die Vorschriften über die **„Bauschutzbereiche“** zu finden. Bauschutzbereiche sind die Bereiche um einen **Flughafen**, in denen aus Gründen der Sicherheit des Flugbetriebs (Starts und Landungen von Luftfahrzeugen) bestimmte **Baubeschränkungen** gelten. Für **Landeplätze** und **Segelfluggelände** können die Luftfahrtbehörden **beschränkte Bauschutzbereiche nach § 17 LuftVG** festlegen, in denen im Umkreis von 1,5 Kilometer Halbmesser um den Flugplatzbezugspunkt die Errichtung von Bauwerken nur mit Zustimmung der zuständigen Luftfahrtbehörde erfolgen darf.
Die **Genehmigung** zur Anlage und zum Betrieb eines Flugplatzes wird nach den **§§ 38, 50 und 55 LuftVZO** von der **Luftfahrtbehörde des Landes** erteilt, in dem das Gelände liegt.

4.1.1 Flughäfen (Airports)

Flughäfen sind im deutschen Luftrecht Flugplätze, die nach Art und Umfang des vorgesehenen Flugbetriebs einer Sicherung durch einen **Bauschutzbereich nach § 12 LuftVG** bedürfen.
Sie werden gemäß **§ 38 LuftVZO** genehmigt als

- **Flughäfen des allgemeinen Verkehrs** (Verkehrsflughäfen)
  oder als
- **Flughäfen für besondere Zwecke** (Sonderflughäfen).

In der Bundesrepublik Deutschland gibt es zur Zeit **13 Flugplätze**, die als **Verkehrsflughäfen** zugelassen sind (Braunschweig-Waggum, Bremen, Düsseldorf, Frankfurt/Main, Hamburg, Hannover, Köln-Bonn, München, Münster-Osnabrück, Nürnberg, Saarbrücken-Ensheim, Stuttgart und Westerland/Sylt).
Als Beispiel für einen **Sonderflughafen** sei Oberpfaffenhofen genannt, der der Firma DORNIER als Werksflughafen dient.

4.1.2 Landeplätze (Landing Sites)

Landeplätze sind Flugplätze, die nach Art und Umfang des vorgesehenen Flugbetriebs einer Sicherung durch einen **Bauschutzbereich** nach § 12 LuftVG **nicht** bedürfen und **nicht nur** als **Segelfluggelände** dienen.
Die Landeplätze werden gemäß **§ 49 LuftVZO** genehmigt als

- **Landeplätze des allgemeinen Verkehrs** (Verkehrslandeplätze)
  oder als
- **Landeplätze für besondere Zwecke** (Sonderlandeplätze).

Die Luftfahrtbehörden **können** für solche Flugplätze bestimmen, daß die **Errichtung von Bauwerken** im Umkreis von 1,5 Kilometer Halbmesser um den Flugplatzbezugspunkt **nur mit Zustimmung der zuständigen Luftfahrtbehörde des Landes** erfolgen darf (**§ 17 LuftVG,** Beschränkter Bauschutzbereich).
In der Bundesrepublik Deutschland gibt es zur Zeit **mehr als 260 Flugplätze**, die als **Verkehrslandeplätze** oder als **Sonderlandeplätze** zugelassen sind.

4.1.3 Segelfluggelände (Glider Sites)

Segelfluggelände sind nach **§ 54 LuftVZO** Flugplätze, die für die Benutzung durch **Segelflugzeuge** und **nichtselbststartende Motorsegler** bestimmt sind.
Die **Genehmigung** zur Anlage und zum Betrieb eines Segelfluggeländes **kann** auf die Benutzung durch selbststartende Motorsegler, Personenfallschirme und Flugzeuge, soweit diese bestimmungsgemäß zum Schleppen von Segelflugzeugen oder Motorseglern oder zum Absetzen von Fallschirmspringern Verwendung finden, **erweitert werden** (§ 54 Abs. 2 LuftVZO)

Segelfluggelände können von der zuständigen Luftfahrtbehörde des Landes - wie die Landeplätze - mit einem **beschränkten Bauschutzbereich nach § 17 LuftVG** genehmigt werden.

4.1.4 Betriebspflicht und Benutzungsordnung

Für die **Flughäfen und Landeplätze des allgemeinen Verkehrs** (Verkehrsflughäfen und Verkehrslandeplätze) besteht eine **Betriebspflicht nach § 45 Abs. 1 LuftVZO**, d. h. jeder hat gegen den Flughafenunternehmer/Landeplatzhalter einen Anspruch, den Flughafen/Landeplatz gemäß der **„Benutzungsordnung“** (siehe folgende Ausführungen) nutzen zu können. Nur die Genehmigungsbehörde (Luftfahrtbehörde des Landes) kann den Flugplatzunternehmer/Landeplatzhalter von der Betriebspflicht entbinden. **Sonderflughäfen** und **Sonderlandeplätze** hingegen dürfen nur mit **Zustimmung des Halters** genutzt werden. Nach **§ 58 LuftVZO** besteht für die Halter von Segelfluggeländen **keine** Betriebspflicht.
Der **Verkehr** auf den Flughäfen und Landeplätzen wird durch eine von der Luftfahrtbehörde des Landes (Genehmigungsbehörde) genehmigten **„Benutzungsordnung“** des Flughafenunternehmers/Landeplatzhalters **geregelt**. In der Benutzungsordnung für die **Flughäfen und Landeplätze des allgemeinen Verkehrs** (Verkehrsflughäfen und Verkehrslandeplätze) muß außerdem eine **Regelung der Entgelte** für das Starten, Landen und Abstellen von Luftfahrzeugen sowie für die Benutzung von Fluggasteinrichtungen enthalten sein (§ 43 Abs. 1 LuftVZO).
Für **Segelfluggelände** ist **keine** Benutzungsordnung vorgeschrieben.

4.1.5 Sicherung von Flugplätzen

Die Flughafenunternehmer, Landeplatzhalter und Halter von Segelfluggeländen sind verpflichtet, das **Flugplatzgelände** so **einzufrieden** oder **Verbotsschilder** so aufzustellen, daß das **Betreten durch Unbefugte verhindert** wird (**„Verkehrssicherungspflicht“** nach den §§ 46, 53 und 59 LuftVZO).
Das **Betreten** der eingefriedeten oder durch Verbotsschilder gekennzeichneten Teile eines Flugplatzes ist **Unbefugten verboten!**

4.2 Flugplatzzwang, Außenstarts und Außenlandungen, Notlandungen

4.2.1 Flugplatzzwang

Luftfahrzeuge dürfen grundsätzlich nur auf den für sie **genehmigten Flugplätzen** und den dafür **festgelegten Start- und Landebahnen** starten und landen. Dieser Grundsatz wird im deutschen Luftrecht als

„Flugplatzzwang“

bezeichnet und ergibt sich aus den gesetzlichen Vorschriften des **§ 25 LuftVG.**
Desweiteren ist darin geregelt, daß Starts und Landungen von Luftfahrzeugen grundsätzlich **nur innerhalb der Betriebsstunden** des Flugplatzes durchgeführt werden dürfen.
Die Ausnahmen von dieser gesetzlichen Regelung werden unter 4.2.2 (Außenstarts und Außenlandungen) und 4.2.3 (Notlandungen) behandelt.

4.2.2 Außenstarts und Außenlandungen

Starts und Landungen von Luftfahrzeugen

- **außerhalb** der für sie **genehmigten Flugplätze,**
- **außerhalb** der in der Flugplatzgenehmigung **festgelegten Start- und Landebahnen**
  und
- **außerhalb** der **Betriebsstunden** oder **innerhalb** von **Betriebseinschränkungszeiten** eines Flugplatzes

bedürfen nach **§ 25 Abs. 1 LuftVG** und **§ 15 LuftVO** einer

Außenstart- und/oder Außenlandeerlaubnis der zuständigen Luftfahrtbehörde des Landes.

Neben dieser luftfahrtbehördlichen Erlaubnis muß für solche **Außenstarts** oder **Außenlandungen** außerhalb von genehmigten Flugplätzen.

die Zustimmung des Grundstückseigentümers

und auf Flugplätzen

die Zustimmung des Flugplatzunternehmers

eingeholt werden.
Eine Erlaubnis für Außenstarts oder Außenlandungen **kann** von der zuständigen Luftfahrtbehörde des Landes allgemein oder im Einzelfall erteilt, mit Auflagen verbunden und befristet werden.
Die Erteilung einer Außenstart- oder Außenlandeerlaubnis liegt im **Ermessen der Luftfahrtbehörde.** Es besteht grundsätzlich **kein** Rechtsanspruch auf die Erteilung solcher Erlaubnisse.
Nach **§ 25 Abs. 2 LuftVG** ist eine Außenlandeerlaubnis **nicht** erforderlich, wenn der **Ort der Landung** infolge der Eigenschaften des Luftfahrzeugs **nicht vorausbestimmbar** ist (z. B. Freiballone) oder die Landung aus **Gründen der Sicherheit** oder zur **Hilfeleistung** erfolgt (siehe 4.2.3 Notlandungen).
Für **Motorsegler** oder **Segelflugzeuge,** die sich auf einem Überlandflug befinden, gilt die Erlaubnis für Außenlandungen nach **§ 15 Abs. 1 LuftVO** als erteilt. Die gleiche Regelung gilt für Außenlandungen von **Fallschirmabspringern** (§ 15 Abs. 2 LuftVO).

4.2.3 Notlandungen

Unter Notlandungen versteht man Landungen, die zur **Abwehr von Gefahr für Leib oder Leben von Personen** notwendig sind. Für solche Landungen aus **Gründen der Sicherheit** oder zur **Hilfeleistung** bei einer Gefahr für Leib und Leben einer Person gilt die **Außenlandeerlaubnis** selbstverständlich **immer** als **erteilt.**
In Fällen der **Nothilfe** - hierunter sind **Rettungsflüge** zur Abwehr einer Gefahr für Leib und Leben einer Person zu verstehen - bedarf auch der **Wiederstart keiner Erlaubnis** oder Zustimmung, während der **Wiederstart** nach einer **Notlandung aus Sicherheitsgründen** immer **erlaubnispflichtig** ist (§ 25 Abs. 2 LuftVG).
Sind bei einer Außenlandung oder bei einem Außenstart **Schäden** entstanden (z.B. Flurschäden), so kann der **Grundstückseigentümer** oder der Berechtigte gemäß § 25 Abs. 3 LuftVG **Schadenersatz** nach den Haftpflichtbestimmungen der §§ 33 bis 43 LuftVG beanspruchen (siehe hierzu auch 8.0 Haftung im Luftverkehr und Versicherungspflicht des Luftfahrzeughalters).
Aus diesem Grunde ist die **Besatzung des Luftfahrzeugs verpflichtet,** dem Grundstückseigentümer oder dem Berechtigten **Auskunft** über Namen und Wohnsitz des Luftfahrzeughalters, des Luftfahrzeugführers sowie über die Versicherung zu geben.
Nach Erteilung der Auskunft darf der Grundstückseigentümer oder der Berechtigte den Abflug oder den Abtransport des Luftfahrzeugs **nicht** verhindern (§ 25 Abs. 2 LuftVG)

5.0 Luftfahrzeuge und zulassungspflichtige Ausrüstung

5.1 Arten und Zulassung der Luftfahrzeuge

Die **rechtlichen Grundlagen** für das **Luftfahrtgerät** sind im **Luftverkehrsgesetz** (LuftVG), in der **Luftverkehrs-Zulassungs-Ordnung** (LuftVZO), in der **Prüfordnung für Luftfahrtgerät** (LuftGerPO) und in der **Betriebsordnung für Luftfahrtgerät** (LuftBO) enthalten.
Im deutschen Luftrecht ist der Begriff **Luftfahrtgerät** der **Oberbegriff** für die **Luftfahrzeuge** und das **dazugehörige Ausrüstungsgerät**, soweit dies nach der Prüfordnung für Luftfahrtgerät (LuftGerPO) **prüfpflichtig** ist.

5.1.1 Arten der Luftfahrzeuge

Der Begriff **Luftfahrzeuge** ist nach **§ 1 Abs. 2 LuftVG** der Oberbegriff für

- **Flugzeuge** (engl.: aeroplanes),
- **Drehflügler** (engl.: rotorcraft),
- **Luftschiffe** (engl.: airships),
- **Segelflugzeuge** (engl.: gliders),
- **Motorsegler** (engl.: powered gliders),
- **Frei- und Fesselballone** (engl.: free balloons and captive balloons),
- **Drachen** (engl.: kites),
- **Fallschirme** (engl.: parachutes),
- **Flugmodelle** (engl.: flying models)

und sonstige für die Benutzung des Luftraums bestimmte Geräte, insbesondere **Raumfahrzeuge, Raketen** und **ähnliche Flugkörper.**
Bei dieser Auflistung von Luftfahrzeugen wurde bewußt auf eine Begriffsbestimmung im eigentlichen Sinne verzichtet. Es handelt sich hier um eine sogenannte „Legaldefinition" mit der Formulierung „ . . . und sonstige für die Benutzung des Luftraums bestimmte Geräte". Mit dieser sehr weitgehenden Fassung kann allen möglichen zukünftigen technischen Entwicklungen in der Luftfahrt Rechnung getragen werden.
Um einen besseren Überblick über die **wichtigsten Arten** der Luftfahrzeuge zu erhalten, wollen wir uns jetzt kurz mit den **ICAO-Definitionen** für diese Luftfahrzeuge befassen.

Flugzeug (engl.: aeroplane):
Ein mit eigener Kraft angetriebenes Luftfahrzeug, schwerer als Luft, das seinen Auftrieb im Fluge hauptsächlich aus aerodynamischen Reaktionen auf Flächen erhält, die unter gegebenen Flugbedingungen fest bleiben.

Drehflügler (engl.: rotorcraft):
Ein mit eigener Kraft angetriebenes Luftfahrzeug, schwerer als Luft, das seine tragende Kraft im Fluge durch Luftkräfte auf einen oder mehrere Drehflügel erhält.

Luftschiff (engl.: airship):
Ein Luftfahrzeug, leichter als Luft, mit eigenem Kraftantrieb.

Segelflugzeug (engl.: glider):
Ein Luftfahrzeug, schwerer als Luft, ohne eigenen Kraftantrieb, das seinen Auftrieb im Fluge hauptsächlich aus aerodynamischen Reaktionen auf Flächen erhält, die unter gegebenen Flugbedingungen fest bleiben.

Motorsegler (eng.: powered glider):
Siehe Flugzeug und Segelflugzeug!
Anmerkung: Nach **§ 13 Abs. 2 LuftVO** (Ausweichregeln) gelten Motorsegler, deren Motor nicht in Betrieb ist, als Segelflugzeuge.

Frei- und Fesselballone (engl.: free balloons and captive balloons):
Luftfahrzeuge, leichter als Luft, ohne eigenen Kraftantrieb.

5.1.2 Zulassung der Luftfahrzeuge und des Luftfahrtgeräts

Deutsche Luftfahrzeuge dürfen nach **§ 2 Abs. 1 LuftVG** nur dann am Luftverkehr teilnehmen (verkehren), wenn sie

- **zum Luftverkehr zugelassen** (Verkehrszulassung, siehe 5.1.2.2)
  und - soweit es durch Rechtsverordnung vorgeschrieben ist -
- **in das Verzeichnis der deutschen Luftfahrzeuge** (Luftfahrzeugrolle, siehe 5.1.2.3)

eingetragen sind.

Eine **Verkehrszulassung** wird nur erteilt, wenn

- **das Muster des Luftfahrzeugs zugelassen ist** (Musterzulassung, siehe 5.1.2.1),
- **der Nachweis der Verkehrssicherheit** (Lufttüchtigkeit) nach der Prüfordnung für Luftfahrtgerät (LuftGerPO) geführt ist (siehe 5.2),
- **der Halter des Luftfahrzeugs nach den Vorschriften des LuftVG (Abschnitt Haftpflicht) versichert ist** oder durch Hinterlegung von Geld oder Wertpapieren Sicherheit geleistet hat (siehe 8.0)
  und
- **die technische Ausrüstung des Luftfahrzeugs so gestaltet ist, daß das durch seinen Betrieb entstehende Geräusch** das nach dem **jeweiligen** Stand der Technik **unvermeidbare Maß nicht übersteigt.**

5.1.2.1 Die Musterzulassung

Die Musterzulassung des Luftfahrtgeräts ist in den **§§ 1 bis 5 LuftVZO** geregelt. Danach bedürfen die folgenden Luftfahrzeuge und Luftfahrtgeräte der **Musterzulassung:**

1. **Flugzeuge,**
2. **Drehflügler** (Hub-, Trag- und Flugschrauber),
3. **Luftschiffe,**
4. **Motorsegler,**
5. **Segelflugzeuge,**
6. **bemannte Ballone,**
7. **Flugmodelle** mit mehr als 20 kg Höchstgewicht,
8. **Rettungsfallschirme,**
9. **Startgeräte,** ausgenommen Startwinden für Segelflugzeuge
10. **Flugmotoren,**
11. **Propeller,**
12. **Funkgeräte,** soweit sie zum **Einbau in Luftfahrzeuge** nach Nr. 1 bis 6 bestimmt sind,
13. **sonstiges Luftfahrtgerät,** soweit es nach der **LuftGerPO** (Prüfordnung für Luftfahrtgerät) **prüfpflichtig** ist.

In die Musterzulassung eines Luftfahrzeugs kann die Musterzulassung der in Nr. 9 bis 13 aufgeführten Luftfahrtgeräte einbezogen werden. Die Musterzulassung gilt dann **nur** für die Verwendung der Geräte in diesem Muster (§ 1 Abs. 2 LuftVZO).
Luftfahrtgeräte, die als **Einzelstücke** hergestellt werden und deren Nachbau nicht vorgesehen ist, sind von der **Musterzulassung befreit** (§ 1 Abs. 3 LuftVZO).
Die **Zulassungsbehörde** für die Erteilung der Musterzulassung ist das

Luftfahrt-Bundesamt (LBA).

Das LBA erteilt die Musterzulassung durch Ausstellen eines **Musterzulassungsscheins,** legt die Betriebsgrenzen fest und gibt die Musterzulassung in den **Nachrichten für Luftfahrer, Teil II** (NfL II) bekannt (§§ 2 und 4 LuftVZO).
Vor der Zulassung des Musters (Musterzulassung) führt das Luftfahrt-Bundesamt (LBA) eine sogenannte **Musterprüfung** durch, in der die Lufttüchtigkeit des entsprechenden Luftfahrtgeräts festgestellt wird (siehe 5.2. Prüfungen des Luftfahrtgeräts).

5.1.2.2 Die Verkehrszulassung

Die Verkehrszulassung des Luftfahrtgeräts ist in den **§§ 6 bis 13 LuftVZO** geregelt. Nach diesen Vorschriften sind folgende Luftfahrzeuge und Luftfahrtgeräte **verkehrszulassungspflichtig:**

1. **Flugzeuge,**
2. **Drehflügler,**
3. **Luftschiffe,**
4. **Motorsegler,**
5. **Segelflugzeuge,**
6. **bemannte Ballone,**
7. **Flugmodelle** mit mehr als 20 kg Höchstgewicht,
8. **Startgeräte** (ausgenommen Startwinden für Segelflugzeuge),
9. **sonstiges Luftfahrtgerät,** soweit es für die **Benutzung des Luftraums** bestimmt und nach der LuftGerPO (Prüfordnung für Luftfahrtgerät) prüfpflichtig ist.

Mit der **Verkehrszulassung** wird das Luftfahrzeug (Luftfahrtgerät) von der Zulassungsbehörde zur Teilnahme am Luftverkehr freigegeben. Die **Basis** für die Erteilung der Verkehrszulassung ist die unter 5.1.2.1 behandelte **Musterzulassung** des Luftfahrzeugs und die Feststellung in einer **Stückprüfung** (siehe 5.2), daß das betreffende Luftfahrzeug in allen Teilen und Eigenschaften dem zugelassenen Muster entspricht.
Wie bei der Verkehrszulassung für Kraftfahrzeuge müssen der Zulassungsbehörde im **Antrag auf Verkehrszulassung** (§§ 8 und 9 LuftVZO) Angaben gemacht werden über

- **die Eigentumsverhältnisse;**
- **die Staatsangehörigkeit** des Eigentümers;
- **den Verwendungszweck;**
- **den Namen und die Anschrift des Halters,** wenn der Eigentümer nicht zugleich Halter ist;
- **den regelmäßigen Standort** des Luftfahrzegs usw.

Dem **Antrag auf Verkehrszulassung** sind desweiteren beizufügen

- **der Nachweis des Eigentumserwerbs** an dem Luftfahrzeug;
- **der Nachweis der Lufttüchtigkeit** des Luftfahrzeugs nach der LuftGerPO (Prüfordnung für Luftfahrtgerät) in Form eines Prüfscheins/Nachprüfscheins;
- **der Nachweis einer Haftpflichtversicherung;**
- **der Nachweis der Genehmigung der Deutschen Bundespost** zur Errichtung und zum Betrieb von Bordfunksprech- und Navigationsanlagen.

Bei Luftfahrzeugen aus dem **Ausland** ist für den Nachweis des Eigentumserwerbs eine Erklärung des Herstellerwerks erforderlich, daß das Luftfahrzeug vom Hersteller uneingeschränkt in das Eigentum des Erwerbers übergegangen ist (z. B. „Bill of Sale" bei USA-Importen).
Für gebrauchte ausländische Luftfahrzeuge gilt die gleiche Regelung, wobei jedoch die Erklärung vom ausländischen Verkäufer erstellt werden muß (z. B. reicht eine quittierte Rechnung in solchen Fällen). Darüberhinaus ist eine Zollbescheinigung beizufügen und der Nachweis zu erbringen, daß das Luftfahrzeug im Ausland nicht bereits in das öffentliche Register eingetragen ist, bzw. daß eine solche Eintragung dort gelöscht worden ist.
Die **Zulassungsbehörde** für die Verkehrszulassung ist das

Luftfahrt-Bundesamt (LBA).

Das LBA erteilt die **Verkehrszulassung** durch Ausstellen eines **Lufttüchtigkeitszeugnisses.**

Nummer: Number:	**BUNDESREPUBLIK DEUTSCHLAND** Federal Republic of Germany **Luftfahrt-Bundesamt** Federal Office of Civil Aeronautics	Art des Luftfahrzeugs Class of Aircraft

Muster 2
(Vorderseite)

LUFTTÜCHTIGKEITSZEUGNIS
Certificate of Airworthiness

1. Staatszugehörigkeits- und Eintragungszeichen: Nationality and Registration Marks: D——	2. Hersteller: Manufacturer: Muster: Manufacturer's Designation:	3. Werknummer: Serial Nr.: Baujahr: Year of construction:

4. Kategorie:
Category:

5. Dieses Lufttüchtigkeitszeugnis ist für das vorbezeichnete Luftfahrzeug in Übereinstimmung mit dem Abkommen über die Internationale Zivilluftfahrt vom 7. Dezember 1944 sowie dem deutschen Luftverkehrsgesetz und den zu seiner Durchführung erlassenen Rechtsverordnungen ausgestellt. Das Luftfahrzeug wird als lufttüchtig angesehen, wenn es in Übereinstimmung mit den vorgenannten Vorschriften und unter Einhaltung seiner Betriebsgrenzen instandgehalten und betrieben wird.
This Certificate of Airworthiness is issued for the above mentioned aircraft pursuant to the Convention on International Civil Aviation dated 7 December 1944 and pursuant to the German Aeronautics Act and the regulations issued for its execution. The aircraft is considered to be airworthy when maintained and operated in accordance with the aforementioned regulations and the pertinent operating limitations.

6. Das Luftfahrzeug darf nur betrieben werden, wenn die vorgeschriebenen und angeordneten Nachprüfungen durchgeführt sind.
The aircraft shall not be operated, unless the prescribed inspections are completed.

Datum der Ausstellung:
Date of issue:

Unterschrift:
Signature:

Das Lufttüchtigkeitszeugnis ist im Luftfahrzeug mitzuführen

Beschränkungen:
Restrictions:

Muster 2
(Rückseite)

Bemerkungen:
Remarks:

Abb. 16
Lufttüchtigkeitszeugnis

WICHTIG: Das **Lufttüchtigkeitszeugnis** ist **ständig an Bord des Luftfahrzeugs** mitzuführen (§ 10 Abs. 1 LuftVZO)!

Im **Lufttüchtigkeitszeugnis** (engl.: Certificate of Airworthiness) wird auch der **Verwendungszweck** (die Kategorie) des Luftfahrzeugs durch die Behörde festgelegt. Der eingetragene Verwendungszweck **begrenzt** die Verwendung des Luftfahrzeugs. Es gibt **folgende Kategorien:**

- **Personenbeförderung 1 (TP 1)** für Luftfahrzeuge über 5,7 t und mit zwei oder mehr Triebwerken;
- **Personenbeförderung 2 (TP 2)** für Luftfahrzeuge unter 5,7 t mit zwei oder mehr Triebwerken und einer bestimmten Steigleistung im Einmotorenflug;
- **Personenbeförderung 3 (TP 3)** für Luftfahrzeuge unter 5,7 t mit einem oder mehreren Triebwerken;
- **Frachtbeförderung (TC)** für alle unter TP 1 bis TP 3 aufgeführten Luftfahrzeuge, jedoch ist der Transport von Personen mit Ausnahme des für die Fracht erforderlichen Personals nicht zulässig;
- **Nichtgewerblicher Verkehr (PR)** für **alle** Luftfahrzeuge, wenn sie nur privat genutzt werden;
- **Luftarbeit (AW)** für Luftfahrzeuge, die für besondere Zwecke (z. B. Sprühflüge, Luftbildflüge) eingesetzt werden.

Bei der Verkehrszulassung wird neben dem Lufttüchtigkeitszeugnis auch ein **Lärmzeugnis** für das Luftfahrzeug ausgestellt, wenn die Einhaltung der in den Nachrichten für Luftfahrer, Teil II (NfL II) veröffentlichten **Lärmgrenzwerte nachgewiesen** ist (§ 10 Abs. 4 LuftVZO).

BUNDESREPUBLIK DEUTSCHLAND
Federal Republic of Germany
LUFTFAHRT-BUNDESAMT
Federal Office of Civil Aeronautics

LÄRMZEUGNIS FÜR PROPELLERFLUGZEUGE
Noise Certificate for propeller-driven aeroplanes
BIS 5700 KG HÖCHSTGEWICHT UND MOTORSEGLER
up to 5700 kg maximum weight and powered gliders

1. STAATSZUGEHÖRIGKEITS- UND EINTRAGUNGSZEICHEN:
Nationality and registration marks:

2. MUSTER/BAUREIHE:
Type/model:

3. WERKNUMMER:
Serial number:
BAUJAHR:
Year of construction:

4. DIESES LÄRMZEUGNIS IST IN ÜBEREINSTIMMUNG MIT DEM ANHANG 16 ZUM ABKOMMEN ÜBER DIE INTERNATIONALE ZIVILLUFTFAHRT VOM 7. DEZEMBER 1944 SOWIE DEM DEUTSCHEN LUFTVERKEHRSGESETZ UND DEN ZU SEINER DURCHFÜHRUNG ERLASSENEN RECHTSVERORDNUNGEN AUSGESTELLT.
This Noise Certificate is issued pursuant to the Annex 16 to the Convention on International Civil Aviation dated 7 DEC 1944 and to the German Aeronautics Act and the regulations issued for its execution.

5. DIESES LÄRMZEUGNIS BESITZT NUR GÜLTIGKEIT, SOLANGE DIE UMSEITIG BESTÄTIGTE AUSRÜSTUNG KEINE ÄNDERUNG ERFÄHRT, ES IST IM LUFTFAHRZEUG MITZUFÜHREN.
This Noise Certificate is vaid only as long as the equipment attested overleaf will not be modified. It has to be carried in the aircraft.

6. MIT DER AUSRÜSTUNG UND DEN BETRIEBSGRENZEN, WIE UMSEITIG BESTÄTIGT, ERFÜLLT DAS LUFTFAHRZEUG DIE FOLGENDEN LÄRMFORDERUNGEN:
With the limitations and the equipment attested overleaf the aircraft meets the following noise requirements:
a) ☐ ICAO ANHANG 16: ☐ DURCH EINHALTUNG DES LÄRMGRENZWERTES
By falling below the noise limit
☐ NfI II - 47/75: ☐ DURCH ANWENDUNG DER AUSNAHMEREGELUNG FÜR ....
By application of an exemption rule for
b) DIE ERHÖHTEN SCHALLSCHUTZANFORDERUNGEN NACH DER VERORDNUNG VOM 16. 8. 1976 (BGBl. I, S. 2216): ☐ JA ☐ NEIN ☐ MIT 5 dB (A)-ABSTAND ZUM LÄRMGRENZWERT ☐ MIT 8 dB (A)-ABSTAND ZUM LÄRMGRENZWERT

DATUM DER AUSSTELLUNG:
Date of issue:
UNTERSCHRIFT:
Signature:

(Rückseite)

BESTÄTIGUNG EINER NACH § 31 LUFTGERPO FÜR PRÜFUNGEN ZUSTÄNDIGEN STELLE ÜBER BETRIEBSGRENZEN UND AUSRÜSTUNG DES LUFTFAHRZEUGS
Attestation of limitations and equipment of the aircraft of a body competent for inspection according to LuftGerPO

a) MOTOR(EN): Engine(s):		GEMÄSS: according to:
b) DREHZAHL/LADEDRUCK B. HÖCHSTZUL. DAUERLEISTUNG .... U/MIN RPM and MANIF. PRESS. at max. cont. power .... in Hg		GEMÄSS: according to:
c) PROPELLER: Propeller:		GEMÄSS: according to:
d) PROPELLER-DURCHMESSER: Propeller diameter:		GEMÄSS: according to:
e) BLATTZAHL: Number of blades:		
f) HÖCHSTGEWICHT: .... kg Maximum weight:		GEMÄSS: according to:
g) TURBOLADER: Turbocharger:	☐ JA Yes ☐ NEIN No	GEMÄSS: according to:
h) ZUSÄTZLICHER SCHALLDÄMPFER: Additional muffler:	☐ JA Yes ☐ NEIN No	GEMÄSS: according to:
i) SONSTIGE AUSRÜSTUNG: Other equipment:		GEMÄSS: according to:

DIE ZUM FLUGZEUG-MOTORSEGLER GEHÖRIGEN BETRIEBSANWEISUNGEN STIMMEN MIT DEN o. a. ANGABEN ÜBEREIN.
The operating information belonging to the aircraft correspond with the statements above.

DATUM:
Date:
LBA-ANERKENNUNGS-NR.
LBA-Approval No.
UNTERSCHRIFT:
Signature:

Abb. 17
Lärmzeugnis für Propellerflugzeuge

Der **Halter** eines für den Verkehr zugelassenen Luftfahrzeugs hat der Zulassungsbehörde (LBA) folgendes **unverzüglich** anzuzeigen (Anzeigepflichten nach § 11 LuftVZO):

1. **technische Mängel,** welche die **Lufttüchtigkeit beeinträchtigen** oder beeinträchtigen können, soweit sie nicht durch die vorgeschriebene Instandhaltung zu beheben sind;
2. **jede Änderung des regelmäßigen Standorts** des Luftfahrzeugs.

Ferner muß der **Eigentümer** des Luftfahrzeugs dem Luftfahrt-Bundesamt (LBA) **unverzüglich** anzeigen, wenn der **Halter des Geräts wechselt** und mit dem neuen Halter vereinbart wird, daß er das Gerät für mindestens 6 Monate in Gebrauch nimmt.

Einzelheiten über die Verkehrszulassung auf einen Blick

Verkehrszulassung

Verkehrszulassung

Voraussetzung: Musterzulassung des Luftfahrzeuges

Der Antragsteller kann einen Antrag auf Vormerkung eines bestimmten Kennzeichens stellen.

Zum Antrag auf Verkehrszulassung sind erforderlich: Angaben zum Eigentümer und Halter, Erklärung über Staatsangehörigkeit des Eigentümers, Nachweis des Eigentumerwerbes und der Haftpflichtversicherung, Zollbescheinigung, Genehmigung der Luftfunkstelle durch die Post, Erklärung über den Nachweis der Lufttüchtigkeit durch einen Prüfer für Luftfahrtgerät, Angabe des Verwendungszweckes, Standort.

Für Segelflugzeuge, bemannte Ballone und Personenfallschirme: Angaben zum Eigentümer und Halter, bei Segelflugzeugen den Standort, bei bemannten Ballonen einen Vorschlag für den Namen, Nachweis des Eigentumerwerbes und der Haftpflichtversicherung, Erklärung über den Nachweis der Lufttüchtigkeit durch einen Prüfer für Luftfahrtgerät, ggf. Genehmigung der Luftfunkstelle durch die Post.

Ausstellung des **Lufttüchtigkeitszeugnisses** und **Eintragungsscheines,** Eintragung in die **Luftfahrzeugrolle** durch das LBA.

Der **Halter** des Luftfahrzeugs ist verpflichtet, **technische Mängel,** z.B. Bruch oder Verrottung, soweit sie nicht durch Instandhaltung zu beheben sind, und Standortwechsel dem LBA anzuzeigen.

Der **Eigentümer** hat dem LBA **jede Änderung** der in die Luftfahrzeugrolle eingetragenen Daten zu melden und dabei den Eintragungsschein vorzulegen.

Vorläufige Verkehrszulassung

Nur für technische Zwecke, Ausbildung, Vorführung oder Überführung.

Nachweis der Haftpflichtdeckung und Nachweis, daß die Verwendung des Luftfahrgerätes für den beabsichtigten Zweck unbedenklich ist.

Erteilung einer Bescheinigung über die vorläufige Verkehrszulassung durch das LBA.

5.1.2.3 Eintragung in das Verzeichnis der Luftfahrzeuge und Erteilung eines Kennzeichens

Im Rahmen der Verkehrszulassung werden Flugzeuge, Drehflügler, Luftschiffe und Motorsegler vom **Luftfahrt-Bundesamt (LBA)** in die

Luftfahrzeugrolle (Verzeichnis der deutschen Luftfahrzeuge)

eingetragen (§ 14 LuftVZO).
Dem **Eigentümer** des Luftfahrzeugs oder seinem Bevollmächtigten wird nach der Eintragung ein **Eintragungsschein** (engl.: Certificate of Registration) ausgestellt.

Luftfahrzeugrolle
Aircraft Register
Band: Blatt:
Volume: Page:

BUNDESREPUBLIK DEUTSCHLAND
Federal Republic of Germany
Luftfahrt-Bundesamt
Federal Office of Civil Aeronautics

Art des Luftfahrzeugs
Class of Aircraft

Muster 1
(Vorderseite)

EINTRAGUNGSSCHEIN
Certificate of Registration

1. Staatszugehörigkeits- und Eintragungszeichen:
Nationality and Registration Marks:
D— ....

2. Hersteller:
Manufacturer:
Muster:
Manufacturer's Designation:

3. Werknummer:
Serial Nr.:

4. Eigentümer:
Name of owner:

5. Anschrift des Eigentümers:
Address of owner:

6. Hiermit wird bescheinigt, daß das vorbezeichnete Luftfahrzeug in die Luftfahrzeugrolle der Bundesrepublik Deutschland in Übereinstimmung mit dem Abkommen über die Internationale Zivilluftfahrt vom 7. Dezember 1944 sowie dem deutschen Luftverkehrsgesetz und den zu seiner Durchführung erlassenen Rechtsverordnungen eingetragen ist.
It is hereby certified that the above described aircraft has been duly entered on the Register of the Federal Republic of Germany in accordance with the Convention on International Civil Aviation dated 7 December 1944 and with the German Aeronautics Act and the regulations issued for its execution.

Datum der Ausstellung:
Date of issue:
....

Unterschrift:
Signature:
....

Der Eintragungsschein ist im Luftfahrzeug mitzuführen

Eintragungen über Eigentumswechsel:
Entries on change of ownership:

Muster 1
(Rückseite)

Rechte an deutschen Luftfahrzeugen sind eingetragen bei dem Amtsgericht in Braunschweig, Am Wendentor 7 (Artikel III Abs. 1 des Abkommens über die internationale Anerkennung von Rechten an Luftfahrzeugen).
Rights in aircraft registered in the Federal Republic of Germany are recorded by the Amtsgericht in Braunschweig, Am Wendentor 7 (Article III (1) of the Convention on the International Recognition of Rights in Aircraft).

Abb. 18
Eintragungsschein

WICHTIG: Der **Eintragungsschein** ist **ständig an Bord des Luftfahrzeugs** mitzuführen (§ 14 Abs. 1 LuftVZO)!

Segelflugzeuge und bemannte Ballone werden bei der Verkehrszulassung vom **Luftfahrt-Bundesamt (LBA)** in ein Verzeichnis eingetragen. Über diese Eintragung wird ebenfalls ein **Eintragungsschein** ausgestellt, der beim Betrieb des Luftfahrzeugs **ständig mitzuführen** ist (§ 18a LuftVZO).
Eine **Eintragung** in die Luftfahrzeugrolle oder in das eben erwähnte Verzeichnis für Segelflugzeuge und bemannte Ballone ist **nur möglich**, wenn das betreffende Luftfahrzeug im **ausschließlichen Eigentum deutscher Staatsangehöriger** steht (§ 3 Abs. 1 LuftVG) und noch nicht in einem öffentlichen **Register eines anderen Staates** eingetragen ist (§ 14 Abs. 2 LuftVZO). Mit dieser Regelung soll der Erwerb einer doppelten Staatsangehörigkeit ausgeschlossen werden.
Der **Eigentümer** des Luftfahrzeugs ist verpflichtet, jede **Änderung** der in der Luftfahrzeugrolle eingetragenen Tatsachen dem **Luftfahrt-Bundesamt (LBA)** unverzüglich schriftlich anzuzeigen (§ 16 Abs. 1 LuftVZO).
Die Einsicht in die deutsche Luftfahrzeugrolle ist **jedem** gestattet. Auf Verlangen erteilt die Behörde (LBA) eine Abschrift der Eintragung und beglaubigt sie.
Eine **Eintragung** in die Luftfahrzeugrolle oder in das Verzeichnis für Segelflugzeuge und bemannte Ballone wird **von Amts wegen gelöscht,** wenn

1. **das Luftfahrzeug nicht mehr zum Verkehr zugelassen** ist oder die **Lufttüchtigkeit** nicht nur vorübergehend **entfallen** ist,
2. **die Eigentumsvoraussetzungen** (deutsche Staatsangehörigkeit) nach § 3 Abs. 1 LuftVG **nicht mehr vorliegen**
   oder
3. **das Luftfahrzeug entgegen den Vorschriften** des § 14 Abs. 2 LuftVZO in das **öffentliche Register eines anderen Staates** eingetragen ist (§ 17 LuftVZO).

Bei der Verkehrszulassung wird jedem Luftfahrzeug ein **Kennzeichen** (engl.: Registration Mark) zugeteilt, das neben dem **Staatszugehörigkeitszeichen** (engl.: Nationality Mark) am Luftfahrzeug zu führen ist (§ 2 Abs. 5 LuftVG und § 19 LuftVZO).
Nach den Vorschriften der **Anlage 1 zur LuftVZO** führen Flugzeuge, Drehflügler, Luftschiffe und Motorsegler der Bundesrepublik Deutschland als Staatszugehörigkeitszeichen die **Bundesflagge** und den Buchstaben **D** sowie als besondere Kennzeichnung **vier weitere Buchstaben** (z. B. D-EABC).
Segelflugzeuge führen ebenfalls die Bundesflagge und den Buchstaben **D** als Staatszugehörigkeitszeichen, erhalten jedoch als besondere Kennzeichnung eine **Kennzahl** (z. B. D-1234).
Bemannte Ballone haben die **Bundesflagge zu setzen** und führen neben dem Buchstaben **D** einen **bestimmten Namen.** Der vom Eigentümer vorgeschlagene Name muß von der Zulassungsbehörde (LBA) genehmigt werden (z. B. D-GEROLSTEINER).
Folgende Buchstaben werden als **erste** Buchstaben des Eintragungszeichens (besondere Kennzeichnung) verwendet:

– **Für Flugzeuge**			
über 20 t	Höchstgewicht	**A**	(z. B. D-ABCD)
von 14 bis 20 t	Höchstgewicht	**B**	(z. B. D-BABC)
von 5,7 bis 14 t	Höchstgewicht	**C**	(z. B. D-CABC)
einmotorig bis 2 t	Höchstgewicht	**E**	(z. B. D-EABC)
einmotorig von 2 bis 5,7 t	Höchstgewicht	**F**	(z. B. D-FABC)
mehrmotorig bis 2 t	Höchstgewicht	**G**	(z. B. D-GABC)
mehrmotorig von 2 bis 5,7 t	Höchstgewicht	**I**	(z. B. D-IABC)
– **für Drehflügler**		**H**	(z. B. D-HABC)
– **für Luftschiffe**		**L**	(z. B. D-LABC)
– **für Motorsegler**		**K**	(z. B. D-KABC)
UL		M	D-MABC

Auszug aus den Vorschriften über die Anbringung, Form und Größe der Kennzeichen (Anlage 1 LuftVZO):

Flugzeuge, Drehflügler und Motorsegler führen den Buchstaben D und das Eintragungszeichen an **beiden Seiten des Rumpfes** (Abb. 19) oder an **beiden Seiten des Seitenleitwerks** (Abb. 20). Flugzeuge bis 5,7 t Höchstgewicht und Motorsegler führen den Buchstaben D und das Eintragungszeichen außerdem auf der **unteren Seite des linken Flügels** (Abb. 21).
Luftschiffe führen den Buchstaben D und das Eintragungszeichen beiderseits auf der Hülle derart, daß die Zeichen von der Seite und vom Boden aus sichtbar sind, oder an beiden Seiten des Seitenleitwerks und auf der linken Unterseite des Höhenleitwerks.
Bei Anbringung des Buchstabens D und des Eintragungszeichens an den Seitenflächen des Rumpfes oder des Seitenleitwerks ist eine Schrägstellung der Schriftzeichen bis zu höchstens 15 Grad zulässig.

Die **Höhe der Schriftzeichen** muß mindestens betragen:

- am Rumpf von Flugzeugen und Motorseglern **30 cm**,
- bei Drehflüglern und am Leitwerk von Luftschiffen **30 cm**,
- an den Flügeln von Flugzeugen und Motorseglern und an der Hülle von Luftschiffen **50 cm.**

Die **Breite der Schriftzeichen** mit Ausnahme des Buchstabens I und der Zahl 1 soll zwei Drittel der Schrifthöhe, der Abstand der Schriftzeichen voneinander ein Viertel der Breite eines Schriftzeichens betragen. Die Stärke der einzelnen Schriftlinien soll einem Sechstel der Schrifthöhe entsprechen.

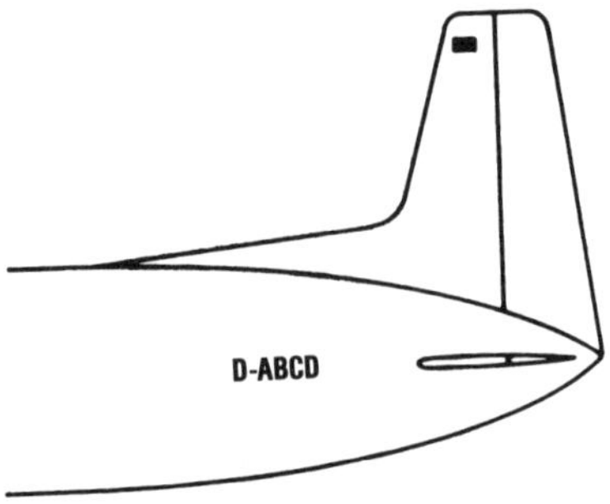

Abb. 19

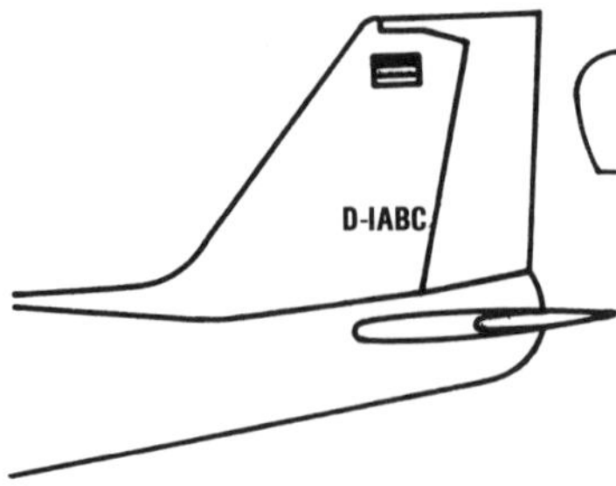

Abb. 20

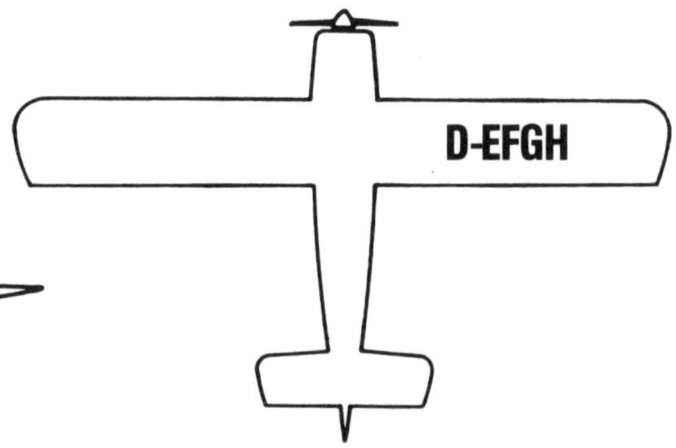

Abb. 21

5.2 Prüfungen des Luftfahrtgeräts

Nach **§ 1 LuftGerPO** (Prüfordnung für Luftfahrtgerät) ist die **Verkehrssicherheit** (Lufttüchtigkeit) des Luftfahrtgeräts durch **Prüfungen** festzustellen.
In der LuftGerPO sind für diesen Zweck **folgende Prüfungen** vorgesehen:

- **Musterprüfung** (siehe 5.2.1),
- **Stückprüfung** (siehe 5.2.2) und
- **Nachprüfung** (siehe 5.2.3).

5.2.1 Die Musterprüfung

Die **Lufttüchtigkeit** des Musters eines Luftfahrtgeräts, das der **Musterzulassung** (siehe 5.1.2.1) bedarf, ist nach **§ 2 Abs. 1 LuftGerPO** in einer **Musterprüfung** festzustellen.
Bei der **Neuentwicklung** eines musterprüfpflichtigen Luftfahrtgeräts wird in einer

umfassenden Musterprüfung (§ 3 LuftGerPO)

festgestellt, ob das Muster den anzuwendenden **Bauvorschriften** (Lufttüchtigkeitsanforderungen) entspricht und nicht Merkmale oder Eigenschaften aufweist, die einen **sicheren Betrieb beeinträchtigen.** Dabei werden **amerikanische Lufttüchtigkeitsanforderungen** zugrundegelegt, die vom LBA anerkannt worden sind. Diese Lufttüchtigkeitsanforderungen sind bestimmte Abschnitte (Parts) aus den **„Federal Aviation Regulations“** (FAR) der USA wie z. B.:

- **FAR Part 23** für Flugzeuge unter 5,7 t,
- **FAR Part 25** für Flugzeuge über 5,7 t und für Flugzeuge unter 5,7 t **mit 10 oder mehr Fluggastsitzen,**
- **FAR Part 27** für Hubschrauber unter 2,72 t,
- **FAR Part 29** für Hubschrauber über 2,72 t,
- **FAR Part 33** für Flugmotoren und
- **FAR Part 35** für Luftschrauben (Propeller).

Segelflugzeuge und **Motorsegler** werden nach den Vorschriften der **1. Durchführungsverordnung zur Bauordnung für Luftfahrtgerät** (LuftBauO) mit dem Titel „Lufttüchtigkeitsanforderungen für Segelflugzeuge und Motorsegler-LFSM" mustergeprüft.
In jeder Musterprüfung ist außerdem nachzuweisen, daß für das Muster **ausreichende Bau-, Betriebs- und Instandhaltungsunterlagen** vorhanden sind.
Die **umfassende Musterprüfung** für Motorsegler, Segelflugzeuge, bemannte Ballone und Startwinden für Segelflugzeuge wird vom **Luftfahrt-Bundesamt** (LBA) durchgeführt. Das LBA kann **Betrieben,** die solche Luftfahrtgeräte entwickeln, die Durchführung der umfassenden Musterprüfung übertragen (§ 6 Abs. 1 und 3 LuftGerPO).
Die **umfassende Musterprüfung** von Flugzeugen, Luftschiffen, Hubschraubern, Flugmotoren und Propellern, die in der Bundesrepublik Deutschland entwickelt werden, ist vom **Entwicklungsbetrieb**, der das Muster entwickelt, durchzuführen. Solche Betriebe müssen vom **Luftfahrt-Bundesamt** (LBA) anerkannt **sein (§ 6 Abs. 2 LuftGerPO).**
Die Muster eines Luftfahrtgeräts, die bereits nach **ausländischen Lufttüchtigekeitsvorschriften** oder **Lufttüchtigkeitsvorschriften der Bundeswehr** mustergeprüft worden sind, werden vom **LBA** einer sogenannten

vereinfachten Musterprüfung (§ 4 LuftGerPO)

unterzogen. In dieser vereinfachten Musterprüfung wird festgestellt, ob die zur Erteilung der Musterzulassung **erforderlichen Unterlagen** (z. B. Betriebs- und Instandhaltungsunterlagen) ordnungsgemäß sind.
Soll ein bereits zugelassenes Muster eines Luftfahrtgeräts **geändert** werden, so ist eine

ergänzende Musterprüfung (§ 5 LuftGerPO)

durchzuführen, in der festgestellt wird, ob das geänderte Muster den **Bauvorschriften für Luftfahrtgerät** (Lufttüchtigkeitsanforderungen) entspricht und nicht Merkmale oder Eigenschaften aufweist, die einen **sicheren Betrieb beeinträchtigen.**
Das **LBA** kann **Betriebe** anerkennen, die das Luftfahrtgerät ändern und ihnen die Durchführung der ergänzenden Musterprüfung übertragen (§ 6 Abs. 4 LuftGerPO).

5.2.2 Die Stückprüfung

Bei der Herstellung des Luftfahrtgeräts ist in einer sogenannten **Stückprüfung** festzustellen, ob das hergestellte Luftfahrtgerät mit dem **zugelassenen Muster übereinstimmt** und **lufttüchtig** ist (§§ 15 bis 25 LuftGerPO).
Die **Stückprüfung** von Luftfahrtgerät, das in der Bundesrepublik Deutschland hergestellt wird, erfolgt in den **Herstellerbetrieben**, die hierfür vom **LBA** anerkannt sein müssen.
Luftfahrtgerät, das im **Ausland hergestellt** und in die Bundesrepublik Deutschland importiert wurde, wird keiner Stückprüfung unterzogen, da unsere Vorschriften im Ausland nicht gelten. Solche Luftfahrzeuge oder andere Luftfahrtgeräte werden mit einem **„Certificate of Airworthness for Export"** (franz.:„Certificat de Navigabilité pour Exportation") geliefert und die **Lufttüchtigkeit** wird dann bei einem vom LBA anerkannten luftfahrttechnischen Betrieb aufgrund des Zertifikats und einer **umfassenden Nachprüfung** (siehe auch 5.2.3) festgestellt.

5.2.3.1 Die Nachprüfung

Die **Aufrechterhaltung der Lufttüchtigkeit** des Luftfahrtgeräts ist gemäß **§ 26 LuftGerPO** in

Nachprüfungen

festzustellen.
Solche Nachprüfungen erfolgen entweder fortlaufend oder in **Zeitabständen,** auf **Anordnung des LBA** sowie bei der **Instandhaltung** (Wartung) und der **Änderung** des Luftfahrtgeräts.
Nach **§ 27 LuftGerPO** muß das zum Verkehr zugelassene Luftfahrtgerät in **Zeitabständen von 12 Monaten** einer

umfassenden Nachprüfung (Jahresnachprüfung)

unterzogen werden, in der festzustellen ist, ob das Gerät **noch lufttüchtig** ist.
Luftfahrzeuge, die für die **gewerbsmäßige Beförderung** von Personen oder für die **Ausbildung von Luftfahrern** verwendet werden, unterliegen nach einer Betriebszeit von jeweils **100 Stunden** einer **Nachprüfung** (100-Stunden-Nachprüfung), in der festgestellt wird, ob sie ordnungsgemäß instandgehalten sind und noch den Anforderungen eines sicheren Betriebs genügen (§ 27 Abs. 2 LuftGerPO).
Diese Regelung gilt **nicht** für Motorsegler, Segelflugzeuge, Fallschirme und bemannte Ballone.
Werden beim Betrieb eines zugelassenen Luftfahrzeuges **Mängel** festgestellt, die die **Lufttüchtigkeit** beeinträchtigen oder beeinträchtigen können, oder bestehen begründete Zweifel an der Lufttüchtigkeit, so kann das **LBA als Zulassungsbehörde** eine Nachprüfung anordnen, die als **angeordnete Nachprüfung** bezeichnet wird. Eine solche Nach-

prüfung gilt ebenfalls für die dem Muster nachgebauten Luftfahrzeuge, wenn zu vermuten ist, daß die Mängel auch bei diesen bestehen (§ 29 LuftGerPO).
Gemäß **§ 30 LuftGerPO** muß bei der **Wartung** sowie nach **kleinen Reparaturen** und **kleinen Änderungen** eine **Nachprüfung** durchgeführt werden, in der die ordnungsgemäße Durchführung der Arbeiten festzustellen ist. **Überholungen** des Luftfahrtgeräts sowie **große Reparaturen** und **große Änderungen** unterliegen **Nachprüfungen** zur Feststellung der **Lufttüchtigkeit** (§ 30 Abs. 2 LuftGerPO).
Die erwähnten Arten der Nachprüfung werden von **luftfahrtechnischen Betrieben** durchgeführt, die eine **LBA-Anerkennung** haben müssen (§ 31 Abs. 1 LuftGerPO). Neben diesen zugelassenen Betrieben dürfen **Prüfer von Luftfahrtgerät**, die vom **LBA** anerkannt sind, folgende **Nachprüfungen selbständig** durchführen (§ 31 Abs. 2 LuftGerPO):

- **Prüfer von Luftfahrtgerät der Klasse 1** die umfassende Nachprüfung (Jahresnachprüfung) von Hubschraubern und Flugzeugen bis 5,7 t und von Luftschiffen;
- **Prüfer von Luftfahrtgerät der Klasse 2** die 100-Stunden-Nachprüfung für Luftfahrzeuge, die der gewerbsmäßigen Personenbeförderung oder der Ausbildung von Luftfahrern dienen und die Nachprüfung bei kleinen Reparaturen und kleinen Änderungen von Flugzeugen und Hubschraubern bis 5,7 t und von Luftschiffen;
- **Prüfer für Luftfahrtgerät der Klasse 3** alle Nachprüfungen von Motorseglern, Segelflugzeugen, Startgeräten, Ballonen und Fallschirmen.

WICHTIG: Die **100-Stunden-Nachprüfung** von Flugzeugen mit einem höchstzulässigen Gewicht bis zu 2000 kg, die von **Luftsportvereinen** für die **Ausbildung von Flugzeugführern** eingesetzt werden, kann auch von **geeigneten Personen** durchgeführt werden, die **keine** Erlaubnis als Prüfer von Luftfahrtgerät besitzen. Die Eignung ist jedoch der Zulassungsbehörde (LBA) nachzuweisen (§ 31 Abs. 3 LuftGerPO).
Die **umfassende Nachprüfung** (Jahresnachprüfung), eine **angeordnete Nachprüfung** (LBA) und die **Nachprüfung** bei Überholungen, großen Reparaturen und großen Änderungen ist vom **zuständigen luftfahrttechnischen Betrieb** oder vom **zuständigen Prüfer für Luftfahrtgerät** in einem

Nachprüfschein

zu bescheinigen (§ 39 Abs. 1 LuftGerPO).

Deutscher Aero Club
Landesverband Nordrhein-Westfalen e. V.

Anerkannter luftfahrttechnischer Betrieb-LBA-Nr. II A 138

Nachprüfschein Nr. ______

______ Flugzeug ______ D-______
(Luftfahrzeug)

Muster: ______ Werk-Nr.: ______ Baujahr: ______

Kennblatt-Nr.: ______ Ausgabe: ______

1. Hiermit wird bescheinigt, daß das vorbezeichnete Luftfahrzeug
   - ☐ in einer Jahresnachprüfung
   - ☐ in einer umfassenden Nachprüfung
   - ☐ gemäß LBA-Lufttüchtigkeitsanweisungs-Nr. ______
   - ☐ bei einer Grundüberholung ☐ bei einer großen Reparatur
   - ☐ bei einer großen Änderung

   nach den Vorschriften des vierten Abschnittes der Prüfordnung für Luftfahrtgerät geprüft worden ist.
   Das Luftfahrzeug ist lufttüchtig und stimmt mit den Angaben des vorbezeichneten Kennblattes überein.
2. Art und Umfang der Reparatur oder Änderung:
3. Betriebszeiten des Luftfahrzeugs: (volle Stunden)
   - gesamte Betriebszeit ______
   - Betriebszeit seit der letzten Grundüberholung ______
   - Betriebszeit seit der letzten Jahresnachprüfung ______
   - Starts seit der letzten Jahresnachprüfung ______

LBA-Muster Nr. 5

4. Das Luftfahrzeug ist ausgerüstet für die Verwendung in der Kategorie:
   - ☐ Personenbeförderung 1 ☐ Personenbeförderung 2
   - ☐ Personenbeförderung 3 ☐ Frachtbeförderung
   - ☐ Nichtgewerblicher Verkehr
   - ☐ Luftarbeit
   - ☐ Schleppen von Segelflugzeugen ☐ Anhängern ☐ Lasten
   - ☐ Zwecke der Land- und Forstwirtschaft ☐ Luftbild ☐ Reklame
   - ☐ Absetzen von Personen und Sachen
   - ☐ Elektronische Ausrüstung*)
   - ☐ VHF S/E ☐ HF-S/E ☐ VHF NAV ☐ UHF NAV
   - ☐ ADF ☐ Marker ☐ Transponder ☐ DME ☐ Radar-Höhenmesser
   - ☐ RNAV ☐ Wetter-Radar ☐ Doppler Radar ☐ ELT ☐ ______

   *) Die Errichtung und der Betrieb von Luftfunkstellen bedarf der Genehmigung durch die Bundespost
5. Hinweise und Anmerkungen:

Termin der nächsten Jahresnachprüfung:

______ Ort ______ Name des Zeichnungsberechtigten

______ Datum ______ Unterschrift

Bearbeitungsvermerke der Zulassungsbehörde:

Abb. 22
Der Nachprüfschein

Eine Ausfertigung des Nachprüfscheins ist dem **Luftfahrt-Bundesamt** (LBA) vorzulegen und eine weitere den Betriebsaufzeichnungen des Luftfahrzeugs (Lebenslaufakte) beizufügen.

WICHTIG: Da der Nachprüfschein **Auskunft über die Aufrechterhaltung der Lufttüchtigkeit** gibt, ist eine Ausfertigung des jeweils **letzten Nachprüfscheins ständig an Bord des Luftfahrzeugs** mitzuführen (§ 39 Abs. 3 LuftGerPO)!

5.2.3.2 Die Instandhaltung (Wartung) von Luftfahrzeugen

Zur Aufrechterhaltung der Lufttüchtigkeit eines Luftfahrzeugs sind umfangreiche **Instandhaltungsarbeiten** (Wartung und Reparaturen) notwendig.
Nach den „Allgemeinen technischen Betriebsvorschriften" der **Betriebsordnung für Luftfahrtgerät** (LuftBO) dürfen Luftfahrzeuge und das dazugehörige Gerät (wie z. B. Triebwerk, Luftschraube) nur

innerhalb der zulässigen Betriebszeiten (engl.: **TBO = T**ime **B**etween **O**verhaul)

betrieben werden, soweit dies zur Gewährleistung eines sicheren Betriebs erforderlich ist (§ 4 LuftBO). Die **zulässigen Betriebszeiten** werden von der **Zulassungsbehörde** (LBA) festgelegt.
Die **Wartung** (Instandhaltung) der Luftfahrzeuge ist in den **§§ 5 bis 14 LuftBO** geregelt. Sie umfaßt

- **planmäßige Kontrollen und Arbeiten**, die zur Aufrechterhaltung und Überwachung der **Lufttüchtigkeit** erforderlich sind, sowie
- **nichtplanmäßige zusätzliche Arbeiten und kleine Reparaturen**, die zur Behebung angezeigter Beanstandungen oder festgestellter Mängel erforderlich sind und mit **einfachen Mitteln** ausgeführt werden können. Dazu gehört auch der **Einbau von bereits geprüften Teilen im Austausch** gegen überholungs-, reparatur- oder änderungsbedürftige Teile, wenn dies mit **einfachen Mitteln** möglich ist (§ 6 LuftBO).

Solche Wartungs- oder Instandhaltungsarbeiten erstrecken sich von **einfachen Sichtkontrollen** (25-Std.- und 50-Std.-Kontrollen) über **umfangreiche Kontrollen**, die mit System-Funktionskontrollen verbunden sind (100-Std.-Kontrollen), bis zum **Austausch von Ausrüstungs- und Bauteilen** des Luftfahrzeugs.
Kleine Reparaturen und **kleine Änderungen** an Luftfahrtgeräten sind solche Arbeiten, die mit **einfachen Mitteln** ausgeführt werden können und die bei **fehlerhafter Ausführung** die **Lufttüchtigkeit** des Luftfahrzeugs **nicht beeinträchtigen**.
Die Instandhaltung der Luftfahrzeuge sowie kleine Reparaturen und kleine Änderungen bedürfen der **Nachprüfung**, in der die **ordnungsgemäße Durchführung der Arbeiten** festzustellen ist (§ 30 LuftGerPO).
Hat ein Luftfahrzeug oder ein dazugehöriges Gerät (Triebwerk, Luftschraube usw.) die festgelegte **zulässige Betriebszeit erreicht** (§ 4 LuftBO) oder sind beim Betrieb **Mängel** festgestellt worden, die im Rahmen der vorgeschriebenen Wartung (Instandhaltung) nicht behoben werden können, so ist das Luftfahrzeug oder das entsprechende Gerät gemäß **§ 7 LuftBO**

ganz oder teilweise zu überholen (Grund- oder Teilüberholung).

Nach **§ 8 LuftBO** müssen **Schäden** (z. B. durch Unfall), die im Rahmen der Wartung nicht einwandfrei zu beseitigen sind, durch eine

große Reparatur

behoben werden.
Große Reparaturen oder die vorher erwähnten Überholungen (Grund- oder Teilüberholung) bedürfen der **Nachprüfung**, in der die **Lufttüchtigkeit** erneut festzustellen ist (§ 30 Abs. 2 LuftGerPO).
Die **Durchführung der Instandhaltung** (Wartung) ist in **§ 9 LuftBO** geregelt. Danach müssen Luftfahrzeuge mit einem **Höchstgewicht über 5.700 kg** (5,7 t) sowie **alle anderen** Luftfahrzeuge, die in Luftfahrtunternehmen für die **gewerbsmäßige Beförderung von Personen oder Sachen** oder in Luftfahrerschulen für die **Ausbildung von Flugzeugführern** verwendet werden, in vom LBA anerkannten

luftfahrttechnischen Betrieben

instandgehalten (gewartet) und nachgeprüft werden.
Die **Wartung** (Instandhaltung) an Luftfahrzeugen mit einem **Höchstgewicht bis 5.700 kg** (5,7 t), die **nicht** für gewerbsmäßige Zwecke verwendet werden, kann auch von

sachkundigen Personen

durchgeführt werden.

Nach **LBA-Erläuterungen** zu diesem Thema kann als **sachkundige Person** angesehen werden, wer aufgrund einer entsprechenden **beruflichen Ausbildung** und/oder aufgrund **langjähriger Praxis** in der Wartung von Luftfahrzeugen über **ausreichende Erfahrungen** für die ordnungsgemäße Durchführung solcher Arbeiten verfügt. Personen, die im Besitz eines gültigen **Technischen Ausweises des DAeC** nach den Richtlinien für die Ausbildung des technischen Personals im DAeC sind, können im Rahmen ihrer Berechtigung solche Wartungsarbeiten durchführen.
Einfache Arbeiten im Rahmen der Wartung, die bei nicht sachgemäßer Durchführung die **Lufttüchtigkeit nicht beeinträchtigen**, werden bei der **nächsten Jahresnachprüfung** des Luftfahrzeugs nachgeprüft. Die **Wartungsarbeiten** sind von der **sachkundigen Person** im **Bordbuch** nach den Richtlinien zur Führung des Bordbuches einzutragen und zu bescheinigen, damit die **nachprüfende Stelle** bei der **Jahresnachprüfung** über Art und Umfang der durchgeführten Wartungsarbeiten unterrichtet ist und deren **ordnungsgemäße Durchführung nachprüfen** kann.
Kontrollen und Arbeiten von sachkundigen Personen im Rahmen der Wartung, die aufgrund ihres Umfangs und ihrer Bedeutung bei unsachgemäßer Durchführung die **Lufttüchtigkeit** des Luftfahrzeugs beeinträchtigen können, müssen bei der Durchführung der Arbeiten von einem **LBA-anerkannten luftfahrttechnischen Betrieb** oder von einem **LBA-anerkannte Prüfer von Luftfahrtgerät** nachgeprüft und bescheinigt werden.
Nach **§ 9 Abs. 2 LuftBO** dürfen auch

Luftfahrzeugführer mit gültiger Erlaubnis

an Luftfahrzeugen, deren **Halter oder Eigentümer** sie sind und die **nicht** für die gewerbsmäßige Beförderung von Personen oder Sachen verwendet werden, **einfache Kontrollen und Arbeiten** im Rahmen der Wartung **selbst durchführen**, wenn sie hierfür die notwendigen Fähigkeiten und Kenntnisse besitzen.
Die **Wartungsarbeiten** sind in solchen Fällen vom **Luftfahrzeugführer** im **Bordbuch** einzutragen und zu bescheinigen. Die **Nachprüfung** der ordnungsgemäßen Durchführung dieser Arbeiten erfolgt dann bei der **nächsten Jahresnachprüfung** des Luftfahrzeugs durch einen LBA-anerkannten **luftfahrttechnischen Betrieb** oder durch einen anerkannten **Prüfer von Luftfahrtgerät**.

WICHTIG: Wer Luftfahrtgeräte instandhält (wartet), hat der **Zulassungsbehörde (LBA) Mängel des Musters**, die ihm bei seiner Tätigkeit bekannt werden und welche die **Lufttüchtigkeit beeinträchtigen** oder beeinträchtigen können, **unverzüglich anzuzeigen** (§ 9 Abs. 6 LuftBO)!

Umfang der Wartung, die durch sachkundige Personen und Luftfahrzeugführer durchgeführt und bescheinigt werden darf:

Beispiele für **Kontrollen und Arbeiten im Rahmen der Wartung**, die von sachkundigen Personen und von Luftfahrzeugführern mit gültiger Erlaubnis durchgeführt werden dürfen und im **Luftfahrzeug-Bordbuch eingetragen** und **bescheinigt** werden müssen, sind insbesondere:

- **vom Hersteller festgelegte planmäßige Sicht- und Funktionskontrollen** (nach 25, 50 und 100 Std.), sofern sie mit einfachen Mitteln durchgeführt werden können, keine Ausbauarbeiten damit verbunden sind, die über das Entfernen von nichttragenden Bauteilen wie Abdeckbleche, Hauben und Verkleidungen hinausgehen, und für deren ordnungsgemäße Durchführung keine besonderen Werkzeuge und Prüfeinrichtungen benötigt werden;
- **Auswechseln der Bereifung** des Fahrwerks;
- **Auswechseln von elastischen Stoßdämpfer-Elementen** im Fahrwerk;
- **Wartung der Stoßdämpfer** im Fahrwerk durch Nachfüllen von Öl oder Luft;
- **Wartung der Radlager des Fahrwerks** durch Reinigen oder Schmieren;
- **Auswechseln defekter Sicherungsdrähte** und Splinte an Schrauben und Verschraubungen;
- **Abschmieren,** soweit damit keine Ausbauarbeiten verbunden sind;
- **Aufsetzen einfacher Flicken bei Stoffbespannung,** soweit kein Vernähen oder der Ausbau tragender Bauteile oder von Steuerflächen erforderlich wird;
- **Nachfüllen von Hydraulikflüssigkeit** im Vorratsbehälter;
- **Erneuerung von Farbanstrichen,** die dekorativen Zwecken dienen, an Rumpf, Tragwerkflächen, Leitwerkflächen (mit Ausnahme der Steuerflächen mit Ausgleich), Verkleidungen, Hauben, Fahrgestell, Kabine oder Führerraum, soweit der Abbau oder die Zerlegung tragender Bauteile oder von Steuerungs- und Betätigungsanlagen nicht damit verbunden ist (Vorschriften für die Beschriftung mit Kennzeichen beachten!);
- **Auftrag von schützenden Überzügen** auf Bauteile, soweit damit keine Zerlegung tragender Bauteile oder von Betätigungsanlagen verbunden ist und nur soweit, als solche schützenden Überzüge nicht im Gegensatz zu anerkannten Verfahrensweisen stehen;

- **Ausbesserung der Polsterung und der Auskleidung der Kabine und des Führerraumes** mit schwer entflammbaren Werkstoffen, soweit damit keine Zerlegung tragender Bauteile oder von Betätigungsanlagen verbunden ist und soweit solche Teile und Anlagen dadurch nicht nachteilig veeinflußt werden;
- **einfache Ausbesserungen geringen Umfanges an Verkleidungen**, Führungen der Motorkühl- und Ansaugluft sowie Kabinenheizung, nichttragenden Deckblechen und Hauben, Anbringen kleiner Flicken oder Verstärkungen, soweit dadurch die Formgebung nicht verändert und die Luftströmung nicht beeinflußt wird;
- **Auswechseln von Seitenfenstern**, soweit diese Arbeiten Zellenaufbau oder Betätigungsanlagen, wie Steuerung und elektrische Anlagen, nicht beeinflussen;
- **Auswechseln von Anschnallgurten**;
- **Auswechseln von Sitzen** oder deren Teilen gegen geprüfte Ersatzteile, soweit dazu keine Ausbauarbeiten an tragenden Bauteilen oder Bedienungsanlagen erforderlich sind;
- **Austausch oder Reinigung der Zündkerzen** und Einstellung ihres Elektrodenabstandes;
- **Auswechseln aller Schlauchverbindungen** mit Ausnahme derjenigen der hydraulischen Anlage;
- **Auswechseln von Betriebsstoffleitungen** gegen vorgefertigte Ersatzleitungen;
- **Reinigen von Kraftstoff- und Ölfiltern**;
- **Austausch von elektrischen Batterien** und Kontrolle des Säurespiegels und der Säuredichte;
- **Ab- und Anbau von Tragflächen und Leitwerkflächen an Segelflugzeugen**, wenn solche Teile für den schnellen Ab- und Anbau konstruiert worden sind und die Arbeiten von einer sachkundigen Person oder vom Luftfahrzeugführer bewältigt werden können.

Umfang der Wartung, die durch sachkundige Personen durchgeführt werden darf, jedoch der sofortigen Nachprüfung unterliegt:

Kontrollen und Arbeiten im Rahmen der Wartung, die von sachkundigen Personen durchgeführt werden können, jedoch der **sofortigen Nachprüfung** durch anerkannte **luftfahrttechnische Betriebe** oder anerkannte **Prüfer von Luftfahrtgerät** unterliegen, sind insbesondere:

- **vom Hersteller festgelegte planmäßige Stundenkontrollen**, für deren ordnungsgemäße Durchführung **Ausbauarbeiten erforderlich** werden, die über das Entfernen nichttragender Bauteile wie Abdeckbleche, Hauben und Verkleidungen hinausgehen oder für die besondere Werkstätten- und Prüfeinrichtungen notwendig sind;
- **der Austausch von, sowie Instandsetzungsarbeiten an:** Motoren, Propellern, Propellerreglern, Zündmagneten, Vergasern, Einspritzanlagen, Motorböcken, Fahrwerken (komplett), Kraftstoffbehältern, Ölbehältern, Steuerungsteilen.

Art und Umfang der Arbeiten und deren **ordnungsgemäße Durchführung** sind von einem **Prüfer von Luftfahrtgerät** mit entspechender Erlaubnis im **Luftfahrzeug-Bordbuch** zu bescheinigen.

In bestimmten Zeitabständen müssen das **Gewicht** und der **Schwerpunkt** eines Luftfahrzeugs durch eine

Wägung

überprüft werden (§ 10 LuftBO). Das gilt auch, wenn Gewicht oder Schwerpunkt **verändert** worden sind (z. B. nach dem Einbau zusätzlicher Geräte) und die Daten durch Rechnung nicht mit hinreichender Genauigkeit ermittelt werden können.
Nach **Instandhaltungsarbeiten**, deren ordnungsgemäße Ausführung **nur im Flug** überprüft werden kann, ist mit dem betroffenen Luftfahrzeug ein

Prüfflug

durchzuführen. Über solche Prüfflüge sind **Aufzeichnungen** zu führen (§ 11 LuftBO). Bei Prüfflügen dürfen nur die bei der **Führung und Prüfung** des Luftfahrzeugs **tätigen Personen** mitgenommen werden oder teilnehmen.
Ist bei einem zum Verkehr zugelassenen Luftfahrzeug der auf dem **Nachprüfschein** eingetragene Termin der

nächsten Jahresnachprüfung überschritten,

so können **Flüge im Rahmen der Nachprüfung** ohne weiteres durchgeführt werden, wenn sich das Luftfahrzeug bereits am Platz des mit der Nachprüfung beauftragten luftfahrttechnischen Betriebs befindet. **Überführungsflüge** nach Ablauf des Nachprüftermins **zum Platz des luftfahrttechnischen Betriebs**, bei dem die Nachprüfung durchgeführt werden soll, müssen vom **Luftfahrt-Bundesamt** (LBA) genehmigt werden! – Dazu ist ein **formloser Antrag** zu stellen, in dem neben der **Begründung** der gegenwärtige Standort des Luftfahrzeugs und der des luftfahrttechnischen Betriebs angegeben sein muß. Ist der Nachprüfungstermin bereits um **mehr als 4 Wochen** überschritten, so ist dem Antrag eine **Unbedenklichkeitserklärung** eines Prüfers von Luftfahrtgerät beizufügen.

5.2.3.3 Lufttüchtigkeitsanweisungen (LTA)

Stellen sich beim Betrieb eines Luftfahrtgeräts **Mängel** heraus, welche die **Lufttüchtigkeit beeinträchtigen**, ordnet das **Luftfahrt-Bundesamt** (LBA) durch

Lufttüchtigkeitsanweisung (LTA)

die zur Behebung der Mängel durchzuführenden Maßnahmen an (§ 14 LuftBO). Die **LTA** werden in den **Nachrichten für Luftfahrer, Teil II** (NfL II) bekanntgemacht.
Ein durch **Lufttüchtigkeitsanweisung** (LTA) **betroffenes Luftfahrtgerät** darf nach dem in der LTA angegebenen Termin für die Behebung der Mängel - außer für Zwecke der Nachprüfung - **nur in Betrieb genommen** werden, wenn die angeordneten **Maßnahmen ordnungsgemäß durchgeführt** worden sind (§ 14 Abs. 2 LuftBO).
Der **Eigentümer/Halter** des Luftfahrtgeräts ist für die Durchführung der in einer **LTA angeordneten Maßnahmen** (Änderungen und Nachprüfung) **verantwortlich**!

5.2.3.4 Betriebsaufzeichnungen

Der Halter eines Luftfahrtgeräts ist nach **§ 15 LuftBO** verpflichtet, **Betriebsaufzeichnungen** zu führen und sie den für die Nachprüfungen des Luftfahrtgeräts **zuständigen Stellen** (luftfahrttechnischer Betrieb/Prüfer von Luftfahrtgerät) bei der **Nachprüfung vorzulegen**. Die **zuständigen Luftfahrtbehörden** können jederzeit die **Einsicht** in die Betriebsaufzeichnungen verlangen.
Anmerkung: Die Sammlung von Betriebsaufzeichnungen für ein Luftfahrzeug wird als **„Lebenslaufakte"** bezeichnet.

Die Betriebsaufzeichnungen müssen gemäß **§ 15 Abs. 2 LuftBO** folgendes enthalten:

1. Für Luftfahrzeuge, in deren Lufttüchtigkeitszeugnis die Anwendung des Verfahrens der fortlaufenden Nachprüfung nicht vermerkt ist (Normalfall),
   a) **den Stückprüfschein und die Nachprüfscheine**, die seit der Zulassung zum Verkehr nach der Prüfordnung für Luftfahrtgerät ausgestellt sind,
   b) **Angaben über die bei der Wartung der Luftfahrzeuge durchgeführten Kontrollen**, über den Einbau von bereits geprüften Teilen im Austausch gegen überholungs-, reparatur- oder änderungsbedürftige Teile, über kleine Reparaturen und kleine Änderungen,
   c) **Angaben über Nachprüfungen** in Zeitabständen und über angeordnete Nachprüfungen, Überholungen, große Reparaturen und große Änderungen;
2. für Luftfahrzeuge, in deren Lufttüchtigkeitszeugnis die Anwendung des Verfahrens der fortlaufenden Nachprüfung vermerkt ist, den Stückprüfschein oder Nachprüfschein und die Bescheinigungen über die ordnungsgemäße Durchführung der fortlaufenden Nachprüfung nach der Prüfordnung für Luftfahrtgerät, die seit der Anwendung des Verfahrens ausgestellt sind;
3. **für Triebwerke und Verstellpropeller** sowie für Ausrüstungs- und Zubehörteile des Luftfahrzeugs die Nachprüfscheine, die seit der Inbetriebnahme des Luftfahrtgeräts nach der Prüfordnung für Luftfahrtgerät ausgestellt sind;
4. **die Prüfaufzeichnungen**, deren Übernahme in die Betriebsaufzeichnungen die Zulassungsbehörde vorgeschrieben hat.

Die Betriebsaufzeichnungen können in der Form des Bordbuches geführt werden!

Nach **endgültiger Außerdienststellung** des Luftfahrtgeräts sind die zugehörigen Betriebsaufzeichnungen **12 Monate aufzubewahren.** Die Zulassungsbehörde kann in besonderen Fällen eine längere Aufbewahrungszeit anordnen.

6.0 Luftfahrtpersonal

(Ausbildung, Erlaubnisse und Berechtigungen)

6.1 Betätigung als Luftfahrtpersonal (Voraussetzungen und Ausbildung)

Die **rechtlichen Grundlagen** für das **Luftfahrtpersonal** sind im **Luftverkehrsgesetz** (LuftVG), in der **Luftverkehrs-Zulassungs-Ordnung** (LuftVZO) und in der **Verordnung über Luftfahrtpersonal** (LuftPersV) enthalten.

6.1.1 Voraussetzungen für die Betätigung als Luftfahrtpersonal

Nach **§ 4 LuftVG** bedarf jeder, der ein Luftfahrzeug **führt** oder **bedient** (Luftfahrer) einer

Erlaubnis.

Die Erlaubnis wird **nur erteilt**, wenn

1. der **Bewerber** das **vorgeschriebene Mindestalter** besitzt (siehe folgende Ausführungen);
2. der **Bewerber** seine **Tauglichkeit nachgewiesen** hat (siehe folgende Ausführungen);
3. **keine Tatsachen** vorliegen, die den **Bewerber** als **unzuverlässig** erscheinen lassen, ein Luftfahrzeug zu führen oder zu bedienen;
4. der **Bewerber** eine **Prüfung** nach der **Verordnung über Luftfahrtpersonal** (LuftPersV) bestanden hat (siehe 6.2).

Eine **Erlaubnis** ist zu **widerrufen** (einzuziehen), wenn die oben genannten Voraussetzungen **nicht** mehr vorliegen (§ 4 Abs. 3 LuftVG).
Bei **Übungs- und Prüfungsflügen** in Begleitung von **Fluglehrern** gelten die Fluglehrer als diejenigen, die das Luftfahrzeug führen oder bedienen. Das gleiche gilt auch für **Prüfungsratsmitglieder** bei **Prüfungsflügen** und für Luftfahrer, die andere Luftfahrer in ein **Luftfahrzeugmuster einweisen** oder mit diesem vertraut machen, es sei denn, daß ein anderer als verantwortlicher Luftfahrzeugführer bestimmt ist. Bei Übungs- und Prüfungsflügen **ohne Begleitung von Fluglehrern** (oder Prüfungsratsmitgliedern) bedürfen Luftfahrer **keiner Erlaubnis**, wenn es sich um Flüge handelt, die von Fluglehrern oder Prüfungsratsmitgliedern angeordnet oder beaufsichtigt werden (§ 4 Abs. 4 LuftVG).
Nach **§ 20 LuftVZO** bedürfen die folgenden **Luftfahrer** einer **Erlaubnis**:

1. **Flugzeugführer,**
2. **Führer von Drehflüglern,**
3. **Luftschiffführer,**
4. **Motorseglerführer,**
5. **Segelflugzeugführer,**
6. **Freiballonführer,**
7. **Fallschirmspringer,**
8. **Flugnavigatoren,**
9. **Flugingenieure** usw.

Art und **Umfang** der Erlaubnis sowie die **fachlichen Voraussetzungen** für den Erwerb der Erlaubnis ergeben sich aus den Vorschriften der **Verordnung über Luftfahrtpersonal** (LuftPersV; siehe 6.2).
Angehörige des **technischen Personals** benötigen für das **Rollen eines Luftfahrzeugs** mit eigener Kraft **keiner** Erlaubnis, wenn sie das Luftfahrzeug insoweit beherrschen und vom **Luftfahrzeughalter** oder vom **Unternehmer eines luftfahrttechnischen Betriebs,** unter dessen Verantwortung das Luftfahrzeug gerollt wird, **schriftlich** mit dem Rollen beauftragt sind. Das gleiche gilt für **Luftfahrzeugführer**, in deren Luftfahrerschein die **Musterberechtigung** für das entsprechende Muster **nicht eingetragen** ist (§ 20 Abs. 3 LuftVZO).
Anmerkung: Diese Regelung gilt **nicht** für Drehflügler!

Prüfer von Luftfahrtgerät, Flugdienstberater, Steuerer von verkehrszulassungspflichtigen Flugmodellen mit mehr als 20 kg Höchstgewicht und Steuerer von Startgeräten bedürfen einer **Erlaubnis als sonstiges Luftfahrtpersonal** (§ 21 LuftVZO).
Das Mindestalter zum Erlangen einer **Erlaubnis** beträgt nach **§ 23 LuftVZO**

1. **für Segelflugzeugführer, Fallschirmspringer** und Steuerer von verkehrszulassungspflichtigen Flugmodellen (über 20 kg) **– 17 Jahre;**
2. **für Privatflugzeugführer**, Privathubschrauberführer, **Motorseglerführer** und Freiballonführer **– 18 Jahre;**
3. **für Berufsflugzeugführer,** Berufshubschrauberführer, Flugnavigatoren, Flugingenieure, Luftschiffer, **Steuerer von Startgeräten**, Prüfer von Luftfahrtgerät und Flugdienstberater **– 21 Jahre.**

Gemäß **§ 23 Abs. 2 LuftVZO** beträgt das **Mindestalter** für den **Beginn der Ausbildung**

1. **für Segelflugzeugführer – 14 Jahre;**
2. **für Fallschirmspringer** und Steuerer von verkehrszulassungspflichtigen Flugmodellen (über 20 kg) - **16 Jahre;**
3. **für Privatflugzeugführer,** Privathubschrauberführer, **Motorseglerführer** und Freiballonführer **– 17 Jahre;**
4. **für Berufsflugzeugführer** und anderes Luftfahrtpersonal **– 19 Jahre.**

Die zuständige **Erlaubnisbehörde** (siehe folgende Ausführungen) kann im Einzelfall **auf Antrag** einen **früheren Ausbildungsbeginn** zulassen.
Die Voraussetzungen für die Ausbildung von Luftfahrtpersonal sind in **§ 24 LuftVZO** geregelt. Danach ist die Ausbildung nur zulässig, wenn

1. der Bewerber das **vorgeschriebene Mindestalter** besitzt;
2. der Bewerber **tauglich** ist (siehe folgende Ausführungen);
3. **keine Tatsachen** vorliegen, die den **Bewerber** als **unzuverlässig** erscheinen lassen, die beabsichtigte Tätigkeit als Luftfahrtpersonal auszuüben (siehe Anmerkung);
4. bei einem **minderjährigen Bewerber** der gesetzliche Vertreter zustimmt.

Anmerkung zu 3.: Tatsachen, die einen **Bewerber** als **unzuverlässig** erscheinen lassen, sind insbesondere **Trunksucht**, **Entmündigung**, eine erhebliche **gerichtliche Bestrafung** oder mehrfache rechtskräftig festgestellte **erhebliche Verstöße gegen Verkehrsvorschriften** (§ 24 Abs. 2 LuftVZO)!

Dem **Ausbildungsleiter** der Luftfahrerschule müssen vor Beginn der Ausbildung **folgende Unterlagen** vorliegen:

1. **die Geburtsurkunde** oder ein Auszug aus dem Familienbuch der Eltern;
2. **das fliegerärztliche Tauglichkeitszeugnis**;
3. **eine Erklärung über schwebende Strafverfahren** und darüber, daß ein **Führungszeugnis** zur Vorlage bei der Erlaubnisbehörde beantragt worden ist;
4. **bei minderjährigen Bewerbern** eine amtlich beglaubigte **Zustimmungserklärung** des gesetzlichen Vertreters (§ 24 Abs. 3 LuftVZO).

Der Ausbildungsleiter muß jeden neu aufgenommenen Bewerber **spätestens acht Tage nach Ausbildungsbeginn** der zuständigen Erlaubnisbehörde melden. Diese **Meldung entfällt** für Bewerber, die sich als **Segelflugzeugführer** oder **Fallschirmspringer** ausbilden lassen wollen (§ 24 Abs. 4 und 5 LuftVZO).
Das erforderliche **Tauglichkeitszeugnis** ist gemäß **§ 24 a LuftVZO** von einer

fliegerärztlichen Untersuchungsstelle,

die vom Luftfahrt-Bundesamt (LBA) anerkannt sein muß, auszustellen.
Die Erlaubnisbehörde für die **Erteilung von Erlaubnissen** sowie für die **Erteilung besonderer Berechtigungen** (siehe 6.3) ist nach § 22 LuftVZO

1. **für Privatflugzeugführer**, Berufsflugzeugführer 2. Klasse, Privathubschrauberführer, **Motorseglerführer**, **Segelflugzeugführer**, Freiballonführer, Fallschirmspringer, Steuerer von verkehrszulassungspflichtigen Flugmodellen (über 20 kg) und **Steuerer von Startgeräten**

die Luftfahrtbehörde des Landes,

in dem der **Bewerber** seinen **Hauptwohnsitz** hat oder ausgebildet ist;

2. **für Berufsflugzeugführer 1. Klasse**, **Verkehrsflugzeugführer**, Berufshubschrauberführer, Flugnavigatoren, Flugingenieure, Luftschiffer, Prüfer von Luftfahrtgerät usw.

das Luftfahrt-Bundesamt (LBA).

Das gleiche gilt für die Erweiterung, Verlängerung, Erneuerung und Entziehung (Rücknahme oder Widerruf) Von Erlaubnissen. Diese Behörden nehmen auch die **Prüfungen** zum Erwerb der Erlaubnisse ab. Die Prüfung zum Erwerb der **Instrumentenflugberechtigung** (IFR rating) wird grundsätzlich vom **Luftfahrt-Bundesamt** (LBA) abgenommen.
Eine **Erlaubnis für Luftfahrtpersonal** muß gemäß **§ 25 LuftVZO** bei der zuständigen Erlaubnisbehörde **beantragt** werden. Dem Antrag ist neben den vor Beginn der Ausbildung vorzulegenden Unterlagen folgendes beizufügen:

1. eine **Erklärung über die Staatsangehörigkeit**, die auf Verlangen nachzuweisen ist;
2. ein vom Ausbildungsleiter angefertigter **Ausbildungsnachweis** über die theoretische und praktische Ausbildung;
3. der **Nachweis der Vorbildung** nach der Verordnung über Luftfahrtpersonal (LuftPersV);
4. **zwei Paßbilder.**

Die Erlaubnisbehörde **erteilt die Erlaubnis** durch Aushändigung eines **Ausweises** (Luftfahrerschein) nach der Verordnung über Luftfahrtpersonal (LuftPersV; siehe 6.2). Die **Dauer der Gültigkeit** der Erlaubnis wird in dem Ausweis (Luftfahrerschein) eingetragen. Das gleiche gilt für **besondere Berechtigungen** (siehe 6.3) sowie Erweiterungen der Erlaubnis, wenn der Bewerber die in der Verordnung über Luftfahrtpersonal (LuftPersV) vorgeschriebenen Voraussetzungen nachgewiesen hat (§ 26 LuftVZO).

WICHTIG: Der **Ausweis** (Luftfahrerschein) ist bei Ausübung der erlaubnispflichtigen Tätigkeit **immer mitzuführen!**

Eine **Erlaubnis** ist nach **§ 29 Abs. 1 LuftVZO** von der zuständigen Behörde zu **widerrufen** und der **Ausweis einzuziehen**, wenn sich Tatsachen ergeben, daß der Inhaber für die erlaubte Tätigkeit **ungeeignet** ist.
Die Erlaubnis ist **ferner zu widerrufen** und der **Ausweis einzuziehen**, wenn der Erlaubnisbehörde Tatsachen bekannt werden, die **Zweifel an dem ausreichenden praktischen Können** oder **fachlichen Wissen** des Inhabers der Erlaubnis rechtfertigen, und wenn eine von ihr angeordnete Überprüfung entweder verweigert wird oder ergibt, daß der Inhaber der Erlaubnis ein ausreichendes praktisches Können oder fachliches Wissen nicht mehr besitzt.
An Stelle des Widerrufs kann das **Ruhen der Erlaubnis auf Zeit** oder eine **Nachschulung** mit anschließender Überprüfung angeordnet oder die Erlaubnis auf eine bestimmte Betätigung in der Luftfahrt **beschränkt** werden, wenn dies ausreicht, um die Sicherheit und Ordnung des Luftverkehrs aufrechtzuerhalten. Das Ruhen der Erlaubnis kann auch **in Fällen erheblicher Gefahr für die Sicherheit und Ordnung des Luftverkehrs** bis zur Feststellung des weiteren ausreichenden praktischen Könnens oder fachlichen Wissens angeordnet werden, wenn der Erlaubnisbehörde Tatsachen bekannt werden, die erkennen lassen, daß der Inhaber der Erlaubnis das ausreichende praktische Können oder fachliche Wissen nicht mehr besitzt. Der über die Erlaubnis ausgestellte Ausweis ist für die Zeit des Ruhens der Erlaubnis einzuziehen und im Falle der Beschränkung zu berichtigen oder durch einen neuen Ausweis zu ersetzen (§ 29 Abs. 2 und 3 LuftVZO).

6.1.2. Die Ausbildung von Luftfahrern

Nach **§ 5 LuftVG** und **§ 30 LuftVZO** darf die **Ausbildung** von Luftfahrern nur in

Ausbildungsbetrieben (Luftfahrerschulen)

durchgeführt werden, die dafür eine **Erlaubnis** der zuständigen Luftfahrtbehörde haben.
Desweiteren darf die **praktische Ausbildung** nur von Personen vorgenommen werden, die eine

Lehrberechtigung (Fluglehrer)

nach der Verordnung über Luftfahrtpersonal (LuftPersV) besitzen.
Luftschiffer, Freiballonführer und Motorseglerführer, die schon eine Erlaubnis für Flugzeugführer, Hubschrauberführer oder Segelflugzeugführer besitzen, können auch **außerhalb von Ausbildungsbetrieben** (Luftfahrerschulen) ausgebildet werden (z. B. in Luftsportvereinen). Das gleiche gilt für die **Einweisung** oder das **Vertrautmachen** von Luftfahrern auf andere Luftfahrzeugmuster.
§ 34 der LuftVZO enthält Vorschriften, die gewisse **Erleichterungen für den Luftsport** bringen. Danach kann **Luftsportverbänden** (DAeC-Landesverbänden) eine **Erlaubnis zur Ausbildung** von

- **Motorseglerführern,**
- **Segelflugzeugführern**
  oder
- **Fallschirmspringern**

in den ihnen **angeschlossenen Vereinen** erteilt werden, sofern bei der Durchführung der Ausbildung innerhalb des Verbandes die Sicherheit und Ordnungsmäßigkeit des Ausbildungsbetriebes gewährleistet ist.
Die **Erlaubnisbehörde** für die Erteilung der **Ausbildungserlaubnis** ist
1. für Luftfahrerschulen, die Privatflugzeugführer, Berufsflugzeugführer 2. Klasse, Privathubschraubführer, **Motorseglerführer, Segelflugzeugführer,** Freiballonführer und Fallschirmspringer ausbilden, die

Luftfahrtbehörde des Landes,

in dem die Ausbildung durchgeführt werden soll,
2. für andere Luftfahrerschulen

das Luftfahrt-Bundesamt (LBA).

Die Ausbildung darf erst dann aufgenommen werden, wenn die Erlaubnisbehörde dies aufgrund einer **Abnahmeprüfung** gestattet (§ 35 LuftVZO).
Alle Ausbildungsbetriebe (Luftfahrerschulen) - auch die Vereinsschulen der Luftsportverbände - unterliegen der **Aufsicht der Erlaubnisbehörde,** der einmal im Jahr ein **Ausbildungsbericht** vorzulegen ist (§ 36 LuftVZO).
Eine **Ausbildungserlaubnis** kann **widerufen** werden, wenn länger als ein Jahr **kein Gebrauch** von ihr gemacht worden ist (§ 37 LuftVZO).
In der **Anlage 2 zur LuftVZO** sind besondere **Vorschriften für Luftfahrerschulen** zu finden, in denen die Anforderungen bezüglich der Lehrmittel, des Lehrpersonals, der Luftfahrzeuge und der für die Ausbildung vorgesehenen Flugplätze festgelegt sind:

Vorschriften für Luftfahrerschulen
I.
Die Einrichtung der Luftfahrerschule, die Lehrmittel, das Lehrpersonal und der Ausbildungsleiter, die Betriebsgrundlagen, die Luftfahrzeuge und die für die Ausbildung vorgesehenen Flugplätze müssen folgenden Anforderungen entsprechen:

1. **Einrichtung der Luftfahrerschule:**

1.1 Lehrräume

Für je 20 gleichzeitig auszubildende Bewerber muß mindestens ein Lehrraum vorhanden sein. Die Lehrräume müssen nach Größe , Beschaffenheit und Einrichtung einen sachgerechten Ausbildungsbetrieb zulassen.

1.2 Flugvorbereitungsraum

Für Zwecke der Flugvorbereitung muß ein Flugvorbereitungsraum mit allen erforderlichen Einrichtungen wie Kartentischen, Fernsprecher, Mitteilungsbrett sowie Kartenmaterial, Luftfahrthandbuch, Nachrichten für Luftfahrer, Notams und sonstige Unterlagen für die Flugvorbereitung zur Verfügung stehen.

1.3 Flugübungsgeräte

Für die Ausbildung zum Erwerb der Instrumentenflugberechtigung muß mindestens ein den Anforderungen des Ausbildungszweckes genügendes Instrumentenflugübungsgerät zur Verfügung stehen. Das Instrumentenflugübungsgerät muß in einem von anderen Lehrräumen getrennten Raum untergebracht sein.

2. **Lehrmittel und Lernhilfen**

Als Lehrmittel sind geeignete Unterrichtsunterlagen für alle Lehrfächer, Modelle von Triebwerken, Luftfahrzeugteilen und Luftfahrzeugsystemen oder Bildtafeln, Filme und dergleichen vorzuhalten.

3. **Ausbildungsleiter und Lehrpersonal**

3.1 Ausbildungsleiter

Der Ausbildungsleiter muß mindestens drei Jahre als Fluglehrer tätig gewesen sein. Der Ausbildungsleiter muß im Besitz einer gültigen Erlaubnis sein. Er muß ferner im Besitz derjenigen Lehrberechtigung sein, die für die Art der an der Luftfahrerschule betriebenen praktischen Ausbildung vorgeschrieben ist. Der Ausbildungsleiter muß besondere Kenntnisse im Luftrecht sowie besondere organisatorische Fähigkeiten nachweisen. Der Nachweis kann in Form eines Prüfungsgespräches sowie anhand der organisatorischen Vorkehrungen zur Erteilung der Erlaubnis an die Luftfahrerschule geführt werden. Die Erlaubnisbehörde kann Ausnahmen von Satz 2 zulassen, wenn der Ausbildungsleiter wegen des Verlustes der körperlichen Tauglichkeit nicht mehr im Besitz einer gültigen Erlaubnis ist und die weitere Tätigkeit des Ausbildungsleiters auf ein Jahr beschränkt wird. Bei gewerblichen Luftfahrerschulen muß der Ausbildungsleiter als solcher hauptberuflich tätig sein.

3.2 Fluglehrer

Fluglehrer dürfen nur eingesetzt werden, wenn sie über ausreichende Flugerfahrung als Luftfahrzeugführer verfügen. Für jeweils bis zu 10 Bewerbern, die an der Ausbildung gleichzeitig teilnehmen, muß mindestens ein Fluglehrer zuständig sein. Die Erlaubnisbehörde kann verlangen, daß für eine geringere Zahl von Bewerbern ein Fluglehrer zuständig ist, wenn dies die Art der Luftfahrerschule erfordert. An gewerblichen Luftfahrerschulen zur Ausbildung von Flugzeugführern und Hubschrauberführern muß mindestens ein Drittel der Fluglehrer hauptberuflich tätig sein. Die Erlaubnisbehörde kann die Beschäftigung hauptberuflich Tätiger auch an nicht gewerblichen Luftfahrerschulen für Flugzeugführer und Hubschrauberführer verlangen, wenn es der Umfang des Ausbildungsbetriebes erfordert. Für je 5 Fluglehrer ist ein Cheffluglehrer zu bestellen, der die Einheitlichkeit der Ausbildungsmethoden und den Fortgang der Flugausbildung der Bewerber überwacht. Die Aufgabe des Cheffluglehrers und des Ausbildungsleiters können von einer Person wahrgenommen werden.

3.3 Lehrpersonal an Flugübungsgeräten

Das an einem Flugübungsgerät tätige Lehrpersonal muß entsprechend der Art des Flugübungsgerätes fachlich und pädagogisch geeignet sein. Das Lehrpersonal hat seine Eignung der Erlaubnisbehörde gemäß den Richtlinien des Bundesministers für Verkehr für die Anerkennung von Instrumentenflugübungsgeräten bei der Ausbildung und Prüfung des Luftfahrtpersonals und des hierbei tätigen Lehrpersonals nachzuweisen. Die Richtlinien werden in den Nachrichten für Luftfahrer bekanntgemacht.

3.4 Theorielehrer

Das Lehrpersonal für den theoretischen Unterricht muß fachlich und pädagogisch geeignet sein. Jeder Theorielehrer hat seine Eignung anhand von ihm erarbeiteter Unterlagen für den Unterricht sowie in einer Lehrprobe in dem Fach, für das er vorgesehen ist, nachzuweisen. Die Erlaubnisbehörde kann im Einzelfall von der Lehrprobe absehen, wenn die vorgesehene Lehrperson nachweislich als Lehrer in dem betreffenden Fach tätig gewesen ist.

4. **Flugbetriebshandbuch**

4.1 Als Dienstanweisung und Arbeitsunterlage ist für das im Flugbetrieb tätige Personal einer Luftfahrerschule für Flugzeugführer oder Hubschrauberführer ein Flugbetriebshandbuch zu erstellen und auf dem neuesten Stand zu halten. Das Flugbetriebshandbuch bedarf der Zustimmung der Erlaubnisbehörde. Es muß alle für die sichere Durchführung und Überwachung des Flugbetriebs erforderlichen Angaben enthalten. Insbesondere sind Aufgaben und Verantwortungsbereiche des im Flugbetrieb tätigen Personals abzugrenzen und Verfahren der Flugvorbereitung und Flugdurchführung, Verfahren zur Festlegung von Flughafenwettermindestbedingungen und Sicherheitsmindesthöhen, Notverfahren und Verhalten in besonderen Fällen festzulegen. Ferner sind eine Mindestausrüstungsliste für jedes Luftfahrzeug entsprechend den Betriebsvorschriften zu erstellen und die Unterrichtszeiten einschließlich der höchstzulässigen Flug- und Flugdienstzeiten sowie angemessener Ruhezeiten festzulegen. Das Flugbetriebshandbuch muß eine Anweisung enthalten, die eine Mitnahme von Personen, soweit sie sich nicht im Rahmen der Ausbildung, Prüfung von Luftfahrern oder Aufsicht über Luftfahrerschulen an Bord befinden, bei Schulflügen untersagt. Ausnahmen von dieser Anweisung sind bei Überlandflügen mit Fluglehrer, bei denen keine Notverfahren geübt werden, mit Zustimmung des Ausbildungsleiters zulässig.

4.2 Als Teil des Flughandbuches hat die Luftfahrerschule ein Ausbildungshandbuch zu erstellen. Das Ausbildungshandbuch muß den aufeinander abgestimmten Gang der theoretischen und praktischen Ausbildung entsprechend den Ausbildungsvorschriften sowie sonstige, für die Ausbildung wesentliche Angaben enthalten. Die theoretische und praktische Ausbildung ist so zu planen, daß der Ausbildungserfolg durch eine übermäßige Beanspruchung der Bewerber nicht gefährdet wird. Über den Ablauf der theoretischen und praktischen Ausbildung sind Aufzeichnungen entsprechend den Ausbildungsvorschriften zu führen. Form und Inhalt der Aufzeichnungen sind von der Luftfahrerschule festzulegen.

4.3 Auf Luftfahrerschulen für Luftschiffführer, Segelflugzeugführer, Motorseglerführer und Freiballonführer, soweit deren Ausbildung an einer Luftfahrerschule durchzuführen ist, sowie Fallschirmspringer ist Nummer 4.1 mit der Maßgabe anzuwenden, daß an Stelle des Flugbetriebshandbuches eine Dienstanweisung tritt, die den geringeren Anforderungen an diese Luftfahrerschulen Rechnung trägt. Das gleiche gilt für nichtgewerbliche Luftfahrerschulen für die Ausbildung von Privatflugzeugführern.

5. **Luftfahrzeuge**

5.1 Luftfahrzeuge müssen in einer Zahl zur Verfügung stehen, die eine zügige Ausbildung der Bewerber ermöglicht, mindestens jedoch zwei Luftfahrzeuge. Bei Flugzeugen muß mindestens ein Flugzeug mit vier oder mehr Sitzen ausgestattet sein. Im allgemeinen soll für je 5 Bewerber, die gleichzeitig an der Ausbildung teilnehmen, mindestens ein der angestrebten Erlaubnis oder Berechtigung entsprechendes Luftfahrzeug vorhanden und einsatzbereit sein. Soweit für Luftfahrzeuge die Eintragung in die Luftfahrzeugrolle oder das Verzeichnis nach § 18a vorgeschrieben ist, dürfen zur Ausbildung nur darin eingetragene Luftfahrzeuge verwendet werden.

5.2 Die Luftfahrzeuge müssen für den Ausbildungszweck geeignet sein. Die Erlaubnisbehörde kann in Ergänzung zu den Bau-, Betriebs- und Ausrüstungsvorschriften eine zusätzliche Ausrüstung für die bei der Ausbildung verwendeten Luftfahrzeuge vorschreiben, wenn dies für den Ausbildungszweck oder die Sicherheit des Luftverkehrs erforderlich ist. Flugzeuge dürfen die festgelegten Lärmgrenzwerte nicht überschreiten.

6. **Wirtschaftliche Leistungsfähigkeit**

Die wirtschaftliche Leistungsfähigkeit einer gewerblichen Luftfahrerschule soll so groß sein, daß der Betrieb zeitweise mit einer geringen Zahl von Bewerbern fortgeführt und die Verpflichtung zur Ausbildung den Bewerbern gegenüber eingehalten werden kann.

7. **Flugplätze**

7.1 Bei der Auswahl des Flugplatzes, bei dem der Schwerpunkt für die Ausbildung zum erstmaligen Erwerb einer Erlaubnis oder der Instrumentenflugberechtigung liegt, sind die geringeren Erfahrungen der Bewerber zu berücksichtigen. Die Mindestlänge der Start- und Landebahn soll bei der Ausbildung von Flugzeugführern die eineinhalbfache Länge der für einen sicheren Start oder eine sichere Landung der verwendeten Flugzeugmuster erforderlichen Start- und Landebahnlänge unter der Annahme der ungünstigsten, die Leistungen der Flugzeuge beeinflussenden Faktoren betragen.

7.2 Für die Ausbildung im Instrumentenflug muß der Flugplatz mit den Einrichtungen und Anflughilfen für Instrumentenanflüge ausgerüstet sein. Ist der Flugplatz, an dem die Luftfahrerschule eingerichtet werden soll, nicht für Instrumentenanflüge geeignet, muß ein anderweitiger entsprechend geeigneter Flugplatz in angemessener Entfernung zur Verfügung stehen.

7.3 Der Flugplatz muß über ein fahrbares Feuerlöschgerät, geschultes Personal und Rettungsgerät sowie über ein fahrbereites Kraftfahrzeug während des Schulflugbetriebes verfügen. Auf Segelfluggeländen, auf denen ausschließlich Windenstarts durchgeführt werden, ist ein fahrbares Feuerlöschgerät nicht erforderlich.

II.

Die Erlaubnisbehörde kann von den Anforderungen des Abschnittes I Erleichterungen zulassen, wenn besondere Umstände dies rechtfertigen und eine Gefährdung der Sicherheit nicht zu erwarten ist.

6.2 Erlaubnisse für Privatflugzeugführer gemäß LuftPersV

(Privatflugzeugführer - Beiblatt A, Motorseglerführer - Beiblatt B und Segelflugzeugführer - Beiblatt C)

Die **Verordnung über Luftfahrtpersonal** (LuftPersV) enthält im wesentlichen Vorschriften über

- **die fachlichen Voraussetzungen für den Erwerb** der einzelnen Erlaubnisse (Luftfahrerscheine und Berechtigungen;
- **die durchzuführenden Prüfungen für den Erwerb** der Erlaubnisse (Luftfahrerscheine) und Berechtigungen;
- **die Erteilung und den Umfang** der Erlaubnisse (Luftfahrerscheine) und Berechtigungen;
- **die Gültigkeitsdauer, Verlängerung und Erneuerung** der Erlaubnisse (Luftfahrerscheine) und Berechtigungen.

Wir werden uns im folgenden der Übersicht halber nur mit den **Erlaubnissen für Privatflugzeugführern** (Beiblatt A), **Motorseglerführer** (Beiblatt B) und **Segelflugzeugführer** (Beiblatt C) befassen.
Die **besonderen Berechtigungen** für Privatflugzeugführer, Motorseglerführer und Segelflugzeugführer werden im **Abschnitt 6.3** (Berechtigungen für Privatflugzeugführer) behandelt.

6.2.1. Die Erlaubnis für Privatflugzeugführer (Beiblatt A)

Die **§§ 1 bis 5 LuftPersV** enthalten die Vorschriften über die **Erlaubnis für Privatflugzeugführer** (Beiblatt A, Motorflug). **Die fachlichen Voraussetzungen** für den Erwerb der Erlaubnis (Luftfahrerschein) sind in **§ 1 LuftPersV** festgelegt:

Fachliche Voraussetzungen (§ 1 LuftPersV)

(1) Fachliche Voraussetzungen für den Erwerb der Erlaubnis für Privatflugzeugführer sind

1. **die theoretische Ausbildung,**
2. **die Flugausbildung,**
3. **die Berechtigung zur Ausübung des Sprechfunkdienstes,**
4. **die erfolgreiche Teilnahme an einer Unterweisung in Sofortmaßnahmen am Unfallort.**

(2) Die theoretische Ausbildung umfaßt **mindestens 80 Unterrichtsstunden** innerhalb der **letzten 24 Monate** vor Ablegung der **Prüfung nach § 3.** Sie erstreckt sich auf die Sachgebiete

1. **Luftrecht, Luftverkehrs- und Flugsicherungsvorschriften,**
2. **Navigation,**
3. **Meteorologie,**
4. **Technik,**
5. **Verhalten in besonderen Fällen.**

(3) Die Flugausbildung umfaßt **mindestens 40 Flugstunden** innerhalb der **letzten 24 Monate** vor Ablegung der **Prüfung nach § 3** auf Flugzeugen verschiedener Muster, davon **15 Stunden Alleinflug.** Wird die Flugausbildung **innerhalb von fünf Monaten** abgeschlossen, so ermäßigt sie sich auf **35 Flugstunden,** davon **10 Stunden Alleinflug.**

(4) In der Flugausbildung nach Absatz 3 müssen enthalten sein

1. **je 60 Starts und Landungen,** davon **10 Alleinstarts und 10 Alleinlandungen auf drei verschiedenen Flugplätzen** mit Ausnahme des Flugplatzes, auf denen die Ausbildung durchgeführt wird,
2. **zwei Ab- und Anflüge mit anschließender Landung auf einem Verkehrsflughafen** mit Flugverkehrskontrollstelle mit Fluglehrer,
3. **die selbständige Vorbereitung und Durchführung eines Navigationsdreieckfluges von mehr als 300 km Flugstrecke als Alleinflug** mit einer Zwischenlandung auf einem mindestens 100 km entfernten Flugplatz sowie einer weiteren Zwischenlandung,
4. **fünf Außenlandeübungen** mit und oder ohne Aufsetzen,
5. **eine theoretische und praktische Einführung** in den Gebrauch von **Funknavigationsgeräten,**
6. **eine theoretische und praktische Einweisung** zur Beherrschung des Flugzeuges in **besonderen Flugzuständen,** bei Flügen in **Höhen von mehr als 1800 m (6000 ft)** über Grund, in das **Verhalten in Notfällen und bei Unfällen.**

§ 2 der LuftPersV sieht gewisse **Erleichterungen** für den Erwerb der Erlaubnis für Privatflugzeugführer (Beiblatt A, Motorflug) für Motorsegler, Segelflugzeugführer und Hubschrauberführer mit **gültigem Luftfahrerschein** vor. Für diesen Personenkreis **verringern** sich die vorgeschriebenen Flugstunden der Flugausbildung (§ 1 Abs. 3 LuftPersV) zum Teil erheblich:

Erleichterungen (§ 2 LuftPersV)

(1) Die Flugausbildung mit Fluglehrer kann teilweise auf **selbststartenden Motorseglern** durchgeführt werden. Die Flugausbildung nach § 1 Abs. 4 Nr. 2 bis 6 ist auf Flugzeugen durchzuführen. Selbststartende Motorsegler gelten als weiteres Muster im Sinne des § 1 Abs. 3.

(2) Bewerber, die eine Erlaubnis für Motorseglerführer besitzen, können im Falle des § 1 Abs. 3 Satz 1 **25 Flugstunden,** im Falle des § 1 Abs. 3 Satz 2 **20 Flugstunden** durch Flugzeit als verantwortlicher Führer von selbststartenden Motorseglern ersetzen . Die Flugausbildung nach § 1 Abs. 4 Nr. 2 und 4 bis 6 ist auf Flugzeugen durchzuführen.

(3) Bewerber, die eine Erlaubnis für Segelflugzeugführer besitzen, können im Falle des § 1 Abs. 3 Satz 1 **20 Flugstunden,** im Falle des § 1 Abs. 3 Satz 2 **15 Flugstunden** durch Flugzeit als verantwortlicher Luftfahrzeugführer auf nicht-selbststartenden Motorseglern oder Segelflugzeugen ersetzen. Die Flugausbildung nach § 1 Abs. 4 ist auf Flugzeugen durchzuführen.

(4) Bewerber, die eine Erlaubnis für Hubschrauberführer besitzen, können im Falle des § 1 Abs. 3 Satz 1 **30 Flugstunden,** im Falle des § 1 Abs. 3 Satz 2 **25 Flugstunden** durch Flugzeit als verantwortlicher Hubschrauberführer ersetzen. Die Flugausbildung nach § 1 Abs. 4 Nr. 1, 4 und 6 ist auf Flugzeugen durchzuführen.

(5) Bewerbern, die im Besitz mehrerer Erlaubnisse sind, wird **nur eine** der in den Absätzen 2 bis 4 genannten **Erleichterungen** gewährt. Die Erleichterung nach Absatz 1 Satz 1 findet in den Fällen der Absätze 2 bis 4 keine Anwendung.

Nach **§ 3 LuftPersV** hat der Bewerber um die Erlaubnis für Privatflugzeugführer (Beiblatt A, Motorflug) eine **theoretische** und eine **praktische Prüfung** abzulegen. Die theoretische Prüfung hat **immer vor** der praktischen Prüfung zu erfolgen (Richtlinien des BMV für die Ausbildung und Prüfung des Luftfahrtpersonals).

Prüfung (§ 3 LuftPersV)

(1) Der Bewerber hat in einer theoretischen und praktischen Prüfung nachzuweisen, daß er nach seinem **praktischen Können und seinem fachlichen Wissen die an einen Privatflugzeugführer zu stellenden Anforderungen erfüllt.**

(2) Die Prüfung erstreckt sich insbesondere auf

1. **die in §1 Abs. 2 aufgeführten Sachgebiete,**
2. **die notwendigen Kenntnisse und Fähigkeiten** zum Führen und Bedienen von Flugzeugen des Musters, auf dem der Bewerber die Prüfung ablegt,
3. **das Verhalten bei besonderen Flugzuständen,** in Notfällen und bei Unfällen.

§ 4 LuftPersV regelt die **Erteilung** und den **Umfang der Erlaubnis** (Luftfahrerschein für Privatflugzeugführer, Beiblatt A, Motorflug). Die Erteilung erfolgt auf Antrag durch die **zuständige Luftfahrtbehörde des Landes**, in dem der Bewerber seinen **Hauptwohnsitz** hat.

WICHTIG: Die Erlaubnis gilt **erst mit der Aushändigung** des Luftfahrerscheins als erteilt.

Erteilung und Umfang der Erlaubnis, Luftfahrerschein (§ 4 LuftPersV)

(1) Die Erlaubnis wird durch Aushändigung des Luftfahrerscheines für Privatflugzeugführer nach Muster 1, Beiblatt A, erteilt (siehe Abb. 23 bis 25).

(2) Die Erlaubnis berechtigt

1. **im nichtgewerbsmäßigen Luftverkehr** zu einer **nichtgewerbs- und nichtberufsmäßigen Tätigkeit** als verantwortlicher oder zweiter Flugzeugführer auf Flugzeugen der im Luftfahrerschein eingetragenen Muster für **Flüge am Tage**. Sie berechtigt zum Führen von Flugzeugen **bei Nacht** in der **Umgebung eines Flugplatzes**, wenn der Erlaubnisinhaber eine **Gesamtflugerfahrung von 75 Stunden** besitzt und je **10 Nachtstarts und Nachtlandungen** auf Flugzeugen **mit Fluglehrer** durchgeführt hat,
2. **im nichtgewerbsmäßigen Luftverkehr** zu einer **berufsmäßigen Tätigkeit** als verantwortlicher Flugzeugführer auf Flugzeugen der im Luftfahrerschein eingetragenen Muster **beschränkt** auf das **Schleppen von Gegenständen** hinter Flugzeugen und die **Ausbildung von Privatflugzeugführern** im Geltungsbereich dieser Verordnung. Die **§§ 84 und 88** bleiben unberührt.

Anmerkung: § 84 behandelt die sogenannte **„Schleppberechtigung"** und **§ 88** die **„Berechtigung zur praktischen Ausbildung von Privatflugzeugführern"**. Näheres über diese Berechtigungen erfahren Sie im **Abschnitt 6.3!**

I. **Bundesrepublik Deutschland**

Federal Republic of Germany

II. **Luftfahrerschein**

für

Privatluftfahrzeugführer

Private Pilot Licence

Nur gültig mit einem zugehörigen Beiblatt über Art der Erlaubnis, Gültigkeitsdauer und Berechtigungen

Valid only in connection with an attached certification concerning category of licence, validity and ratings

Ausgestellt nach den Richtlinien der ICAO
Issued in accordance with the standards of ICAO

LgNr. 5341 — Muster 1 (§§ 4, 21, 35, 39, 48 LuftPersV) weiß, Leinen (DIN A 6, Hochformat)

III. Nr.

VII. Unterschrift des Inhabers
Signature of holder

IV. Name des Inhabers: ....
Name of holder

geboren am: .... in ....
born on — at

V. Wohnsitz: ....
Address

VI. Staatsangehörigkeit: ....
Nationality

XI.

VIII. ...., den ....

X. ....
Unterschrift des ausstellenden Beamten
Signature of issuing officer

XIV. Beschränkt gültiges Sprechfunkzeugnis II für den Flugfunkdienst	Beschränkt gültiges Sprechfunkzeugnis I für den Flugfunkdienst	Allgemeines Sprechfunkzeugnis für den Flugfunkdienst
Restricted Flight Radiotelephone Operator's Certificate II	Restricted Flight Radiotelephone Operator's Certificate I	General Flight Radiotelephone Operator's Certificate
Nr. .... No. — XI.	Nr. .... No. — XI.	Nr. .... No. — XI.

Abb. 23

I. Bundesrepublik Deutschland

Federal Republic of Germany

Beiblatt „A" zum Luftfahrerschein

für

Privatluftfahrzeugführer

Attachment "A"
to the Private Pilot Licence

III. Nr. ....

IV. Name: ....

II. Erlaubnis für Privatflugzeugführer
Category: Private Pilot Licence-Aeroplane

IX. Erlaubnis für Privatflugzeugführer — gültig bis
Private Pilot Licence-Aeroplane valid until

XIII. Bemerkungen - remarks

XI.

VIII. ...., den ....

X. ....
Unterschrift

LgNr. 5343 — zu Muster 1 (§ 4 LuftPersV) weiß, Leinen, Diagonalstrich hellbraun

XII. Berechtigung für IFR-Flüge — gültig bis
Instrument Rating valid until

Die Instrumentenflugberechtigung berechtigt zu Anflügen bis zu einer Entscheidungshöhe von 60 m/200 ft
The instrument rating entitles to perform approaches down to a decision height of 60 m/200 ft

XII. Musterberechtigungen - Type Ratings

a) als verantwortlicher Flugzeugführer - as pilot-in-command

b) als zweiter Flugzeugführer - as co-pilot

XII. Sonstige Berechtigungen - other ratings

Abb. 24

XIV. **Umfang der Erlaubnis**

Die Erlaubnis berechtigt

1. im nichtgewerbsmäßigen Luftverkehr zu einer nichtgewerbs- und nichtberufsmäßigen Tätigkeit als verantwortlicher oder zweiter Flugzeugführer auf Flugzeugen der eingetragenen Muster für Flüge am Tage. Sie berechtigt zum Führen von Flugzeugen bei Nacht in der Umgebung eines Flugplatzes, wenn der Inhaber der Erlaubnis eine Gesamtflugerfahrung von 75 Stunden besitzt und je 10 Nachtstarts und -landungen auf Flugzeugen mit Fluglehrer durchgeführt hat,
2. im nichtgewerbsmäßigen Luftverkehr zu einer berufsmäßigen Tätigkeit auf Flugzeugen der eingetragenen Muster, beschränkt auf das Schleppen von Gegenständen hinter Flugzeugen und die Ausbildung von Privatflugzeugführern innerhalb der Bundesrepublik Deutschland. Zur Ausübung dieser Rechte müssen die Schleppberechtigung und die Lehrberechtigung für Privatflugzeugführer eingetragen sein.

Bemerkungen:

Der Inhaber der Erlaubnis bedarf zusätzlicher Berechtigungen für Flüge nach Instrumentenflugregeln, Kunstflüge, zur Durchführung kontrollierter Sichtflüge, für Überlandflüge bei Nacht, Schleppflüge, Streu- und Sprühflüge, Flüge als Fluglehrer oder Einweisungsberechtigter sowie Flüge zur Erprobung von Flugzeugen. Der Inhaber einer Instrumentenflugberechtigung ist auch zur Durchführung kontrollierter Sichtflüge und von Überlandflügen bei Nacht berechtigt.

XIV. **Berechtigung des Inhabers eines eingetragenen Sprechfunkzeugnisses**

Der Inhaber eines Sprechfunkzeugnisses ist berechtigt, den Sprech- und Navigationsfunkdienst bei einer deutschen Luft- oder Bodenfunkstelle in folgendem Umfang auszuüben:

— Beschränkt gültiges Sprechfunkzeugnis II für den Flugfunkdienst bei Flügen nach Sichtflugregeln in deutscher Sprache.

— Beschränkt gültiges Sprechfunkzeugnis I für den Flugfunkdienst bei Flügen nach Sichtflugregeln.

— Allgemeines Sprechfunkzeugnis für den Flugfunkdienst ohne Einschränkung.

XIV. **Privileges of the Licence**

The Licence entitles its holder to act

1. in non-commercial operations for non-commercial and non-professional activities as pilot-in-command or as co-pilot of aeroplanes for which a type rating has been issued for flights by day. It entitles to carry out flights by night in the vicinity of an aerodrome if its holder has acquired a total flight experience of 75 hours and if he has carried out 10 take-offs and 10 landings by night with aeroplanes under the supervision of a flight instructor,
2. —restricted to the territory of the Federal Republic of Germany—in non-commercial operations for professional activities as pilot-in-command of aeroplanes for which a type rating has been issued restricted to aero-tow flights and to provide flight instruction to private pilots-aeroplane provided he is also the holder of an aero-tow flight rating and a flight instructor's rating for private pilots-aeroplane.

Remarks:

Additional ratings are required by the holder of the Licence for flights under instrument flight rules, acrobatic flights, controlled VFR flights, cross-country flights by night, aero-tow flights, dusting and spraying flights, flight instruction incl. type training flights and for experimental flights. The holder of an instrument rating is also entitled to carry out controlled VFR flights and cross-country flights by night.

XIV. **Privileges of the holder of an endorsed Radiotelephone Operator's Certificate**

The holder of a Radiotelephone Operator's Certificate is entitled to perform the radiotelephone and radionavigation services of a German aircraft or aeronautical station as follows:

— **Restricted Flight Radiotelephone Operator's Certificate II for radio services for VFR flights and in German language only.**

— **Restricted Flight Radiotelephone Operator's Certificate I for radio services for VFR flights only.**

— **General Flight Radiotelephone Operator's Certificate for unrestricted radio services.**

Abb. 25

Die Vorschriften über die **Gültigkeitsdauer**, die **Verlängerung** und die **Erneuerung** der Erlaubnis für Privatflugzeugführer (Beiblatt A, Motorflug) sind in **§ 5 LuftPersV** enthalten. Die **Verlängerung** der Erlaubnis muß **immer vor Ablauf der Gültigkeit** bei der zuständigen **Luftfahrtbehörde des Landes** beantragt werden. Die notwendigen **Formulare** (Antrag auf Verlängerung, Erklärung über schwebende Strafverfahren) sind bei jeder **Luftaufsicht-Stelle** zu erhalten. Dem Antrag ist ein **neues Tauglichkeitszeugnis** einer anerkannten fliegerärztlichen Untersuchungsstelle beizufügen (§ 125 LuftPersV; siehe 6.4).

Gültigkeitsdauer, Verlängerung und Erneuerung der Erlaubnis (§ 5 LuftPersV)

(1) Die Erlaubnis wird mit einer **Gültigkeitsdauer von 24 Monaten** erteilt.

(2) Eine Erlaubnis, deren Gültigkeit noch nicht abgelaufen ist, kann um die Gültigkeitsdauer nach Absatz 1 **verlängert** werden, wenn der Bewerber **24 Flugstunden**, darunter **drei Streckenflüge** zu einem mindestens **100 km entfernten Flugplatz mit Landung** sowie je **25 Starts und Landungen**, als verantwortlicher Flugzeugführer innerhalb der **letzten 24 Monate** vor Ablauf der Gültigkeit der Erlaubnis nachweist. Bei Flugzeugführern, die eine **Gesamtflugzeit von mehr als 250 Stunden** haben, **ermäßigt** sich die Anzahl der nach Satz 1 nachzuweisenden Flugstunden auf **18 Stunden**. Die nachzuweisende Flugzeit nach Satz 1 und 2 kann bis **zu zwei Dritteln** durch Flugzeit als verantwortlicher Luftfahrzeugführer auf **Motorseglern, Segelflugzeugen,** oder **Drehflüglern** ersetzt werden. Die **Hälfte** der nachzuweisenden **Flugstunden** kann durch einen **Überprüfungsflug** mit einem von der Erlaubnisbehörde anerkannten **Sachverständigen** ersetzt werden.

(3) Eine Erlaubnis, deren Gültigkeit abgelaufen ist, kann **erneuert** werden, wenn der Bewerber innerhalb der **lezten 24 Monate** vor Stellung des Antrages auf Erneuerung der Erlaubnis die in Absatz 2 bestimmten Voraussetzungen erfüllt und den in **§ 1 Abs. 4 Nr. 3** bezeichneten **Navigationsdreiecksflug mit Fluglehrer** durchgeführt hat. Die Erlaubnisbehörde **kann** die Erneuerung von einer **Überprüfung** durch einen von ihr bestimmten **Sachverständigen** abhängig machen. Für die Erneuerung einer Erlaubnis, deren Gültigkeit **länger als drei Jahre** abgelaufen ist, hat der Bewerber **zusätzlich** die **theoretische Prüfung nach § 3** zu wiederholen.

Anmerkung zu § 5 Abs. 3 LuftPersV: Die **Erneuerung** eines Luftfahrscheins kann schon durch einen **zu spät gestellten Antrag** auf Verlängerung (nach Ablauf der Gültigkeit) **ohne entschuldbaren Grund** erforderlich werden (siehe hierzu 6.4, § 130 LuftPersV)!

Allein aus diesem Grund ist es ratsam, den Antrag auf Verlängerung immer **rechtzeitig vor Ablauf der Gültigkeit** zu stellen.

6.2.2 Die Erlaubnis für Motorseglerführer (Privatflugzeugführer, Beiblatt B)

Die **§§ 31 bis 35 LuftPersV** enthalten die Vorschriften über die fachlichen Voraussetzungen, Erleichterungen und Prüfungen für den **Erwerb der Erlaubnis für Motorseglerführer** (Privatflugzeugführer, Beiblatt B). Ferner wird darin die Erteilung, der Umfang, die Gültigkeitsdauer, die Verlängerung und die Erneuerung dieser Erlaubnis geregelt.

Fachliche Voraussetzungen für Bewerber, die eine Erlaubnis für Flugzeugführer, Hubschrauberführer oder Segelflugzeugführer nicht besitzen (§ 31 LuftPersV)

(1) Fachliche Voraussetzungen für den Erwerb der Erlaubnis für Motorseglerführer sind

1. die theoretische Ausbildung,
2. die Flugausbildung,
3. die Berechtigung zur Ausübung des Sprechfunkdienstes,
4. die erfolgreiche Teilnahme an einer Unterweisung in Sofortmaßnahmen am Unfallort.

(2) Die theoretische Ausbildung umfaßt **mindestens 80 Unterrichtsstunden** innerhalb der **letzten 24 Monate** vor Ablegung der **Prüfung nach § 33**. Sie erstreckt sich auf die Sachgebiete

1. Luftrecht, Luftverkehrs- und Flugsicherungsvorschriften,
2. Navigation,
3. Meteorologie,
4. Technik,
5. Verhalten in besonderen Fällen.

(3) Die Flugausbildung umfaßt **mindestens 35 Flugstunden** innerhalb der **letzten 24 Monate** vor Ablegung der **Prüfung nach § 33** auf Motorseglern verschiedener Muster, davon **15 Stunden Alleinflug**. Wird die Flugausbildung **innerhalb von fünf Monaten** abgeschlossen, so ermäßigt sie sich auf **25 Flugstunden**, davon **10 Stunden Alleinflug.**

(4) In der Flugausbildung nach Absatz 3 müssen enthalten sein

1. **je 60 Starts und Landungen**, davon **10 Alleinstarts und 10 Alleinlandungen auf drei verschiedenen Flugplätzen** mit Ausnahme des Flugplatzes, auf dem die Ausbildung durchgeführt wird, sowie **fünf Anflüge und Landungen ohne Fluglehrer bei abgestelltem Motor,**
2. **die selbständige Vorbereitung und Durchführung eines Navigationsdreiecksfluges von mehr als 300 km Flugstrecke als Alleinflug** mit einer Zwischenlandung auf einem mindestens 100 km entfernten Flugplatz sowie einer weiteren Zwischenlandung,
3. **fünf Außenlandeübungen** mit Fluglehrer mit oder ohne Aufsetzen,
4. **eine theoretische und praktische Einweisung** zur Beherrschung des Motorseglers in **besonderen Flugzuständen**, in das **Verhalten in Notfällen und bei Unfällen.**

(5) Soll die Erlaubnis für den Start von nichtselbststartenden Motorseglern erteilt werden, muß in der Flugausbildung zusätzlich zu der in Absatz 4 vorgeschriebenen Ausbildung die in **§ 40** für die jeweilige Startart aufgeführte Anzahl von Starts, die mit Motorseglern oder Segelflugzeugen durchgeführt werden kann, enthalten sein.

Erleichterungen **(§ 32 LuftPersV)**

Die Flugausbildung mit Fluglehrer kann **teilweise auf Flugzeugen oder Segelflugzeugen** durchgeführt werden. Die Flugausbildung nach § 31 Abs. 4 Nr. 3 und 4 ist auf Motorseglern durchzuführen. Als weiteres Muster im Sinne des § 31 Abs. 3 gilt auch ein Flugzeug oder Segelflugzeug.

Prüfung **(§ 33 LuftPersV)**

(1) Der Bewerber hat in einer theoretischen und praktischen Prüfung nachzuweisen, daß er nach seinem praktischen Können und seinem fachlichen Wissen die an einen Führer von Motorseglern zu stellenden Anforderungen erfüllt.

(2) Die Prüfung erstreckt sich insbesondere auf

1. **die in § 31 Abs. 2 aufgeführten Sachgebiete,**
2. **die notwendigen Kenntnisse und Fähigkeiten** zum Führen und Bedienen von Motorseglern,
3. **das Verhalten in besonderen Flugzuständen**, in Notfällen und bei Unfällen.

Fachliche Voraussetzungen für Bewerber, die eine Erlaubnis für Flugzeugführer, Hubschrauberführer oder Segelflugzeugführer besitzen (§ 34 LuftPersV)

(1) Fachliche Voraussetzungen für den Erwerb der Erlaubnis zum Führen von selbststartenden Motorseglern sind

1. **für Bewerber, die eine Erlaubnis für Flugzeugführer besitzen,** eine Einweisung durch einen Fluglehrer mit der Berechtigung zum Ausbilden von Motorseglerführern in die Führung und Bedienung von Motorseglern und deren Beherrschung in besonderen Flugzuständen, in das Verhalten in Notfällen und bei Unfällen sowie die Durchführung von **10 Alleinstarts und 10 Alleinlandungen** mit selbststartenden Motorseglern, davon **fünf Anflüge und Landungen bei abgestelltem Motor,**
2. **für Bewerber, die eine Erlaubnis für Hubschrauberführer besitzen,** eine Einweisung durch einen Fluglehrer mit der Berechtigung zum Ausbilden von Motorseglerführern in die Führung und Bedienung von Motorseglern und deren Beherrschung in besonderen Flugzuständen, in das Verhalten in Notfällen und bei Unfällen sowie eine **Flugzeit von fünf Flugstunden** mit **10 Alleinstarts und 10 Alleinlandungen** mit selbststartenden Motorseglern, davon **fünf Anflüge und Landungen bei abgestelltem Motor,**
3. **für Bewerber, die eine Erlaubnis für Segelflugzeugführer besitzen,** eine Einweisung durch einen Fluglehrer mit der Berechtigung zum Ausbilden von Motorseglerführern in die Führung und Bedienung von Motorseglern und deren Beherrschung in besonderen Flugzuständen, in das Verhalten in Notfällen und bei Unfällen sowie eine **Flugzeit von fünf Stunden** auf selbststartenden Motorseglern; in der Flugzeit müssen **10 Alleinstarts und 10 Alleinlandungen** sowie ein **Navigationsdreiecksflug nach § 31 Abs. 4 Nr. 2** enthalten sein.

(2) Fachliche Voraussetzungen für den Erwerb der Erlaubnis zum **Führen von nicht-selbststartenden Motorseglern** sind

1. **für Bewerber, die eine Erlaubnis für Flugzeugführer besitzen,** eine Einweisung durch einen Fluglehrer mit der Berechtigung zum Ausbilden von Motorseglerführern in die Führung und Bedienung von Motorseglern und deren Beherrschung in besonderen Flugzuständen, in das Verhalten in Notfällen und bei Unfällen sowie eine **Flugzeit von fünf Stunden** auf nicht-selbststartenden Motorseglern oder Segelflugzeugen; in der Flugzeit müssen **30 Starts und 30 Landungen,** davon die in **§ 40** aufgeführte Anzahl von Starts für die jeweilige Startart sowie weitere **10 Alleinstarts und 10 Alleinlandungen,** enthalten sein,
2. **für Bewerber, die eine Erlaubnis für Hubschrauberführer besitzen,** eine Einweisung durch einen Fluglehrer mit der Berechtigung zum Ausbilden von Motorseglerführern in die Führung und Bedienung von Motorseglern und deren Beherrschung in besonderen Flugzuständen, in das Verhalten in Notfällen und bei Unfällen sowie eine **Flugzeit von 10 Stunden** auf nicht-selbststartenden Motorseglern oder Segelflugzeugen; in der Flugzeit müssen **30 Starts und Landungen,** davon die in **§ 40** aufgeführte Anzahl von Starts für die jeweilige Startart sowie weitere **10 Alleinstarts und 10 Alleinlandungen,** enthalten sein,
3. **für Bewerber, die eine Erlaubnis für Segelflugzeugführer besitzen,** eine Einweisung durch einen Fluglehrer mit der Berechtigung zum Ausbilden von Motorseglerführern in die Führung und Bedienung von nicht-selbststartenden Motorseglern und deren Beherrschung in besonderen Flugzuständen, in das Verhalten in Notfällen und bei Unfällen sowie die Durchführung von **fünf Alleinflügen mit Motorhilfe** auf nicht-selbststartenden Motorseglern.

(3) In den Fällen des **Absatzes 1 Nr. 3** und des **Absatzes 2 Nr. 1 und 2** hat der Bewerber in einer **Überprüfung** durch einen von der Erlaubnisbehörde bestimmten **Sachverständigen** nachzuweisen, daß er nach seinem praktischen Können und seinem fachlichen Wissen die an einen Motorseglerführer zu stellenden Anforderungen erfüllt.

Erteilung, Umfang, Gültigkeitsdauer, Verlängerung und Erneuerung der Erlaubnis, Luftfahrerschein (§ 35 LuftPersV)

(1) Die Erlaubnis wird durch Aushändigung des Luftfahrerscheines für Privatflugzeugführer nach Muster 1, Beiblatt B, erteilt. Für nicht-selbststartende Motorsegler wird die **zulässige Startart nach § 40** in den Luftfahrerschein eingetragen (siehe (Abb. 26 und 27).

(2) Die Erlaubnis berechtigt zum Führen von Motorseglern der im Luftfahrerschein eingetragenen Arten **am Tage** entsprechend den eingetragenen Startarten. Sie berechtigt zum Führen von Motorseglern **bei Nacht** in der **Umgebung eines Flugplatzes,** wenn der Erlaubnisinhaber eine **Gesamtflugerfahrung von 75 Stunden** besitzt und je **10 Nachtstarts und Nachtlandungen** auf Motorseglern **mit Fluglehrer** durchgeführt hat. Die Erlaubnis zum Führen von selbststartenden Motorseglern wird auf das Führen von nicht-selbststartenden Motorseglern erweitert, wenn der Bewerber die Voraussetzungen nach § 34 Abs. 2 Nr. 1 und Absatz 3 nachweist. Die Erlaubnis zum Führen von nicht-selbststartenden Motorseglern wird auf das Führen von selbststartenden Motorseglern erweitert, wenn der Bewerber die Voraussetzungen nach § 34 Abs. 1 Nr. 3 und Absatz 3 nachweist.

(3) Für die Gültigkeitsdauer, die Verlängerung und die Erneuerung der Erlaubnis ist für selbststartende Motorsegler **§ 5**, für nicht-selbststartende Motorsegler **§ 41** anzuwenden. Die hiernach nachzuweisenden Flugzeiten und Starts können durch die gleiche Anzahl von Flugstunden und Starts auf Flugzeugen und Segelflugzeugen ersetzt werden, jedoch sind **mindestens fünf Starts in der jeweiligen Startart** nachzuweisen. Die **Hälfte** der nachzuweisenden **Flugstunden und Starts** können durch einen **Überprüfungsflug** mit einem von der Erlaubnisbehörde anerkannten **Sachverständigen** ersetzt werden.

I. **Bundesrepublik Deutschland**
Federal Republic of Germany

Beiblatt „B" zum Luftfahrerschein
für
Privatluftfahrzeugführer
Attachment "B"
to the Private Pilot Licence

III. Nr. ....

IV. Name: ....

II. Erlaubnis für Motorseglerführer
Category: Private Pilot Licence-Powered Glider

IX. Erlaubnis für Motorseglerführer — gültig bis
Private Pilot Licence-Powered Glider valid until

XI. VIII.

.............................., den ....

X. ....
Unterschrift

LgNr. 5345 — zu Muster 1 (§ 35 LuftPersV) weiß, Leinen

XII. Motorseglerart - category of powered glider

XII. Startarten - take-off methods

XII. Sonstige Berechtigungen - other ratings

XIII. Bemerkungen - remarks

Abb. 26

XIV. **Umfang der Erlaubnis**

Die Erlaubnis berechtigt zum Führen von Motorseglern der eingetragenen Arten am Tage entsprechend den eingetragenen Startarten. Sie berechtigt zum Führen von Motorseglern bei Nacht in der Umgebung eines Flugplatzes, wenn der Inhaber der Erlaubnis eine Gesamtflugerfahrung von 75 Stunden besitzt und je 10 Nachtstarts und -landungen auf Motorseglern mit Fluglehrer durchgeführt hat.

Bemerkungen:

Der Inhaber der Erlaubnis bedarf zusätzlicher Berechtigungen für Flüge nach Instrumentenflugregeln, Kunstflüge, zur Durchführung kontrollierter Sichtflüge, für Überlandflüge bei Nacht sowie Flüge als Fluglehrer. Der Inhaber einer Instrumentenflugberechtigung ist auch zur Durchführung kontrollierter Sichtflüge und von Überlandflügen bei Nacht berechtigt.

XIV. **Berechtigung des Inhabers eines eingetragenen Sprechfunkzeugnisses**

Der Inhaber eines Sprechfunkzeugnisses ist berechtigt, den Sprech- und Navigationsfunkdienst bei einer deutschen Luft- oder Bodenfunkstelle in folgendem Umfang auszuüben:

— Beschränkt gültiges Sprechfunkzeugnis II für den Flugfunkdienst bei Flügen nach Sichtflugregeln in deutscher Sprache.

— Beschränkt gültiges Sprechfunkzeugnis I für den Flugfunkdienst bei Flügen nach Sichtflugregeln.

— Allgemeines Sprechfunkzeugnis für den Flugfunkdienst ohne Einschränkung.

XIV. **Privileges of the Licence**

The Licence entitles its holder to pilot powered gliders for which a category rating has been issued for flights by day according to the take-off methods endorsed. It entitles to carry out flights by night in the vicinity of an aerodrome if its holder has acquired a total flight experience of 75 hours and if he has carried out 10 take-offs and 10 landings by night with powered gliders under the supervision of a flight instructor.

Remarks:

Additional ratings are required by the holder of the licence for flights under instrument flight rules, acrobatic flights, controlled VFR flights, cross-country flights by night and flight instruction. The holder of an instrument rating is also entitled to carry out controlled VFR flights and cross-country flights by night.

XIV. **Privileges of the holder of an endorsed Radiotelephone Operator's Certificate**

The holder of a Radiotelephone Operator's Certificate is entitled to perform the radiotelephone and radionavigation services of a German aircraft or aeronautical station as follows:

— Restricted Flight Radiotelephone Operator's Certificate II for radio services for VFR flights and in German language only.

— Restricted Flight Radiotelephone Operator's Certificate I for radio services for VFR flights only.

— General Flight Radiotelephone Operator's Certificate for unrestricted radio services.

Abb. 27

6.2.3 Die Erlaubnis für Segelflugzeugführer (Privatflugzeugführer, Beiblatt C)

Die Einzelheiten über die **Erlaubnis für Segelflugzeugführer** (Privatflugzeugführer, Beiblatt C) sind in den **§§ 36 bis 41 LuftPersV** geregelt.

Fachliche Voraussetzungen (§ 36 LuftPersV)

(1) Fachliche Voraussetzungen für den Erwerb der Erlaubnis für Segelflugzeugführer sind

1. **die theoretische Ausbildung,**
2. **die Flugausbildung,**
3. **die Berechtigung zur Ausübung des Sprechfunkdienstes,**
4. **die erfolgreiche Teilnahme an einer Unterweisung in Sofortmaßnahmen am Unfallort.**

(2) Die theoretische Ausbildung umfaßt **mindestens 60 Unterrichtsstunden** innerhalb der **letzten vier Jahre** vor Ablegung der **Prüfung nach § 38.**
Sie erstreckt sich auf die Sachgebiete

1. **Luftrecht, Luftverkehrs- und Flugsicherungsvorschriften,**
2. **Navigation,**
3. **Meteorologie,**
4. **Technik,**
5. **Verhalten in besonderen Fällen.**

(3) Die Flugausbildung umfaßt **mindestens 30 Flugstunden** innerhalb der **letzten vier Jahre** vor Ablegung der **Prüfung nach § 38** auf Segelflugzeugen verschiedener Muster, davon **15 Stunden Alleinflug.** Wird die Flugausbildung **innerhalb von 18 Monaten** abgeschlossen, so ermäßigt sie sich auf **25 Flugstunden,** davon **10 Stunden Alleinflug.**

(4) In der Flugausbildung nach Absatz 3 müssen enthalten sein

1. **je 60 Starts und Landungen,** davon je **20 Alleinstarts und Alleinlandungen** und **drei Landungen aus ungewohnter Position** mit Fluglehrer,
2. **drei Landungen** mit oder ohne Fluglehrer auf **mindestens einem anderen Flugplatz** als auf dem, auf dem die Ausbildung durchgeführt wird,
3. **die selbständige Vorbereitung und Durchführung eines Überlandfluges als Alleinflug über eine Flugstrecke von mindestens 50 km** im Segelflug,
4. **eine theoretische und eine praktische Einweisung** zur Beherrschung des Segelflugzeuges in **besonderen Flugzuständen,** in das **Verhalten in Notfällen und bei Unfällen.**

Erleichterungen (§ 37 LuftPersV)

(1) Die Flugausbildung mit Fluglehrer kann **teilweise auf Motorseglern** durchgeführt werden. Motorsegler gelten als weiteres Muster im Sinne des § 36 Abs. 3.

(2) Für Bewerber, die eine Erlaubnis für Flugzeugführer besitzen, verringert sich die Flugausbildung auf **mindestens 10 Flugstunden** auf Segelflugzeugen, für Bewerber, die eine **Erlaubnis für Hubschrauberführer** besitzen, **auf mindestens 15 Flugstunden** auf Segelflugzeugen. In der Zeit müssen je **20 Alleinstarts und Alleinlandungen** und **drei Landungen aus ungewohnter Position** mit Fluglehrer sowie die Flugausbildung nach § 36 Abs. 4 Nr. 3 und 4 enthalten sein. **§ 40** bleibt unberührt.

(3) Für Bewerber, die eine Erlaubnis für selbststartende Motorsegler besitzen, verringert sich die Flugausbildung auf Segelflugzeugen auf **mindestens fünf Flugstunden.** In der Flugzeit müssen je **15 Alleinstarts und Alleinlandungen** und **drei Landungen aus ungewohnter Position** mit Fluglehrer sowie die Flugausbildung nach § 36 Abs. 4 Nr. 3 und 4 enthalten sein. **§ 40** bleibt unberührt. Für Bewerber, die eine Erlaubnis für nicht-selbststartende Motorsegler besitzen, wird eine Ausbildung nicht gefordert.

Prüfung für Segelflugzeugführer (§ 38 LuftPersV)

(1) Der Bewerber hat in einer theoretischen und einer praktischen Prüfung nachzuweisen, daß er nach seinem praktischen Können und seinem fachlichen Wissen die an einen Segelflugzeugführer zu stellenden Anforderungen erfüllt.

(2) Die Prüfung erstreckt sich insbesondere auf

1. **die in § 36 Abs. 2 aufgeführten Sachgebiete,**
2. **die notwendigen Kenntnisse und Fähigkeiten** zum Führen und Bedienen von Segelflugzeugen,
3. **das Verhalten in besonderen Flugzuständen,** in Notfällen und bei Unfällen.

Erteilung und Umfang der Erlaubnis, Luftfahrerschein (§ 39 LuftPersV)

(1) Die Erlaubnis wird durch Aushändigung des Luftfahrerscheines für Privatflugzeugführer nach Muster 1, Beiblatt C, erteilt. Die **zulässige Startart nach § 40** wird in den Luftfahrerschein eingetragen. (siehe Abb. 28).

(2) Die Erlaubnis für Segelflugzeugführer **berechtigt zum Führen von Segelflugzeugen** entsprechend den eingetragenen Startarten **am Tage.**

Zulässige Startarten (§ 40 LuftPersV)

Die Erlaubnis nach § 39 wird für diejenigen Startarten erteilt, in denen der Bewerber ausgebildet worden ist. Die Ausbildung muß mindestens umfassen

1. **für den Windenstart** 10 Starts mit Fluglehrer und 10 Alleinstarts,
2. **für den Flugzeugschlepppstart** fünf Starts mit Fluglehrer und fünf Alleinstarts,
3. **für die Ausführung einer sonstigen Startart** 10 Starts mit Fluglehrer und 10 Alleinstarts. Der Bundesminister für Verkehr kann Ausnahmen verfügen.

I. Bundesrepublik Deutschland
Federal Republic of Germany

Beiblatt „C" zum Luftfahrerschein
für
Privatluftfahrzeugführer
Attachment "C"
to the Private Pilot Licence

III. Nr. ....

IV. Name:

II. Erlaubnis für Segelflugzeugführer
Category: Private Pilot Licence-Glider

IX. Luftfahrerschein für Segelflugzeugführer — gültig bis
Private Pilot Licence-Glider valid until

XIII. Bemerkungen - remarks

XII. Startarten - take-off methods

XI VIII.

.............................., den ....

X. ....
Unterschrift

LgNr. 5347

zu Muster 1 (§ 39 LuftPersV)
weiß, Leinen, Diagonalstrich rosa

XIV. **Umfang der Erlaubnis**
Die Erlaubnis berechtigt zum Führen von Segelflugzeugen entsprechend den eingetragenen Startarten am Tage.

Bemerkungen:
Der Inhaber der Erlaubnis bedarf zusätzlicher Berechtigungen für Kunstflüge, Wolkenflüge sowie Flüge als Fluglehrer.

XIV. **Berechtigung des Inhabers eines eingetragenen Sprechfunkzeugnisses**
Der Inhaber eines Sprechfunkzeugnisses ist berechtigt, den Sprech- und Navigationsfunkdienst bei einer deutschen Luft- oder Bodenfunkstelle in folgendem Umfang auszuüben:
— Beschränkt gültiges Sprechfunkzeugnis II für den Flugfunkdienst bei Flügen nach Sichtflugregeln in deutscher Sprache.
— Beschränkt gültiges Sprechfunkzeugnis I für den Flugfunkdienst bei Flügen nach Sichtflugregeln.
— Allgemeines Sprechfunkzeugnis für den Flugfunkdienst ohne Einschränkung.

XIV. **Privileges of the Licence**
The Licence entitles its holder to pilot any gliders by day according to the take-off method(s) endorsed.

Remarks:
Additional ratings are required by the holder of the licence for acrobatic flights, flights in clouds and for flight instruction.

XIV. **Privileges of the holder of an endorsed Radiotelephone Operator's Certificate**
The holder of a Radiotelephone Operator's Certificate is entitled to perform the radiotelephone and radionavigation services of a German aircraft or aeronautical station as follows:
— Restricted Flight Radiotelephone Operator's Certificate II for radio services for VFR flights and in German language only.
— Restricted Flight Radiotelephone Operator's Certificate I for radio services for VFR flights only.
— General Flight Radiotelephone Operator's Certificate for unrestricted radio services.

XII. Sonstige Berechtigungen - other ratings

Abb. 28

Gültigkeitsdauer, Verlängerung und Erneuerung der Erlaubnis (§ 41 LuftPersV)

(1) Die Erlaubnis wird mit einer **Gültigkeit von 24 Monaten** erteilt.

(2) Eine Erlaubnis, deren Gültigkeit noch nicht abgelaufen ist, kann um die Gültigkeitsdauer nach Absatz 1 **verlängert** werden, wenn der Bewerber **10 Flugstunden oder 30 Starts** als verantwortlicher Führer von Segelflugzeugen, Motorseglern, Flugzeugen oder Hubschraubern sowie die **Voraussetzungen für die Verlängerung mindestens einer Startart** nach Satz 2 innerhalb der **letzten 24 Monate** vor Ablauf der Gültigkeit der Erlaubnis nachweist. Die Verlängerung erstreckt sich auf diejenigen **eingetragenen Startarten,** für die in den **letzten 24 Monaten** vor Ablauf der Gültigkeit der Erlaubnis **mindestens fünf Starts** nachgewiesen sind. Die **Hälfte** der nach Satz 1 nachzuweisenden **Flugstunden und Starts** kann durch einen **Überprüfungsflug** auf einem Segelflugzeug mit einem von der Erlaubnisbehörde anerkannten **Sachverständigen** ersetzt werden.

(3) Eine Erlaubnis, deren Gültigkeit abgelaufen ist, kann **erneuert** werden, wenn der Bewerber innerhalb der **letzten 24 Monate** vor Stellung des Antrages auf Erneuerung der Erlaubnis die in Absatz 2 bestimmten Voraussetzungen erfüllt. Absatz 2 Satz 3 findet keine Anwendung. Die Erlaubnisbehörde **kann** die Erneuerung von einer **Überprüfung** durch einen von ihr bestimmten **Sachverständigen** abhängig machen. Für die Erneuerung einer Erlaubnis, deren Gültigkeit **länger als fünf Jahre** abgelaufen ist, hat der Bewerber zusätzlich die **theoretische Prüfung nach § 38** zu wiederholen.

6.3 Berechtigungen für Privatflugzeugführer, Motorseglerführer und Segelflugzeugführer gemäß LuftPersV

(mit Ausnahme der Instrumentenflugberechtigung, §§ 71 bis 76)

Nach den Vorschriften der **LuftPersV** (§§ 66 bis 103) bedürfen Luftfahrzeugführer zur **Durchführung bestimmter Flüge** (wie z. B. Flüge nach Instrumentenflugregeln, Kunstflüge, Schleppflüge, Wolkenflüge mit Segelflugzeugen, kontrollierte Sichtflüge - CVFR, Nachtflüge usw.) einer besonderen

Berechtigung (engl.: rating).

Für **Motorflugzeugführer**, Hubschrauberführer und Luftschiffführer ist desweiteren eine

Musterberechtigung (engl.: type rating)

zum Führen und Bedienen eines Luftfahrzeugs erforderlich.

6.3.1 Die Musterberechtigung

Nach **§ 66 LuftPersV** ist - wie eben schon erwähnt - für **Motorflugzeugführer**, Hubschrauberführer und Luftschiffführer zum Führen oder Bedienen eines Luftfahrzeugs eine **Musterberechtigung** vorgeschrieben.

Musterberechtigung für Luftfahrzeugführer (§ 66 LuftPersV)

Flugzeugführer, Führer von Hubschraubern und Luftschiffen bedürfen zum **Führen und Bedienen eines Luftfahrzeuges** der in dem Luftfahrerschein eingetragenen **Berechtigung für dieses Muster** (Musterberechtigung).

Die fachlichen Voraussetzungen für den Erwerb der **Musterberechtigung** sind in den **§§ 67 und 68** festgelegt.

Fachliche Voraussetzungen (§ 67 LuftPersV)

(1) Fachliche Voraussetzungen für den Erwerb der Musterberechtigung sind eine **theoretische und praktische Einweisung** des Luftfahrzeugführers auf diesem Muster innerhalb der **letzten 6 Monate** vor Stellung des Antrages auf Erteilung der Berechtigung.

(2) Die Einweisung hat sich auf die Vermittlung von Kenntnissen über den **Aufbau und die Ausrüstung des Luftfahrzeuges,** auf die Vermittlung der Fähigkeit zur **sicheren Führung und Bedienung** des Luftfahrzeuges im **Normalflug** und in **besonderen Flugzuständen** sowie auf das **Verhalten in Notfällen und bei Unfällen** zu erstrecken. Die Einweisung ist von dem **Fluglehrer** oder dem nach **§ 92 berechtigten Luftfahrzeugführer** zu bescheinigen. In der Bescheinigung ist die ordnungsgemäße Durchführung der Einweisung zu versichern.

(3) Soll sich eine im Luftfahrerschein eingetragene Instrumentenflugberechtigung auf Luftfahrzeuge des Musters erstrecken, für das die Einweisung erfolgt, muß die Einweisung nach Absatz 2 Satz 1 auch für Flüge nach den Instrumentenflugregeln erfolgen. Die Vorschriften über die Instrumentenflugberechtigung für mehrmotorige Flugzeuge (§§ 71 ff.) bleiben unberührt.

(4) In besonderen Fällen, insbesondere bei Neuentwicklungen und für Luftfahrzeuge, für die eine deutsche Musterzulassung noch nicht erteilt ist, kann eine Musterberechtigung ohne die Voraussetzungen des Absatzes 2 Satz 2 erteilt werden, wenn hierdurch die Sicherheit des Luftverkehrs und die öffentliche Sicherheit oder Ordnung nicht gefährdet werden.

Anmerkung zu § 67 Abs. 2: Die erforderliche Einweisung kann auch von einem **Luftfahrzeugführer mit Einweisungsberechtigung** (§ 92 LuftPersV, siehe 6.3.8) durchgeführt werden.
In **bestimmten Fällen** (Musterberechtigung für mehrmotorige Flugzeuge, Flugzeuge mit Strahltriebwerken, Verkehrsflugzeuge) sind gemäß **§ 68 LuftPersV** erhöhte fachliche Voraussetzungen zu erfüllen.

Fachliche Voraussetzungen in bestimmten Fällen (§ 68 LuftPersV)

(1) Flugzeugführer, die erstmalig eine Musterberechtigung für ein **mehrmotoriges Flugzeug** erwerben wollen, müssen eine **Gesamtflugzeit von 100 Stunden** auf Flugzeugen nachweisen. Das gleiche gilt für Flugzeugführer, die **erstmalig** eine Musterberechtigung für ein **Flugzeug mit Strahlantrieb** erwerben wollen oder von Flugzeugen mit Strahlantrieb auf ein Flugzeug mit Propellerantrieb übergehen wollen. Der Bundesminister für Verkehr kann für bestimmte Flugzeugmuster Ausnahmen von Satz 1 verfügen.

(2) Flugzeugführer, die sich **erstmalig** auf einem Flugzeug der **Lufttüchtigkeitsgruppe Verkehrsflugzeuge** als verantwortlicher Flugzeugführer betätigen wollen, müssen für den Erwerb der Musterberechtigung eine **Gesamtflugzeit von 900 Stunden** auf Flugzeugen als verantwortlicher oder zweiter Flugzeugführer sowie den Besitz der **Instrumentenflugberechtigung für mehrmotorige Flugzeuge** nachweisen. Für den Erwerb der Musterberechtigung für eine Tätigkeit als verantwortlicher Flugzeugführer für Flugzeuge mit einem **Höchstgewicht von mehr als 200.000 kg** muß eine **Gesamtflugzeit von 1.500 Stunden** als verantwortlicher oder zweiter Flugzeugführer auf Flugzeugen mit einem Höchstgewicht von mehr als 20.000 kg nachgewiesen werden. Der Bundesminister für Verkehr kann Ausnahmen von Satz 2 zulassen, wenn die Baureihe eines Flugzeugmusters das Höchstgewicht von 200.000 kg nur geringfügig überschreitet.

(3) Für die Anrechnung von Flugzeiten als zweiter Flugzeugführer nach Absatz 2 gilt § 11 Abs. 3 entsprechend.

(4) In den Fällen des Absatzes 1 Satz 2 haben die Flugzeugführer, die nur Inhaber der **Erlaubnis für Privatflugzeugführer** sind, unbeschadet der **Einweisung nach § 67 Abs. 2** in einer **theoretischen Prüfung** nachzuweisen, daß sie die für den Erwerb der Erlaubnis geforderten Kenntnisse erweitert und vertieft haben, soweit dies für den erstmaligen Erwerb einer Musterberechtigung für Flugzeuge dieser Art erforderlich ist.

(5) Für Führer von Hubschraubern gelten die Absätze 1 bis 4 sinngemäß. Der Bundesminister für Verkehr kann in den Fällen des Absatzes 2 bei Hubschrauberführern von dem Besitz der Instrumentenflugberechtigung Ausnahmen verfügen.

Erteilung und Umfang der Musterberechtigung werden in **§ 69 LuftPersV** geregelt. Die Musterberechtigung wird von der **zuständigen Luftfahrtbehörde** in den Luftfahrerschein eingetragen.

Erteilung und Umfang der Musterberechtigung (§ 69 LuftPersV)

(1) Die Musterberechtigung wird durch Eintragung in den Luftfahrerschein erteilt. Sie kann für **einzelne Muster** oder als **Sammeleintragung für mehrere Muster** erteilt werden. Der Inhaber ist im Rahmen der erteilten Erlaubnis berechtigt, Luftfahrzeuge des oder der eingetragenen Muster zu führen und zu bedienen.

(2) Die Musterberechtigung kann mit Auflagen versehen und insbesondere auf die **Tätigkeit als zweiter Luftfahrzeugführer** oder auf **Flüge nach den Sichtflugregeln** beschränkt werden. Die Erlaubnisbehörde kann die Erteilung der Musterberechtigung von einer **theoretischen und praktischen Überprüfung** durch einen von ihr bestimmten **Sachverständigen** abhängig machen.

(3) Die Musterberechtigung wird als Sammeleintragung für solche **Luftfahrzeuge** erteilt, die vom Bundesminister für Verkehr als **gleichwertig** anerkannt sind.

(4) Bei einer Sammeleintragung muß der Luftfahrzeugführer **vor Antritt eines Fluges** mit einem Muster, das er **bisher nicht** oder innerhalb der **letzten 24 Monate nicht geführt** oder bedient hat, durch einen **Fluglehrer** oder **Einweisungsberechtigten nach § 92** theoretisch und praktisch **vertraut gemacht** worden sein. Das theoretische und praktische **Vertrautmachen** hat sich auf den **Aufbau und die Ausrüstung des Luftfahrzeuges,** auf die **Führung und Bedienung** des Luftfahrzeuges im **Normalflug** und in **besonderen Flugzuständen** sowie auf das **Verhalten in Notfällen und bei Unfällen** zu erstrecken.

Anmerkung zu § 69 Abs. 3 und 4: Privatflugzeugführern wird bei der Erteilung der Erlaubnis (Luftfahrerschein) durch die zuständige Luftfahrtbehörde des Landes im Normalfall die folgende **„Sammeleintragung" als Musterberechtigung** in das **Beiblatt A** eingetragen:

„Einmotorige kolbengetriebene Landflugzeuge bis 2000 kg Höchstmasse."

Diese Sammeleintragung erfolgt aufgrund einer Bekanntmachung des Bundesministers für Verkehr in den Nachrichten für Luftfahrer, Teil II (NfL II), in der **alle Muster der einmotorigen kolbengetriebenen Landflugzeuge bis 2000 kg Höchstmasse** als **gleichwertig** oder **ähnlich** anerkannt werden.
Auf **noch nicht geflogenen Mustern,** die unter den Sammeleintrag fallen, hat sich der Luftfahrzeugführer durch einen **Fluglehrer** oder **Einweisungsberechtigten nach § 92 LuftPersV** (siehe 6.3.8 „Die Berechtigung zur Einweisung von Luftfahrzeugführern") **vertraut machen** zu lassen. Dasgleiche gilt, wenn man das entsprechende Muster **länger als 24 Monate** nicht geflogen hat.
Will ein Privatflugzeugführer mit der Sammeleintragung „Einmotorige Landflugzeuge bis 2000 kg Höchstmasse" als Musterberechtigung ein **Luftfahrtzeugmuster** fliegen, das **nicht unter diesen Sammeleintrag fällt** (z. B. Muster über 2000 kg, mehrmotorige Flugzeuge), so muß er eine **zusätzliche Musterberechtigung** erwerben. Nach Erteilung einer solchen zusätzlichen Musterberechtigung durch die zuständige Luftfahrtbehörde **erweitert** sich die Erlaubnis auf das neu eingetragene Muster.
Für **Motorseglerführer** und **Segelflugzeugführer** gibt es nach den Vorschriften der LuftPersV **keine Musterberechtigung.** Für diesen Kreis von Luftfahrzeugführern besteht deshalb auch **keine Verpflichtung,** sich auf einem **noch nicht geflogenen Muster** durch einen Fluglehrer oder Einweisungsberechtigten **vertraut machen** (einweisen) zu lassen. Es ist jedoch in jedem Fall **ratsam** und **allgemein üblich,** daß auch Motorseglerführer bzw. Segelflugzeugführer sich durch einen **Fluglehrer** oder durch einen anderen **erfahrenen Piloten** mit einem Muster vertraut machen lassen, welches sie noch nicht geflogen haben. Das gilt sinngemäß auch für einsitzige Muster.

Nach den „Richtlinien des Bundesministers für Verkehr für die Ausbildung und Prüfung des Luftfahrtpersonals", Kapitel 16/A, sind für den **praktischen Teil des Vertrautmachens mindestens drei Starts und Landungen** mit einem **Fluglehrer** oder mit einem **Einweisungsberechtigten** erforderlich.

Das **Luftfahrt-Bundesamt** (LBA) hat zum Thema **„Vertrautmachen"** eine **Flugsicherheitsmitteilung** (FSM) herausgegeben, die auch eine **„Anleitung zum Vertrautmachen"** enthält (FSM 1/77). In dieser Anleitung werden wertvolle Tips zur **richtigen Durchführung des Vertrautmachens** gegeben:

Anleitung zum Vertrautmachen

mit einem Flugzeugmuster, das unter die Sammeleintragung „alle einmotorigen Landflugzeuge bis 2000 kg Höchstgewicht" fällt

1. **Bei einer Sammeleintragung** muß der Flugzeugführer vor Antritt eines Fluges mit einem Flugzeugmuster, das er bisher nicht oder innerhalb der letzten 24 Monate nicht geführt oder bedient hat, durch einen **Fluglehrer** oder **Einweisungsberechtigten** theoretisch und praktisch vertraut gemacht worden sein. Das theoretische und praktische Vertrautmachen hat sich auf den Aufbau und die Ausrüstung des Flugzeuges, auf die Führung und Bedienung des Flugzeuges im Normalflug und in besonderen Flugzuständen sowie auf das Verhalten in Notfällen und bei Unfällen zu erstrecken (§ 69 Abs. 4 der Verordnung über Luftfahrtpersonal).

2. **Der Fluglehrer oder Einweisungsberechtigte** sollte zunächst die Flug- und Mustererfahrung des vertrautzumachenden Flugzeugführers feststellen, um den Umfang des Vertrautmachens näher bestimmen zu können, vor allem, welche Besonderheiten des „neuen" Flugzeugmusters er dem Flugzeugführer näherbringen muß (z. B. Verstellpropeller, einziehbares Fahrwerk, Landeklappen usw.).

3. **Für das theoretische Vertrautmachen** stehen Flughandbuch, Klarlisten, sonstige Betriebsanweisungen und Wissen und Erfahrung des Fluglehrers/Einweisungsberechtigten zur Verfügung.

Was ist zu tun ?

Studieren Sie anhand des Flughandbuches und der Klarlisten die Angaben über

a) den Aufbau und die Ausrüstung des Musters. Prägen Sie sich bereits am Boden die Lage und Anordnung der Instrumente und Bedienhebel ein. Üben Sie solange am Boden, bis Fehlablesungen und Fehlbedienungen auch in Ausnahmesituationen ausgeschlossen sind.

b) die Betriebsgrenzen des Musters. Behalten Sie die charakteristischen Geschwindigkeiten im Gedächtnis oder besser, schreiben Sie diese zum Einprägen auf.
Dies sind z. B.
die sichere Abhebegeschwindigkeit,
die Geschwindigkeit für bestes Steigen,
die Geschwindigkeit für den besten Steigwinkel,
die Überziehgeschwindigkeit bei verschiedenen Klappenstellungen, mit ein- oder ausgefahrenem Fahrwerk und bei verschiedenen Querneigungen,
die sichere Anfluggeschwindigkeit mit und ohne Klappenausschlag.

c) die Flugleistungen bei Start und Landung unter besonderer Berücksichtigung von Temperatur, Luftdruck und Höhe des Flugplatzes sowie die Abhängigkeit der Start- und Landestrecke von der Bodenbeschaffenheit.

d) die Beladung und den zulässigen Schwerpunktsbereich.

e) die wichtigsten Notverfahren. Merken Sie sich, was in Notsituationen zu tun ist!

4. **Das praktische Vertrautmachen** (selbstverständlich mit Fluglehrer bzw. Einweisungsberechtigtem) sollte mindestens folgendes umfassen:

a) die Bodeneinweisung sowie Außen- und Innenkontrolle nach Klarliste.

b) das Anlassen des Triebwerkes und das Verhalten bei evtl. auftretenden Störungen.

c) das Rollen.

d) die Kontrolle vor dem Start einschließlich Abbremsen des Motors.

e) den Start mit verschiedenen Klappenstellungen auch bei Seitenwind.

f) Steigflug (bestes Steigen, bester Steigwinkel), Steigflugkurven, Übergang in den Horizontalflug.

g) Flugübungen:
Horizontalflug bei verschiedenen Geschwindigkeiten, Langsamflug, Links- und Rechtskreise mit bis zu 45° Querneigung, Annäherung an die Überziehgeschwindigkeit oder Auslösung der Überziehwarnanlage bei Geradeaus-Horizontalflug, Flugzeug im Reiseflugzustand und Motor im Leerlauf,
Geradeaus-Horizontalflug, Landeklappen in Anflugstellung und Motor im Leerlauf,
Simulierter Motorausfall, Erfliegen des Gleitwinkels in entsprechender Höhe.

h) Durchstartübungen.

i) Landungen:
Normal-, Kurz- und Seitenwindlandungen sowie Landungen ohne Zuhilfenahme der Landeklappen, Ziellandungen bei voller Zuladung ohne Motorhilfe.

§ 70 der LuftPersV regelt die Gültigkeitsdauer und die Verlängerung oder Erneuerung einer **Musterberechtigung.**

Gültigkeitsdauer, Verlängerung und Erneuerung der Berechtigung (§ 70 LuftPersV)

(1) Die Gültigkeitsdauer der Musterberechtigung bestimmt sich nach der zugrunde liegenden **Erlaubnis.** Der Bundesminister für Verkehr kann festlegen, daß für bestimmte Luftfahrzeugmuster eine kürzere Gültigkeitsdauer einzutragen ist.

(2) Für die Verlängerung oder Erneuerung der Musterberechtigung hat der Luftfahrzeugführer in den **letzten drei Monaten vor Ablauf der Gültigkeit** der Musterberechtigung oder **vor Stellung des Antrages auf Erneuerung** der Musterberechtigung in einem **Überprüfungsflug** mit einem von der Erlaubnisbehörde anerkannten **Sachverständigen** nachzuweisen, daß seine Befähigung zum Führen und Bedienen von Luftfahrzeugen des Musters sowie zum Ausführen von Notverfahren fortbesteht. Inhaber der Instrumentenflugberechtigung haben diesen Nachweis auf Luftfahrzeugen des Musters und bis zu einer Entscheidungshöhe, auf die sich die Instrumentenflugberechtigung erstrecken soll, ohne Sicht nach außen zu erbringen. Der Bundesminister für Verkehr kann festlegen, daß Luftfahrzeugführer, die **weitere Musterberechtigungen verlängert** haben wollen, den **Überprüfungsflug** für bestimmte Muster durch **Flugzeit von mindestens fünf Stunden** innerhalb der **letzten 6 Monate** vor Ablauf der Gültigkeit der Musterberechtigung **ersetzen** können. Die Erlaubnisbehörde kann zulassen, daß der **Überprüfungsflug ganz oder teilweise** durch eine entsprechende **Überprüfung** auf einem von dem Luftfahrt-Bundesamt anerkannten **Flugübungsgerät** des betreffenden Musters ersetzt wird.

(3) Bei einer Sammeleintragung ist nur **ein Überprüfungsflug** auf einem unter die Sammeleintragung fallenden Luftfahrzeugmuster durchzuführen. Der Bundesminister für Verkehr kann bestimmen, daß der **Überprüfungsflug für Luftfahrzeuge bis zu einem Höchstgewicht von 2000 kg entfällt.**

Anmerkung zu § 70 Abs. 3: Der Bundesminister für Verkehr hat in den Nachrichten für Luftfahrer, Teil II (NfL II) bekanntgegeben, daß ein **Überprüfungsflug** zur Verlängerung oder Erneuerung der Musterberechtigung **für Luftfahrzeuge bis zu einer Höchstmasse von 2000 kg entfällt!**

6.3.2 Die Kunstflugberechtigung (§ 81 LuftPersV)

(1) Flugzeugführer, Hubschrauberführer, Motorseglerführer und Segelflugzeugführer bedürfen zur Durchführung von Kunstflügen der **Kunstflugberechtigung.**

(2) Fachliche Voraussetzungen für den Erwerb der Kunstflugberechtigung für Flugzeugführer, Motorseglerführer und Segelflugzeugführer sind

1. **eine praktische Tätigkeit** von **mindestens 50 Flugstunden** als verantwortlicher Flugzeugführer, Motorseglerführer oder Segelflugzeugführer nach Erwerb der entsprechenden Erlaubnis,
2. **eine Kunstflugausbildung von mindestens fünf Flugstunden.**

(3) In der Kunstflugausbildung müssen eine **Einweisung in besondere Flugzustände** sowie die folgenden **Flugübungen** enthalten sein:

1. **Überschlag,**
2. **Turn links und rechts,**
3. **gesteuerte Rolle,**
4. **hochgezogene Rollenkehre,**
5. **Aufschwung.**

(4) Die Kunstflugausbildung von Flugzeugführern und Segelflugzeugführern **kann auf Motorseglern** durchgeführt werden.

(5) Der Bewerber hat in einer praktischen Prüfung nachzuweisen, daß er die zur Durchführung von Kunstflügen notwendigen Fähigkeiten besitzt.

(6) Für Hubschrauberführer gelten die Absätze 1 bis 3 und 5 sinngemäß. Im Einzelfall können Ausnahmen von der Ausbildung nach Absatz 3 zugelassen werden, wenn das Hubschraubermuster für einzelne Kunstflugfiguren nicht zugelassen ist.

6.3.3 Die Berechtigung zur Durchführung kontrollierter Sichtflüge - CVFR-Berechtigung (§ 82 LuftPersV)

(1) Privatflugzeugführer, Privathubschraubführer und Motorseglerführer, die eine Instrumentenflugberechtigung **nicht** besitzen, bedürfen zur Durchführung von **Flügen nach Sichtflugregeln in bestimmten Teilen des kontrollierten Luftraumes** (§ 10 Abs. 4 Luftverkehrs-Ordnung) der **Berechtigung zur Durchführung kontrollierter Sichtflüge.**

(2) Fachliche Voraussetzungen für den Erwerb der Berechtigung sind

1. **die theoretische Ausbildung,**
2. **die praktische Tätigkeit** als Privatluftfahrzeugführer,
3. **die Flugausbildung.**

(3) Die theoretische Ausbildung umfaßt **mindestens 30 Unterrichtsstunden** innerhalb der **letzten fünf Monate** vor Ablegung der **Prüfung nach Absatz 6.** Sie erstreckt sich auf die **Sachgebiete**

1. **Luftverkehrs- und Flugsicherungsvorschriften.**
2. **Funknavigation,**
3. **Technik.**

(4) Die praktische Tätigkeit muß bei Bewerbern, die eine **Gesamtflugzeit von weniger als 300 Stunden** haben, **mindestens 60 Flugstunden** als verantwortlicher Luftfahrzeugführer nach Erwerb einer Erlaubnis als Privatluftfahrzeugführer innerhalb der **letzten drei Jahre vor Stellung des Antrags** auf Erteilung der Berechtigung, davon **mindestens 20 Stunden Überlandflug,** umfassen.

(5) Die Flugausbildung umfaßt **mindestens 10 Flugstunden nach Instrumenten** und zur Einführung in **Navigationsverfahren mittels bodenabhängiger Funknavigations- und Radarhilfen** sowie in den Gebrauch von Funknavigationsgeräten **mit Fluglehrer** innerhalb der **letzten fünf Monate** vor Ablegung der **Prüfung nach Absatz 6.**

(6) Der Bewerber hat in einer **theoretischen und praktischen Prüfung** nachzuweisen, daß er die zur Durchführung kontrollierter Sichtflüge notwendigen Kenntnisse und Fähigkeiten besitzt.

6.3.4 Die Nachtflugberechtigung (§ 83 LuftPersV)

(1) Privatflugzeugführer, Privathubschrauberführer, Motorseglerführer und Luftschiffführer, die eine Instrumentenflugberechtigung **nicht** besitzen, bedürfen zur Durchführung von **Überlandflügen nach Sichtflugregeln bei Nacht** der **Nachtflugberechtigung.**

(2) Fachliche Voraussetzungen zum Erwerb der Berechtigung sind

1. **für Privatflugzeugführer,** Privathubschrauberführer und Motorseglerführer die **Berechtigung zur Durchführung kontrollierter Sichtflüge,**
2. **die Flugausbildung.**

(3) Die Flugausbildung umfaßt **mindestens fünf Stunden Nachtflug** nach Sichtflugregeln mit **10 Nachtstarts und 10 Nachtlandungen im Alleinflug** und **zwei Nachtüberlandflügen** mit je einer **Zwischenlandung auf einem mindestens 50 km entfernten Flugplatz mit Fluglehrer,** davon ein Überlandflug zur Einweisung und ein Überlandflug, bei dem der Bewerber die Tätigkeit des verantwortlichen Luftfahrzeugführers auszuüben hat.

6.3.5 Die Schleppberechtigung (§84 LuftPersV)

(1) Flugzeugführer bedürfen zum **Schleppen von Motorseglern, Segelflugzeugen oder anderen Gegenständen** hinter Flugzeugen einer **Berechtigung.**

(2) Fachliche Voraussetzungen für den Erwerb der Berechtigung zum **Schleppen von Motorseglern, Segelflugzeugen oder anderen Gegenständen** hinter Flugzeugen **ohne Fangschlepp** sind

1. **eine praktische Tätigkeit** als verantwortlicher Führer von Flugzeugen von **30 Flugstunden** nach Erwerb der Erlaubnis. In der Flugzeit müssen **fünf Flugstunden auf Flugzeugen des Musters,** auf dem die Berechtigung erworben werden soll, enthalten sein,
2. **die Durchführung von fünf Flügen mit Segelflugzeugen** oder anderen Gegenständen im Schlepp ohne Beanstandung unter **Anleitung und Aufsicht eines Motorfluglehrers** mit Schleppberechtigung oder eines **Segelfluglehrers,** der Inhaber einer Erlaubnis für Flugzeugführer mit der Schleppberechtigung ist, innerhalb der **letzten 6 Monate vor Stellung des Antrages** auf Erteilung der Berechtigung, für Bewerber, die eine Erlaubnis als **Führer von Segelflugzeugen** oder von **nicht-sebststartenden Motorseglern** mit der Startart Flugzeugschlepp **nicht** besitzen, die Teilnahme an **5 Flugzeugschleppstarts im Segelflugzeug.**

(3) Fachliche Voraussetzungen für den Erwerb der Berechtigung zum **Schleppen von anderen Gegenständen** hinter Flugzeugen **im Fangschlepp** sind

1. **eine praktische Tätigkeit** als verantwortlicher Führer von Flugzeugen von **90 Flugstunden** nach dem Erwerb der Erlaubnis. In der Flugzeit müssen **fünf Flugstunden auf Flugzeugen des Musters,** auf dem die Berechtigung erworben werden soll, enthalten sein,
2. **die Durchführung von fünf Flügen** in Begleitung eines **Motorfluglehrers** mit der Berechtigung für Fangschlepp, bei denen die Schlinge ohne Schleppgegenstand aufzunehmen ist, und **fünf Flügen unter Anleitung und Aufsicht eines solchen Fluglehrers,** bei denen der Schleppgegenstand im Fangschlepp aufzunehmen ist, ohne Beanstandung innerhalb der **letzten 6 Monate vor Stellung des Antrages** auf Erteilung der Berechtigung

(4) Für die Durchführung der Schleppflüge ist § 117 sinngemäß anzuwenden (siehe 6.4)

6.3.6 Die Wolkenflugberechtigung für Segelflugzeugführer (§ 85 LuftPersV)

(1) Segelflugzeugführer bedürfen zum **Führen von Segelflugzeugen in Wolken** der **Wolkenflugberechtigung.**

(2) Fachliche Voraussetzung für den Erwerb der Wolkenflugberechtigung ist eine praktische Tätigkeit als verantwortlicher Segelflugzeugführer von **70 Flugstunden.**

(3) In der Flugzeit nach Absatz 2 müssen mindestens **10 Stunden Instrumentenflugübungen ohne Sicht nach außen auf Segelflugzeugen oder Motorseglern** in Begleitung eines **Segelfluglehrers** mit Wolkenflugberechtigung innerhalb der **letzten 12 Monate vor Stellung des Antrages** auf Erteilung der Berechtigung enthalten sein.

(4) Für Bewerber, die Inhaber der **Berechtigung zur Durchführung kontrollierter Sichtflüge** sind, verringert sich die nach Absatz 3 nachzuweisende Flugzeit auf **6 Stunden.** Für Bewerber, die Inhaber der **Instrumenflugberechtigung** sind, tritt an die Stelle der nach Absatz 3 nachzuweisenden Flugzeit von 10 Stunden Instrumentenflugübungen eine **praktische Einweisung.**

(5) Der Bewerber hat in einer **praktischen Überprüfung** vor einem von der Erlaubnisbehörde bestimmten **Sachverständigen** nachzuweisen, daß er die zur Durchführung von Wolkenflügen notwendigen Fähigkeiten besitzt.

6.3.7 Die Streu- und Sprühberechtigung (§ 86 LuftPersV)

(1) Flugzeugführer und Hubschrauberführer bedürfen zum **Streuen und Sprühen von Stoffen** aus Luftfahrzeugen der **Streu- und Sprühberechtigung.**

(2) Fachliche Voraussetzungen für den Erwerb der Berechtigung sind

1. **eine praktische Tätigkeit** als verantwortlicher Luftfahrzeugführer von **400 Flugstunden** auf der Art von Luftfahrzeugen, für die die Berechtigung angestrebt wird,
2. **die theoretische Ausbildung,**
3. **die Flugausbildung.**

(3) Von der fachlichen Voraussetzung des Absatzes 2 Nr. 1 kann abgesehen werden, wenn die Flugausbildung nach Absatz 5 im Rahmen der Ausbildung zum Erwerb der **Erlaubnis für Berufsflugzeugführer und Berufshubschraubführer** durchgeführt wird und **mindestens 100 Flugstunden** zusätzlich zu den nach den §§ 6, 7, 23 und 24 geforderten Flugstunden umfaßt.

(4) Die theoretische Ausbildung umfaßt **mindestens 30 Unterrichtsstunden** innerhalb der **letzten 12 Monate vor Ablegung der Prüfung nach Absatz 6.** Sie erstreckt sich insbesondere auf die **Sachgebiete**

1. **Gesetzliche Vorschriften** über die Anwendung von Streu- und Sprühmitteln,
2. **Kenntnisse über Streu- und Sprühmittel,**
3. **Technik,**
4. **Flugvorbereitung und -durchführung.**

(5) Die Flugausbildung umfaßt **mindestens 30 Flugstunden,** davon **mindestens 10 Flugstunden mit Fluglehrer,** und muß Streu- oder Sprühflüge im Forst, in Sonderkulturen und in der Landwirtschaft enthalten.

(6) Der Bewerber hat in einer **theoretischen und praktischen Prüfung** nachzuweisen, daß er die zur Vorbereitung und Durchführung entsprechender Flüge notwendigen Kenntnisse und Fähigkeiten besitzt.

Anmerkungen zu den §§ 81 bis 86:

Die **Berechtigungen nach 6.3.2 bis 6.3.7 werden von der zuständigen Luftfahrtbehörde nach Erfüllung der Voraussetzungen durch Eintragung in den Luftfahrerschein** erteilt. **Bei der Schleppberechtigung** (§84) wird zusätzlich die **Art der Aufnahme des Schleppgegenstandes** (mit/ohne Fangschlepp) festgelegt.
Der **Umfang der Berechtigungen** ergibt sich aus den **§§ 81 bis 86 LuftPersV,** wobei die **Kunstflugberechtigung (§ 81) für Flugzeuge oder Segelflugzeuge** auch für **Motorsegler** gilt, wenn der Inhaber der Berechtigung Motorsegler führen darf. Entsprechendes gilt für den Inhaber einer **Kunstflugberechtigung für Motorsegler,** d.h., er kann auch Kunstflug auf **Flugzeugen** und **Segelflugzeugen** durchführen, sofern er für diese Luftfahrzeuge eine Erlaubnis (Luftfahrerschein) besitzt.
Die **Gültigkeitsdauer der einzelnen Berechtigungen** nach den §§ 81 bis 86 LuftPersV richtet sich nach der **Gültigkeitsdauer der Erlaubnis** (Luftfahrerschein), in deren Beiblatt sie eingetragen sind. Diese Berechtigungen verlängern oder erneuern sich also immer mit dem zugrunde liegenden Luftfahrerschein.

6.3.8 Die Berechtigung zur praktischen Ausbildung von Privatflugzeugführern, Motorseglerführern, Segelflugzeugführern und Privathubschrauberführern (§ 88 LuftPersV)

(1) Fachliche Voraussetzungen für den Erwerb der Berechtigung, Privatflugzeugführer, Motorseglerführer, Segelflugzeugführer oder Privathubschrauberführer **praktisch auszubilden** sind

1. **eine entsprechende Erlaubnis** zum Führen der Luftfahrzeuge,
2. **die Berechtigung zur Durchführung kontrollierter Sichtflüge,**
3. **die Berechtigung zur Ausübung des Sprechfunkdienstes** in englischer Sprache,
4. **eine praktische Tätigkeit** als Luftfahrzeugführer,
5. **eine Auswahlprüfung** vor einem von der Erlaubnisbehörde anerkannten **Sachverständigen** vor Beginn der Ausbildung nach Nr. 6,
6. **die Teilnahme an einem amtlich anerkannten Ausbildungslehrgang** von mindestens **drei Wochen** Dauer für die jeweilige Lehrberechtigung; darin müssen **mindestens 80 Unterrichtsstunden** und die für die jeweilige Lehrberechtigung notwendige Flugausbildung enthalten sein,
7. **beim erstmaligen Erwerb einer Lehrberechtigung** eine an den Ausbildungslehrgang anschließende **erfolgreiche Ausbildungstätigkeit unter der Aufsicht** eines hierfür amtlich anerkannten Fluglehrers.

(2) Die praktische Tätigkeit muß vor Beginn des Lehrgangs nach Absatz 1 Nr. 6 umfassen

1. **für den Erwerb der Berechtigung, Privatflugzeugführer** praktisch auszubilden, eine **Flugzeit von 300 Stunden** als verantwortlicher Flugzeugführer; von den nachzuweisenden Flugstunden können **50 Stunden durch Flugzeit** als verantwortlicher Luftfahrzeugführer **auf Hubschraubern, Motorseglern oder Segelflugzeugen** ersetzt werden,
2. **für den Erwerb der Berechtigung, Motorseglerführer** praktisch auszubilden, eine **Flugzeit von 150 Stunden** als verantwortlicher Motorseglerführer; hiervon können **75 Stunden durch Flugzeit** als verantwortlicher Luftfahrzeugführer **auf Flugzeugen, Hubschraubern oder Segelflugzeugen** ersetzt werden,
3. **für den Erwerb der Berechtigung, Segelflugzeugführer** praktisch auszubilden, eine **Flugzeit von 100 Stunden oder 50 Stunden und 250 Starts** als verantwortlicher Segelflugzeugführer einschließlich einer **Flugausbildung nach § 36 Abs. 4 Nr. 2 und 3;** von den nachzuweisenden 100 Flugstunden kann die **Hälfte durch Flugzeit** als verantwortlicher **Flugzeugführer** oder **Motorseglerführer** ersetzt werden,
4. **für den Erwerb der Berechtigung, Privathubschraubführer** praktisch auszubilden, eine **Flugzeit von 300 Flugstunden** als verantwortlicher Hubschrauberführer; hiervon können **50 Stunden durch Flugzeit** als verantwortlicher Luftfahrzeugführer **auf Flugzeugen, Motorseglern, Segelflugzeugen oder sonstigen Drehflüglern** ersetzt werden.

(3) Die Voraussetzungen des Absatzes 1 Nr. 2 und 3 **entfallen** für den Erwerb der Berechtigung, **Motorseglerführer oder Segelflugzeugführer** praktisch auszubilden. Der **Lehrgang** nach Absatz 1 Nr. 6 **entfällt** für Bewerber, die eine **Lehrberechtigung für Flugzeugführer oder Segelflugzeugführer** besitzen und eine **Berechtigung zur praktischen Ausbildung von Motorseglerführern** erwerben wollen. Das gleiche gilt für Bewerber, die eine Lehrberechtigung für Motorseglerführer besitzen und eine Berechtigung zur praktischen Ausbildung von Segelflugzeugführern erwerben wollen.

(4) Der Bewerber hat in einer praktischen und theoretischen Prüfung nachzuweisen, daß er nach seinem praktischen Können und seinem fachlichen Wissen die an einen Fluglehrer zur Ausbildung von Privatflugzeugführern, Motorseglerführern, Segelflugzeugführern oder Privathubschraubführern zu stellenden Anforderungen erfüllt.

6.3.9 Die Berechtigung zur Einweisung von Luftfahrzeugführern (§ 92 LuftPersV)

(1) Luftfahrzeugführer bedürfen zur **Einweisung von Luftfahrzeugführern** auf Luftfahrzeuge eines nicht im Luftfahrerschein eingetragenen Musters oder zum **Vertrautmachen mit einem Muster,** für das die Musterberechtigung als Sammeleintragung erteilt worden ist, einer **Einweisungsberechtigung.**

(2) Fachliche Voraussetzungen für den Erwerb der Berechtigung sind

1. **die entsprechende Erlaubnis** für Luftfahrzeugführer,
2. **eine praktische Tätigkeit** als verantwortlicher Luftfahrzeugführer,
3. **eine ausreichende Flugerfahrung** auf dem betreffenden Muster,
4. **für eine Tätigkeit** als Einweisungsberechtigter auf **mehrmotorigen Luftfahrzeugen** eine **Flugausbildung.**

(3) Die praktische Tätigkeit muß umfassen

1. für den Erwerb der Berechtigung für **Luftfahrzeugmuster bis zu einem Höchstgewicht von 2000 kg** eine **Flugzeit von 300 Stunden,**
2. für den Erwerb der Berechtigung für **Luftfahrzeugmuster bis zu einem Höchstgewicht von 5700 kg** eine **Flugzeit von 700 Stunden,**
3. für den Erwerb der Berechtigung für **Luftfahrzeugmuster mit einem Höchstgewicht von mehr als 5700 kg** eine **Flugzeit von 1200 Stunden.**

(4) Beim Nachweis der ausreichenden Flugerfahrung nach Absatz 2 Nr. 3 sind die Gesamtflugerfahrung des Bewerbers, seine Flugerfahrung auf ähnlichen Luftfahrzeugmustern, Erfahrung als Fluglehrer oder Einweisungsberechtigter sowie die Flugausbildung nach Absatz 2 Nr. 4 angemessen zu berücksichtigen.

(5) Der Bewerber hat in einer Überprüfung von einem von der Erlaubisbehörde bestimmten **Sachverständigen** nachzuweisen, daß er für diese Tätigkeit geeignet ist.

Anmerkungen zu den Berechtigungen nach § 88 und § 92:

Die **Berechtigung zur praktischen Ausbildung** von Privatflugzeugführern, Motorseglerführern, Segelflugzeugführern und Privathubschrauberführern (§ 88 LuftPersV) wird mit einer **Gültigkeitsdauer** von **vier Jahren,** die **Berechtigung zur Einweisung von Luftfahrzeugführern** (§92 LuftPersV) mit einer **Gültigkeitsdauer** von **2 Jahren** durch Eintragung in den Luftfahrerschein erteilt.

Der **Inhaber einer Berechtigung nach den §§ 88 und 92 ist berechtigt, Flugschüler und Luftfahrer** auf Luftfahrzeugen derjenigen Art und derjenigen Muster **auszubilden, einzuweisen oder vertraut zu machen,** die er nach der der Berechtigung zugrunde liegenden Erlaubnis selbst verantwortlich führen oder bedienen darf und auf denen er eine **ausreichende Flugerfahrung** hat. Die Berechtigung kann auf Luftfahrzeuge bestimmter Muster und auf bestimmte Tätigkeiten beschränkt werden.

> **Wichtig:** Mit der **Berechtigung zur praktischen Ausbildung** nach § 88 (Lehrberechtigung) darf der Inhaber **Luftfahrer ausbilden, einweisen und vertraut machen,** während der Inhaber einer **Berechtigung zur Einweisung** nach § 92 (Einweisungsberechtigung) - mit **Ausnahme** der im nächsten Absatz aufgeführten Fälle! - grundsätzlich **nur einweisen und vertraut machen** darf.

Die **Inhaber einer Berechtigung** nach den §§ 88 und 92 sind auch zur **Ausbildung von Luftfahrzeugführern** im **Kunstflug, zur Durchführung kontrollierter Sichtflüge, im Nachtflug und zum Streuen und Sprühen von Stoffen aus Luftfahrzeugen** sowie zur Anleitung im **Schleppflug** und im **Wolkenflug** berechtigt, sofern sie **selbst Inhaber der jeweiligen Berechtigung** sind und eine **ausreichende Erfahrung** nach Erwerb der jeweiligen Berechtigung erworben haben. Die Berechtigung zur Ausbildung von Luftfahrzeugführern im Kunstflug auf Flugzeugen oder Segelflugzeugen erstreckt sich auf Motorsegler, sofern der Inhaber der Berechtigung auch zur Führung von Motorseglern berechtigt ist. Entsprechendes gilt für die Berechtigung zur Ausbildung von Luftfahrzeugführern im Kunstflug auf Motorseglern.

Eine Berechtigung nach § 88 (Lehrberechtigung) deren **Gültigkeit noch nicht abgelaufen** ist, kann um die Gültigkeitsdauer **verlängert** werden, wenn der Bewerber **während der Gültigkeitsdauer** der Berechtigung als **Fluglehrer,** als **Prüfungsratmitglied** oder als **Sachverständiger tätig war** und die Teilnahme an einem **amtlichen oder amtlich anerkannten Fotbildungslehrgang für Fluglehrer** innerhalb der **letzten zwei Jahre vor Ablauf der Gültigkeit** der Berechtigung nachweist. Eine Berechtigung, deren **Gültigkeit abgelaufen** ist, kann **erneuert** werden, wenn der Bewerber die **Teilnahme an einem amtlichen oder amtlich anerkannten Fortbildungslehrgang für Fluglehrer** innerhalb der **letzten 6 Monate vor Stellung des Antrags** auf Erneuerung der Berechtigung nachweist. Die Erlaubnisbehörde kann die **Erneuerung** der Berechtigung von einer **Überprüfung** durch einen von ihr bestimmten **Sachverständigen** abhängig machen.

Eine Berechtigung nach § 92 (Einweisungsberechtigung) kann um die Gültigkeitsdauer nach Absatz 1 **verlängert** werden, wenn der Inhaber der Berechtigung **während der Gültigkeitsdauer** der Berechtigung **mindestens drei Bewerber** ausgebildet hat. Die nachzuweisende Zahl der ausgebildeten Bewerber kann je Bewerber durch eine jeweils dreifache Zahl von Bewerbern ersetzt werden, denen der Inhaber der Berechtigung eine praktische Prüfung oder Überprüfung als Prüfungsratmitglied oder Sachverständiger abgenommen hat.

6.4 Gemeinsame Vorschriften der LuftPersV

(Auszug für Privatflugzeugführer, Motorseglerführer und Segelflugzeugführer)

6.4.1 Alleinflüge für den Erwerb oder zur Erneuerung einer Erlaubnis oder Berechtigung

Alleinflüge zum Erwerb, zur Erweiterung oder Erneuerung einer Erlaubnis (§ 117 LuftPersV)

> **(1) Wer eine Erlaubnis zum Führen von Flugzeugen, Hubschraubern, Motorseglern und Segelflugzeugen erstmalig erwerben,** erweitern oder eine abgelaufene Erlaubnis erneuern lassen will, darf die notwendigen **Alleinflüge** nur ausführen, wenn der **Fluglehrer** hierfür einen **Flugauftrag** erteilt hat. Dies gilt auch für die Ausbildung in den einzelnen Startarten von Motorseglern und Segelflugzeugen. Satz 1 gilt für Fallschirmspringer entsprechend. Der Fluglehrer darf den Flugauftrag nur erteilen, wenn er sich von der **Befähigung des Bewerbers** überzeugt hat. Den **Flugauftrag zum ersten Alleinflug** eines Bewerbers darf er nur mit Zustimmung eines zweiten Fluglehrers erteilen.
>
> **(2) Außerhalb der Sichtweite** des ausbildenden Fluglehrers dürfen Flüge nach Absatz 1 nur durchgeführt werden, wenn der Fluglehrer hierfür einen **schriftlichen Flugauftrag** erteilt hat. Der Fluglehrer darf den Flugauftrag nur erteilen, wenn der Bewerber

1. **zur Ausübung des Sprechfunkdienstes** berechtigt ist,
2. **die für die Durchführung von Überlandflügen notwendigen Kenntnisse** in den Sachgebieten
   a) Luftrecht, Luftverkehrs- und Flugsicherungsvorschriften,
   b) Flugnavigation,
   c) Meteorologie,
   d) Technik

   besitzt,
3. **eine theoretische und praktische Einweisung** in besondere Flugzustände, in das Verhalten in Notfällen und und bei Unfällen erhalten hat,
4. **mindestens zwei Überlandflugeinweisungen** erhalten hat.

(3) Bei Flügen nach Absatz 2 muß der Flugauftrag die Erklärung enthalten, daß die Voraussetzungen des Absatzes 2 Satz 2 Nr. 1 bis 4 erfüllt sind. Der Bewerber hat den **schriftlichen Flugauftrag bei der Durchführung des Fluges als Ausweis mitzuführen.**

Alleinflüge zum Erwerb von Berechtigungen (§119 LuftPersV)

Der § 117 ist auf **Alleinflüge zum Erwerb von Flugberechtigungen** mit der Maßgabe anzuwenden, daß an die Stelle eines **Fluglehrers** eine nach den Vorschriften für den Erwerb de Berechtigung **einweisungsberechtigte Person** treten kann.

6.4.2 Nachweis der fliegerischen und fachlichen Voraussetzungen, Flugerfahrung der Luftfahrzeugführer, Flugstundenanrechnug und erweiterte Gültigkeitsdauer einer Erlaubnis

Nachweis der fliegerischen Voraussetzungen (§ 120 LuftPersV)

(1) Luftfahrzeugführer, Flugnavigatoren, Flugingenieure und Bordwarte auf Hubschraubern und im Bundesgrenzschutz und bei der Polizei **haben ein Flugbuch zu führen,** in dem **alle Flüge** oder Fahrten unter Angabe der ausgeübten Tätigkeit und des Luftfahrzeugmusters nach Datum, Art des Fluges, Abflugzeit, Landezeit, der sich daraus ergebenden Flugdauer, Abflugort und Landeort anzugeben sind. Die Erlaubnisbehörde kann bestimmen, daß bei Luftfahrzeugen mit einem Höchstgewicht von mehr als 2000 kg der Zeitpunkt, zu dem ein Luftfahrzeug mit eigener oder fremder Kraft zum Start abrollt, und der Zeitpunkt, zu dem es am Ende des Fluges zum Stillstand kommt, sowie die sich daraus ergebende Flugzeit (Blockzeit) in das Flugbuch einzutragen sind. **Das Flugbuch ist während der erlaubnispflichtigen Tätigkeit mitzuführen. Angaben zum Nachweis von Voraussetzungen** zum Erwerb, zur Erweiterung, Verlängerung oder Erneuerung einer Erlaubnis oder Berechtigung, die **unter der Aufsicht** oder **in Begleitung eines Luftfahrers** zu erfüllen sind, **müssen von diesem unter Angabe der Art und Nummer seines Luftfahrerscheins als richtig bescheinigt werden.** Der **Nachweis der fliegerischen Voraussetzungen** kann durch **Auszüge aus dem Flugbuch** erbracht werden, deren Übereinstimmung mit den Angaben des Flugbuches durch einen **Beauftragten für Luftaufsicht,** einen **Flugleiter,** einen **Ausbildungs- oder Flugbetriebsleiter,** ein **Prüfungsratmitglied,** einen **Fluglehrer** oder **Einweisungsberechtigten** bescheinigt sein müssen. Vorgeschriebene **Navigationsflüge** sind zusätzlich durch **Höhenbarogramme** nachzuweisen.

(2) Bei Luftfahrerschulen, Luftfahrtunternehmen oder im Werkluftverkehr kann die Genehmigungs- oder Aufsichtsbehörde **Ausnahmen** von Absatz 1 zulassen, wenn die Erfüllung der Anforderungen nach Absatz 1 auf andere Weise gewährleistet ist.

(3) Für den Nachweis von Übungen auf einem Flugübungsgerät ist Absatz 1 mit der Maßgabe anzuwenden, daß die Übungen von Personen zu bescheinigen sind, die als **Lehrer am Flugübungsgerät anerkannt** und zur Bescheinigung der Übungen ermächtigt sind.

Nachweis der theoretischen Ausbildung (§ 121 LuftPersV)

(1) Bewerber um eine Erlaubnis oder Berechtigung nach dieser Verordnung haben ein **Unterrichtsbuch** zu führen, in dem **alle Unterrichtsstunden** unter Angabe des Sachgebietes und des behandelten Unterrichtsstoffes mit **Datum und Dauer sowie Name des Lehrers** einzutragen sind. Bei **geschlossenen Lehrgängen** tritt an die Stelle des vom Bewerber zu führenden Unterrichtsbuches ein **von der Luftfahrerschule oder der Lehrgangsleitung zu führendes Unterrichtsbuch.**

(2) Wird die theoretische Ausbildung in Form einer programmierten Unterweisung durchgeführt, kann die **Zahl der vorgeschriebenen Unterrichtsstunden verringert** werden, wenn dadurch die Vermittlung eines mindestens gleich hohen Wissensstandes nicht beeinträchtigt wird. Das gleiche gilt für die **theoretische Ausbildung einer Fernschule,** die eine **Ausbildungserlaubnis** nach der Luftverkehrs-Zulassungs-Ordnung besitzt, wenn der Fernunterricht durch Nahunterricht ergänzt wird.

(3) Nimmt der Bewerber an einem Ausbildungslehrgang einer Fernschule nach Absatz 2 teil, tritt für den Teil des Fernunterrichtes **an die Stelle des Unterrichtsbuches** nach Absatz 1 eine **Bescheinigung der Fernschule.**

(4) Die theoretische und praktische Ausbildung sind von dem Ausbildungsleiter aufeinander abzustimmen.

Flugerfahrung der Luftfahrzeugführer bei Mitnahme von Fluggästen (§ 122 LuftPersV)

(1)Ein Luftfahrzeugführer, der ein Luftfahrzeug, in dem sich **Fluggäste** befinden, als verantwortlicher Luftfahrzeugführer führt, muß **innerhalb der vorhergehenden 90 Tage mindestens drei Starts und drei Landungen** mit einem Luftfahrzeug **desselben oder ähnlichen Musters** ausgeführt haben.

(2) Für einen Flug nach Sichtflugregeln bei Nacht gilt Absatz 1 mit der Maßgabe, daß der Luftfahrzeugführer von den drei Starts und Landungen **mindestens zwei bei Nacht** ausgeführt haben muß.

(3) Ein Luftfahrzeugführer, der in einem Luftfahrzeug, in dem sich **Fluggäste** befinden, als **zweiter Luftfahrzeugführer** beim Start oder bei der Landung tätig wird, muß **innerhalb der vorgehenden 90 Tage als erster oder zweiter Luftfahrzeugführer** in einem Luftfahrzeug **desselben oder ähnlichen Musters** oder auf einem hierfür vom Luftfahrt-Bundesamt **anerkannten Flugübungsgerät** dieses Musters bei Start und Landung **tätig gewesen** sein.

(4) Soll ein Flug mit Fluggästen nach den Instrumentenflugregeln durchgeführt werden, muß der verantwortliche Luftfahrzeugführer **innerhalb der vorhergehenden 90 Tage mindestens drei Anflüge nach den Instrumentenflugregeln** durchgeführt haben. Hiervon können **zwei Anflüge** durch entsprechende **Übungen** auf einem vom Luftfahrt-Bundesamt hierfür **anerkannten Instrumentenflugübungsgerät** durchgeführt worden sein. Die Anflüge können durch einen **Prüfungsflug** mit einem von einer Erlaubnisbehörde bestimmten **Sachverständigen** ersetzt erden.

Anrechnung von Flugzeiten in besonderen Fällen (§ 124 LuftPersV)

Als **Flugzeiten für den Erwerb, die Erweiterung, Verlängerung oder Erneuerung** einer Erlaubnis für Luftfahrer werden, sofern in dieser Verordnung nicht anderes bestimmt ist, **voll angerechnet.**

1. **Flugzeit als Lehrer** bei der Ausbildung von Luftfahrern sowie **Flugzeit als Schüler mit Fluglehrer;** das gleiche gilt bei der Erweiterung und Erneuerung einer Erlaubnis oder Berechtigung,
2. **Flugzeit als Einweiser oder Eingewiesener** bei der Einweisung auf Luftfahrzeuge weiterer Muster; **das gleiche gilt bei Flügen zum Vertrautmachen** nach § 69 Abs. 4,
3. **Flugzeit als Prüfungsratsmitglied oder Sachverständiger und als Bewerber** bei Prüfungs- oder Überprüfungsflügen.

Berücksichtigung der fliegerärztlichen Untersuchung (§ 125 LuftPersV)

(1) Die Gültigkeitsdauer der Erlaubnisse für Luftfahrer beginnt bei der Erteilung und Erneuerung **am Tage des Abschlusses der letzten fliegerärztlichen Untersuchung.**

(2) Bei der Verlängerung einer Erlaubnis beginnt die Gültigkeitsdauer **mit dem Ablauf der bisherigen Gültigkeitsdauer,** wenn die **Nachuntersuchung innerhalb der letzten 45 Tage** vor diesem Zeitpunkt durchgeführt worden ist.

(3) Das fliegerärztliche Tauglichkeitszeugnis wird, wenn Beschränkungen nicht vorliegen, für die Gültigkeitsdauer der angestrebten Erlaubnis erteilt. Ist das fliegerärztliche Tauglichkeitszeugnis auf einen Zeitraum beschränkt, der kürzer ist als die vorgeschriebene Gültigkeitsdauer der angestrebten Erlaubnis, wird die Erlaubnis für den kürzeren Zeitraum erteilt. Wird in diesem Fall ein fliegerärztliches Zeugnis für einen weiteren Zeitraum vorgelegt, wird die Erlaubnis für diesen Zeitraum ohne Nachweis der sonstigen Voraussetzungen verlängert, längstens jedoch bis zu der vorgeschriebenen Gültigkeitsdauer der Erlaubnis.

Erleichterungen beim Nachweis der vorgeschriebenen Kurse für Sofortmaßnahmen am Unfallort oder in Erster Hilfe (§ 126 LuftPersV)

(1) Der Nachweis über die Unterweisung in Sofortmaßnahmen am Unfallort oder Ausbildung in Erster Hilfe kann durch eine Bescheinigung einer fliegerärztlichen Untersuchungsstelle, des Arbeiter-Samariter-Bundes Deutschland, des Deutschen Roten Kreuzes, der Johanniter-Unfallhilfe oder des Malteser-Hilfsdienstes durchgeführt werden.

(2) Als Nachweis über die Unterweisung in Sofortmaßnahmen am Unfallort oder Ausbildung in Erster Hilfe **gilt auch**

1. **das Zeugnis über die bestandene ärztliche oder zahnärztliche Staatsprüfung** oder der Nachweis über eine außerhalb des Geltungsbereichs des Grundgesetzes erworbene abgeschlossene ärztliche oder zahnärztliche Ausbildung,
2. **das Zeugnis über eine abgeschlossene Ausbildung in einem der folgenden Heilberufe:** Krankenschwester, Krankenpfleger, Kindergartenschwester, Krankenpflegehelferin, Krankenpflegehelfer, Masseur, Masseuse, medizinischer Bademeister und Bademeisterin, Krankengymnast, Krankengymnastin,
3. **eine Bescheinigung über die Ausbildung** als Schwesternhelferin oder Pflegediensthelfer oder über eine Sanitätsausbildung,

4. **eine Bescheinigung eines Trägers der öffentlichen Verwaltung,** insbesondere der Bundeswehr, der Polizei oder des Bundesgrenzschutzes, über die Unterweisung in Sofortmaßnahmen am Unfallort oder Ausbildung in Erster Hilfe,
5. **eine Bescheinigung einer anderen Stelle** über die Unterweisung in Sofortmaßnahmen am Unfallort oder über Ausbildung in Erster Hilfe, wenn die Eignung dieser Stelle für eine solche Unterweisung oder Ausbildung vor dem Luftfahrt-Bundesamt oder der zuständigen Luftfahrtbehörde des Landes anerkannt worden ist.

6.4.3 Durchführung der Prüfungen und Überprüfungen, Prüfungsrat, Sachverständige

Durchführung der Prüfungen und Überprüfungen, Prüfungsrat, Sachverständige (§ 128 LuftPersV)

(1) Die Prüfungen sind vor einem Prüfungsrat abzulegen, sofern nach den Vorschriften dieser Verordnung nicht eine Überprüfung durch einen Sachverständigen vorgesehen ist.

(2) Der Prüfungsrat besteht aus dem Vorsitzenden und zwei weiteren Mitgliedern. Bei Prüfungen um die Erlaubnis für Berufsflugzeugführer 2. Klasse, Verkehrsflugzeugführer, Berufshubschrauberführer, Flugnavigatoren, Flugingenieure, Bordwarte auf Hubschraubern im Bundesgrenzschutz und bei der Polizei sowie für Flugdienstberater kann der Prüfungsrat um zwei Prüfungsratsmitglieder erweitert werden.

(3) Die zuständige Luftfahrtbehörde beruft den Vorsitzenden des Prüfungsrates sowie die weiteren Prüfungsratsmitglieder in der notwendigen Anzahl und stellt eine Liste der berufenen weiteren Prüfungsratsmitglieder auf. **Zuständige Luftfahrtbehörde** ist in Fällen, in denen der **Bund für die Abnahme der Prüfung zuständig** ist, das **Luftfahrt-Bundesamt,** in den **übrigen Fällen** die **oberste Luftfahrtbehörde des Landes,** soweit nicht nach Landesrecht etwas anderes bestimmt wird. Die zuständigen Luftfahrtbehörden können gemeinsame Listen aufstellen. Die **Mitglieder des Prüfungsrates** müssen **sachverständig,** die **Vorsitzenden** zudem **Angehörige einer Luftfahrtbehörde** sein. Aus der Liste muß ersichtlich sein, über welche luftrechtlichen Erlaubnisse und Berechtigungen die Prüfungsratsmitglieder verfügen oder welche Fachprüfungen sie abgelegt haben.

(4) Die Erlaubnisbehörde beauftragt den Vorsitzenden des jeweiligen Prüfungsrates mit der Abnahme einer Prüfung im Einzelfall. Der Beauftragung bedarf es nicht, wenn der Vorsitzende der Erlaubnisbehörde selbst angehört. Der Vorsitzende bestimmt Zeit und Ort der Prüfung sowie die Zusammensetzung des Prüfungsrates im Einzelfall. Die Prüfungsratsmitglieder sind aus der nach Absatz 3 aufgestellten Liste auszuwählen. Der Vorsitzende kann anordnen, daß die praktische Prüfung und in Ausnahmefällen auch die theoretische Prüfung vor einem einzelnen Prüfungsratsmitglied abzulegen ist.

(5) Die mit der Abnahme der praktischen Prüfung beauftragten Prüfungsratsmitglieder müssen die entsprechende Erlaubnis oder Berechtigung besitzen und über besondere fachliche Erfahrungen verfügen. An der Ausbildung der Bewerber beteiligte Personen dürfen dem Prüfungsrat nicht angehören.

(6) Das Prüfungsergebnis wird mit „bestanden" oder „nicht bestanden" beurteilt. Über das Ergebnis entscheidet im Falle des Absatzes 4 Satz 5 das beauftragte Prüfungsratsmitglied, in den übrigen Fällen der Prüfungsrat mit Stimmenmehrheit; bei Stimmengleichheit entscheidet die Stimme des Vorsitzenden. **Bei Nichtbestehen ist eine einmalige Wiederholung zulässig.** Der Prüfungsrat oder das beauftragte Prüfungsratsmitglied bestimmt, ob und ggf. mit welchen Auflagen die **Prüfung ganz oder zum Teil zu wiederholen** ist. Eine **weitere Wiederholung** ist nur mit **Zustimmung** der für die Prüfung **zuständigen Erlaubnisbehörde** zulässig.

(7) Der Vorsitzende des Prüfungsrates kann Lehrern und weiteren Personen gestatten, bei den Prüfungen anwesend zu sein.

(8) Über den Inhalt, Verlauf und das Ergebnis der Prüfung ist eine Niederschrift aufzunehmen. Sie ist im Falle des Absatzes 4 Satz 5 von dem beauftragten Prüfungsratsmitglied, in den übrigen Fällen von allen Mitgliedern des Prüfungsrats zu unterschreiben.

(9) Zwischen dem Zeitpunkt der abgelegten theoretischen Prüfung und dem **Zeitpunkt der abzulegenden praktischen Prüfung** dürfen **nicht mehr als 12 Monate** liegen. Teilweise Wiederholungsprüfungen werden auf den Zeitpunkt der Ablegung der Prüfungen nicht angerechnet.

(10) Die Absätze 5 bis 9 gelten sinngemäß, wenn nach den Vorschriften dieser Verordnung eine Überprüfung durch eine Sachverständigen vorgesehen ist.

6.4.4 Erleichterungen für den Erwerb und die Erneuerung von Erlaubnissen und Berechtigungen

Berücksichtigung einer theoretischen und fliegerischen Vorbildung (§ 129 LuftPersV)

(1) Für Inhaber einer gültigen Erlaubnis für Luftfahrzeugführer kann die **theoretische Ausbildung** zum Erwerb einer Erlaubnis für Privatflugzeugführer zum Führen anderer Luftfahrzeugarten auf die **Sachgebiete beschränkt** werden, die **nicht in der theoretischen Ausbildung der erworbenen Erlaubnis** enthalten waren. Weist ein Bewerber **besondere Kenntnisse in einem Sachgebiet** der theoretischen Ausbildung nach, kann die Erlaubnisbehörde ihn **von der Ausbildung in diesem Sachgebiet ganz oder teilweise befreien.** Die Sätze 1 und 2 finden auf die **theoretischen Prüfungen sinngemäß Anwendung** mit der Maßgabe, daß der Prüfungsrat oder Sachverständige nach § 128 an die Stelle der Erlaubnisbehörde tritt.

(2) Inhaber einer nicht nach den Vorschriften dieser Verordnung erteilten Erlaubnis, deren Gültigkeit abgelaufen ist, können bei Nachweis besonderer fliegerischer Kenntnisse und Fähigkeiten auf Antrag die Erlaubnis für Privatflugzeugführer, Privathubschrauberführer, Motorseglerführer, Segelflugzeugführer oder Freiballonführer sowie die zu diesen Erlaubnissen erteilten Berechtigungen unter den für die Erneuerung dieser Erlaubnis oder der Berechtigungen bestimmten Voraussetzungen erteilt werden. Das gleiche gilt für Fallschirmspringer entsprechend.

Erleichterung für die Erneuerung einer abgelaufenen Erlaubnis (§ 130 LuftPersV)

Die Erlaubnisbehörde kann eine Erlaubnis, deren **Gültigkeit nicht länger als 6 Monate abgelaufen** ist, bei **Vorliegen der Voraussetzungen für die Verlängerung** erneuern, wenn die **rechtzeitige Verlängerung** aus **entschuldbaren Gründen** unterblieben ist.

6.4.5 Zuständige Behörden, Antragstellung und Sprechfunkdienst

Zuständige Behörden (§ 131 LuftPersV)

Zuständige Behörden für Verwaltungstätigkeiten nach dieser Verordnung sind die nach der **Luftverkehrs-Zulassungsordnung** für die Erteilung der entsprechenden Erlaubnisse und Berechtigungen zuständigen Luftfahrtbehörden. § 128 Abs. 3 bleibt unberührt.

Anmerkung zu § 131 LuftPersV:
Die **zuständige Behörde** für die **Erlaubnisse** und **Berechtigungen** der Privatflugzeugführer, Motorseglerführer und Segelflugzeugführer ist immer die **Luftfahrtbehörde des Landes,** in dem der Bewerber/Antragsteller seinen **Hauptwohnsitz** hat.
Die **Prüfung** zum Erwerb der **Instrumentenflugberechtigung** wird vom **Luftfahrt-Bundesamt** (LBA) abgenommen (§ 22 LuftVZO).

Antragstellung (§ 132 LuftPersV)

(1) Der Antrag auf Durchführung der vorgeschriebenen Prüfungen oder Überprüfungen ist, sofern nichts anderes bestimmt ist, mit dem Antrag auf Erteilung, Verlängerung oder Erneuerung der Erlaubnis oder Berechtigung zu verbinden. Dem Antrag sind außer den Nachweisen über die fachlichen Voraussetzungen nach dieser Verordnung die nach der Luftverkehrs-Zulassungs-Ordnung geforderten Nachweise und Erklärungen beizufügen, es sei denn, diese Unterlagen liegen der Erlaubnisbehörde bereits vor.

(2) Weitere oder zu sonstigen Anträgen zu erbringende Nachweise und Erklärungen werden von der Erlaubnisbehörde im Einzelfall bestimmt.

Berechtigung zur Ausübung des Sprechfunkdienstes (§ 133 LuftPersV)

(1) Die Berechtigung zur Ausübung des Sprechfunkdienstes wird durch ein gemäß den Vorschriften des Bundesministers für das Post- und Fernmeldewesen erteiltes **Flugfunkzeugnis für den Sprechfunkdienst** oder den Telegraphie- und Sprechfunkdienst nachgewiesen.

(2) Das Flugfunkzeugnis muß bei der Ausübung der erlaubnispflichtigen Tätigkeit **nicht mitgeführt** werden, wenn die **Berechtigung zur Ausübung des Flugfunkdienstes** in dem **Luftfahrerschein eingetragen** ist.

7.0 Teilnahme am Luftverkehr

(Luftverkehrs- und Flugsicherungsvorschriften)

7.1 Die Luftraumgliederung.

Der Luftraum über dem Hoheitsgebiet der Bundesrepublik Deutschland ist nach den **Richtlinien und Empfehlungen der ICAO** in verschiedene Teile (Luftraumarten) gegliedert, deren **Bezeichnungen** den Luftverkehrsteilnehmern teilweise Auskunft über die Art der darin zur Verfügung stehenden **Flugverkehrsdienste** (engl.: Air Traffic Services) geben. Ferner wurden bei der Gliederung des Luftraums die **Struktur des Luftverkehrs** und die **geographischen und meteorologischen Verhältnisse** der Bundesrepublik Deutschland berücksichtigt.
Die **rechtlichen Grundlagen** für die Luftraumgliederung sind im **Luftverkehrsgesetz** (LuftVG) und in der **Luftverkehrs-Ordnung** (LuftVO) zu finden:

§ 1 LuftVG
(1) Die Benutzung des Luftraums durch Luftfahrzeuge ist frei, soweit sie nicht durch dieses Gesetz, das Gesetz über die Bundesanstalt für Flugsicherung und die zur Durchführung dieser Gesetze erlassenen Rechtsvorschriften beschränkt wird.

§ 26 LuftVG
(1) Bestimmte Lutfräume können vorübergehend oder dauernd für den Luftverkehr gesperrt werden **(Luftsperrgebiete).**

(2) In bestimmten Lufträumen kann der Durchflug von Luftfahrzeugen besonderen Beschränkungen unterworfen werden **(Gebiete mit Flugbeschränkungen).**

Luftraumordnung (§ 10 LuftVO)
(1) Zur Durchführung des Fluginformationsdienstes und des **Flugalarmdienstes** legt der Bundesminister für Verkehr **Fluginformationsgebiete** fest und gibt sie in dem Bundesanzeiger und in den **Nachrichten für Luftfahrer** bekannt.

(2) Zur Durchführung der Flugverkehrskontrolle legt der Bundesminister für Verkehr **innerhalb der Fluginformationsgebiete** den **kontrollierten Luftraum** einschließlich der **Kontrollzonen** fest und gibt ihn in dem Bundesanzeiger und in den **Nachrichten für Luftfahrer** bekannt.

(3) Im kontrollierten Luftraum können **Flüge nach Sichtflugregeln** ganz oder teilweise in einem räumlich und zeitlich begrenzten umfang von der Bundesanstalt für Flugsicherung **untersagt** werden, wenn es der Grad der Inanspruchnahme durch den Flugverkehrskontrolle unterliegenden Luftverkehr zwingend erfordert.

(4) Flüge nach Sichtflugregeln unterliegen in **bestimmten Teilen des kontrollierten Luftraumes einer Flugverkehrskontrolle.** Die **Bundesanstalt für Flugsicherung** wird ermächtigt, zur **Sicherung des Luftverkehrs** diese Teile des kontrollierten Luftraums festzulegen und in dem Bundesanzeiger sowie in den **Nachrichten für Luftfahrer** bekanntzumachen.

Luftsperrgebiete und Flugbeschränkungen (§ 11 LuftVO)
(1) Der Bundesminister für Verkehr legt **Luftsperrgebiete** und **Gebiete mit Flugbeschränkungen** fest, wenn dies zur Abwehr von Gefahren für die öffentliche Sicherheit oder Ordnung, insbesondere für die **Sicherheit des Luftverkehrs,** erforderlich ist. Er gibt die Gebiete in dem Bundesanzeiger und in den **Nachrichten für Luftfahrer** bekannt.

(2) Luftsperrgebiete dürfen nicht durchflogen werden. **Gebiete mit Flugbeschränkungen** dürfen durchflogen werden, soweit die **Beschränkungen dies zulassen** oder die **Bundesanstalt für Flugsicherung** allgemein oder die **zuständige Flugverkehrskontrollstelle** im Einzelfall den **Durchflug genehmigt** hat.

(3) Der Bundesminister für Verkehr kann zulassen, daß in **Luftsperrgebieten** und **Gebieten mit Flugbeschränkungen** von den Vorschriften dieser Verordnung abgewichen wird.

Bei der Aufteilung des Luftraums unterscheidet man grundsätzlich zuerst einmal zwischen dem

- **kontrollierten Luftraum** (engl.: controlled airspace)
  und dem
- **unkontrollierten Luftraum** (engl.: uncontrolled airspace) .

Der **kontrollierte Luftraum** ist ein Luftraum mit bestimmten Abmessungen, in dem

- **Flugverkehrskontrolldienst** (engl.: Air Traffic Control Service)

für alle **kontrollierten Flüge** durchgeführt wird.
Da im kontrollierten Luftraum auch **unkontrollierte Flüge nach Sichtflugregeln** (engl.: **VFR** = Visual Flight Rules) durchgeführt werden dürfen, ist es zur **Vermeidung von Zusammenstößen** zwischen kontrollierten Luftfahrzeugen (z. B. Flüge nach Instrumentenflugregeln) und unkontrollierten Luftfahrzeugen unbedingt erforderlich, daß die **unkontrollierten Luftfahrzeuge** im kontrollierten Luftraum **größere Mindestbedingungen** bezüglich der **Flugsicht** (engl.: flight visibility) und des **Abstands von Wolken** (engl.: distance from clouds) einhalten müssen als im unkontrollierten Luftraum (siehe hierzu 7.5 „Sichtflugregeln“).

Durch die Festlegung der kontrollierten Lufträume nach **§ 10 Abs. 2 LuftVO** ergeben sich in **Bodennähe** nicht erfaßte Restteile des Luftraums in Form von **unkontrolliertem Luftraum,** die am **Erdboden** (engl.: GND = ground) beginnen und ihre **Obergrenzen** zwischen **1000 und 2500 Fuß über Grund** (GND) haben.
Desweiteren ist der Luftraum über der Bundesrepublik Deutschland in einen sogenannten

- **Unteren Luftraum** (engl.: lower airspace)
  und einen
- **Oberen Luftraum** (engl.: upper airspace)

aufgeteilt.
Der **Untere Luftraum** erstreckt sich vom **Erdboden** (GND) bis zur **Flugfläche 245** (FL 245) und der **Obere Luftraum** von **Flugfläche 245** (FL 245) bis in **unbeschränkte Höhe** (engl.: UNL = unlimited).

Oberer Luftraum: $\frac{\textbf{UNL}}{\textbf{FL 245}}$

Unterer Luftraum: $\frac{\textbf{FL 245}}{\textbf{GND}}$

Anmerkung: In den folgenden Ausführungen wird **nur** der **Untere Luftraum** (GND bis FL 245)berücksichtigt!

7.1.1 Die Fluginformationsgebiete (FIR = Flight Information Regions)

Fluginformationsgebiete (engl.: Flight Information Regions = **FIR**) sind Lufträume, in denen **allen** Teilnehmern am Luftverkehr

- **Fluginformationsdienst** (engl.: Flight Information Service = **FIS**)
  und
- **Flugalarmdienst** (engl.: Alerting Service)

zur Verfügung steht (siehe 7.2 „Flugverkehrsdienste").
Die Fluginformationsgebiete (FIRs) enthalten den **gesamten Unteren Luftraum** - also den kontrollierten und den unkontrollierten Luftraum - vom **Erdboden** (GND) bis zur **Flugfläche 245** (FL 245).

FIR: $\frac{\textbf{FL 245}}{\textbf{GND}}$

Zur Zeit gibt es in der Bundesrepublik Deutschland ~~**vier**~~ Fünf **Fluginformationsgebiete** (FIRs):

- **FIR Bremen,**
- **FIR Düsseldorf,**
- **FIR Frankfurt,**
- **FIR München.**
- FIR Berlin

Der **Fluginformationsdienst** (Flight Information Service = FIS) und der **Flugalarmdienst** (Alerting Seryice) für diese Gebiete wird von den **vier zuständigen Flugsicherungs-Regionalstellen** in Bremen, Düsseldorf, Frankfurt und München durchgeführt. In den Regionalkontrollstellen sind für diesen Zweck besondere Arbeitsplätze (FIS) eingerichtet worden, die auf **besonderen Frequenzen** für den Sprechfunkverkehr unter dem Rufzeichen (engl.: call sign)

„INFORMATION"

zu erreichen sind.
Fluginformationdienst (FIS) wird von den zuständigen Flugverkehrskontrollstellen (engl.: Air Traffic Control Units) durchgeführt, um eine **sichere, geordnete und flüssige Flugdurchführung** zu gewährleisten. Er beschränkt sich auf **Informationen und Hinweise** während des Fluges und beinhaltet - im Gegensatz zu einer weitverbreiteten Meinung - **keine Flugverkehrskontrolle** (engl.: Air Traffic Control).

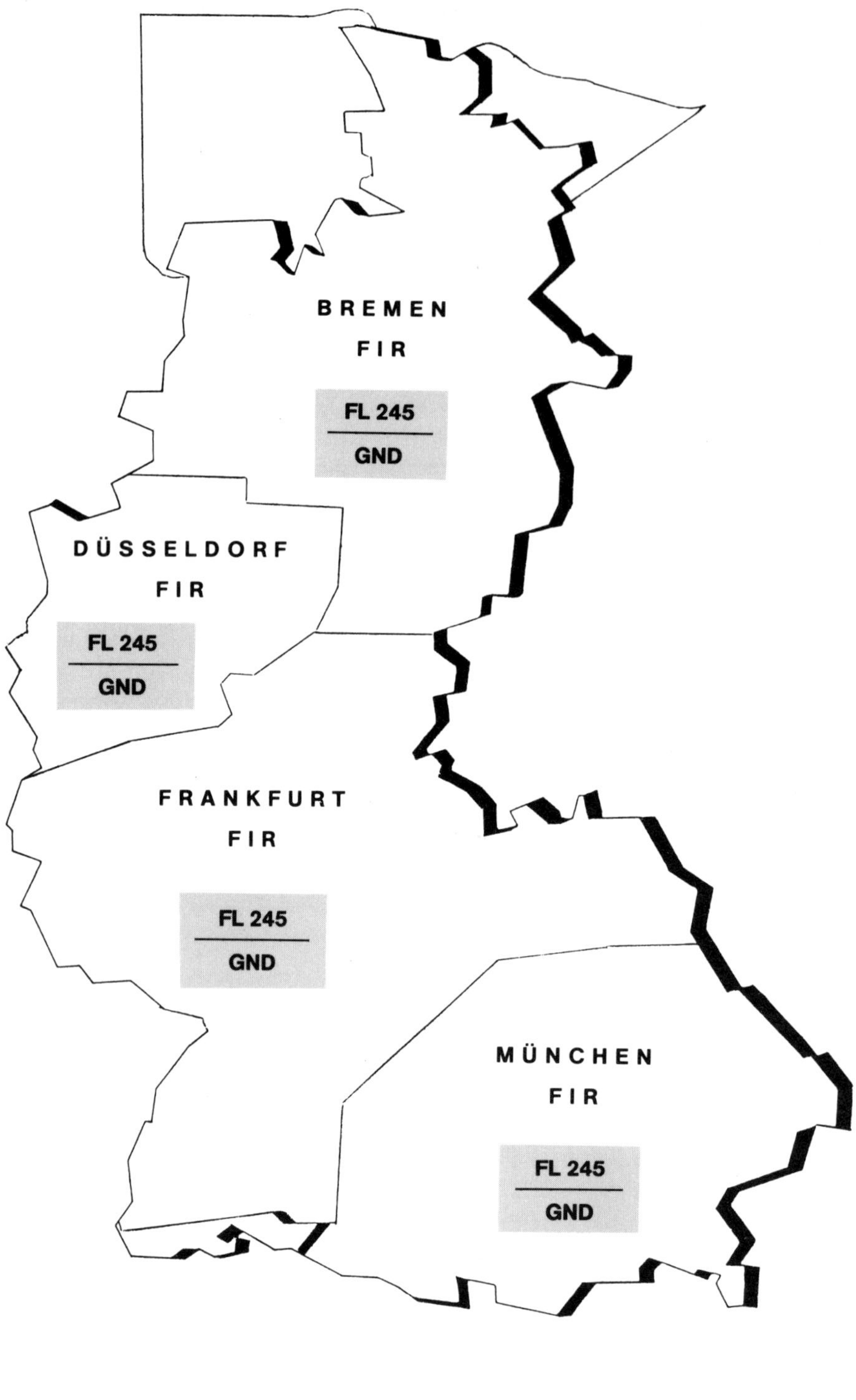

Abb. 29
Die Fluginformationsgebiete (FIR)

7.1.2 Kontrollbezirke (CTA = Control Areas)

Der größte Teil des kontrollierten Luftraums besteht im Unteren Luftraum aus den sogenannten

Kontrollbezirken (engl.: Control Areas = **CTA**).

Die **Kontrollbezirke** bestehen aus einem dichten Netz von **Flugverkehrsstrecken** (engl.: Air Traffic Services Routes) und dienen der **Kontrolle des Streckenluftverkehrs.**
In der Bundesrepublik Deutschland gibt es zur Zeit **vier Kontrollbezirke** (CTAs) im Unteren Luftraum:

- **CTA Bremen,**
- **CTA Düsseldorf,**
- **CTA Frankfurt,**
- **CTA München.**

Für **alle Kontrollbezirke** wurde als **Untergrenze** einheitlich eine Höhe von **2500 Fuß über Grund** (GND) und als **Obergrenze** die **Flugfläche 245** (FL 245) festgelegt.

CTA: $\frac{\textbf{FL 245}}{\textbf{2500 Fuß GND}}$

Eine **Ausnahme** bilden die **Nahverkehrsbereiche** (siehe 7.1.3), die zwar **Teil eines Kontrollbezirks** sind, aber **unterschiedliche Untergrenzen** haben.
Die **seitlichen Begrenzungen der Kontrollbezirke** (CTA) Bremen, Düsseldorf, Frankfurt und München stimmen mit denen der **gleichnamigen Fluginformationsgebiete** (FIR) überein **(Ausnahme:** nordwestlicher Teil CTA Bremen über der Nordsee).
In den **Kontrollbezirken** (CTA) führen die zuständigen **Regionalkontrollstellen (ACC =** Area Control Centres) in Bremen, Düsseldorf, Frankfurt und München den

Flugverkehrskontrolldienst (engl.: Air Traffic Control Service)

für **Streckenflüge nach den Instrumentenflugregeln (IFR =** Instrument Flight Rules) durch.

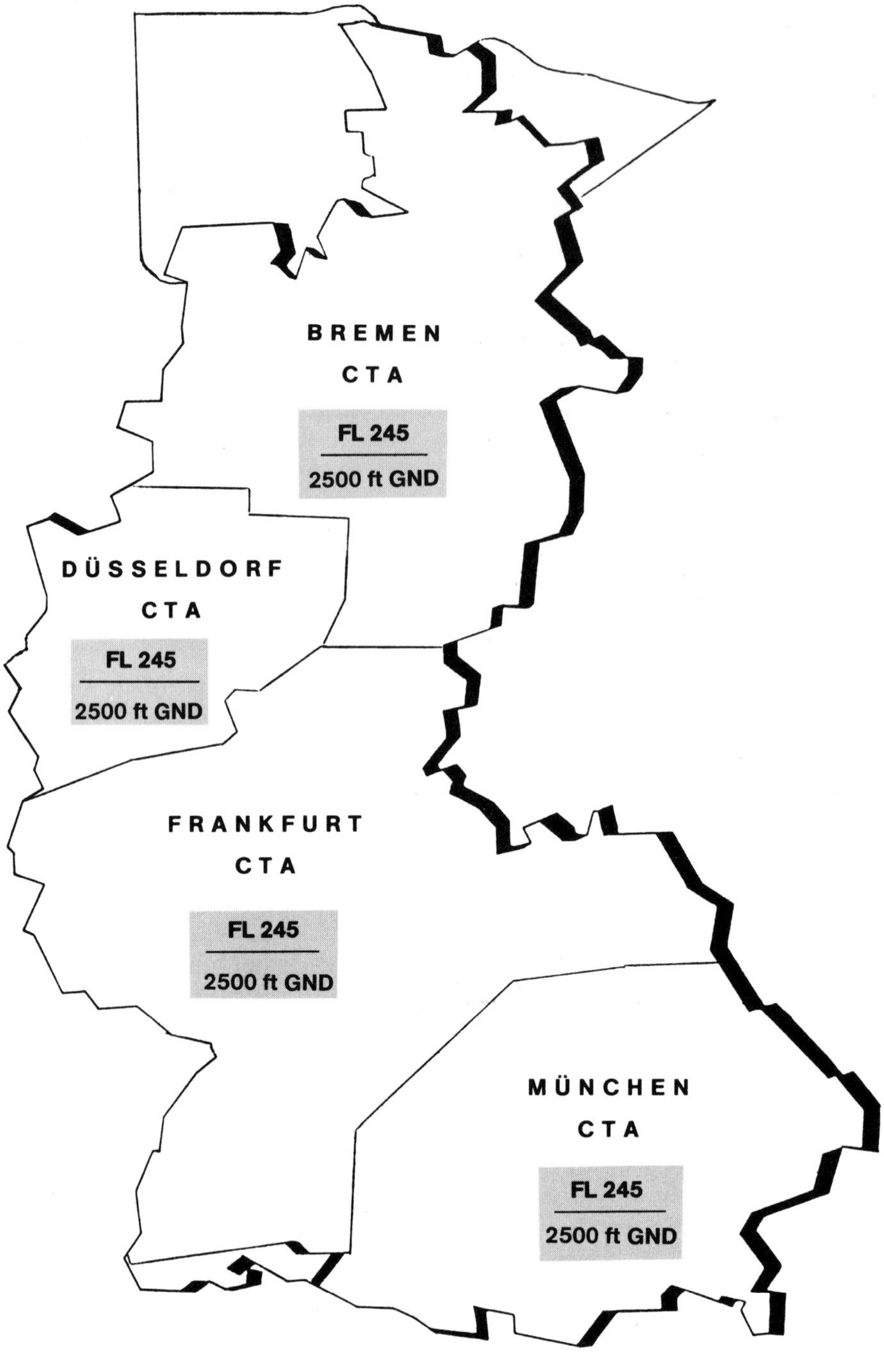

Abb. 30
Die Kontrollbezirke (CTA)

7.1.3 Die Nahverkehrsbereiche (TMA = Terminal Control Areas)

Innerhalb der Kontrollbezirke (CTA) sind an **Knotenpunkten der Flugverkehrsstrecken** in der **Nähe von Verkehrsflughäfen** und anderen größeren Flugplätzen sogenannte

Nahverkehrsbereiche (engl.: Terminal Control Areas = **TMA)**

eingerichtet worden, die der **Kontrolle** des dort nach **Instrumentenflugregeln (IFR** = Instrument Flight Rules) **an- und abfliegenden Luftverkehrs** dienen.

Die **Nahverkehrsbereiche** (TMA) sind in

Sektoren (Sektor A, Sektor B und Sektor C)

mit **verschiedenen Untergrenzen** gegliedert:

TMA Sektor A:	**FL 245 / 1000 Fuß GND**	Rot
TMA Sektor B:	**FL 245 / 1700 Fuß GND**	Blau
TMA Sektor C:	**FL 245 / 2500 Fuß GND**	Grün

Die **Obergrenze** aller Sektoren eines **Nahverkehrsbereichs** (TMA) liegt im Normalfall in **Flugfläche 245** (FL 245).
Die **seitlichen Begrenzungen** der Nahverkehrsbereiche (TMA) richten sich nach der **Lage zugehöriger Flughäfen** oder Flugplätze (ein Nahverkehrsbereich kann für **mehrere Flugplätze** errichtet sein), nach der **Lage von Funknavigationsanlagen** und nach der **Führung** der in sie **einmündenden Flugverkehrsstrecken** (ATS Routes). Daraus ergibt sich, daß - von den seitlichen Begrenzungen her gesehen - kein Nahverkehrsbereich einem anderen gleicht.
In den **Nahverkehrsbereichen** (TMA) führen die zuständigen **Anflugkontrollstellen (APP** = Approach Control Offices) in Zusammenarbeit mit den **Regionalkontrollstellen (ACC** = Area Control Centres) den

Flugverkehrskontrolldienst (engl.: Air Traffic Control Service)

für den **an- und abfliegenden Luftverkehr nach Instrumentenflugregeln (IFR** = Instrument Flight Rules) durch.

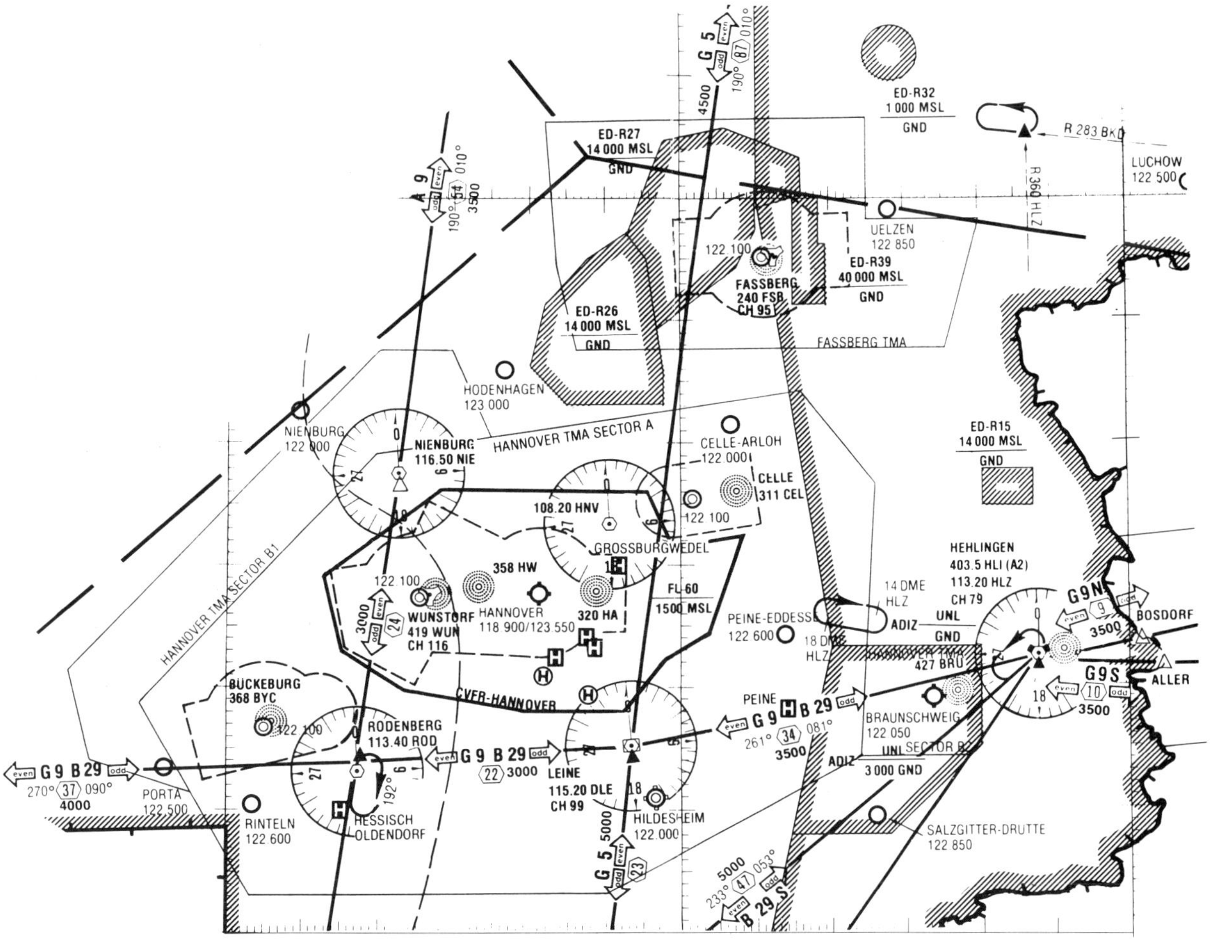

Abb. 31
Die Nahverkehrsbereiche (TMA) Hannover und Faßberg in der Streckenkarte

(Nur für Übungszwecke!)

7.1.4 Die Kontrollzonen (CTR = Control Zones)

Kontrollzonen (engl.: Control Zones = **CTR**) sind **kontrollierte Lufträume, die dem Schutz des nach Instrumentenflugregeln (IFR** = Instrument Flight Rules) **an- und abfliegenden Luftverkehrs** an Flughäfen oder Flugplätzen dienen. Sie erstrecken sich in der Vertikalen vom **Erdboden (GND)** bis zu einer bestimmten **Höhe in Fuß über NN (MSL** = Mean Sea Level).
Die **seitlichen Begrenzungen** (Größe und Form) einer **Kontrollzone** (CTR) richten sich nach der **Lage der Instrumenten-Start- und Landebahnen** (engl.: instrument runways) und hängen auch von der **Art der Luftfahrzeuge** ab, die den Flughafen oder Flugplatz benutzen.
Die **Bundesanstalt für Flugsicherung** (BFS) hat als zuständige Behörde **zwei Grundtypen von Kontrollzonen** festgelegt (Typ 1 und Typ 2). Für Flugplätze, die vorwiegend von Leichtflugzeugen mit **Fluggeschwindigkeiten** bis zu etwa **150 Knoten** benutzt werden, wird **Typ 1 als Kontrollzone** angewendet:

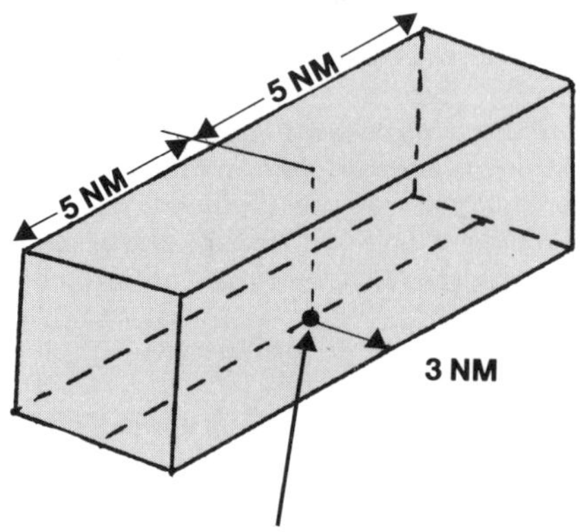

Abb. 32
Kontrollzone (CTR) Typ 1

Diese Kontrollzone hat die **Form eines Rechtecks.** Sie erstreckt sich vom **Flugplatzbezugspunkt** (ARP) aus in **beide Lande- (Start)richtungen über 5 Seemeilen** (9 km) und rechtwinklig zu dieser Linie **nach beiden Seiten über 3 Seemeilen** (5,5 km), so daß die **Gesamtlänge** der Kontrollzone **10 Seemeilen** (18 km) und die **Gesamtbreite 6 Seemeilen** (11 km) beträgt.
Wird ein Flughafen oder Flugplatz (z. B. Militärflugplatz)auch von **schnell fliegenden Strahlflugzeugen** (Jets) benutzt, so wird um einen solchen Platz eine **Kontrollzone Typ 2** errichtet:

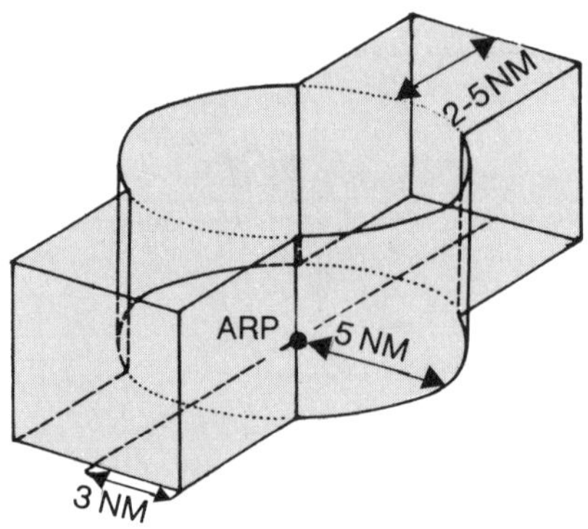

Abb. 33
Kontrollzone (CTR) Typ 2

Diese Kontrollzone ist ebenfalls **rechteckig,** sie erhält aber durch die **Einbeziehung eines Kreises,** dessen **Mittelpunkt der Flugplatzbezugspunkt** ist, eine seitliche, etwa **kreisförmige Ausweitung. Die Kontrollzone erstreckt sich parallel** zu der durch den **Flugplatzbezugspunkt** (ARP) verlaufenden, **verlängerten Start- und Landebahn-Mittellinie** bis zu einer Entfernung von **7 bis 10 Seemeilen** von diesem Punkt. Die **seitliche Ausdehnung** beträgt **3 Seemeilen nach beiden Seiten** der verlängerten Mittellinie.
Das so enstandene Rechteck hat eine **Gesamtlänge** von **14 bis 20 Seemeilen** und eine **Gesamtbreite** von **6 Seemeilen.** Ein **Kreis** um den Flugplatzbezugspunkt mit einem **Radius von 5 Seemeilen** führt zu einer Ausbuchtung der Kontrollzone in Flugplatznähe.
Alle Kontrollzonen beginnen - wie schon erwähnt - am **Erdboden** (GND) und **ragen in den darüber liegenden kontrollierten Luftraum** (TMA/CTA) hinein, damit an- und abfliegende Luftfahrzeuge bei Flügen nach Instrumentenflugregeln **ständig** im kontrollierten Luftraum mit **positiver Flugverkehrskontrolle** verbleiben können.
Für Flughäfen oder Flugplätze mit **mehr als einer** Instrumenten-Start- und Landebahn müßte eigentlich für jede Bahn eine gesonderte Kontrollzone (CTR) errichtet werden. In solchen Fällen wird häufig eine **modifizierte Version** der Kontrollzone **des Typs 2** nach folgendem Beispiel angewendet:

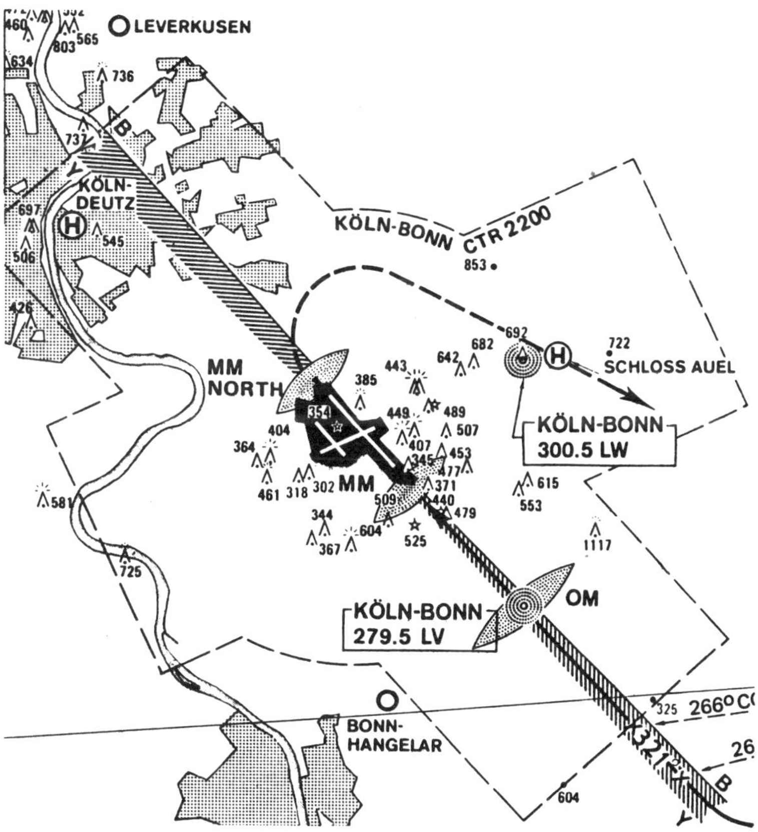

Abb. 34
Kontrollzone (CTR) für den Verkehrsflughafen Köln Bonn

Desweiteren gibt es noch die Möglichkeit, daß die Kontrollzonen (CTR) zweier oder mehrerer benachbarter Flughäfen/Flugplätze zu einer **gemeinsamen Kontrollzone** verschmolzen werden, wenn sich ihre seitlichen Begrenzungen teilweise überdecken:

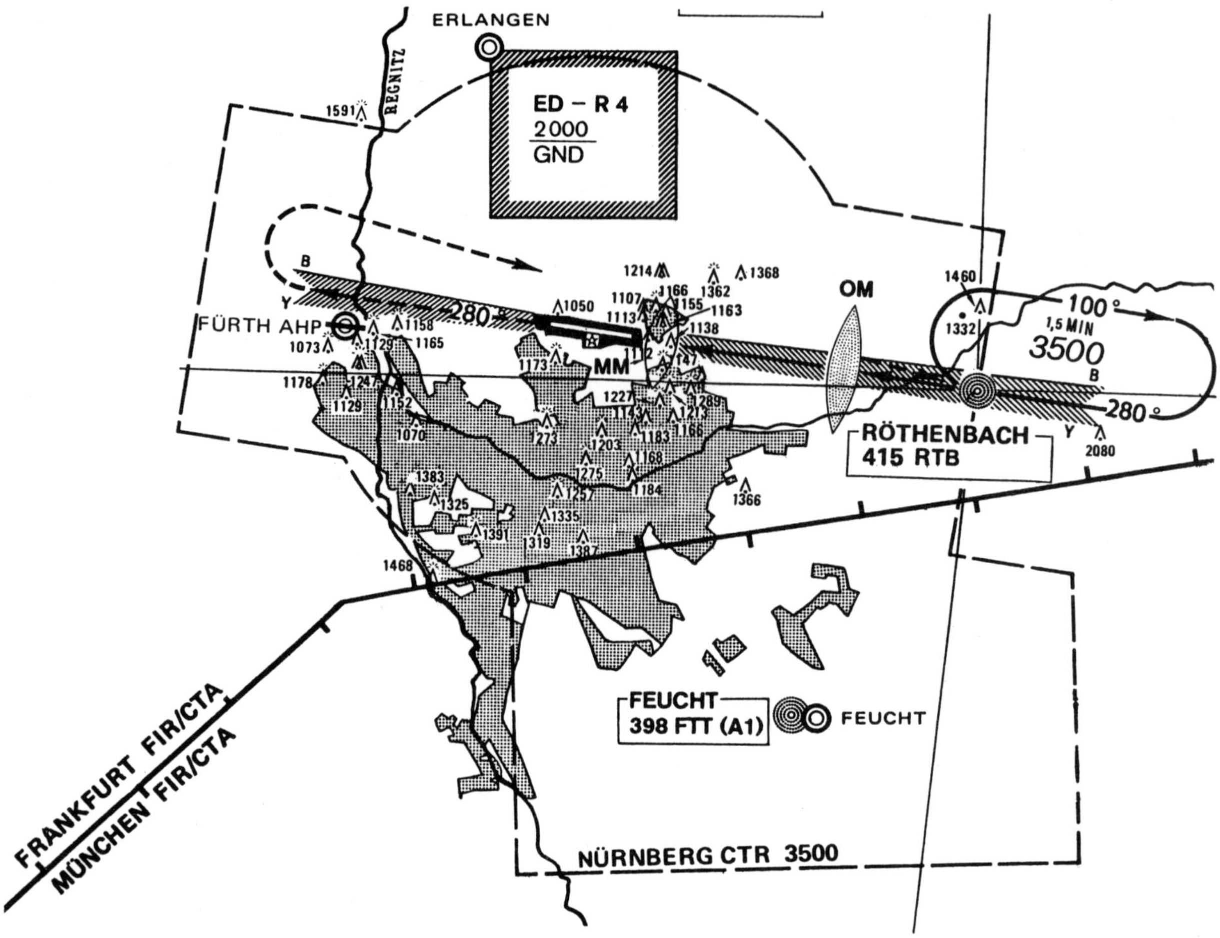

Abb. 35
Gemeinsame Kontrollzone (CTR) für den Verkehrsflughafen Nürnberg und den Militärflugplatz Feucht

In den **Kontrollzonen** (CTR) führen die zuständigen **Flugplatzkontrollstellen (TWR** = Aerodrome Control Towers) und die **Anflugkontrollstellen (APP** = Approach Control Offices) den

Flugverkehrskontrolldienst (engl.: Air Traffic Control Service)

für den **an-, ab- und durchfliegenden Luftverkehr nach Instrumentenflugregeln (IFR** = Instrument Flight Rules) und **nach Sichtflugregeln (VFR** = Visual Flight Rules) durch.

Wichtig: Alle Flüge innerhalb einer **Kontrollzone** (CTR) unterliegen der **Flugverkehrskontrolle** und bedürfen in jedem Falle einer **Flugverkehrsfreigabe** (engl.: Air Traffic Clearance) durch die **zuständige Flugplatzkontrollstelle** (TWR)!

Für **Flüge nach Sichtflugregeln (VFR) in Kontrollzonen** sind **zusätzliche Mindestbedingungen** für die **Bodensicht** (engl.: ground visibility) und die **Hauptwolkenuntergrenze** (engl.: ceiling) festgelegt (siehe hierzu 7.5 „Sichtflugregeln"). Sind diese Mindestbedingungen **nicht** erfüllt, so kann die **zuständige Flugverkehrskontrollstelle** (TWR/APP) unter bestimmten Voraussetzungen eine Sondergenehmigung in Form einer **Sonder-VFR-Freigabe** (engl.: Special VFR Clearance) erteilen.

7.1.5 Die CVFR-Gebiete (CVFR Areas)

Die Bundesanstalt für Flugsicherung (BFS) hat **innerhalb der Nahverkehrsbereiche** (TMA) um die **stark frequentierten** Verkehrsflughäfen mit **IFR/VFR-Mischverkehr** Gebiete für den **kontrollierten Sichtflug** gemäß **§ 10 Abs. 4 LuftVO** festgelegt, die als

CVFR-Gebiete (engl.: CVFR Areas)

bezeichnet werden.
In diesen **CVFR-Gebieten** unterliegen **alle Flüge nach Sichtflugregeln** (VFR) der **Flugverkehrskontrolle,** d. h., sie müssen als

kontrollierte Sichtflüge (engl.: Controlled VFR Flights = **CVFR)**

durchgeführt werden (siehe hierzu 7.6 „Sonderregelungen").
Die **CVFR-Gebiete** beginnen im Normalfall an der **Obergrenze der Kontrollzone** (CTR) des Flughafens und erstrecken sich **mindestens** bis zur **Flugfläche 60** (FL 60).
Die **seitlichen Begrenzungen** sowie die **festgelegten Durchflugstrecken** und **Pflichtmeldepunkte** eines CVFR-Gebiets richten sich vorwiegend nach den Erfordernissen des **an,- ab,- und durchfliegenden IFR/VFR-Mischverkehrs** innerhalb des betreffenden Nahverkehrsbereichs (TMA).
CVFR-Gebiete sind nur am Tage in der Zeit

von Sonnenaufgang – 30 Minuten (SR – 30) **bis Sonnenuntergang + 30 Minuten** (SS + 30)

wirksam.
In der Bundesrepublik Deutschland gibt es zur Zeit **sieben CVFR-Gebiete:**

- **CVFR-Gebiet Düsseldorf,**
- **CVFR-Gebiet Frankfurt,**
- **CVFR-Gebiet Hamburg,**
- **CVFR-Gebiet Hannover,**
- **CVFR-Gebiet Köln-Bonn,**
- **CVFR-Gebiet München,**
- **CVFR-Gebiet Stuttgart.**

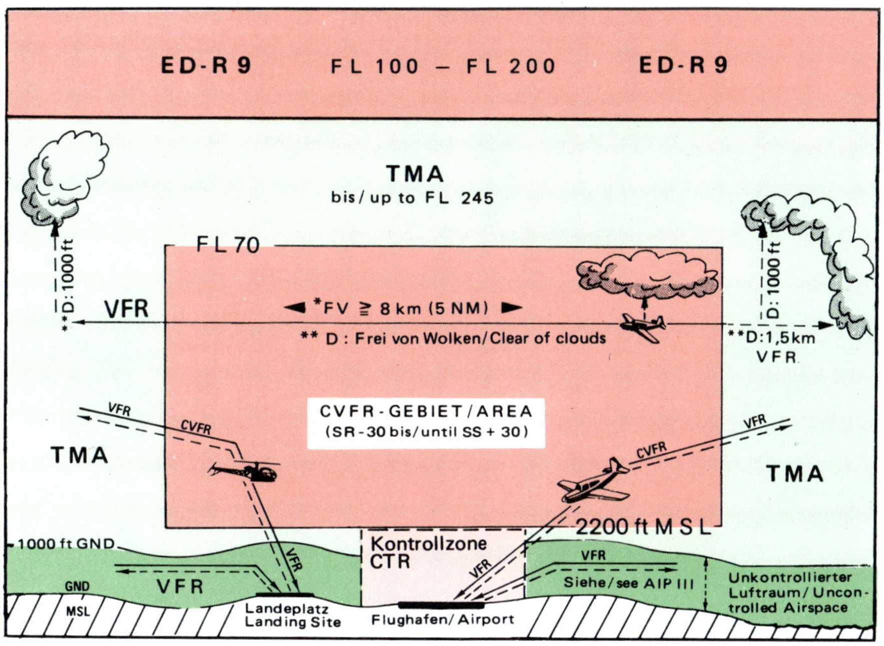

* FV = *Flugsicht/Flight Visibility*
** D = *Entfernung von Wolken/Distance from Clouds*

Abb. 36
Beispiel für ein CVFR-Gebiet

Anmerkung: CVFR-Gebiete sind in den **Luftfahrtkarten ICAO 1:500.000** dargestellt!

7.1.6 Die Flugplatzverkehrszonen (ATZ = Aerodrome Traffic Zones)

Um einen kontrollierten Flugplatz mit ausschließlichem Sichtflugbetrieb (VFR) kann zum **Schutz des Flugplatzverkehrs** (engl.: protection of aerodrome traffic) eine

Flugplatzverkehrszone (engl.: Aerodrome Traffic Zone = **ATZ)**

errichtet werden.
Flugplatzverkehrszonen (ATZ) sind – im Gegensatz zu den vorher behandelten Kontrollzonen (CTR) – **unkontrollierte Lufträume,** es sei denn, sie liegen **innerhalb einer CTR** oder sie ragen in einen darüberliegenden **Nahverkehrsbereich** (TMA) hinein.
Die **Form** einer Flugplatzverkehrszone (ATZ) ist im Normalfall **zylindrisch** und sie erstreckt sich vom **Erdboden** (GND) bis zu einer Höhe von **2000 Fuß über Grund** (GND).

ATZ: $\dfrac{\textbf{2000 Fuß GND}}{\textbf{GND}}$

Der **Durchmesser** dieser Schutzzonen beträgt **6 bis 10 Seemeilen** (NM = Nautical Miles).
Flugplatzverkehrszonen (ATZ) werden in der **Luftfahrtkarte ICAO 1:500.000** durch einen **blau punktierten Kreis** dargestellt.

Anmerkung: Zur Zeit gibt es in der Bundesrepublik Deutschland **keine Flugplatzverkehrszonen** (ATZ)!

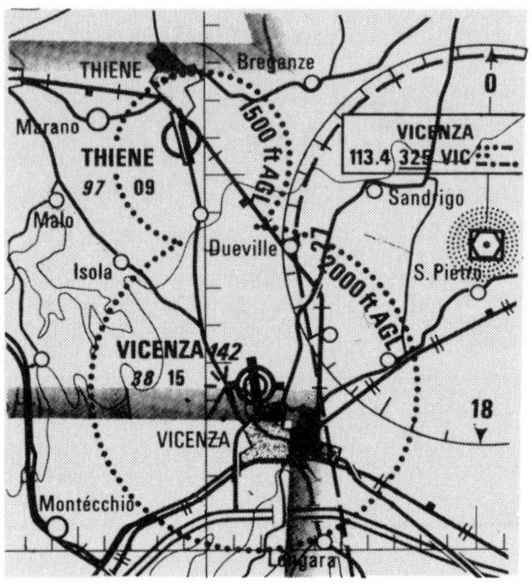

Abb. 37
Flugplatzverkehrszone (ATZ) in Italien

Wichtig: In eine **Flugplatzverkehrszone** (ATZ) darf **nur zum Zweck der Landung** eingeflogen werden!
In allen **anderen Fällen** sind diese **Schutzzonen zu meiden,** d. h., sie müssen entweder **überflogen** oder **umflogen** werden.

7.1.7 Die Luftsperrgebiete (Prohibited Areas = ED-P...)

Gemäß **§ 26 Abs. 1 LuftVG** und **§ 11 LuftVO** können **bestimmte Lufträume** vorübergehend oder dauernd für den Luftverkehr **gesperrt** werden.
Der **Bundesminister für Verkehr** (BMV) legt im Bedarfsfall

Luftsperrgebiete (engl.: Prohibited Areas)

fest, wenn dies zur **Abwehr von Gefahren** für die öffentliche Sicherheit oder Ordnung, insbesondere für die **Sicherheit des Luftverkehrs,** erforderlich ist.
Die Errichtung von **Luftsperrgebieten** (Prohibited Areas) wird in den **Nachrichten für Luftfahrer, Teil I** (NfL I) bekanntgemacht.

Wichtig: Luftsperrgebiete (Prohibited Areas) dürfen **nicht durchflogen** werden!

Zur Zeit gibt es in der Bundesrepublik Deutschland **keine Luftsperrgebiete** (Prohibited Areas)! Luftsperrgebiete würden in der **Luftfahrtkarte ICAO 1:500.000** so dargestellt werden:

Abb. 38
Luftsperrgebiet (Prohibited Area/ED-P...)

7.1.8 Die Gebiete mit Flugbeschränkungen (Restricted Areas = ED-R...)

In **bestimmten Lufträumen** kann der **Durchflug** von Luftfahrzeugen nach **§ 26 Abs. 2 LuftVG** und **§ 11 LuftVO** besonderen **Beschränkungen** unterworfen werden.
Der **Bundesminister für Verkehr** (BMV) legt im Bedarfsfall

Gebiete mit Flugbeschränkungen (engl.: Restricted Areas)

fest, wenn dies zur **Abwehr von Gefahren** für die öffentliche Sicherheit oder Ordnung, insbesondere für die **Sicherheit des Luftverkehrs,** erforderlich ist.
Die Errichtung von **Gebieten mit Flugbeschränkungen** (Restrictet Areas) wird in den **Nachrichten für Luftfahrer, Teil I** (NfL I) bekanntgegeben.

Wichtig: Gebiete mit Flugbeschränkungen (Restricted Areas) dürfen **nur durchflogen** werden, wenn die **Beschränkungen es zulassen** oder die **Bundesanstalt für Flugsicherung** (BFS) oder die **zuständige Flugverkehrskontrollstelle im Einzelfall** den **Durchflug genehmigt** hat! – Bestimmte Gebiete dürfen nur mit Genehmigung des **Bundesministers für Verkehr** durchflogen werden.

Genaue Angaben über die Lage der festgelegten **Gebiete mit Flugbeschränkungen,** die Unter- und Obergrenzen, die Art der Beschränkung, die zeitliche Wirksamkeit und Aussnahmeregelungen sind im **Luftfahrthandbuch, Band I, RAC-3** veröffentlich.
Alle Flugbeschränkungsgebiete haben eine **Kurzbezeichnung,** die sich aus der **ICAO-Kennung** für die Bundesrepublik Deutschland **ED** und einer Kombination des Buchstaben **R** (= Restricted) mit einer **Zahl** zusammensetzt (z. B. **ED-R 1).**
Gebiete mit Flugbeschränkungen (ED-R...) werden in den **Luftfahrtkarten** mit Angabe der Ober- und Untergrenzen so dargestellt:

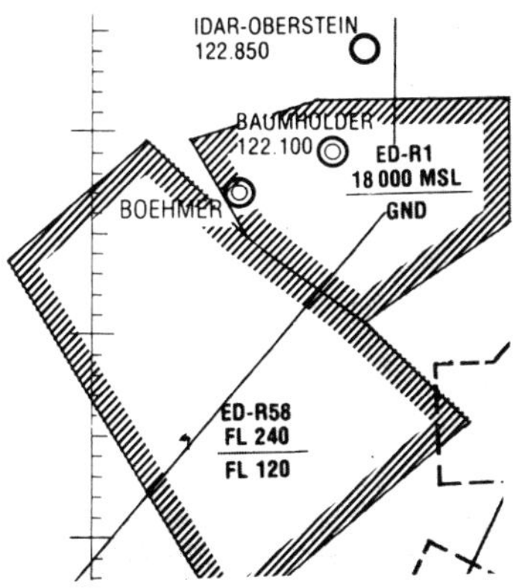

Abb. 39
Gebiete mit Flugbeschränkungen (Restricted Areas = ED-R...)

Beispiele für die Veröffentlichung von Gebieten mit Flugbeschränkungen im **Luftfahrthandbuch, Band I, RAC-3:**

<table>
<tr><th colspan="4">FLUGBESCHRÄNKUNGSGEBIETE
RESTRICTED AREAS</th></tr>
<tr><th>Gebietsbezeichnung
Seitliche Begrenzung
Name
Lateral Limits</th><th>Obere Begrenzung / Untere Begrenzung
Upper Limit / Lower Limit</th><th>Art der Beschränkung
Type of Restriction</th><th>1. Zeitliche Wirksamkeit
Times of Activity
2. Anschrift
Address</th></tr>
<tr><td>1</td><td>2</td><td>3</td><td>4</td></tr>
<tr><td>ED-R1 Baumholder
49 40 N 07 07 E – 49 42 N 07 17 E –
49 42 N 07 31 E – 49 36 N 07 31 E –
49 31 N 07 20 E – 49 35 N 07 12 E –
49 40 N 07 07 E</td><td>18000 ft MSL
GND</td><td>Durchflugverbot
Penetration prohibited</td><td>1. H24
2. Truppenübungsplatz-Kommandantur
6587 Baumholder
Lager Aulenbach
Tel.: (0 67 83) 20 67,
22 79 App./Ext.: 222</td></tr>
<tr><td colspan="2">Ausnahmen:
Flüge mit Hängegleitern dürfen im Raum Pfeffelbach durchgeführt werden (siehe NfL II - 112/77).</td><td colspan="2">Exceptions:
Hang-glider flying is permitted within the area of Pfeffelbach (see NfL II - 112/77).</td></tr>
<tr><td>ED-R3 Borkenberge
51 47 00 N 07 13 00 E – 51 47 00 N 07 21 00 E –
51 44 00 N 07 21 00 E – 51 44 00 N 07 13 00 E –
51 47 00 N 07 13 00 E</td><td>5500 ft MSL
GND</td><td>Durchflugverbot
Penetration prohibited</td><td>1. Sun 2300 – Fri 2300
2. Commandant Army Training Area Haltern BFPO 17
Tel.: (0 23 64) 63 13</td></tr>
<tr><td colspan="2">Ausnahmen:
Für den Flugbetrieb am Landeplatz Borkenberge gelten die in Band III veröffentlichten Bedingungen.</td><td colspan="2">Exceptions:
For flight operations at Borkenberge Airfield see conditions published in Volume III.</td></tr>
<tr><td>ED-R4 Erlangen
49 35 00 N 11 02 00 E – 49 35 00 N 11 07 00 E –
49 32 00 N 11 07 00 E – 49 32 00 N 11 02 00 E –
49 35 00 N 11 02 00 E</td><td>2000 ft MSL*
GND</td><td>Durchflugverbot
Penetration prohibited</td><td>1. Sun 2300 – Sat 1100, EXC HOL (s. GEN-1-30)
2. Commanding Officer
2nd Brigade, 1st Armoured Division, Attn.: S 3
APO 09066
Tel.: (0 91 31) 83-808,
83-708</td></tr>
<tr><td colspan="2">Ausnahmen:
* Zeitweilige Anhebung auf 4000 ft MSL wird durch NOTAM Class I bekanntgegeben.
Zusätzliche Einschränkungen der zeitlichen Wirksamkeit werden durch NOTAM Class I bekanntgegeben.</td><td colspan="2">Exceptions:
* Temporary raise to 4000 ft MSL will be announced by NOTAM Class I.
Additional reduction of the times of activity will be announced by NOTAM Class I.</td></tr>
<tr><td>ED-R7 Grafenwöhr
49 45 00 N 11 44 00 E – 49 45 00 N 11 50 00 E –
49 43 00 N 11 55 00 E – 49 41 00 N 11 58 00 E –
49 39 00 N 11 57 00 E – 49 37 00 N 11 55 00 E –
49 37 00 N 11 37 00 E – 49 38 00 N 11 34 00 E –
49 40 00 N 11 34 00 E – 49 44 00 N 11 40 00 E –
49 45 00 N 11 44 00 E</td><td>30000 ft MSL
GND</td><td>Durchflugverbot
Penetration prohibited</td><td>1. H24
2. Commander Grafenwöhr Training Area
Attn.: Range Operations
APO 09114
Tel.: (0 96 41) 83-824
83-632, 83-558</td></tr>
<tr><td>ED-R8 Altenstadt
Kreis mit einem Radius von 3 NM um / Circle with a radius of 3 NM centred at
47 50 00 N 10 51 00 E</td><td>a) 5000 ft MSL
GND
b) 4000 ft MSL
GND</td><td>Durchflugverbot
Penetration prohibited</td><td>1. a) SR – SS
b) SS – 2300
EXC Sun + HOL
(s. GEN-1-30)</td></tr>
</table>

BUNDESANSTALT FÜR FLUGSICHERUNG

(Nur für Übungszwecke)

7.1.8.1 Das Flugbeschränkungsgebiet ED-R 9 und Zeitweilig Reservierte Lufträume (TRA = Temporary Reserved Airspace) innerhalb von ED-R 9.

Das flächenmäßig größte Flugbeschränkungsgebiet in der Bundesrepublik Deutschland ist das

Flugbeschränkungsgebiet ED-R 9.

ED-R 9 umfaßt in seinen seitlichen Begrenzungen das **gesamte Bundesgebiet** und erstreckt sich vertikal von **Flugfläche 100** (FL 100) bis **Flugfläche 200** (FL 200).

ED-R 9: $\frac{\textbf{FL 200}}{\textbf{FL 100}}$

In diesem Flugbeschränkungsgebiet sind - zusätzlich zu dem allgemeinen Verbot von Sichtflügen oberhalb FL 200 (§ 30 LuftVO) -

Flüge nach Sichtflugregeln (VFR-Flüge) **VERBOTEN!**

Ausnahmen: Siehe 7.6 „Sonderregelungen".

In einzelnen Bereichen liegt die **Untergrenze von ED-R 9** an Wochentagen zu bestimmten Zeiten **unter FL 100** (siehe Abb. 40).
Es handelt sich hierbei um einige der **„Zeitweilig Reservierten Lufträume"** (**TRA** = Temporary Reserved Airspace), in denen **unkontrollierte Sichtflüge mit militärischen Hochleistungs-Strahlflugzeugen** durchgeführt werden.
Diese **TRAs** - ihre Lage wird in Abb. 40 dargestellt - sind zu **folgenden Zeiten wirksam:**

MON: **SR-30** (nicht vor / not earlier than 0700)* bis / until **SS + 30**
TUE/THU: **SR-30** (nicht vor / not earlier than 0600)* bis / until **SS + 30**
FRI: **SR-30** (nicht vor / not earlier than 0600)* bis / until **SS + 30** (nicht nach / not later than 1700)*

Ausnahme / Exception : TRA 203, MON - THU 0600*- SS + 30 und / and FRI 0600 - 1600*, **außer an gesetzlichen Feiertagen / except on legal holidays!**
(*= Während der gesetzlichen Sommerzeit 1 h früher)

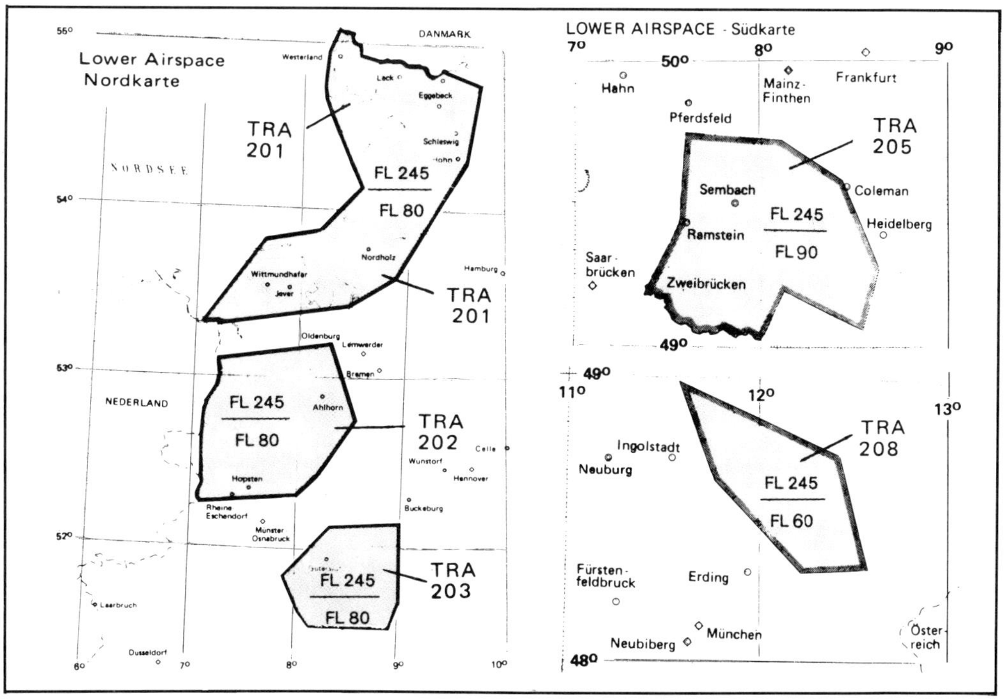

Abb.40 — Zeitweilig reservierte Lufträume (TRA) mit Untergrenzen unter FL 100 — (Siehe auch Abb. 41)

Genaue Angaben über das **Flugbeschränkungsgebiet ED-R 9** und die „Zeitweilig Reservierten Lufträume" (TRA) sind im **Luftfahrthandbuch, Band I, RAC-3** veröffentlicht:

1	2	3	4
ED-R9 **1.** Bremen, Düsseldorf, Frankfurt und München FIRs im Bereich des Hoheitsgebietes der Bundesrepublik Deutschland Bremen, Düsseldorf, Frankfurt and München FIRs as far as the territory of the Federal Republic of Germany is concerned	FL 200 FL 100	VFR-Flüge verboten VFR flights prohibited	1. H24
Ausnahme: Unkontrollierte VFR-Flüge mit weniger als 250 kt (IAS) sind zugelassen in München und Frankfurt FIRs zwischen FL 100 und FL 200 (beide FLs eingeschlossen) S der Linie **Exception:** Uncontrolled VFR flights of less than 250 kt (IAS) are permitted in München and Frankfurt FIRs between FL 100 and FL 200 (both FLs included) S of the line 47 57 30 N 12 54 00 E – 47 43 00 N 11 10 00 E – 47 43 00 N 10 29 00 E – 47 48 00 N 09 33 00 E – 47 53 00 N 08 51 00 E – 47 52 30 N 08 22 00 E – 47 44 50 N 08 20 50 E – 47 34 00 N 07 41 00 E – 47 45 00 N 07 33 00 E			
2. a) 55 04 00 N 08 20 00 E – deutsch-dänische Grenze nach E – / in E direction along the German-Danish border – 54 51 00 N 09 31 00 E – 54 36 00 N 09 43 00 E – 54 16 00 N 09 38 30 E – 53 34 50 N 08 56 20 E – 53 24 15 N 08 28 00 E – 53 18 00 N 07 11 30 E – deutsch-niederländische Grenze – / German-Netherlands border – 53 19 00 N 07 01 30 E – 53 49 40 N 07 38 00 E – 53 53 00 N 08 10 00 E – 54 08 00 N 08 34 00 E – 54 17 00 N 08 27 30 E – 54 39 00 N 08 12 00 E – 54 44 00 N 08 11 00 E – 54 56 00 N 08 13 00 E – 55 04 00 N 08 20 00 E b) 53 06 30 N 07 12 00 E – 53 12 20 N 08 19 10 E – 52 44 15 N 08 34 15 E – 52 23 30 N 08 11 30 E – 52 17 00 N 08 00 00 E – 52 14 15 N 07 04 00 E – deutsch-niederländische Grenze – / German-Netherlands border – 52 23 50 N 07 03 40 E – 52 39 25 N 07 03 30 E – deutsch-niederländische Grenze – / German-Netherlands border – 53 06 30 N 07 12 00 E c) 52 07 20 N 08 18 40 E – 52 08 18 N 09 00 00 E – 51 40 00 N 09 00 00 E – 51 30 00 N 08 53 00 E – 51 30 20 N 08 07 30 E – 51 36 00 N 08 01 00 E – 51 49 00 N 07 52 00 E – 52 07 20 N 08 18 40 E	FL 100 FL 80		1. Mon SR-30 (jedoch nicht vor 0700) bis SS+30 Tue – Thu SR-30 (jedoch nicht vor 0600) bis SS+30 Fri SR-30 (jedoch nicht vor 0600) bis SS+30 (jedoch nicht nach 1700) außer an gesetzlichen Feiertagen (s. GEN-1-30) Bezugspunkt für SR und SS ist Kassel. Mon SR-30 (but not earlier than 0700) until SS+30 Tue – Thu SR-30 (but not earlier than 0600) until SS+30 Fri SR-30 (but not earlier than 0600) until SS+30 (but not later than 1700) except on legal HOL (see GEN-1-30) Reference point for SR and SS is Kassel.
3. 49 45 20 N 07 35 20 E – 49 43 50 N 08 06 30 E – 49 35 20 N 08 26 30 E – 49 16 50 N 08 38 05 E – 49 03 45 N 08 32 45 E – 49 12 00 N 08 07 10 E – 49 01 45 N 08 00 00 E – deutsch-französische Grenze – / German-French border – 49 10 00 N 07 21 40 E – 49 26 20 N 07 33 30 E – 49 45 20 N 07 35 20 E	FL 100 FL 90		1. wie Gebiet 2 as Area 2
4. 48 59 00 N 11 33 42 E – 48 44 00 N 12 25 25 E – 48 19 50 N 12 34 50 E – 48 19 07 N 12 13 20 E – 48 38 20 N 11 45 30 E – 48 59 00 N 11 33 42 E	FL 100 FL 60		1. wie Gebiet 2 as Area 2
Ausnahmen: Flüge nach Sichtflugregeln dürfen durchgeführt werden, wenn a) die BFS den Durchflug allgemein genehmigt hat oder die zuständige Flugverkehrskontrollstelle Flugverkehrsfreigaben für den Durchflug erteilt; oder b) die Flüge zur Erfüllung von Luftverteidigungsaufgaben (Schutzflüge, Übungsflüge und Luftverteidigungs-Ausbildungsflüge) von einer Radarführungsstelle der Luftverteidigung geführt werden; oder c) die Flüge in Lufträumen durchgeführt werden, die vom Bundesminister für Verkehr hierfür festgelegt worden sind oder in denen von der BFS besondere Regelungen für den Sichtflugverkehr festgelegt wurden; oder d) der Bundesminister für Verkehr eine Ausnahmegenehmigung erteilt hat. **Exceptions:** VFR flights are permitted, if a) the BFS has given a general permission or the competent ATC unit has issued a clearance; or b) flights in fulfilment of air defence (air defence missions, air defence exercises and air defence training flights) are radar-directed by an air defence unit; or c) the flights are conducted within airspaces established by the Federal Minister of Transport for this purpose or within airspaces for which the BFS has prescribed special regulations for VFR flights; or d) the Federal Minister of Transport has granted a special permission.			

(Nur für Übungszwecke)

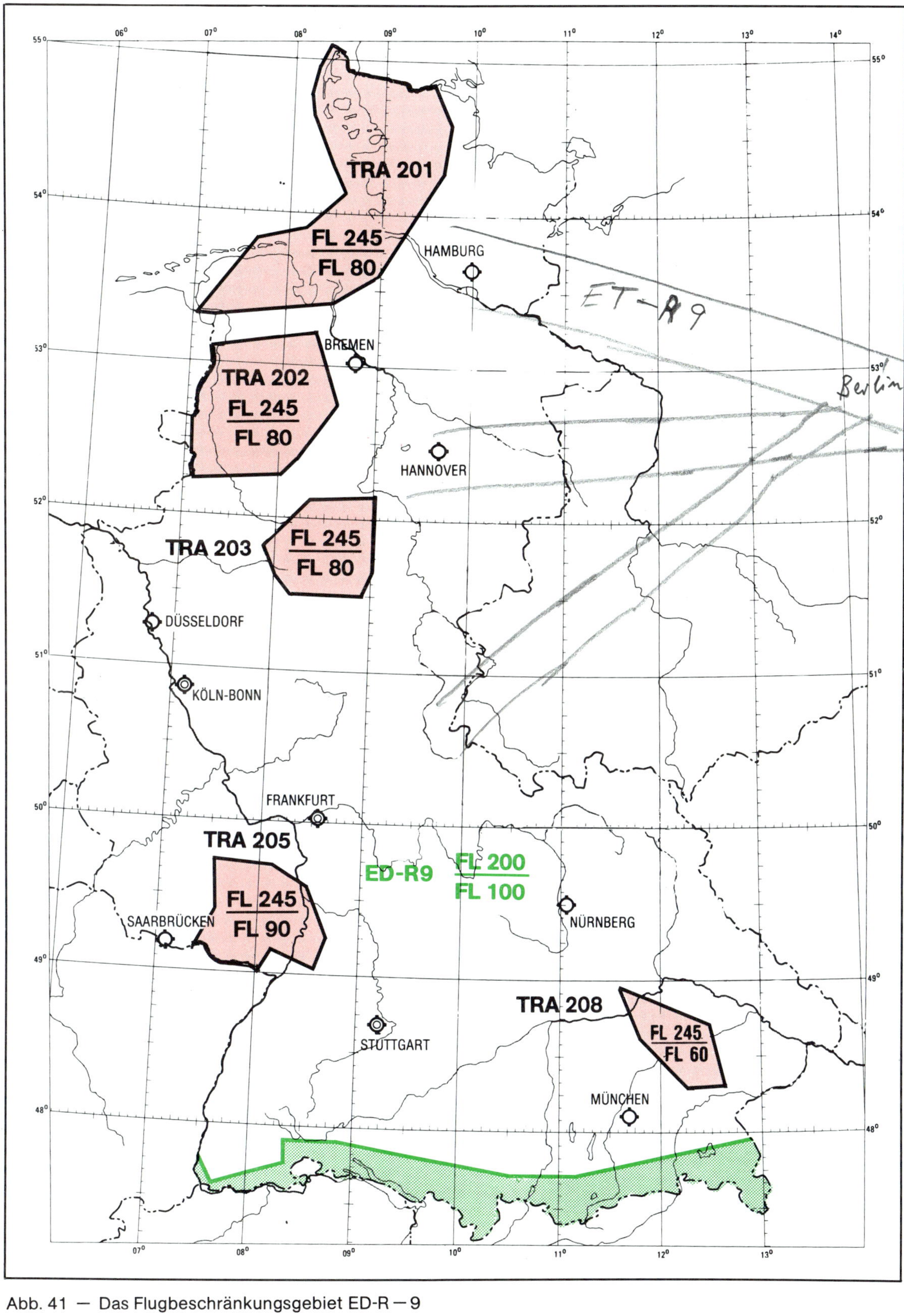

Abb. 41 — Das Flugbeschränkungsgebiet ED-R — 9

7.1.8.2 Die Segelflugbeschränkungsgebiete (Glider Restriction Areas)

Neben den unter 7.1.5 schon behandelten **CVFR-Gebieten** (CVFR-Areas) gibt es in der Bundesrepublik Deutschland zur Zeit innerhalb der **Nahverkehrsbereiche** (TMA) **Frankfurt** und **Stuttgart** zwei

Segelflugbeschränkungsgebiete (engl.: Glider Restriction Areas),

in denen der **Segelflugbetrieb während des Tages** (SR −30 bis SS +30) **untersagt** ist.

Diese **Beschränkungen des Sichtflugbetriebes mit Segelflugzeugen** wurden von der Bundesanstalt für Flugsicherung (BFS) gemäß **§ 10 Abs. 3 LuftVO** erlassen, wonach in bestimmten Teilen des kontrollierten Luftraums **Flüge nach Sichtflugregeln** (VFR-Flüge) ganz oder teilweise in einem räumlich und zeitlich begrenzten Umfang **untersagt** werden können, wenn dies aus Gründen der Dichte des kontrollierten Luftverkehrs in diesen Lufträumen zwingend erforderlich ist. Die **Segelflugbeschränkungsgebiete** (Glider Restriction Areas) sind im **Luftfahrthandbuch, Band I, RAC-3** veröffentlicht:

SEGELFLUGBESCHRÄNKUNGSGEBIETE
GLIDER RESTRICTION AREAS

Gebietsbezeichnung Seitliche Begrenzung Name Lateral Limits	Obere Begrenzung / Untere Begrenzung Upper Limit / Lower Limit	Art der Beschränkung Type of Restriction	1. Zeitliche Wirksamkeit Times of Activity 2. Anschrift Address
1	2	3	4
Stuttgart Kreis mit einem Radius von 16 NM um / Circle with a radius of 16 NM centred at · 48 41 19 N 09 12 39 E	FL 80 / 1000 ft GND	Segelflugbetrieb untersagt Glider flights prohibited	SR-30−SS+30
Ausnahmen: Segelflugbetrieb innerhalb bestimmter Sektoren westlich und südlich des Flughafens Stuttgart mit Freigabe von Stuttgart ATC zulässig (s. NfL I 188/80) **Exceptions:** Glider flights permissible within specified sectors west and south of Stuttgart Airport subject to clearance by Stuttgart ATC (see NfL I 188/80)			
Frankfurt 50 02 00 N 07 57 00 E − 50 08 00 N 08 03 30 E − 50 13 00 N 08 16 00 E − 50 14 00 N 08 27 30 E − 50 22 30 N 08 42 30 E − 50 21 30 N 08 59 00 E − Bundesstraße 457 − / Federal Road 457 − 50 12 00 N 09 11 30 E − 50 05 00 N 09 14 30 E − 49 56 00 N 09 14 30 E − 49 50 00 N 09 09 00 E − 49 48 00 N 09 00 00 E − Bundesstraße 46 − / Federal Road 46 − 49 54 00 N 08 51 30 E − 49 47 00 N 08 28 00 E − 49 53 00 N 08 03 00 E − 49 56 00 N 07 57 00 E − 50 02 00 N 07 57 00 E	FL 100 / 3500 ft MSL	Segelflugbetrieb untersagt Glider flights prohibited	SR-30−SS+30
50 04 00 N 08 07 30 E − 50 13 00 N 08 39 00 E − 50 13 00 N 08 53 00 E − 50 04 00 N 09 01 00 E − 49 56 00 N 08 48 00 E − 49 51 30 N 08 23 00 E − 49 55 00 N 08 13 00 E − 50 04 00 N 08 37 30 E	FL 100 / 1500 ft MSL		

(Nur für Übungszwecke)

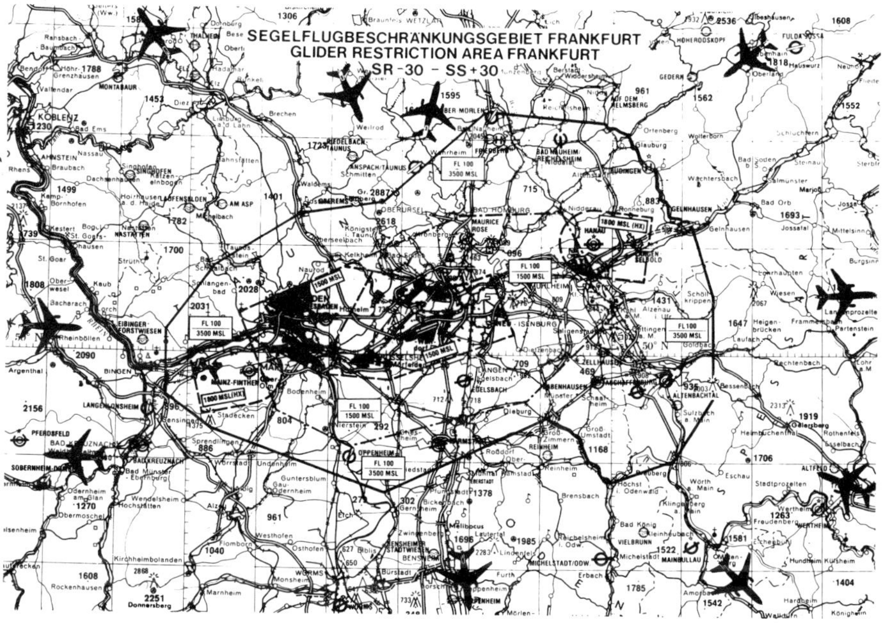

Abb. 42
Segelflugbeschränkungsgebiet Frankfurt

7.1.8.3 Die Flugüberwachungszone (FlugÜZ/ADIZ = Air Defence and Identification Zone)

Entlang der Grenzen der Bundesrepublik Deutschland zu den **Staaten des Warschauer Paktes** (DDR und CSSR) verläuft ein etwa 20 Seemeilen (20 NM) breites **Gebiet mit Flugbeschränkungen,** das als

Flugüberwachungszone = FlugÜZ (engl.: Air Defence and Identification Zone = **ADIZ)**

bezeichnet wird.

Innerhalb dieses Gebiets unterliegen **alle Flüge** der **Überwachung** und **Identifizierung** durch die zuständigen militärischen Luftverteidigungsstellen (LV-Stellen). Aus diesem Grund bedürfen **Flüge ziviler Luftfahrzeuge** (ausgenommen Hängegleiter), die ganz oder teilweise in der **Flugüberwachungszone** (FlugÜZ/ADIZ) durchgeführt werden, einer besonderen **Genehmigung.** Eine solche Genehmigung für einen **FlugÜZ-Flug ist vor dem Start durch die Abgabe eines Flugplans** zu beantragen und wird in Form einer **Flugverkehrsfreigabe** durch die zuständige Flugverkehrskontrollstelle erteilt.

Flüge in einer Entfernung von weniger als 5 Seemeilen (5 NM) von den Grenzen zur DDR und CSSR sind verboten. Ausgenommen hiervon sind Flüge auf den Flugverkehrsstrecken im grenzüberschreitenden Verkehr sowie Flüge zu, von und an den in der FlugÜZ/ADIZ gelegenen Flugplätzen.

Die **Flugüberwachungszone** erstreckt sich vom **Erdboden** (GND) bis in **unbegrenzte Höhe** (UNL = unlimited).

FlugÜZ/ADIZ: $\frac{\textbf{UNL}}{\textbf{GND*}}$

GND*: In festgelegten Lufträumen in der Umgebung von **Braunschweig** und **Fulda** beginnt die **Flugüberwachungszone** erst in Höhen von **3000 Fuß GND** bzw. **2000 Fuß GND** (siehe Abb. 43), um die Durchführung von Flügen zu und von den dort gelegenen Flugplätzen nicht zu erschweren.

Anmerkung: Die Flugbeschränkungen und die **Verfahren für VFR-Flüge in der Flugüberwachungszone** (FlugÜZ/ADIZ) werden unter 7.6 „Sonderregelungen" behandelt!

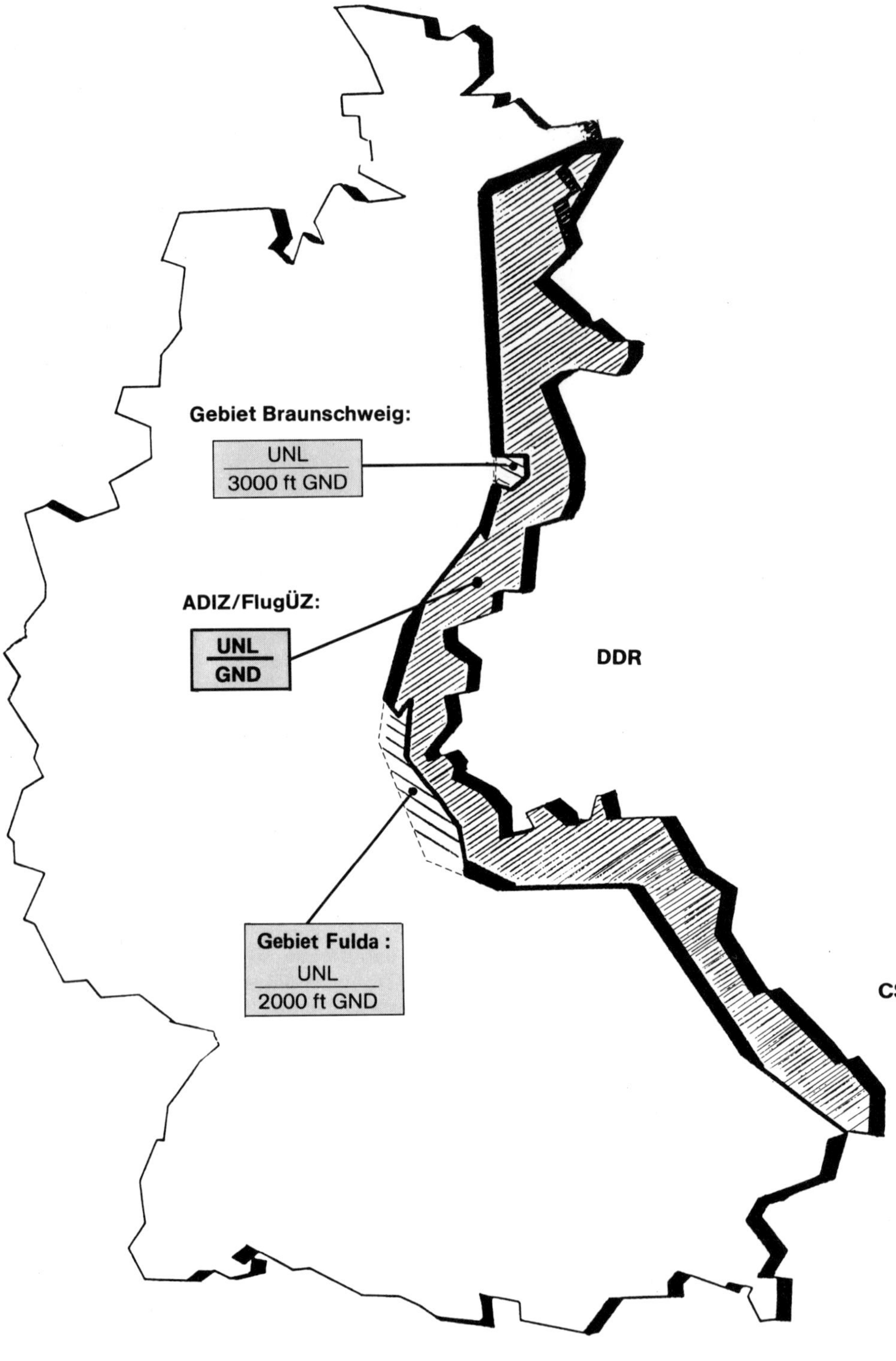

Abb. 43
Die Flugüberwachungszone (FlugÜZ/ADIZ)

7.1.9 Die Gefahrengebiete (Danger Areas = ED-D...)

In der Bundesrepublik Deutschland gibt es neben den vorher erwähnten Flugbeschränkungsgebieten (Restricted Areas) auch eine Reihe von sogenannten

Gefahrengebieten (engl.: Danger Areas),

in denen zu bestimmten Zeiten Vorgänge - meist militärischer Art - stattfinden, die für den **Luftverkehr gefährlich** sind (z. B. Flak-, Artillerie- und Bordwaffenschießübungen).
Diese **Gefahrengebiete** (Danger Areas) beginnen im Normalfall am **Erdboden** (GND) oder in **Meereshöhe** (NN/MSL = Mean Sea Level) und erstrecken sich bis zu einer festgelegten **Höhe über NN/MSL.**
Einige Gefahrengebiete reichen bis zu einer Höhe von 48.000 Fuß MSL.
Zur Zeit gibt es in der Bundesrepublik Deutschland lediglich über dem **Nord- und Ostseeraum** Gefahrengebiete, die für Schießübungen der NATO-Streitkräfte eingerichtet worden sind.
Die **Gefahrengebiete** (Danger Areas) werden - ähnlich wie die Gebiete mit Flugbeschränkungen (ED-R...) - durch die Buchstaben **ED** (ICAO-Kennung für die Bundesrepublik Deutschland), den Buchstaben **D** (= Danger) und eine **Zahl** gekennzeichnet (z. B. **ED-D 44).**

Wichtig: Der Durchflug durch die Gefahrengebiete ist gestattet, jedoch mit **erheblichen Gefahren** verbunden. Deshalb werden die Luftfahrzeugführer **dringend ersucht,** vor Einflug in diese Gebiete **fernmündlich oder über Sprechfunk** mit BREMEN INFORMATION, bzw. den angegebenen militärischen Dienststellen Kontakt aufzunehmen.

Alle Gefahrengebiete sind im **Luftfahrthandbuch, Band I, RAC-3** veröffentlicht. Hier ein Auszug:

GEFAHRENGEBIETE
DANGER AREAS

Gebietsbezeichnung Seitliche Begrenzung Name Lateral Limits	Obere Begrenzung / Untere Begrenzung Upper Limit / Lower Limit	Art der Gefahr Type of Danger	1. Zeitliche Wirksamkeit Times of Activity 2. Anschrift Address
1	2	3	4
ED-D19 Todendorf-Putlos 54 21 00 N 10 45 00 E — 54 28 00 N 10 25 00 E — 54 30 00 N 10 25 00 E — 54 34 00 N 10 35 00 E — 54 34 00 N 10 53 00 E — 54 26 00 N 10 53 00 E — 54 21 00 N 10 45 00 E	40 000 ft MSL / Meeresspiegel sea level	Flakschießübungen Anti-aircraft firing	1. Mon — Fri H24 Sat 0700 — 1400 EXC HOL (see GEN-1-30) 2. TrÜbPl- u. Fla-Schießplatz Kommandantur Todendorf 2321 Todendorf ü. Plön — Lager B — Tel.: (04385) 411, 412 App./Ext.: 300
Ausnahmen: Durchflug PPR fernmündlich oder über Sprechfunk: 3000 ft MSL — FL 245 Bremen ACC (BREMEN RADAR/ BREMEN INFORMATION), oberhalb FL 245 Maastricht UAC (MAASTRICHT RADAR) Außerhalb der Schießzeiten erteilt ATC ohne Antrag des Luftfahrzeugführers Freigabe oder Anweisung zum Durchflug, falls zur Durchführung der Verkehrskontrolle erforderlich.		**Exceptions:** Penetration PPR via telephone or radio telephony: 3000 ft MSL — FL 245 Bremen ACC (BREMEN RADAR/ BREMEN INFORMATION), above FL 245 Maastricht UAC (MAASTRICHT RADAR) Outside firing times ATC will issue clearance or instruction for penetration without request by pilot, if required for ATC purposes.	
ED-D28 Ostsee/Schönhagen 54 45 00 N 10 05 00 E — Grenze zwischen Bremen FIR und Kopenhagen FIR — / boundary between Bremen FIR and Copenhagen FIR — 54 45 00 N 10 05 00 E — 54 45 00 N 10 25 00 E — 54 41 00 N 10 35 00 E — 54 34 00 N 10 35 00 E — 54 30 00 N 10 25 00 E — 54 29 30 N 10 17 00 E — 54 34 00 N 10 08 00 E — 54 41 00 N 10 08 00 E — 54 44 00 N 10 05 00 E — 54 45 00 N 10 05 00 E	48 000 ft MSL / Meeresspiegel sea level	Bord/Boden- und Artillerie-Schieß-übungen Air-ground and artillery firing	1. Mon — Fri H24 EXC HOL (see GEN-1-30) 2. Flottenkdo 2392 Glücksburg (Ostsee) Postfach 65 Tel.: (04631) 511 App./Ext.: 362
Ausnahmen: Im Bedarfsfall wird die zeitliche Wirksamkeit auf Samstage, Sonntage und Feiertage ausgedehnt. Dies wird durch NOTAM Class I bekanntgemacht.		**Exceptions:** The times of activity may be extended to Saturdays, Sundays and holidays, if required. This will be announced by NOTAM Class I.	

(Nur für Übungszwecke!)

In der **Luftfahrtkarte ICAO 1:500.000** werden diese Gebiete so dargestellt:

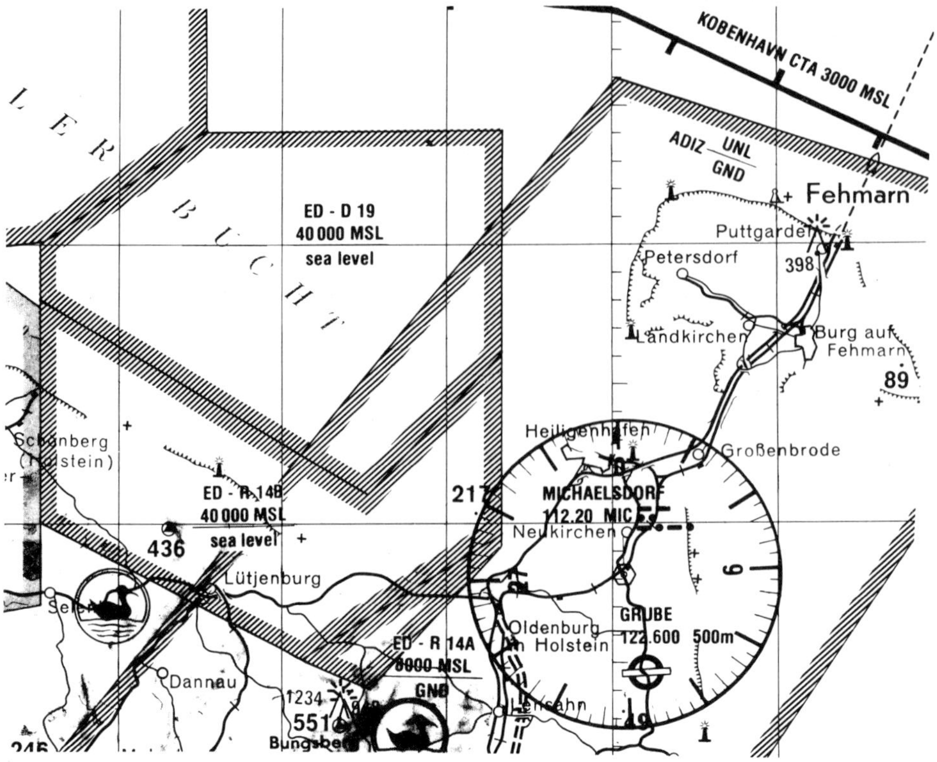

Abb. 44
Gefahrengebiete (Danger Areas) ED-D 19

7.1.10 Tiefflüge militärischer Strahlflugzeuge unterhalb FL 100

Tiefflüge mit **militärischen Strahlflugzeugen** werden in der Bundesrepublik Deutschland überwiegend nach **Sichtflugregeln** durchgeführt. Sie sind **nicht** an feste Strecken und Höhen gebunden und finden im allgemeinen an **Werktagen** (montags bis freitags) statt. Dabei wird vor allem der Luftraum **unterhalb 1500 Fuß über Grund** genutzt (Tiefflüge).

Tiefflüge am Tage

werden durchgeführt montags bis freitags (ausgenommen Feiertage)

- von **30 Minuten vor Sonnenaufgang,** jedoch nicht vor 0600 UTC (bzw. 0500 UTC während der Sommerzeit) bis **30 Minuten nach Sonnenuntergang,** jedoch nicht nach 1600 UTC (bzw. 1500 UTC während der Sommerzeit).

Anmerkung: Zeitliche Abweichungen sind in Einzelfällen möglich. Tag-Tiefflüge werden nicht durchgeführt in der Zeit vom 1. Mai bis 31. Oktober während der Mittagszeit von 1130 bis 1230 (1030 bis 1130 während der gesetzlichen Sommerzeit). Ausnahmen sind möglich; sie werden gegebenenfalls veröffentlicht.

- im **unkontrollierten Luftraum** bei einer **Mindest-Flugsicht** von **5 km** und **500 Fuß Abstand von Wolken,**
- im **kontrollierten Luftraum** nach den hier geltenden **Sichtflugregeln,**
- nahezu über dem **gesamten Gebiet der Bundesrepublik Deutschland** zwischen **500 Fuß** und **1500 Fuß über Grund,**
- in bestimmten **abgegrenzten Gebieten** auch herunter bis **250 Fuß über Grund (250 Fuß-Tieffluggebiete:** siehe Abb. 45).

Anmerkung: Räumliche Abweichungen sind in Einzelfällen möglich.

Mit **Tag-Tiefflügen** muß auch **unterhalb von CVFR-Gebieten** gerechnet werden. Unterhalb dieser Lufträume gilt für militärische Flugzeugführer die Empfehlung, Tiefflüge **nicht höher als 1000 Fuß über Grund** durchzuführen.

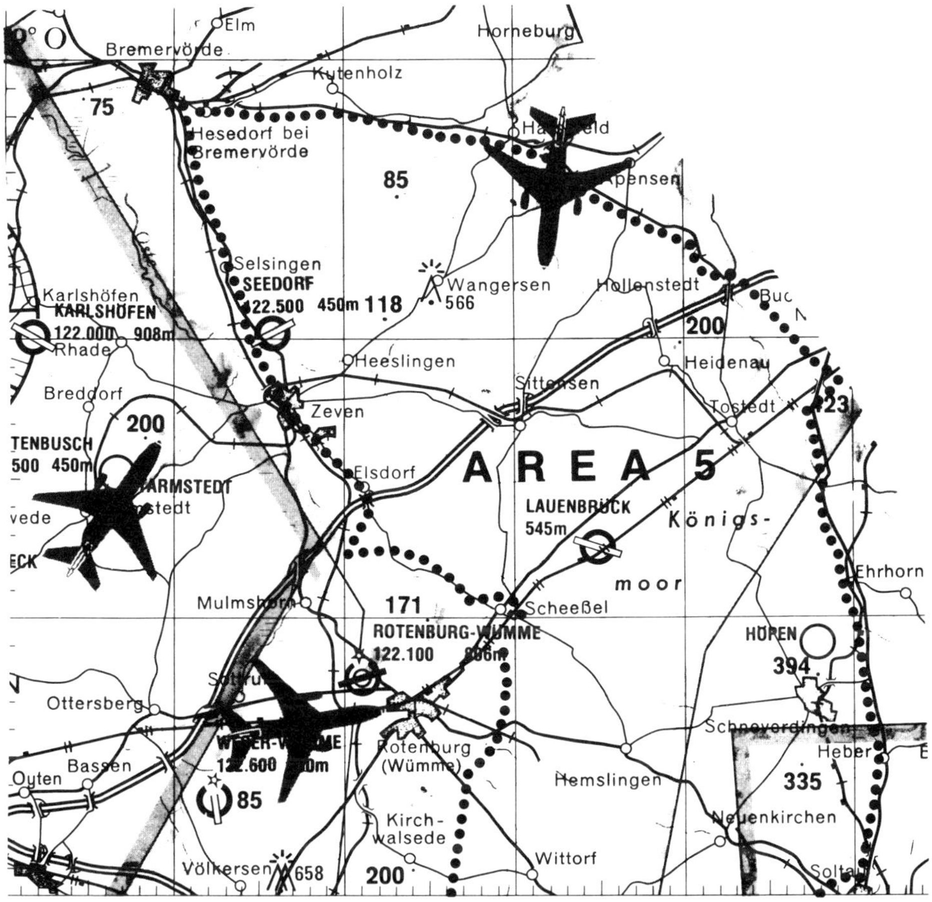

Abb. 45
Nordteil des 250 Fuß-Tieffluggebiets 5 (250 ft Low Flying Area 5) in der Luftfahrtkarte ICAO 1:500.000

Tiefflüge bei Nacht
werden durchgeführt

- von **30 Minuten nach Sonnenuntergang** bis **2300 UTC** (bzw. 2200 UTC während der Sommerzeit),
- im **unkontrollierten Luftraum** und im **kontrollierten Luftraum** auf besonderen **Nacht-Tiefflugstrecken** mit festen Flughöhen sowie als **Konturflüge in 1000 Fuß GND** (siehe Streckenkarte „Unterer Luftraum" sowie NOTAM bezüglich Durchführung von Konturflügen und möglichen Änderungen von Streckenführungen),
- bei **allen Wetterverhältnissen.**

Die **Staffelung** von den Nacht-Tiefflugstrecken erfolgt durch die Flugverkehrskontrollstellen **nur im kontrollierten Luftraum** für Flüge nach Instrumentenflugregeln und Flüge nach Sichtflugregeln bei Nacht.
Das Luftwaffenamt hat an bestimmten Flugplätzen **Schutzzonen** eingerichtet, die vom militärischen Luftverkehr im **Tiefflug nicht durchflogen** werden dürfen. Die zivilen Flugplätze und zivil mitbenutzten Militärfluplätze mit Schutzzone sind im **Luftfahrthandbuch, Band III, RAC** veröffentlicht.
Zusätzliche **allgemeine Fragen zum militärischen Tiefflug** können an die **Flugbetriebs- und Informationszentrale** (FLIZ) beim **Luftwaffenamt** in 5000 Köln 90, Postfach 90 25 00/501/11 oder Telefon 0 22 03/6 02 20 73 gerichtet werden.

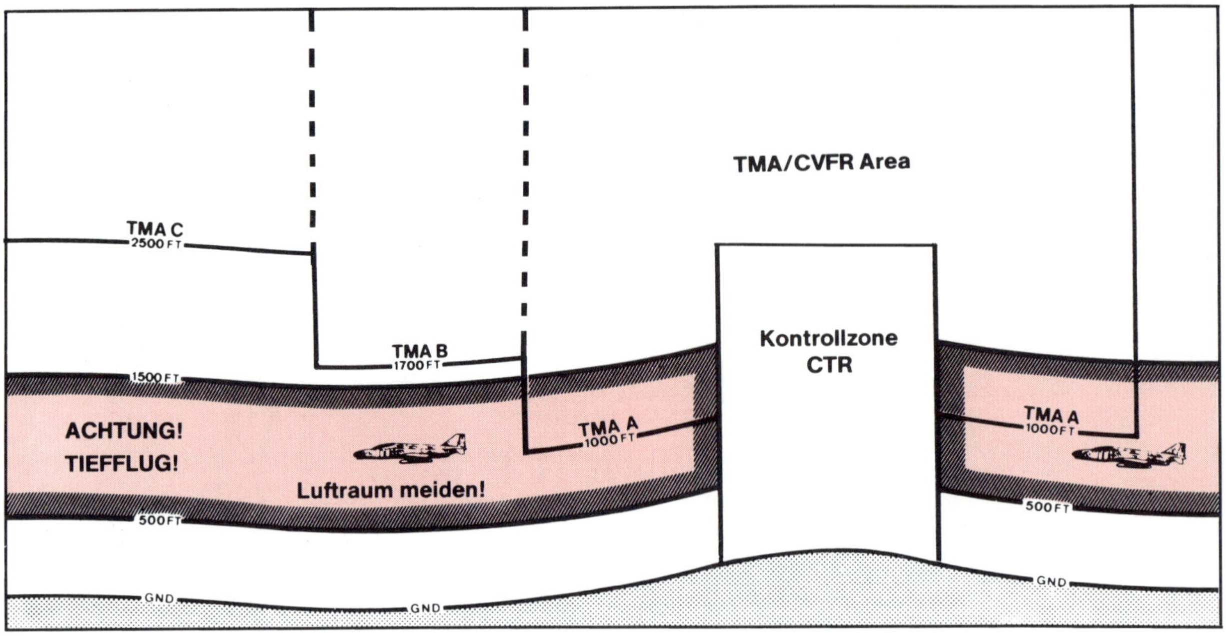

Abb. 46

Tiefflüge im Tiefflug-Höhenband zwischen 500 Fuß und 1500 Fuß GND

Sicherheitsempfehlungen für zivile Luftfahrzeugführer hinsichtlich militärischer Tiefflüge

Sofern nach Wetterlage und Zeit mit Tiefflügen militärischer Strahlflugzeuge zu rechnen ist, wird **zivilen Luftfahrzeugführern,** die einen **Flug nach Sichtflugregeln** planen, folgendes empfohlen:

Am Tage

- **Überlandflüge** soweit möglich und zulässig **oberhalb des Tiefflug-Höhenbandes** (siehe Abb. 46) durchzuführen,
- Flüge im **Tiefflug-Höhenband** auf das unvermeidbare **Minimum** zu beschränken; falls unvermeidbar: die Flüge so hoch wie möglich und zulässig durchzuführen,
- bei Flügen zu und von **Landeplätzen und Segelfluggeländen,** an denen eine **Tiefflugschutzzone** eingerichtet wurde, den **Sinkflug bzw. Steigflug** im Bereich des Tiefflug-Höhenbandes **innerhalb der Schutzzone** durchzuführen,
- die Möglichkeit, **Kontrollzonen** und **CVFR-Gebiete mit entsprechender Freigabe** zu durchfliegen, verstärkt zu nutzen (bei CVFR-Flügen zusätzlich mit entsprechender Flugzeugausrüstung und CVFR-Berechtigung).

Bei Nacht

- **Nachttiefflugstrecken** unbedingt zu **meiden,**
- diese **Strecken im rechten Winkel in 500 Fuß GND** unter Einhaltung des Mindestabstandes zu Hindernissen (§ 12 Luftverkehrs-Ordnung) zu **unterqueren** oder unter Beachtung der **Vorschriften für Flüge nach Sichtflugregeln bei Nacht im kontrollierten Luftraum** zu **überqueren** (u. a. Flugplanabgabe, FS-Freigabe).

7.1.11 Gebiete mit besonderen Aktivitäten

Ein **Gebiet mit besonderen Aktivitäten** ist ein Luftraum von festgelegten Ausmaßen, in dem **außergewöhnliche Sichtflugaktivitäten die besondere Aufmerksamkeit von Flugbesatzungen zur sicheren Flugdurchführung erfordern. Flüge nach Sichtflugregeln** sollten – soweit wie möglich – **Gebiete mit besonderen Aktivitäten meiden!**

Ein Gebiet mit besonderen Aktivitäten wird von der Bundesanstalt für Flugsicherung zu folgenden Gelegenheiten veröffentlicht:

a) bei militärischen Übungen,

b) bei Luftfahrtveranstaltungen,

c) bei Segelflugwettbewerben (nur für die Abflugphase),

d) zu anderen Gelegenheiten, sofern es notwendig ist.

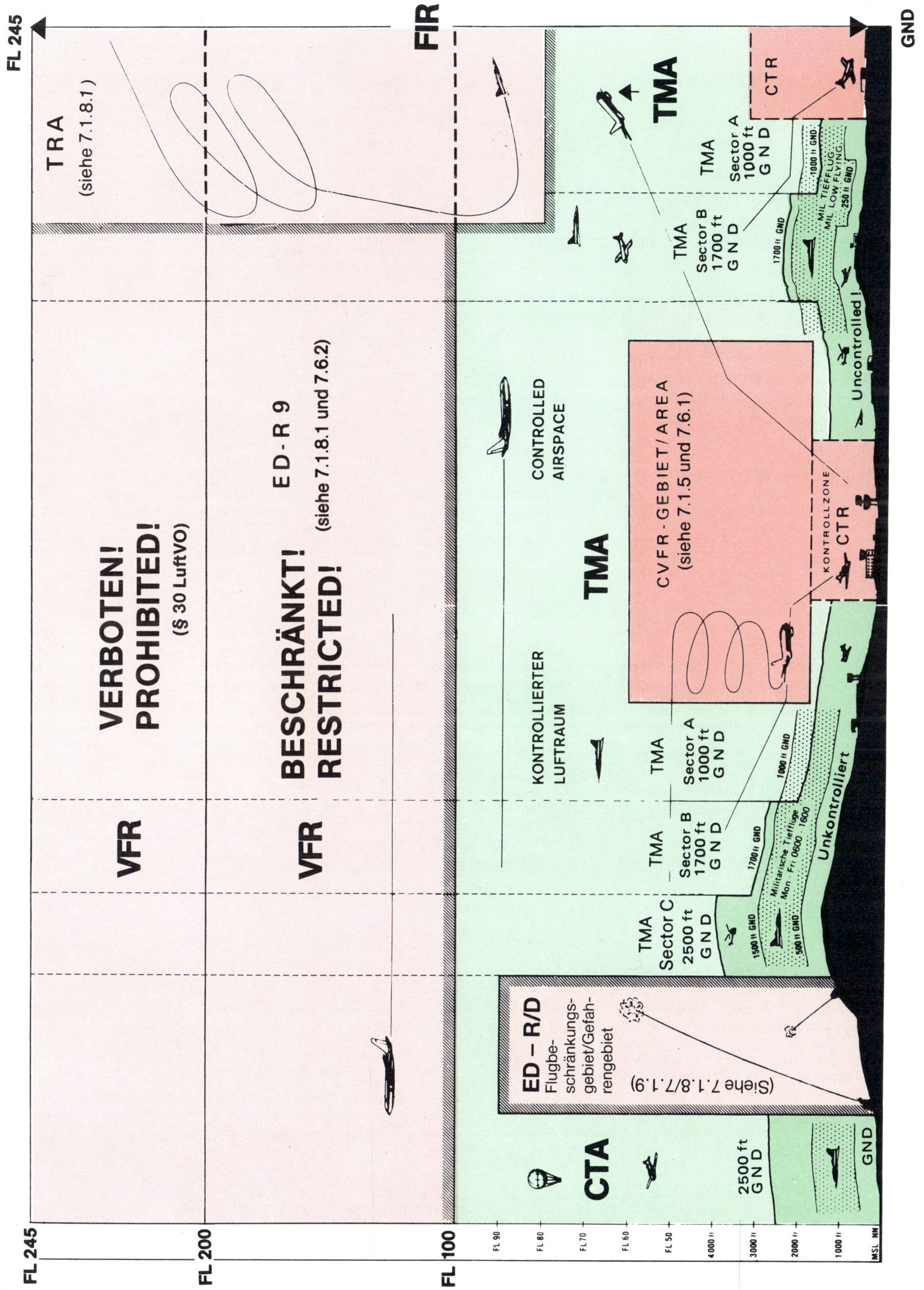

Abb. 47
Luftraumgliederung im Unteren Luftraum bis FL 245

7.2 Flugverkehrsdienste im Unteren Luftraum (bis FL 245)

Unter dem Begriff **Flugverkehrsdienste** (engl.: Air Traffic Services) versteht man die folgenden Dienste für die Luftfahrt:

1. **Flugverkehrskontrolldienst**
   (engl.: Air Traffic Control Service = **ATC** service) - **siehe 7.2.1**
2. **Fluginformationsdienst**
   (engl.: Flight Information Service = **FIS) - siehe 7.2.2**
3. **Flugalarmdienst**
   (engl.: Alerting Service) **- siehe 7.2.3**

Erweitert man den Begriff Flugverkehrsdienste (Air Traffic Services) auf den Oberbegriff **Flugsicherungsbetriebsdienste** (engl.: Air Navigation Services), so kommen noch folgende Dinge hinzu:

4. **Flugberatungsdienst**
   (engl.: Aeronautical Information Service = **AIS) -siehe 7.2.4**
5. **Flugfernmeldedienst**
   (engl.: Aeronautical Telecommunication Service) **- siehe 7.2.5**
6. **Flugnavigationsdienst**
   (engl.: Aeronautical Navigation Service) **- siehe 7.2.6**

Für das Gebiet der Bundesrepublik Deutschland ist die **Bundesanstalt für Flugsicherung** (BFS) mit der Durchführung dieser Dienste für die Luftfahrt beauftragt.

Die Hauptaufgabe der Flugsicherungsbetriebsdienste (Air Navigation Services) besteht in der Abwehr von Gefahren für die Sicherheit des Luftverkehrs sowie für die öffentliche Sicherheit oder Ordnung durch die Luftfahrt **(Luftaufsicht gemäß § 29 LuftVG).**

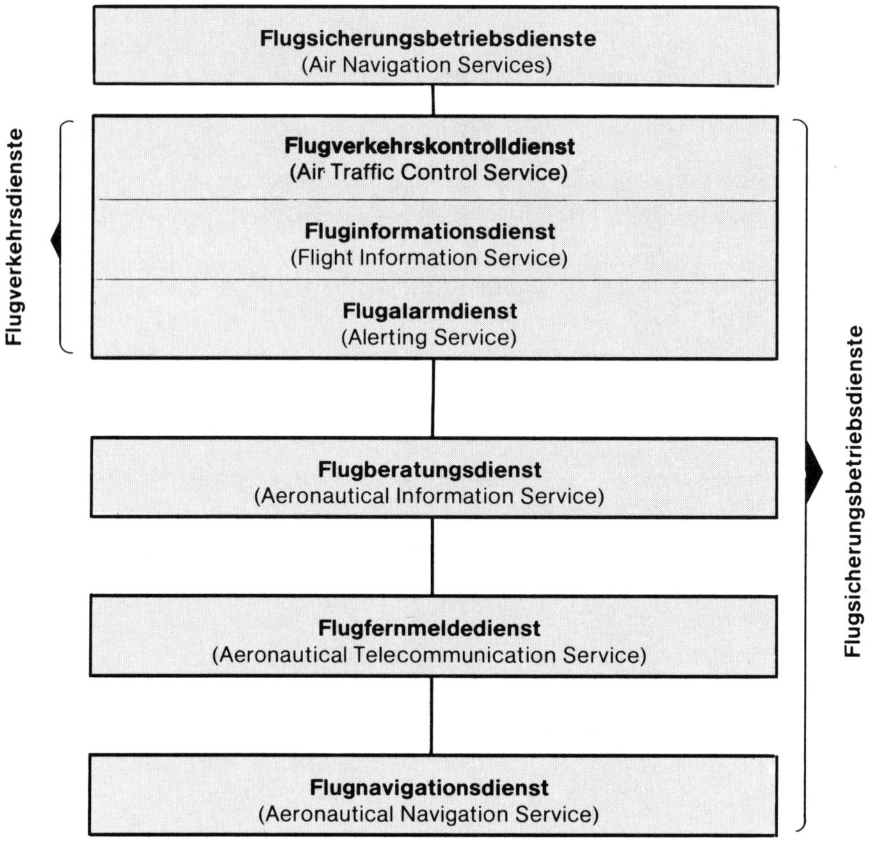

7.2.1 Der Flugverkehrskontrolldienst (Air Traffic Control Service)

Der **Flugverkehrskontrolldienst** (Air Traffic Control Service) wird in der Bundesrepublik Deutschland entsprechend den **Richtlinien und Empfehlungen der ICAO** als

- **Flugplatzkontrolldienst** (engl.: Aerodrome Control Service),
- **Anflugkontrolldienst** (engl.: Approach Control Service)
  und
- **Bezirkskontrolldienst** (engl.: Area Control Service)

durchgeführt.
Flugverkehrskontrolle (engl.: Air Traffic Control = **ATC)** bedeutet - allgemein ausgedrückt - **Lenkung und Überwachung** des Luftverkehrs.

Die **Hauptaufgabe** des Flugverkehrs-Kontrolldienstes (ATC Service) liegt in der Durchführung der **Flugverkehrskontrolle** einschließlich der **Bewegungslenkung** von Luftfahrzeugen im **kontrollierten Luftraum** (engl.: controlled airspace) und an **kontrollierten Flugplätzen** (engl.: controlled aerodromes). Insbesondere hat der Flugverkehrskontrolldienst

1. **Zusammmenstöße zwischen Luftfahrzeugen** in der Luft und auf dem Rollfeld der Flugplätze zu vermeiden,
2. **Zusammenstöße zwischen Luftfahrzeugen und anderen Fahrzeugen** sowie sonstigen Hindernissen auf dem Rollfeld der Flugplätze zu verhindern,
3. **einen raschen und geordneten Ablauf des Flugverkehrs** unter Berücksichtigung der Minderung unnötigen Fluglärms zu gewährleisten,
4. **Ratschläge und Auskünfte** für die sichere und reibungslose Durchführung von Flügen zu erteilen **(Fluginformationsdienst = FIS** siehe 7.2.2)
5. **die zuständigen Stellen zu benachrichtigen,** wenn ein Luftfahrzeug die Hilfe des Such- und Rettungsdienstes (**SAR** = Search and Rescue Service) benötigt, und diese Stellen, soweit erforderlich, zu unterstützen (**Flugalarmdienst:** siehe 7.2.3).

Der **Flugverkehrskontrolldienst** hat in der Durchführung seiner Aufgaben aufgrund der bei ihm eingehenden Informationen - wie Flugpläne, Standort- und Höhenmeldungen, Radardaten usw. - die **Verkehrslage** zu ermitteln und durch Flugverkehrsfreigaben, Anweisungen und Verkehrsinformationen an die beteiligten Luftfahrzeugführer

Staffelung (engl.: separation)

zwischen **kontrollierten Flügen** (engl.: controlled flights) zu gewährleisten.
Flugverkehrskontrolldienst wird nur für **kontrollierte Flüge** durchgeführt. Dies sind

1. **Flüge nach Instrumentenflugregeln** (engl.: IFR flights) im kontrollierten Luftraum,
2. **Flüge im Flugplatzverkehr** (engl.: aerodrome traffic) an kontrollierten Flugplätzen,
3. **Sonderflüge nach Sichtflugregeln** (engl.: special VFR flights) innerhalb von Kontrollzonen,
4. **Flüge nach Sichtflugregeln in den von der BFS festgelegten Teilen des kontrollierten Luftraums gemäß § 10 Abs. 4 LuftVO** (kontrollierte Sichtflüge; engl.: controlled VFR flights = **CVFR flights).**

Anmerkung: Kontrollierte Flugplätze sind Flugplätze, an denen **Flugplatzkontrolldienst** (engl.: Aerodrome Control Service) durchgeführt wird.
Der Flugverkehrskontrolldienst kann auch in **anderen Fällen** tätig werden, wenn dies zur **Abwehr von Gefahren** für die Sicherheit des Luftverkehrs sowie für die öffentliche Sicherheit oder Ordnung durch die Luftfahrt erforderlich ist.

Zur **Durchführung des Flugverkehrskontrolldienstes** hat die Bundesanstalt für Flugsicherung (BFS) **Flugverkehrskontrollstellen** (engl.: Air Traffic Control Units = ATC Units) eingerichtet:

1. **Bezirkskontrollstellen/Regionalkontrollstellen** (engl.: Area Control Centres = **ACC).**
2. **Anflugkontrollstellen** (engl.: Approach Control Offices = **APP**)
   und
3. **Flugplatzkontrollstellen** (engl.: Aerodrome Control Towers = **TWR**).

Die einzelnen Flugverkehrskontrollstellen führen den Flugverkehrskontrolldienst in ihnen zugewiesenen **Zuständigkeitsbereichen** durch. Grundsätzlich werden in den folgenden **Zuständigkeitsbereichen** die folgenden **Stellen** tätig:

1. **Kontrollbezirke** → **Bezirks- oder Regionalkontrollstellen**
   (Control Areas = CTA) (Area Control Centres = ACC)

2. Nahverkehrsbereiche (Terminal Control Areas = TMA) → **Anflugkontrollstellen** (Approach Control Offices = APP) und **Bezirkskontrollstellen** (ACC)

3. Kontrollzonen (Control Zones = CTR) → **Flugplatzkontrollstellen** (Aerodrome Control Towers = TWR) und **Anflugkontrollstellen** (APP)

7.2.2 Der Fluginformationsdienst (Flight Information Service = FIS)

Der **Fluginformationsdienst** (engl.: Flight Information Service = **FIS**)soll den Führern von Luftfahrzeugen **während des Fluges** Informationen und Hinweise geben, die für eine sichere, geordnete und flüssige Durchführung von Flügen erforderlich sind.
Dieser Dienst steht **allen Flügen**,sowohl IFR- als auch VFR-Flügen,im **kontrollierten und im unkontrollierten Luftraum** zur Verfügung. **FIS** wird grundsätzlich von **jeder Flugverkehrskontrollstelle** durchgeführt, wobei jedoch zu beachten ist, daß die Durchführung des Flugverkehrskontrolldienstes (ATC service) **Vorrang** vor der Durchführung des Fluginformationsdienstes (FIS) hat.
In den einzelnen **Bezirks- oder Regionalkontrollstellen** (ACC) sind zur Durchführung des Fluginformationsdienstes (FIS) innerhalb der Fluginformationsgebiete (FIR) besondere **FIS-Arbeitsplätze** eingerichtet worden, die in der Bundesrepublik Deutschland auch mit **RADAR** ausgerüstet sind. Die dort tätigen **FIS-Lotsen** erteilen Luftfahrzeugführern bei Überlandflügen auf festgelegten **FIS-Sprechfunkfrequenzen** z. B. Informationen und Hinweise über

- **Flugverkehr** (engl.: traffic information),
- **Wetterbedingungen** (engl.: meteorological conditions),
- **den Zustand von Flugplätzen** (engl.: aerodrome conditions),
- **den Betriebszustand von Funknavigationsanlagen** (engl.: operational state of radio navigation facilities) usw.

7.2.3 Der Flugalarmdienst (Alerting Service)

Der **Flugalarmdienst** (engl.: Alerting Service) wird neben dem Flugverkehrskontrolldienst (ATC service) und dem Fluginformationsdienst (FIS) von **allen Flugverkehrskontrollstellen** durchgeführt.
Der **Flugalarmdienst** benachrichtigt die für die Durchführung des **Such- und Rettungsdienstes** (engl.: Search and Rescue Service = **SAR**) zuständigen Stellen über Luftfahrzeuge, die Such- und Rettungsdienst benötigen, und unterstützt diese Stellen.
Flugalarmdienst wird für **alle Flüge** zur Verfügung gestellt, für die ein **Flugplan** abgegeben wurde, oder die den Flugverkehrskontrollstellen anderweitig bekannt geworden sind.
Zur Durchführung des Flugalarmdienstes sind **drei Alarmstufen** (engl.: alert phases) festgelegt worden, die von ihrer Bezeichnung her Auskunft über die Dringlichkeit von **SAR-Maßnahmen** geben:

1. **Ungewißheitsstufe** (engl.: Uncertainty Phase = **INCERFA**),
2. **Bereitschaftsstufe** (engl.: Alert Phase = **ALERFA**),
3. **Notstufe** (engl.: Distress Phase = **DETRESFA**).

Die **Ungewißheitsstufe** ist gegeben , wenn

1. innerhalb von 30 Minuten nach einer fälligen Meldung noch **keine Nachricht** über das Luftfahrzeug eingegangen ist, oder

2. ein Luftfahrzeug innerhalb von 30 Minuten nach der Ankunftszeit, die der Flugverkehrskontrollstelle übermittelt wurde, oder der von der Flugverkehrskontrollstelle errechneten späteren Ankunftszeit **noch nicht angekommen** ist, es sei denn,daß über die Sicherheit des Luftfahrzeuges kein Zweifel besteht.

Die **Bereitschaftsstufe** ist gegeben, wenn

1. die bei der Ungewißheitsstufe eingeleiteten Nachforschungen ergebnislos verlaufen sind, oder

2. ein Luftfahrzeug eine Flugverkehrsfreigabe für die Landung erhalten hat und nicht **innerhalb von 5 Minuten** nach der voraussichtlichen Landezeit **gelandet** ist und **keine Sprechfunkverbindung** mehr besteht, oder eine **Meldung über die Beeinträchtigung der Betriebssicherheit** des Luftfahrzeuges eingegangen ist, ohne daß eine Notlandung erforderlich wird,
oder

3. ein Luftfahrzeug von einer Gewaltanwendung betroffen oder bedroht ist,
es sei denn, daß über die Sicherheit des Luftfahrzeuges kein Zweifel besteht.

Die **Notstufe** ist gegeben, wenn

1. die bei der Bereitschaftsstufe, angestellten, wiederholten Versuche, die Sprechfunkverbindung wieder herzustellen, ergebnislos verlaufen sind und weiter Nachforschungen auf die Wahrscheinlichkeit hinweisen, daß das Luftfahrzeug sich in einer **Notlage** befindet,

oder

2. der mitgeführte Treibstoffvorrat als verbraucht oder für die sichere Beendigung des Fluges als unzureichend angesehen werden muß,

oder

3. eine Meldung vorliegt, daß die Betriebssicherheit eines Luftfahrzeugs **derart beeinträchtigt** ist, daß eine **Notlandung wahrscheinlich** ist,

oder

4. eine Meldung vorliegt, oder die Wahrscheinlichkeit besteht, daß das Luftfahrzeug eine **Notlandung durchführt** oder durchgeführt hat,

es sei denn, daß das Luftfahrzeug weder von schwerer, unmittelbarer Gefahr bedroht ist noch sofortiger Hilfeleistung bedarf.

7.2.4 Der Flugberatungsdienst (Aeronautical Information Service = AIS)

Nach den **Richtlinien und Empfehlungen des ICAO-Anhang 15** (Aeronautical Information Service) hat jeder Mitgliedstaat einen **Flugberatungsdienst** (engl.: Aeronautical Information Service = **AIS**) einzurichten und durchzuführen.

Die **Hauptaufgaben** dieses Dienstes sind:

- **Nachrichten aus dem In- und Ausland,** die für eine sichere, geordnete und flüssige Durchführung von Flügen notwendig sind, zu sammeln, auszuwerten, zu ordnen und verfügbar zu halten;
- **die Erteilungen von Flugberatungen** an Luftfahrzeugbesatzungen und sonstiges Luftfahrzeugpersonal auf internationalen Verkehrsflughäfen;
- **Flugpläne** sowie alle anderen damit im Zusammenhang stehenden Meldungen entgegenzunehmen, zu prüfen und weiterzuleiten;
- **Berichte der Luftfahrzeugführer** nach dem Fluge entgegenzunehmen;
- **örtlich herauszugebende NOTAMs** zu bearbeiten und weiterzuleiten;
- **Luftfahrtkarten** herzustellen und zu veröffentlichen.

Diese Aufgaben werden von der **Bundesanstalt für Flugsicherung** (BFS) für das Gebiet der Bundesrepublik Deutschland ausgeführt durch

1. **die Flugberatungsstellen (AIS) auf den Verkehrsflughäfen** Bremen, Düsseldorf, Frankfurt/Main, Hamburg, Hannover, Köln/Bonn, München, Münster-Osnabrück, Nürnberg, Saarbrücken und Stuttgart;
2. **das Büro der Nachrichten für Luftfahrer** (Büro NfL) in Frankfurt/Main.

7.2.5 Der Flugfernmeldedienst (Aeronautical Telecommunication Service)

Der **Flugfernmeldedienst** (engl.: Aeronautical Telecommunication Service) hat die für eine sichere, geordnete und flüssige Abwicklung des Luftverkehrs erforderliche **Nachrichtenübermittlung** durchzuführen.
Dieser Dienst besteht aus dem **Festen Flugfernmeldedienst** (engl.: Aeronautical Fixed Service), dem **Beweglichen Flugfernmeldedienst** (engl.: Aeronautical Mobile Service) und dem **Flugrundfunkdienst** (engl.: Aeronautical Broadcasting Service).
Im **Festen Flugfernmeldedienst** (Aeronautical Fixed Service) wird ein internationales **Festes Flugfernmeldenetz** (engl.: Aeronautical Fixed Telecommunication Network = **AFTN**) zur Nachrichtenübermittlung genutzt, das aus **Fernsprech- und Fernschreiberverbindungen** besteht. Die Bundesanstalt für Flugsicherung unterhält zur Durchführung dieses Dienstes auf den **Verkehrsflughäfen örtliche Flugfernmeldestellen** und am Flughafen Frankfurt/Main eine **internationale Fernmeldezentrale** (engl.: International Telecommunication Centre), die mit den Flugfernmeldezentralen des benachbarten Auslandes verbunden ist.
Unter dem **Beweglichen Flugfernmeldedienst** (Aeronautical Mobile Service) versteht man die **Nachrichtenübermittlung zwischen Boden- und Luftfunkstellen** und **zwischen Luftfunkstellen.** Dieser Sprechfunkdienst darf nur auf den von der Bundesanstalt für Flugsicherung **festgelegten Frequenzen** durchgeführt werden.
Der **Flugrundfunkdienst** (Aeronautical Broadcasting Service) strahlt auf festgelegten Frequenzen und auch über Funknavigationsanlagen (z. B. VOR) wichtige **Informationen für die Luftfahrt** aus. Der Dienst besteht aus den

VOLMET-Sendungen,

die Wetterinformationen für Luftfahrzeuge im Flug in Form von Flughafen-Wettermeldungen und Landewettervorhersagen bringen, und den

ATIS-Ausstrahlungen,

die in den meisten Fällen über **UKW-Drehfunkfeuer** (VOR) in der Nähe von Flughäfen gesendet werden und **Lande- und Startinformationen** für an- und abfliegende Luftfahrzeuge enthalten **(ATIS** = Automatic Terminal Information Service).

7.2.6 Der Flugnavigationsdienst (Aeronautical Navigation Service)

Der **Flugnavigatonsdienst** (engl.: Aeronautical Navigation Service) hat die Aufgabe, den Luftfahrzeugführer bei der **Navigation während des Fluges** vom Boden aus zu unterstützen.
Zur Duchführung dieses Dienstes betreibt und unterhält die Bundesanstalt für Flugsicherung eine Vielzahl von **Funknavigationsanlagen** (engl.: Radio Navigation Facilities) wie z. B.

- **UKW-Drehfunkfeuer** (engl.: Very High Frequency Ominidirectional Radio Range = **VOR**),
- **ungerichtete Mittelwellenfunkfeuer** (engl.: Non-directional Beacon = **NDB**),
- **UKW-Fächerfunkfeuer (engl.: Fan Marker),**
- **UKW-Peilanlagen** (engl.: Very High Frequency Direction Finding Equipment = **VDF**),
- **Instrumenten-Landesysteme** (engl.: Instrument Landing System = **ILS**),
- **Primär- und Sekundär-Radaranlagen** (engl.: Primary and Secondary Radar Equipment),
- **elektronische Entfernungsmeßanlagen** (engl.: Distance Measuring Equipment = **DME**)

usw.

7.3 Die Pflichten der Teilnehmer am Luftverkehr (§§ 1 bis 5 LuftVO)

In den Teilen 7.3 bis 7.5 werden die **Luftverkehrsregeln der LuftVO** behandelt, soweit sie von Privatflugzeugführern, die nach Sichtflugregeln fliegen, beachtet werden müssen. Der Inhalt dieser Teile des Buches stimmt im wesentlichen mit den entsprechenden Abschnitten der LuftVO überein und wurde überall dort, wo es notwendig erschien, durch wichtige **Anmerkungen, Durchführungsverordnungen** (DVOs) und sonstige **Durchführungsbestimmungen zur LuftVO** ergänzt.

Die einzelnen Vorschriften müssen von den **Bewerbern um die Erlaubnis für Privatflugzeugführer** (Beiblätter A, B und C) voll beherrscht werden.
Die **Pflichten der Teilnehmer am Luftverkehr** sind in den **§§ 1 bis 5 LuftVO** geregelt. Zu diesen grundsätzlichen Pflichten zählen das allgemeine Verhalten im Luftverkehr, die Regelung der Verantwortlichkeit an Bord eines Luftfahrzeugs, die Rechte und Pflichten des verantwortlichen Luftfahrzeugführers, die Anwendung der Flugregeln und die Anzeige von Flugunfällen und sonstigen Störungen im Flugbetrieb.

7.3.1 Grundregeln für das Verhalten im Luftverkehr (§ 1 LuftVO)

(1) Jeder Teilnehmer am Luftverkehr hat sich so zu verhalten, daß Sicherheit und Ordnung im Luftverkehr gewährleistet sind und kein anderer gefährdet, geschädigt oder mehr als nach den Umständen unvermeidbar behindert oder belästigt wird.

Anmerkungen zu § 1 Abs. 1 LuftVO:

1. Bei dieser Vorschrift handelt es sich um eine **Sicherheitsvorschrift.**
2. **Verstöße** gegen diese **allgemeine Grundregel** können von den Luftfahrtbehörden als **Ordnungswidrigkeiten** geahndet oder sogar als **Straftaten** verfolgt werden (§ 43 LuftVO in Verbindung mit § 58 Abs. 1 Nr. 10 LuftVG und § 59 LuftVG).
3. Die Vorschrift gilt für **alle Personen,** die in irgendeiner Art am Luftverkehr teilnehmen.
4. **Teilnehmer am Luftverkehr** sind
   Luftfahrzeugführer,
   Personen, die unbemannte Luftfahrzeuge in Betrieb nehmen bzw. für deren Inbetriebnahme verantwortlich sind;
   Besatzungsmitglieder eines Luftfahrzeugs (Flugingenieure, Flugbegleiter usw.);
   Fallschirmabspringer;

Fluggäste;
Personen, die auf den Bewegungsflächen von Flugzeugen tätig sind (Einweiser, Abfertigungs- und Wartungspersonal usw.).

5. **Die Teilnehmer am Luftverkehr** müssen sich nach den gegebenen Vorschriften und Weisungen richten, um Sicherheit und Ordnung zu gewährleisten und jede mögliche Gefährdung des Luftverkehrs weitgehend auszuschließen.
   Sie haben außerdem Handlungen zu unterlassen, die eine Gefährdung oder Schädigung Dritter herbeiführen könnten.
6. **Behinderungen oder Belästigungen** sind im Luftverkehr nicht immer vermeidbar und können deshalb auch nur verboten sein, wenn sie nach den Umständen des Einzelfalles vermeidbar sind.

(2) Der Lärm, der bei dem Betrieb eines Luftfahrzeugs verursacht wird, darf nicht stärker sein, als die ordnungsgemäße Führung oder Bedienung unvermeidbar erfordert.

Anmerkungen zu § 1 Abs. 2 LuftVO:

1. Diese Vorschrift dient dem **Schutz der Bevölkerung** gegen übermäßige Lärmbelästigung und mögliche **Lärmschäden.**
2. Ein Luftfahrzeug befindet sich **in Betrieb** vom Zeitpunkt des **Anlassens des Triebwerks** (der Triebwerke) bis zum **Abstellen des Triebwerks** (der Triebwerke).
3. **Die Führung** eines Luftfahrzeugs ist **ordnungsgemäß,** wenn sie sich nach den **Luftverkehrsvorschriften** und den hierauf beruhenden Weisungen richtet.
4. Die **Bedienung** eines Luftfahrzeugs wird **ordnungsgemäß** durchgeführt, wenn sie in Übereinstimmung mit dem für das betreffende Luftfahrzeug maßgebende **Betriebshandbuch** (Flughandbuch) erfolgt.

(3) Wer infolge des Genusses alkoholischer Getränke oder anderer berauschender Mittel oder infolge geistiger oder körperlicher Mängel in der Wahrnehmung der Aufgaben als Führer eines Luftfahrzeugs oder sonst als Mitglied der Besatzung behindert ist, darf kein Luftfahrzeug führen und nicht als anderes Besatzungsmitglied tätig sein.

Anmerkungen zu § 1 Abs. 3 LuftVO:

1. Das **Führen** (und Bedienen) eines Luftfahrzeugs und die Ausübung der Tätigkeit als Besatzungsmitglied ist **verboten,** wenn eine in der Person begründete **Behinderung** vorliegt.
2. Eine **Behinderung** ist dann gegeben, wenn eine Beeinträchtigung (Verminderung) der geistigen und körperlichen Kräfte durch Einwirkung von berauschenden Mitteln (Alkohol, Rauschmittel, bestimmte Medikamente) vorliegt oder körperliche (gesundheitliche) oder geistige Mängel bestehen.
3. Sollten **Luftfahrzeugführer** oder andere **Besatzungsmitglieder** gegen diese **Verbotsvorschrift** verstoßen, so können die **Luftaufsichtsbehörden** nach § 29 LuftVG (BFS, LBA, Luftfahrtbehörden der Länder, Luftaufsicht-Stellen) sofort durch **luftaufsichtliche Verfügungen** die erforderlichen Maßnahmen ergreifen (z. B. Verweigerung der Abfertigung).

7.3.2 Veantwortlicher Luftfahrzeugführer (§ 2 LuftVO)

(1) Luftfahrzeuge sind während des Flugs und am Boden von einem verantwortlichen Luftfahrzeugführer zu führen.

Anmerkung zu § 2 Abs. 1 LuftVO:

Diese Vorschrift legt die Verantwortlichkeit bei der Führung eines Luftfahrzeugs fest. **Verantwortlich** sein kann immer nur **eine bestimmte Person.**

(2) Sind mehrere zur Führung des Luftfahrzeugs berechtigte Luftfahrer an Bord, ist verantwortlicher Luftfahrzeugführer, wer als solcher bestimmt ist. Die Bestimmung ist vom Halter oder von seinem gesetzlichen Vertreter, bei einer juristischen Person von dem vertretungsberechtigten Organ zu treffen. Den nach Satz 2 Verpflichteten steht gleich, wer mit der Leitung oder Beaufsichtigung des Unternehmens eines anderen beauftragt oder von diesem ausdrücklich damit betraut ist, die Bestimmung nach Satz 1 in eigener Verantwortlichkeit zu treffen.

Anmerkung zu § 2 Abs. 2 LuftVO:

Diese Vorschrift ermöglicht eine von Abs. 1 **abweichende Bestimmung des verantwortlichen Luftfahrzeugführers,** um bei mehrsitzigen Flugzeugen, die mit **Doppelsteuerung** ausgerüstet sind und oft - wie z. B. alle Verkehrsflugzeuge - **mehrere Luftfahrzeugführer an Bord** haben, klarzustellen, wer der verantwortliche Luftfahrzeugführer ist.

(3) Ist eine Bestimmung entgegen der Vorschrift des Absatzes 2 nicht getroffen, so ist derjenige verantwortlich, der das Luftfahrzeug von dem Sitz des ersten Luftfahrzeugführers aus führt. Bestehen Zweifel, welcher der Sitz des ersten Luftfahrzeugführers ist, entscheiden die Bestimmungen des Betriebshandbuchs für das Luftfahrzeug.

(4) Die Vorschriften dieser Verordnung über die Rechte und Pflichten des Luftfahrzeugführers gelten für den verantwortlichen Luftfahrzeugführer, soweit nicht etwas anderes vorgeschrieben ist und unabhängig davon, ob er das Luftfahrzeug selbst bedient oder nicht.

7.3.3 Rechte und Pflichten des Luftfahrzeugführers (§ 3 LuftVO)

(1) Der Luftfahrzeugführer hat das Entscheidungsrecht über die Führung des Luftfahrzeugs. Er hat die während des Flugs, bei Start und Landung und beim Rollen aus Gründen der Sicherheit notwendigen Maßnahmen zu treffen.

Anmerkungen zu § 3 Abs. 1 LuftVO:

1. Diese Vorschrift regelt die **Befehlsgewalt** an Bord eines Luftfahrzeugs.
2. Der nach **§ 2 LuftVO verantwortliche Luftfahrzeugführer** hat das **alleinige und letzte Entscheidungsrecht** über die Führung eines Luftfahrzeugs. Dabei ist es gleichgültig, ob er das Luftfahrzeug selbst bedient oder nicht.

(2) Der Luftfahrzeugführer hat dafür zu sorgen, daß die Vorschriften dieser Verordnung und sonstiger Verordnungen über den Betrieb von Luftfahrzeugen sowie die in Ausübung der Luftaufsicht zur Durchführung des Flugs ergangenen Verfügungen eingehalten werden.

Anmerkung zu § 3 Abs. 2 LuftVO:

Der **verantwortliche Luftfahrzeugführer** muß sämtliche einschlägigen **gesetzlichen Bestimmungen** und die ihm schriftlich oder mündlich erteilten **Weisungen der Luftaufsichtsbehörden** (BFS, LBA, Luftaufsichtbehörden der Länder) einschließlich der **luftrechtlichen Verfügungen,** die aufgrund **§ 29 Abs. 1 LuftVG** durch die zuständigen Stellen ergangen sind, beachten und auch für deren Einhaltung durch die Insassen des Luftfahrzeugs Sorge tragen.

7.3.4 Flugvorbereitung (§ 3a LuftVO)

(1) Bei der Vorbereitung des Flugs hat der Luftfahrzeugführer sich mit allen Unterlagen und Informationen, die für die sichere Durchführung des Flugs von Bedeutung sind, vertraut zu machen und sich davon zu überzeugen, daß das Luftfahrzeug und die Ladung sich in verkehrssicherem Zustand befinden, das zulässige Fluggewicht nicht überschritten wird, die vorgeschriebenen Ausweise vorhanden sind und die erforderlichen Angaben über den Flug im Bordbuch, soweit es zu führen ist, eingetragen werden.

Anmerkungen zu § 3a Abs. 1 LuftVO:

1. Da der Luftfahrzeugführer das **Entscheidungsrecht** über die Durchführung des Fluges hat und ihm die Verantwortung für die Sicherheit des Luftfahrzeuges übertragen ist, hat er auch die besondere Pflicht, den beabsichtigten Flug eingehend vorzubereiten.
2. Er muß sich mit **allen Unterlagen und Informationen,** die für die sichere Durchführung des Fluges von Bedeutung sind, **vertraut machen** (z. B. NfL, NOTAM, AIP, internationale Vorschriften, Karten usw.).
3. **Vorgeschriebene Ausweise und Unterlagen,** die an Bord des Luftfahrzeugs vorhanden sein müssen, sind:
   Lufttüchtigkeitszeugnis,
   Nachprüfschein,
   Eintragungsschein,
   Genehmigungsurkunde zur Errichtung und zum Betrieb einer Luftfunkstelle,
   Bescheinigung über Haftpflichtversicherung,
   Flughandbuch,
   Bordbuch,
   Flugbuch,
   Luftfahrerschein,
   Flugfunkzeugnis, wenn nicht im Luftfahrerschein eingetragen.

(2) Für einen Flug, der über die Umgebung des Startflugplatzes hinausführt (Überlandflug), und vor einem Flug nach Instrumentenflugregeln hat sich der Luftfahrzeugführer über die verfügbaren Flugwettermeldungen und -vorhersagen ausreichend zu unterrichten. Vor einem Flug, für den ein Flugplan zu übermitteln ist, ist eine Flugberatung bei einer Flugberatungsstelle einzuholen. Absatz 1 bleibt unberührt.

Anmerkungen zu § 3a Abs. 2 LuftVO:

1. Die Einholung der **Wetterberatung** erfolgt durch den verantwortlichen Luftfahrzeugführer bei der **zuständigen Flugwetterwarte** (persönlich oder telefonisch). Bei **Flügen nach Sichtflugregeln** (VFR) ist auch eine **Wetterberatung über automatische Anrufbeantworter** (AFWA) zulässig.
2. Die **Flugberatung** für Flüge, für die ein **Flugplan** zu übermitteln ist (siehe 7.4, § 25 LuftVO), erfolgt bei der **zuständigen Flugberatungsstelle** (AIS).

(3) Ein Flug führt über die Umgebung eines Flugplatzes hinaus, wenn der Luftfahrzeugführer den Verkehr in der Platzrunde nicht mehr beobachten kann.

7.3.5 Anwendung der Flugregeln (§ 4 LuftVO)

(1) Der Betrieb eines Luftfahrzeugs richtet sich nach den Allgemeinen Regeln (§§ 6 bis 27a), die Führung eines Luftfahrzeugs während des Flugs zusätzlich nach den Sichtflugregeln (§§ 28 bis 34) oder den Instrumentenflugregeln (§§ 36 bis 42).

Anmerkungen zu § 4 Abs. 1 LuftVO:

1. Diese Vorschrift ist eine **Ordungsvorschrift,** die festlegt, **welche Regeln** beim **Betrieb eines Luftfahrzeugs** zu beachten sind.
2. Die **Allgemeinen Regeln** (§§ 6 bis 27a LuftVO) gelten für **alle Luftfahrzeuge,** die sich **in Betrieb** befinden, sei es am Boden oder in der Luft.
3. **Während des Fluges** sind **zusätzlich** entweder die **Sichtflugregeln** (§§ 28 bis 34 LuftVO) **oder** die **Instrumentenflugregeln** (§§ 36 bis 42 LuftVO) zu beachten.

(2) Flugverhältnisse, bei denen nach Sichtflugregeln geflogen werden darf, sind gegeben, wenn die in den §§ 28, 29 und 32 für den Einzelfall festgelegten Werte für Sicht und Abstand des Luftfahrzeugs von Wolken sowie der in § 28 Abs. 2 festgelegte Wert für die Höhe der Hauptwolkenuntergrenze erreicht oder überschritten werden.

Bei diesen Flugverhältnissen kann der Luftfahrzeugführer nach Instrumentenflugregeln fliegen, wenn er es im Flugplan anzeigt; er muß nach Instrumentenflugregeln fliegen, wenn die zuständige Flugverkehrskontrollstelle ihn aus Gründen der Flugsicherheit hierzu anweist.

(3) Flugverhältnisse, bei denen nach Instrumentenflugregeln geflogen werden muß, sind gegeben, wenn die in den §§ 28, 29 und 32 für den Einzelfall festgelegten Werte für Sicht und Abstand des Luftfahrzeugs von Wolken sowie der in § 28 Abs. 2 festgelegte Wert für die Höhe der Hauptwolkenuntergrenze nicht erreicht wird. Bei diesen Flugverhältnissen darf der Luftfahrzeugführer nach Sichtflugregeln nur fliegen, wenn ihm eine Flugverkehrsfreigabe nach § 28 Abs. 4 erteilt ist.

(4) Für Flüge unter Flugverhältnissen, bei denen nach Sichtflugregeln geflogen werden darf, kann der Bundesminister für Verkehr eine Höchstgeschwindigkeit festlegen, wenn dies zur Abwehr von Gefahren für die Sicherheit des Flugverkehrs erforderlich ist.

7.3.6 Anzeige von Flugunfällen und sonstigen Störungen (§ 5 LuftVO)

(1) Störungen bei dem Betrieb eines Luftfahrzeugs hat der Halter des Luftfahrzeugs dem Luftfahrt-Bundesamt innerhalb von drei Tagen schriftlich anzuzeigen. Das Luftfahrt-Bundesamt kann Ausnahmen zulassen.

Anmerkung zu § 5 Abs. 1 LuftVO:

Diese Vorschrift stellt sicher, daß das **LBA** so schnell wie möglich über alle **Störungen beim Betrieb von Luftfahrzeugen** unterrichtet wird. Dies ermöglicht es, typische Mängel an Luftfahrzeugen festzustellen und für die Beseitigung von Fehlerursachen zu sorgen.

(2) Störungen beim Betrieb eines Luftfahrzeugs, bei denen eine Person getötet oder schwer verletzt worden ist oder ein Luftfahrzeug einen schweren Schaden erlitten oder verursacht hat, hat der Luftfahrzeugführer, bei dessen Behinderung ein anderes Besatzungsmitglied oder, sofern keine dieser Personen dazu in der Lage ist, der Halter des Luftfahrzeugs unbeschadet der Anzeigepflicht nach Absatz 1 unverzüglich der nächst erreichbaren Polizeidienststelle zur Weiterleitung an die Luftfahrtbehörde des Landes, das Luftfahrt-Bundesamt und die nächste Flugsicherungsdienststelle anzuzeigen. Hat sich eine Störung imSinne des Satzes 1 auf einem Flugplatz oder in der unmittelbaren Nähe eines Flugplatzes ereignet, so kann die Anzeige auch bei der Luftaufsichtsstelle erstattet werden, die sie an die Polizei weiterleitet.

Anmerkung zu § 5 Abs. 2 LuftVO:

Bei Unfällen ist über die in Abs. 1 festgelegte schriftliche Meldung hinaus eine **zusätzliche sofortige Anzeige** notwendig.

(3) Absatz 2 findet auch auf Störungen Anwendung, die sich bei dem Betrieb eines deutschen Luftfahrzeugs außerhalb des Geltungsbereichs dieser Verordnung ereignet haben; die Anzeige ist jedoch unmittelbar an das Luftfahrt-Bundesamt zu erstatten. Die Anzeigepflicht nach Absatz 1 bleibt unberührt.

(4) Die Anzeigen nach den Absätzen 1 bis 3 sollen enthalten:
a) Namen und derzeitigen Aufenthalt des Anzeigenden,
b) Ort und Zeit der Störung,
c) Art, Muster und Kenn- und Rufzeichen des Luftfahrzeugs,
d) Namen des Halters des Luftfahrzeugs,
e) Zweck des Flugs, Start- und Zielflugplatz,
f) Namen des Luftfahrzeugführers,
g) Anzahl der Besatzungsmitglieder und Fluggäste,
h) Umfang des Personen- und Sachschadens,
i) Darstellung des Störungsablaufs.

Zu **§ 5 LuftVO** gibt es eine **Durchführungsbestimmung** (AIP, Band I, RAC-1-3):

Anzeige von Flugunfällen und sonstigen Störungen beim Betrieb von Luftfahrzeugen
(NfL I - 268/71 und NfL I - 19/72 — § 5 LuftVO)

1. Schriftliche Anzeige

Nach § 5 Abs. 1 LuftVO hat der Halter eines Luftfahrzeugs Störungen beim Betrieb des Luftfahrzeugs dem Luftfahrt-Bundsamt (LBA) innerhalb von drei Tagen schriftlich anzuzeigen.

Als **Störungen** gelten:

(1) Störungen, bei denen nach § 5 Abs. 2 und 3 LuftVO eine Sofortanzeige zu erstatten ist;

(2) Bedrohung von Besatzungsmitgliedern während des Fluges;

(3) Ausfall eines Mitglieds der Flugbesatzung durch gesundheitliche Störungen während des Fluges;

(4) Feuer oder Explosion beim Betrieb eines Luftfahrzeugs;

(5) Funktionsstörungen und Schäden an Steuerungsanlagen (einschließlich Flügelklappen und sonstigen aerodynamischen Einrichtungen);

(6) Schäden an Triebwerken, die zu einem Triebwerkswechsel führen;

(7) Abkommen von Start- oder Landebahnen einschließlich Zukurz- oder Zuweitkommen;

(8) unkontrollierte Fluglagen;

(9) besondere meteorologische Phänomene wie extrem starke Turbulenz, extreme Vereisung, statische Aufladung und Blitzeinschläge in das Luftfahrzeug;

(10) Störungen in der Ausrüstung des Luftfahrzeugs oder an Bodenanlagen, die zum Abbruch eines Landeanflugs führen;

(11) Schäden an tragenden Bauteilen, die die Festigkeit der Zelle beeinträchtigen können;

(12) Zusammenstöße mit Vögeln;

(13) Zusammenstöße von Luftfahrzeugen und gefährliche Begegnungen zwischen Luftfahrzeugen;

(14) sonstige Störungen, deren Bekanntwerden der Flugunfallverhütung dienlich sein kann, z. B. Notlandungen.

2. Sofortanzeigen

Nach § 5 Abs. 2 LuftVO sind Störungen, bei denen eine Person getötet oder schwer verletzt worden ist oder ein Luftfahrzeug einen schweren Schaden erlitten oder verursacht hat, unbeschadet der Anzeigepflicht nach § 5 Abs. 1 LuftVO unverzüglich der nächsten erreichbaren Polizeidienststelle zur Weiterleitung an die Luftfahrtbehörde des Landes, da LBA und die nächste Flugsicherungsdienststelle anzuzeigen. Ereignet sich eine solche Störung auf oder in unmittelbarer Nähe eines Flugplatzes, kann die Anzeige auch bei der Luftaufsichtsstelle erstattet werden.
Störungen i. S. des § 5 Abs. 2 LuftVO, die sich außerhalb des Geltungsbereiches der LuftVO ereignen, sind unbeschadet der Anzeigepflicht nach § 5 Abs. 1 LuftVO nach § 5 Abs. 3 LuftVO unmittelbar dem LBA anzuzeigen.

Im Sinne des § 5 Abs. 2 und 3 LuftVO gelten:

als schwere Verletzung eine Verletzung,die

(1) einen Krankenhausaufenthalt von mehr als 48 Stunden erforderlich macht,
(2) Knochenbrüche zur Folge hat, mit Ausnahme einfacher Brüche von Fingern, Zehen oder der Nase,
(3) schwere Blutungen, Nerven-, Muskel- oder Sehnenschäden zur Folge hat,
(4) an inneren Organen ensteht oder
(5) zu Verbrennungen zweiten oder dritten Grades oder von mehr als fünf Prozent der Körperoberfläche führt;

als schwerer Schaden am Luftfahrzeug eine Beschädigung, die den Festigkeitsverband der Zelle, die Flugleistungen oder die Flugeigenschaften nachteilig beeinflußt und die normalerweise eine größere Instandsetzung oder das Auswechsel des betreffenden Bauteils erforderlich macht.
Ausgenommen sind Motorausfälle, auf Triebwerke beschränkte Schäden, verformte Verkleidungen oder Hauben, eingebeulte Beplankungen, kleine Löcher in der Beplankung, Rollschäden an Propellerblättern, Schäden an Bereifung, Motorzubehörteilen, Bremsen oder Flügelspitzen;

als schwerer Drittschaden ein Schaden von mehr als DM 1000,—.

3. Inhalt und Form der Anzeigen

Die Anzeigen nach § 5 LuftVO sollen außer Namen und Aufenthaltsort des Anzeigenden soweit wie möglich folgende Einzelheiten enthalten:

(1) Datum und Uhrzeit der Störung;
(2) Ort der Störung;
(3) Eintragungszeichen des Luftfahrzeugs;
(4) Muster des Luftfahrzeugs;
(5) Eigentümer und ggf. Halter oder Charter des Luftfahrzeugs;
(6) Name des Luftfahrzeugsführers;
(7) Anzahl der Personen an Bord des Luftfahrzeugs (Besatzung/Fluggäste);
(8) letzter Startflugplatz und Startzeit;
(9) Bestimmungsflugplatz;
(10) Art des Flugplans (IFR-, VFR-, Sonder-VFR-Flugplan oder ohne Flugplan);
(11) Betriebsart (z. B. Fluglinienverkehr, gewerblicher Gelegenheitsverkehr, gewerblicher Arbeitsflug, Geschäftsverkehr, Privatverkehr, Ausbildung, sonstige)
(12) Anzahl der getöteten Personen (Besatzung/Fluggäste/Außenstehende);
(13) Anzahl der verletzten Personen (Besatzung/Fluggäste/Außenstehende)
(14) Sachschaden am Luftfahrzeug (zerstört, schwer, leicht, nicht beschädigt);
(15) Sachschaden Dritter;
(16) Betriebsphase, in der die Störung eintrat (z. B. Stand, Rollen, Start, Reiseflug, Landung);
(17) Art der Störung (z. B. Ausbrechen, Bauchlandung, Fahrwerksbruch, harte Landung, Kopfstand, Überschlag, Zukurzkommen, Landung neben der Landebahn, Zuweitkommen, Berührung mit Hindernissen, Zusammenstoß, Brand oder Explosion im Fluge, unkontrollierte Fluglage, Notlandung);
(18) Angabe über beförderte explosive und radioaktive Stoffe und andere gefährliche Güter.

Schriftliche Anzeigen nach § 5 Abs. 1 LuftVO über Störungen, für die nach § 5 Abs. 2 und 3 LuftVO bereits eine Sofortanzeige erstattet worden ist, sollen auf einem vom LBA herausgegebenen Formblatt erfolgen. Die Vordrucke können vom LBA und den Luftaufsichtsstellen bezogen werden. Die übrigen schriftlichen Anzeigen nach § 5 Abs. 1 LuftVO können ohne besondere Form erfolgen.

Zur Vereinfachung der Anzeige von gefährlichen Begegnungen zwischen Luftfahrzeugen nach Nr. 1. (13) genügt es, wenn diese Anzeigen nur bei der BFS erstattet werden. Die BFS wird diese Anzeigen, soweit erforderlich, an das LBA weiterleiten.

4. Spurensicherung

Das Luftfahrzeug und die von ihm bei einer Störung verursachten Spuren sollen, außer zur Bergung von Überlebenden, Post und Wertgegenständen, bis zur Entscheidung durch das LBA nicht verändert werden.

5. Sonstige Anzeigepflichten

Die Anzeigepflichten nach § 9 Abs. 6 und § 39 der Betriebsordnung für Luftfahrtgerät vom 4. März 1970 bleiben von der Anzeigepflicht nach § 5 LuftVO unberührt.

7.4 Die Allgemeinen Regeln (§§ 6 bis 27a LuftVO)

7.4.1 Sicherheitsmindesthöhe (§ 6 LuftVO)

(1) Die Sicherheitsmindesthöhe darf nur unterschritten werden, soweit es bei Start und Landung notwendig ist. Sicherheitsmindesthöhe ist die Höhe, bei der weder eine unnötige Lärmbelästigung im Sinne des § 1 Abs. 2 noch im Falle einer Notlandung eine unnötige Gefährdung von Personen und Sachen zu befürchten ist, mindestens jedoch über Städten, anderen dichtbesiedelten Gebieten und Menschenansammlungen eine Höhe von 300 m (1000 ft) über dem höchsten Hindernis in einem Umkreis von 600 m, in allen übrigen Fällen eine Höhe von 150 m (500 ft) über Grund oder Wasser. Segelflugzeuge und Ballone können die Höhe von 150 m auch unterschreiten, wenn die Art ihres Betriebs dies notwendig macht und eine Gefahr für Personen und Sachen nicht zu befürchten ist.

(2) Brücken und ähnliche Bauten sowie Freileitungen und Antennen dürfen nicht unterflogen werden.

(3) Für Flüge zu besonderen Zwecken kann die örtlich zuständige Luftfahrtbehörde des Landes Ausnahmen zulassen.

(4) Für Flüge nach Instrumentenflugregeln gilt § 36.

a) Über Städten, dichtbesiedelten Gebieten und Menschenansammlungen

b) In allen übrigen Fällen

Abb. 48
Sicherheitsmindesthöhen bei VFR-Flügen

Zu **§ 6 Abs. 1** gibt es drei **Durchführungsbestimmungen** (AIP, Band III, RAC):

Sicherheitsmindesthöhen

1. **Sicherheitsmindesthöhen über Stadtgebieten**
(NfL I - 190/80 — § 6 Abs. 1 Satz 2 LuftVO)
Nach **§ 6 Abs. 1 Satz 2 LuftVO** ist bei allen Flügen eine Flughöhe einzuhalten, bei der weder eine unnötige Lärmbelästigung im Sinne des § 1 Abs. 2 LuftVO noch im Falle einer Notlandung eine unnötige Gefährdung von Personen und Sachen zu befürchten ist. Die nach dieser Vorschrift einzuhaltende Sicherheitsmindesthöhe bestimmt sich demnach nach der Art des überflogenen Geländes. Um dem Luftfahrzeugführer die Bestimmung der erforderlichen Sicherheitsmindesthöhe zu erleichtern, wird darauf hingewiesen, daß es nach den vorliegenden Erfahrungen grundsätzlich erforderlich sein wird, über **ausgedehnten Stadt- und Siedlungsgebieten mindestens eine Höhe von 2000 ft über dem höchsten Hindernis im Umkreis von 600 m** einzuhalten. Die Verpflichtung zum Einhalten dieser Sicherheitsmindesthöhe besteht **insbesondere über den Großstadtgebieten** von
Bonn, Bremen, Dortmund, Düsseldorf, Duisburg, Essen, Frankfurt, Hamburg, Hannover, Karlsruhe, Köln, München, Nürnberg und Stuttgart.

2. **Sicherheitsmindesthöhe im Bereich von internationalen Verkehrsflughäfen**
(NfL I–4/88 – § 6 Abs. 1 LuftVO)
Bei **An- bzw. Abflügen nach Sichtflugregeln** an **Verkehrsflughäfen** dürfen **rollende** oder **parkende Luftfahrzeuge** sowie **bebaute Flächen im Flughafenbereich** (Abfertigungsgebäude, Tanklager usw.) nur mit einem **ausreichenden vertikalen Sicherheitsabstand** (vgl. § 6 Abs. Luft VO) überflogen werden. 150 m 500 ft

3. **Überfliegen von Industrieanlagen hoher Gefahrenklasse und von Kernenergieanlagen**
(NfI I – 190/79 – § 6 Abs. 1 Satz 2 LuftVO)
Alle Luftfahrzeugführer werden ersucht, den **Bereich von Industrieanlagen hoher Gefahrenklasse** und von **Kernenergieanlagen**
a) **in ausreichendem Abstand zu umfliegen** oder
b) **bei Überflügen** die Bestimmungen des **§ 6 LuftVO** über **Sicherheitsmindesthöhen genauestens zu beachten.** Es wird in diesen Fällen grundsätzlich erforderlich sein, Sicherheitsmindesthöhen einzuhalten, bei denen alle denkbaren Möglichkeiten eines Flugunfalls in Ansatz gebracht werden, und die daher stets wesentlich größer sein werden, als die in § 6 genannte Sicherheitsmindesthöhe von 1000 ft.

In der **Luftfahrtkarte 1 : 500000** sind diese Anlagen mit folgendem Symbol im Rotaufdruck eingetragen:

7.4.2 Abwerfen von Gegenständen (§ 7 LuftVO)

(1) Das Abwerfen oder Ablassen von Gegenständen oder sonstigen Stoffen aus oder von Luftfahrzeugen ist verboten. Dies gilt nicht für Ballast in Form von Wasser oder feinem Sand, für Treibstoffe, Schleppseile, Schleppbanner und ähnliche Gegenstände, wenn sie an Stellen abgeworfen werden, an denen eine Gefahr für Personen oder Sachen nicht besteht.

(2) Die örtlich zuständige Luftfahrtbehörde des Landes kann Ausnahmen von dem Verbot nach Absatz 1 Satz 1 zulassen, wenn eine Gefahr für Personen oder Sachen nicht besteht. Wildfütterung

(3) Das Abwerfen von Post regelt der Bundesminister für das Post- und Fernmeldewesen oder die von ihm bestimmte Stelle im Einvernehmen mit der zuständigen Luftfahrtbehörde des Landes.

7.4.3 Kunstflug (§ 8 LuftVO)

(1) Kunstflüge dürfen nur bei Flugverhältnissen, bei denen nach Sichtflugregeln geflogen werden darf, und nur mit ausdrücklicher Zustimmung aller Insassen des Luftfahrzeugs ausgeführt werden.

(2) Kunstflüge in Höhen von weniger als 400 m (1330 ft), sowie über Städten, anderen dichtbesiedelten Gebieten, Menschenansammlungen und Flughäfen sind verboten. Die örtlich zuständige Luftfahrtbehörde des Landes kann im Einzelfall Ausnahmen zulassen.

(3) Kunstflüge bedürfen, soweit sie in der Umgebung von Flugplätzen ohne Flugverkehrskontrollstelle durchgeführt werden, unbeschadet einer nach § 26 erforderlichen Flugverkehrsfreigabe der Zustimmung der Luftaufsichtsstelle. Absatz 2 bleibt unberührt.

Anmerkungen zu § 8 LuftVO:

Für **Kunstflüge im kontrollierten Luftraum** und über **Flugplätzen mit Flugverkehrskontrollstelle** hat der Luftfahrzeugführer

1. der zuständigen Flugverkehrskontrollstelle einen **Flugplan** zu übermitteln (§ 25 Abs. 1 LuftVO);
2. eine **Flugverkehrsfreigabe** einzuholen (§ 26 Abs. 1 LuftVO).

Für **Kunstflüge** in der Umgebung von **Flugplätzen ohne Flugverkehrskontrolle** hat der Luftfahrzeugführer

1. eine **Flugverkehrsfreigabe** einzuholen, falls der Flug im **kontrollierten Luftraum** stattfinden soll;
2. die **Zustimmung der Luftaufsichtsstelle** einzuholen.

7.4.4. Schlepp- und Reklameflüge (§ 9 LuftVO)

(1) Reklameflüge mit geschleppten Gegenständen bedürfen der Erlaubnis der Luftfahrtbehörde des Landes, in dem der Antragsteller seinen Wohnsitz oder Sitz hat. Die Erlaubnis darf nur erteilt werden, wenn

1. **der Luftfahrzeugführer die Schleppberechtigung nach der Verordnung über Luftfahrtpersonal besitzt;**
2. **das Luftfahrzeug mit einem geeichten Barographen zur Feststellung der Flughöhen während des Fluges ausgerüstet ist;**
3. **bei dem beantragten Flug nicht mehr als drei Luftfahrzeuge im Verband fliegen, wobei der Abstand zwischen dem geschleppten Gegenstand des voranfliegenden Luftfahrzeugs und dem nachfolgenden Luftfahrzeug sowie zwischen den Luftfahrzeugen mindestens 60 m betragen muß;**
4. **die Haftpflichtversicherung das Schleppen von Gegenständen ausdrücklich mit einschließt.**

(2) Absatz 1 findet auf das Schleppen von Gegenständen zu anderen als Reklamezwecken sinngemäß Anwendung; Absatz 1 Nr. 2 gilt nicht für Arbeitsflüge von Drehflüglern. Das Schleppen von Segelflugzeugen bedarf nicht der Erlaubnis nach Absatz 1; es genügt die Schleppberechtigung nach der Luftverkehrs-Zulassungs-Ordnung in Verbindung mit der Verordnung über Luftfahrtpersonal.

(3) Die Erlaubnisbehörde kann aus Gründen der öffentlichen Sicherheit oder Ordnung, vor allem zur Verhinderung von Lärmbelästigungen, Auflagen machen. Sie kann insbesondere in Abweichung von § 6 höhere Sicherheitsmindesthöhen bestimmen und zeitliche Beschränkungen auferlegen.

(4) Reklameflüge, bei denen die Reklame nur in der Beschriftung des Luftfahrzeugs besteht, bedürfen keiner Erlaubnis.

(5) Flüge zur Reklame mit akustischen Mitteln sind verboten.

7.4.5. Uhrzeit und Maßeinheiten (§ 9a LuftVO)

(1) Im Flugbetrieb sind die Koordinierte Weltzeit (UTC) und die vorgeschriebenen Maßeinheiten anzuwenden.

(2) Die Bundesanstalt für Flugsicherung wird ermächtigt, die Maßeinheiten nach Absatz 1 festzulegen und in dem Bundesanzeiger sowie in den Nachrichten für Luftfahrer bekanntzumachen.

Zu **§ 9a** (Maßeinheiten) gibt es eine **Durchführungsverordnung** (DVO), die im **Luftfahrthandbuch (AIP), Band I, GEN-1** veröffentlicht ist:

Festlegung der Maßeinheiten
(4. DVO zur LuftVO — NfL I-3/70)

Für Zwecke der Navigation:	**Seemeilen und Zehntel**
Für kurze Entfernungsangaben, insbes. für Entfernungsangaben auf Flugplätzen:	**Meter**
Höhen über NN, geographische Höhen und Höhen über Grund:	**Fuß**
Horinzontale Geschwindigkeit einschl. Windgeschwindigkeit:	**Knoten**
Vertikale Geschwindigkeit:	**Fuß je Minute**
Windrichtung für Landung und Start:	**Grad mißweisend**
Windrichtung außer für Start und Landung:	**Grad rechtweisend**
Sicht einschl. Landebahnsicht:	**Kilometer oder Meter**
Höhenmessereinstellung:	**Hektopascal**
Temperatur:	**Grad Celsius**
Gewicht:	**Kilogramm**

Auf Verlangen der Luftfahrzeugführer kann für Luftdruckangaben zur Einstellung barometrischer Höhenmesser auch die Maßeinheit Zoll verwendet werden.

Anmerkung: Die **§§ 10 und 11 LuftVO** (Luftraumordnung, Luftsperrgebiete und Gebiete mit Flugbeschränkungen) sind unter **7.1 „Luftraumgliederung“** zu finden!

7.4.6 Vermeidung von Zusammenstößen (§ 12 LuftVO)

(1) Der Luftfahrzeugführer hat zur Vermeidung von Zusammenstößen zu Luftfahrzeugen sowie anderen Fahrzeugen und sonstigen Hindernissen einen ausreichenden Abstand einzuhalten. Im Fluge, ausgenommen bei Start und Landung, ist zu einzelnen Bauwerken oder anderen Hindernissen ein Mindestabstand von 150 m einzuhalten; § 6 Abs. 1 bleibt unberührt. Satz 2 gilt nicht für Segelflugzeuge und bemannte Freiballone; für sonstige Luftfahrzeuge kann die zuständige Luftfahrtbehörde des Landes im Einzelfall Ausnahmen zulassen. Die Verpflichtung nach Satz 1 und 2 wird auch dann, wenn eine Flugverkehrskontrollstelle tätig ist, nicht berührt.

(2) Luftfahrzeuge dürfen im Verband nur nach vorangegangener Vereinbarung der Luftfahrzeugführer geflogen werden.

Anmerkungen zu § 12 LuftVO:

Der **Abstand ist ausreichend,** wenn Zusammenstöße vermieden werden. Da diese Vorschrift sowohl im Fluge als auch beim Rollen auf dem Boden gilt, können Mindestabstände — mit Ausnahme des in **§ 12 Abs. 1** angegebenen — nicht verbindlich festgelegt werden.

Der Luftfahrzeugführer hat also zur Vermeidung von Zusammenstößen

1. zu **Luftfahrzeugen** sowie in der **Luft befindlichen Gegenständen** einen ausreichenden Abstand einzuhalten;
2. zu **anderen Fahrzeugen** und **sonstigen Hindernissen** ausreichenden Abstand einzuhalten;
3. **im Fluge** — mit Ausnahme von Start und Landung — zu **einzelnen Bauwerken** oder anderen **am Boden festgemachten Hindernissen** einen **Mindestabstand von 150 m** einzuhalten.

Die Vorschriften über die **Sicherheitsmindesthöhen** (§ 6 Abs. 1 LuftVO) bleiben unberührt.

Segelflugzeuge und bemannte Freiballone brauchen den Mindestabstand von 150 m **nicht** einzuhalten.

Für die **Durchführung von Verbandsflügen** (§ 12 Abs. 2 LuftVO) gilt **zusätzlich** folgendes (AIP, Band I, RAC-1-4):

Durchführung von Verbandsflügen
(NfL I — 122/74 und I — 192/74)

In Durchführung der **Flugverkehrskontrolle** werden die zu einem Verband gehörenden Luftfahrzeuge bei der Erteilung von Flugverkehrsfreigaben und bei der Erstellung von Staffelung als **ein Luftfahrzeug** betrachtet. Der Verbandsführer und die dem Verband zugehörenden Luftfahrzeugführer sind dafür verantwortlich, daß die erforderlichen Sicherheitsabstände innerhalb des Verbands aufrechterhalten bleiben.

7.4.7 Ausweichregeln (§ 13 LuftVO)

(1) Luftfahrzeuge, die sich im Gegenflug einander nähern, haben, wenn die Gefahr eines Zusammenstoßes besteht, nach rechts auszuweichen.

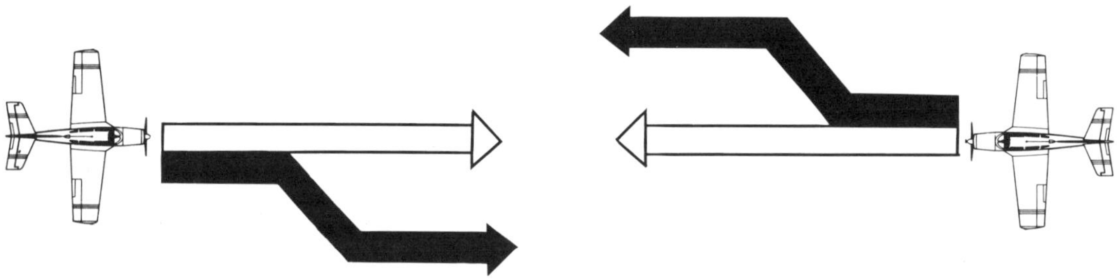

Abb. 49

Gegenflug-Ausweichregel: Nach **RECHTS** ausweichen!

Anmerkung zu § 13 Abs. 1 LuftVO:

Eine **Begegnung** im Sinne des **§ 13 Abs. 1** liegt dann vor, wenn Luftfahrzeuge sich einander in **gleicher** oder **annähernd gleicher Höhe** nähern und dabei eine **Zusammenstoßgefahr nicht ausgeschlossen** ist.

(2) Kreuzen sich die Flugrichtungen zweier Luftfahrzeuge in nahezu gleicher Höhe, so hat das Luftfahrzeug, das von links kommt, auszuweichen. Jedoch haben stets auszuweichen:

1. **motorgetriebene Luftfahrzeuge, die schwerer als Luft sind, den Luftschiffen, Segelflugzeugen und Ballonen;**
2. **Luftschiffe den Segelflugzeugen und Ballonen;**
3. **Segelflugzeuge den Ballonen;**
4. **motorgetriebene Luftfahrzeuge den Luftfahrzeugen, die andere Luftfahrzeuge oder Gegenstände erkennbar schleppen.**

Motorsegler, deren Motor nicht in Betrieb ist, gelten bei Anwendung der Ausweichregeln als Segelflugzeuge.

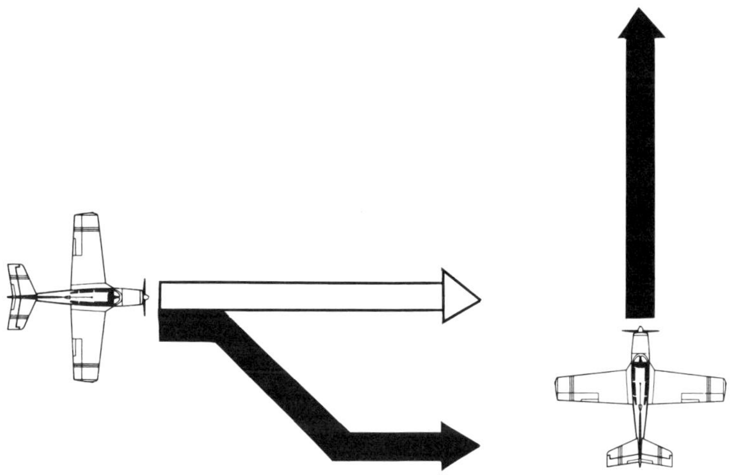

Abb. 50

Ausweichregel bei sich kreuzenden Flugwegen: Das von **LINKS** kommende Flugzeug muß ausweichen!

Anmerkungen zu § 13 Abs. 2 LuftVO:

Die **Ausweichpflicht** besteht grundsätzlich für das von **LINKS kommende Luftfahrzeug.**
Dabei haben jedoch **immer** die **manövrierfähigeren** Luftfahrzeuge den **weniger manövrierfähigen** Luftfahrzeugen nach der in § 13 Abs. 2 festgelegten Reihenfolge (1. bis 4.) **auszuweichen.**

(3) Überholt ein Luftfahrzeug ein anderes, so hat das überholende Luftfahrzeug, auch wenn es steigt oder sinkt, den Flugweg des anderen zu meiden und seinen Kurs nach rechts zu ändern. Ein Luftfahrzeug überholt ein anderes, wenn es sich dem anderen von rückwärts in einer Flugrichtung nähert, die einen Winkel von weniger als 70 Grad zu der Flugrichtung des anderen bildet. Bei Nacht ist dieses Verhältnis der Flugrichtungen zueinander anzunehmen, wenn die vorgeschriebenen roten und grünen Positionslichter (Anlage 1 § 2 Abs. 1 Buchstaben a und b) des Luftfahrzeugs nicht gesehen werden können.

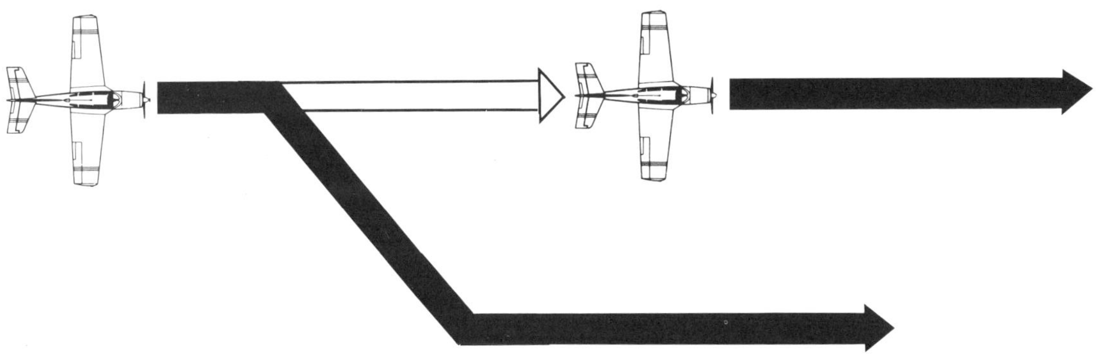

Abb. 51
Überholen: Kurs nach **RECHTS** ändern!

(4) Luftfahrzeugen im Endteil des Landeanflugs und landenden Luftfahrzeugen ist auszuweichen.

Anmerkungen zu § 13 Abs. 4 LuftVO: Diese Vorschrift hat **Vorrang** gegenüber den Regelungen in **§ 13 Abs. 1 bis 3!** Sie ist deshalb gerechtfertigt, weil landende Luftfahrzeuge wegen des Landemanövers in ihrer Bewegungsfähigkeit eingeengt sind und die Luftfahrzeugführer sich voll auf den Landevorgang konzentrieren müssen.

(5) Von mehreren einen Flugplatz gleichzeitig zur Landung anfliegenden Luftfahrzeugen, die schwerer als Luft sind, hat das höher fliegende dem tiefer fliegenden Luftfahrzeug auszuweichen. Jedoch haben motorgetriebene Luftfahrzeuge, die schwerer als Luft sind, anderen Luftfahrzeugen in jedem Fall auszuweichen. Ein tiefer fliegendes Luftfahrzeug darf ein anderes Luftfahrzeug, das sich im Endteil des Landeanflugs befindet, nicht unterschneiden oder überholen.

Anmerkungen zu § 13 Abs. 5 LuftVO:

Für Luftfahrzeuge, die **schwerer als Luft** sind (Flugzeuge, Motorsegler, Segelflugzeuge, Hubschrauber), gilt die Regel, daß das **höher fliegende** dem **tiefer fliegenden** Luftfahrzeug auszuweichen hat.

Ein **tiefer fliegendes** Luftfahrzeug ist jedoch dann **nicht mehr vorflugberechtigt,** wenn es ein höher fliegendes Luftfahrzeug, das sich im Endanflug befindet, **unterschneiden oder überholen** müßte.

Motorgetriebene Luftfahrzeuge, die schwerer als Luft sind (Flugzeuge, Motorsegler, Hubschrauber), haben aber **in allen Fällen** — ungeachtet der Vorschriften in § 13 Abs. 5 Satz 1 und 3 — **anderen Luftfahrzeugen** (z.B. Segelflugzeugen, Luftschiffen, Freiballonen) **auszuweichen.**

(6) Ein Luftfahrzeug darf erst dann starten, wenn keine Gefahr eines Zusammenstoßes besteht.

(7) Ein Luftfahrzeug hat einem anderen Luftfahrzeug, das erkennbar in seiner Manövrierfähigkeit behindert ist, auszuweichen.

(8) Ein Luftfahrzeug, das nach den Absätzen 1 bis 5 und 7 nicht ausweichen oder seinen Kurs zu ändern hat, muß seinen Kurs und seine Geschwindigkeit beibehalten, bis eine Zusammenstoßgefahr ausgeschlossen ist.

Anmerkung zu § 13 Abs. 8 LuftVO:

Ein **vorflugberechtigtes** Luftfahrzeug darf den anderen Luftverkehrsteilnehmer **nicht irritieren** und muß deshalb seinen **Kurs** und die **Geschwindigkeit** solange **beibehalten,** bis eine Zusammenstoßgefahr ausgeschlossen ist.

(9) Die Vorschriften über die Ausweichregeln entbinden die beteiligten Luftfahrzeugführer nicht von ihrer Verpflichtung, so zu handeln, daß ein Zusammenstoß vermieden wird. Ein Luftfahrzeug, das nach den Absätzen 2 bis 5 und 7 einem anderen Luftfahrzeug ausweichen oder oder dessen Flugweg meiden und seinen Kurs ändern muß, darf das andere Luftfahrzeug nur in einem Abstand überfliegen, unterfliegen oder vor diesem vorbeifliegen, der eine Gefährdung oder Behinderung dieses Luftfahrzeugs ausschließt.

Anmerkung zu § 13 Abs. 9 LuftVO:

Ein **nicht vorflugberechtigtes** Luftfahrzeug, das einem anderen Luftfahrzeug ausweichen oder dessen Flugweg meiden und seinen Kurs ändern muß, hat die Ausweichbewegung **so rechtzeitig** einzuleiten und durchzuführen, daß das **vorflugberechtigte Luftfahrzeug** weder **gefährdet** noch **behindert** wird. Über- oder Unterfliegen oder Vorbeifliegen **vor** dem anderen Luftfahrzeug sollte man — wenn immer möglich — vermeiden, da solche Flugmanöver wegen der **Fehleinschätzung der Annäherungsgeschwindigkeiten** erhebliche Gefahren in sich bergen.

7.4.8. Wolkenflüge mit Segelflugzeugen (§ 14 LuftVO)

Wolkenflüge mit Segelflugzeugen können von der Bundesanstalt für Flugsicherung erlaubt werden, wenn die Sicherheit der Luftfahrt durch geeignete Maßnahmen aufrechterhalten werden kann. Die Erlaubnis kann mit Auflagen verbunden werden.

Anmerkungen zu § 14 LuftVO:

Segelflugzeugführer bedürfen zur Durchführung solcher Flüge der **„Wolkenflugberechtigung“** (§ 85 LuftPersV), das Segelflugzeug muß mit einem betriebsbereiten **UKW-Sende- und Empfangsgerät** für den Sprechfunkverkehr ausgerüstet sein und es muß ein **Flugplan** aufgegeben werden (§ 25 Abs. 1 LuftVO). Desweiteren ist eine **Genehmigung** der **Bundesanstalt für Flugsicherung** (BFS) erforderlich.

7.4.9 Außenstarts und Außenlandungen (§ 15 LuftVO)

(1) Starts und Landungen von Flugzeugen, Drehflüglern, Luftschiffen, Motorseglern und Segelflugzeugen außerhalb der für sie genehmigten Flugplätze bedürfen der Erlaubnis der örtlich zuständigen Luftfahrtbehörde des Landes. Die Erlaubnis für Außenlandungen von Motorseglern und Segelflugzeugen, die sich auf einem Überlandflug befinden, gilt als erteilt.

(2) Absatz 1 Satz 1 ist auf Außenlandungen von Fallschirmabspringern sinngemäß anzuwenden.

(3) Die Erlaubnisbehörde kann von dem Antragsteller den Nachweis der Zustimmung des Grundstückseigentümers oder der sonstigen Berechtigten verlangen.

Anmerkungen zu § 15 LuftVO:

Dieser Paragraph der LuftVO ist eine **Ausführunsvorschrift** zu **§ 25 LuftVG** (siehe hierzu auch 4.2 „Flugplatzzwang, Außenstarts und Außenlandungen, Notlandungen“).
Die **Erlaubnis für Außenstarts und Außenlandungen** wird durch die örtlich **zuständige Luftfahrtbehörde des Landes** erteilt, in deren Zuständigkeitsbereich der Außenstart oder die Außenlandung erfolgen soll.
Einer **Erlaubnis** für **Außenlandungen** bedarf es nach § 25 Abs. 2 LuftVG **nicht,** wenn

1. der **Ort der Landung** infolge der Eigenschaften des Luftfahrzeugs **nicht vorausbestimmbar** ist (z.B. Segelflugzeuge, Fallschirmabsprünge);
2. die **Landung aus Gründen der Sicherheit** (Notlandung) oder zur **Unfallhilfe** (Rettungsflüge) erforderlich ist.

Für den **Wiederstart** nach solchen Landungen ist im Normalfall eine **Außenstarterlaubnis** zu beantragen, es sei denn, daß ein **Flug zur Rettung von Menschenleben** keinen Aufschub zuläßt.

7.4.10. Von Luftfahrzeugen zu führende Lichter (§ 17 LuftVO)

(1) Von Sonnenuntergang bis Sonnenaufgang haben im Betrieb befindliche Luftfahrzeuge die Lichter nach Anlage 1 zu führen; sie dürfen keine Lichter führen, die mit diesen verwechselt werden können. Wenn es zur Sicherung des Verkehrs erforderlich ist, sind Luftfahrzeuge, die nicht in Betrieb sind, durch die Lichter nach Anlage 1 oder durch sonstige Beleuchtungseinrichtungen von dem Luftfahrzeugführer oder Halter oder den in § 2 Abs. 2 Satz 2 und 3 genannten anderen Personen kenntlich zu machen. Satz 2 gilt nicht, wenn die Luftfahrzeuge durch andere Lichtquellen ausreichend beleuchtet sind.

(2) Das Zusammenstoß-Warnlicht nach § 3 der Anlage 1 ist von in Betrieb befindlichen Luftfahrzeugen am Tage und in der Nacht zu führen. Das Luftfahrt-Bundesamt kann Ausnahmen zulassen.

Auszüge aus Anlage 1 zur LuftVO :

1. Positionslichter (engl.: position lights)

(1) Flugzeuge haben **folgende Positionslichter** zu führen (Abb. 52):

a) **ein rotes Licht,** das unbehindert von genau voraus **nach links** über einen **Winkel von 110 Grad** und nach oben und unten scheint;

b) **ein grünes Licht,** das unbehindert von genau voraus **nach rechts** über einen **Winkel von 110 Grad** und nach oben und unten scheint;

c) **ein weißes Licht,** das unbehindert von genau **nach hinten** nach links und nach rechts über einen **Winkel von genau 70 Grad** und nach oben und unten scheint.

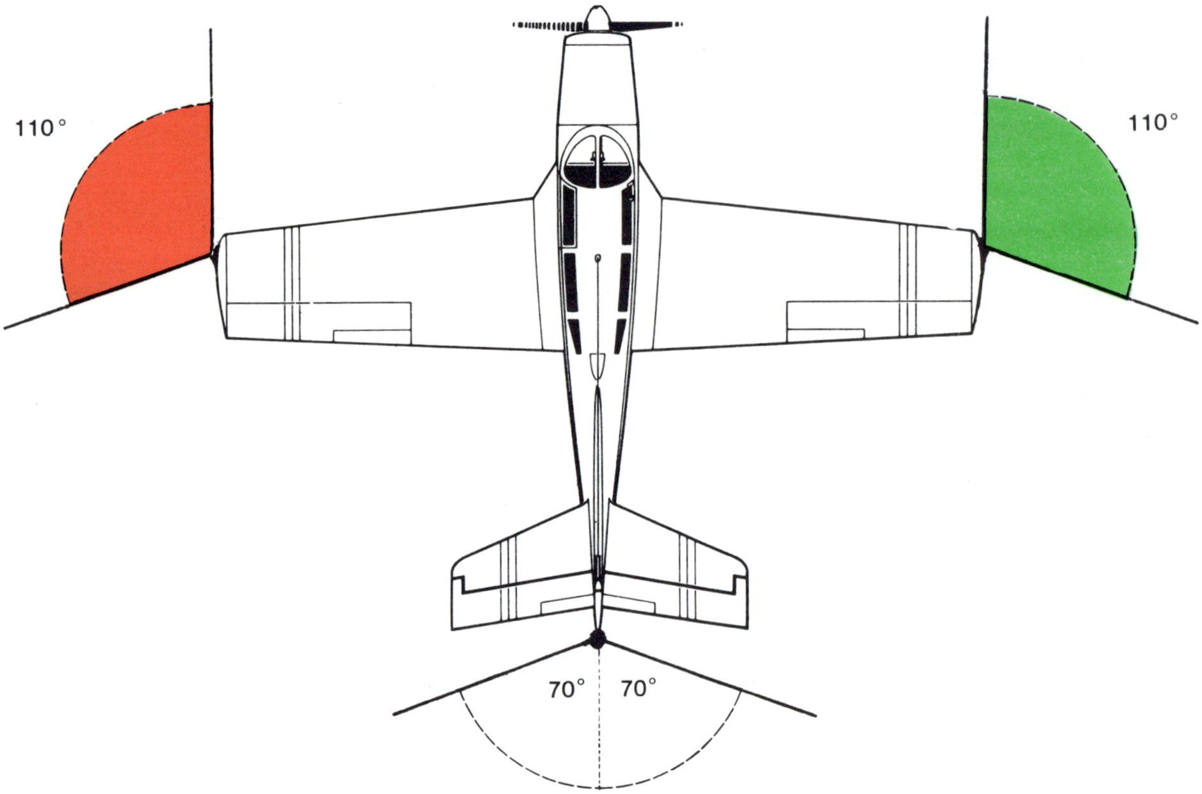

Abb. 52

Positionslichter (position lights)

(2) Die Positionslichter dürfen entweder **Dauerlichter oder Blinklichter** sein. Falls **Blinklichter** verwendet werden, dürfen **zusätzlich folgende Lichter** geführt werden:

a) **ein rotes Blinklicht am Heck,** das in den Blinkpausen des in Absatz 1 Buchstabe c) beschriebenen Lichts am Heck leuchtet und/oder

b) **ein weißes Blinklicht,** das aus allen Richtungen zu sehen ist und in den Blinkpausen der in Absatz 1 beschriebenen Lichter leuchtet.

2. Zusammenstoß-Warnlichter (engl.: anti-collision lights)

(1) **Flugzeuge, Drehflügler und Luftschiffe** sind mit einem oder mehreren **Zusammenstoß-Warnlichtern auszurüsten.** Diese sind als Blinklichter so einzurichten und anzubringen, daß sie möglichst aus allen Richtungen zwischen 30 Grad über und 30 Grad unter der Horinzontalebene des betreffenden Luftfahrzeugs zu sehen sind, ohne die Sicht des Luftfahrzeugführers und die Sichtbarkeit der Positionslichter zu beeinträchtigen. Die Art der Ausführung wird von dem Luftfahrt-Bundesamt bestimmt. Bei Luftfahrzeugen, die mit Zusammenstoß-Warnlichtern ausgerüstet sind, müssen die unter 1. beschriebenen Positionslichter als Dauerlichter eingerichtet sein.

(2) **Motorsegler, Segelflugzeuge und Freiballone** sind mit einem oder mehreren **Zusammenstoß-Warnlichtern** aus-

Absatz 1 oder an deren Stelle mit **anderen Mitteln zu einer besseren Erkennbarkeit** der Luftfahrzeuge auszurüsten. Das Nähere wird von dem Luftfahrt-Bundesamt geregelt.

(3) Das **Luftfahrt-Bundesamt** kann allgemein oder im Einzelfall **Ausnahmen** zulassen. Die Ausnahmen können befristet und mit Auflagen verbunden werden.

Nähere Einzelheiten über **Zusammenstoß-Warnlichter** oder eine **Farbkennzeichnung** als Mittel zu einer besseren Erkennbarkeit sind im **Luftfahrthandbuch (AIP), Band I, RAC — 1 — 3** als Durchführungsbestimmung zur LuftVO veröffentlicht.

7.4.11 Übungsflüge unter angenommenen Instrumentenflugbedingungen (§ 18 LuftVO)

Ein Luftfahrzeug darf unter angenommenen Instrumentenflugbedingungen nur geflogen werden, wenn

1. **eine Doppelsteuerung vorhanden ist und**
2. **ein zweiter Luftfahrzeugführer am Doppelsteuer mitfliegt, der einen für das Muster des Luftfahrzeugs gültigen Luftfahrerschein besitzt. Der zweite Luftfahrzeugführer muß den Luftraum beobachten, nötigenfalls muß er sich der Hilfe eines Beobachters bedienen, der in Sprechverbindung mit ihm steht.**

Anmerkungen zu § 18 LuftVO:

Solche Übungsflüge werden meist als Schulflüge für den **Erwerb der Instrumentenflugberechtigung** (IFR rating) durchgeführt. Dabei sind die **Sichtflugregeln** (VFR = Visual Flight Rules) zu beachten. Der **verantwortliche Luftfahrzeugführer** ist für die Einhaltung dieser Regeln verantwortlich.
Wenn erforderlich, muß sich der zweite (verantwortliche) Luftfahrzeugführer der Hilfe eines **Beobachters** bedienen, der **keinen Luftfahrerschein** zu besitzen braucht. Dieser muß im Luftfahrzeug so plaziert sein, daß er die Teile des Luftraums einsehen kann, die dem Sichtbereich des verantwortlichen Luftfahrzeugführers entzogen sind.
CVFR-Schulflüge sind **immer mit Sicht nach außen** durchzuführen und fallen somit **nicht** unter diese Regelung.

7.4.12 Gefahrenmeldungen (§ 20 LuftVO)

Der Luftfahrzeugführer hat Beobachtungen über Gefahren für den Luftverkehr unverzüglich der für ihn zuständigen Flugverkehrskontrollstelle zu melden. Die Meldungen sollen alle Einzelheiten enthalten, die für die Gewährleistung der Sicherheit des Luftverkehrs wesentlich sind.

Anmerkungen zu § 20 LuftVO:

Jeder Luftfahrzeugführer ist verpflichtet, **Beobachtungen** über Vorgänge, die eine **Gefahr für den Luftverkehr** darstellen oder darstellen können, der **zuständigen Flugverkehrskontrollstelle** unverzüglich zu melden.
Diese **Meldepflicht** bezieht sich auf **alle Gefahren** für den Luftverkehr (z.B. eigene Notlage, Gewitter, Turbulenzen, Vereisung, Hagel, Ausfall von Funknavigationsanlagen usw.)
In der Praxis sollte die Gefahrenmeldung **über Funk** an die Flugverkehrskontrollstelle übermittelt werden, mit der Sprechfunkverbindung besteht oder mit der Sprechfunkverbindung aufgenommen werden kann.
Sollte aus irgendwelchen Gründen die Gefahrenmeldung während des Fluges **über Funk unmöglich** sein, so muß sie **nach der Landung** auf dem schnellsten Wege an die zuständige Flugverkehrskontrollstelle weitergegeben werden.

7.4.13 Signale und Zeichen (§ 21 LuftVO)

(1) Beobachtet oder empfängt ein Luftfahrzeugführer Signale und Zeichen nach Anlage 2, so hat er die dort vorgesehenen Maßnahmen zu treffen.

(2) Die Signale und Zeichen der Anlage 2 sind nur für die darin beschriebenen Zwecke anzuwenden; andere Signale und Zeichen, die hiermit verwechselt werden können, dürfen nicht verwendet werden.

Auszüge aus Anlage 2 zur LuftVO:

1. Not- und Dringlichkeitssignale

Wahl der anzuwendenden Signale (§ 1 Anlage 2 LuftVO)

Der Führer eines Luftfahrzeugs darf in einer **Notlage jedes verfügbare Mittel** benutzen, um sich bemerkbar zu machen, seinen Standort bekanntzugeben und Hilfe herbeizurufen.

Notsignale (§ 2 Anlage 2 LuftVO)

Die folgenden, entweder zusammen oder einzeln gegebenen Signale bedeuten, daß **schwere und unmittelbare Gefahr** droht und daß **sofortige Hilfe** angefordert wird:

1. ein durch **Tastfunk** oder auf andere Art gegebenes Signal, das aus der Gruppe **SOS (· · · — — — · · · des Morsealphabets)** besteht;
2. ein durch **Sprechfunk** gegebenes Signal, das aus dem gesprochenen Wort **„MAYDAY“** besteht;
3. einzeln und in **kurzen Zeitabständen** abgefeuerte **rotleuchtende Raketen** oder **Leuchtkugeln;**
4. ein **Leuchtfallschirm mit rotem Licht.**

Dringlichkeitssignale (§ 3 Anlage 2 LuftVO)

(1) Die folgenden, entweder gemeinsam oder einzeln gegebenen Signale bedeuten, daß ein Luftfahrzeug sich in einer **schwierigen Lage** befindet, die es **zur Landung zwingt,** jedoch **keine sofortige Hilfeleistung** erfordert:

1. **wiederholtes Ein- und Ausschalten der Landescheinwerfer;**
2. **wiederholtes Ein- und Ausschalten der Positionslichter** derart, daß sie nicht mit Positionslichtern, die als Blinklichter eingerichtet sind, verwechselt werden können.

(2) Die folgenden, entweder gemeinsam oder einzeln gegebenen Signale bedeuten, daß ein Luftfahrzeug eine **sehr dringende Meldung** über die Sicherheit eines Wasserfahrzeugs, eines Luftfahrzeugs, eines anderen Fahrzeugs oder über Personen an Bord oder in Sicht abzugeben hat:

1. ein durch **Tastfunk** oder auf andere Art gegebenes Signal, das aus der Gruppe **XXX (–··– –··– –··–)** besteht;
2. ein durch **Sprechfunk** gegebenes Signal, das aus dem gesprochenen Wort **„PANPAN“** besteht.

2. Warnsignale (§ 4 Anlage 2 LuftVO)

Eine **Folge von Leuchtgeschossen,** die in **den Abständen von 10 Sekunden** abgefeuert werden und von denen sich jedes in **rote und grüne Lichter oder Sterne** zerlegt, zeigt dem Führer eines Luftfahrzeugs an, daß er in einem **Gefahrengebiet** oder unbefugt in einem **Gebiet mit Flugbeschränkungen** oder einem **Luftsperrgebiet** fliegt, oder im Begriff ist, in eines dieser Gebiete einzufliegen, und daß er die erforderlichen **Vorsichtsmaßnahmen** zu ergreifen hat. Diese Signale können entweder vom Boden oder von einem anderen Luftfahrzeug aus abgegeben werden.

3. Signale für den Flugplatzverkehr

Lichtsignale (§ 5 Anlage 2 LuftVO)

(1) Auf ein Luftfahrzeug im Flug gerichtete Lichtsignale bedeuten:

1. Grünes Dauersignal:	**Landung freigegeben**
2. Rotes Dauersignal:	**Platzrunde fortsetzen, anderes Luftfahrzeug hat Vorflug**
3. Grünes Blinksignal:	**Zur Landung zurückkehren oder Anflug fortsetzen** (Freigabe zum Landen und Rollanweisung abwarten)
4. Rotes Blinksignal:	**Nicht landen, Flugplatz unbenutzbar**
5. Weißes Blinksignal:	**Auf diesem Flugplatz landen und zum Vorfeld rollen** (Freigabe zum Landen und Rollanweisung abwarten)
6. Rote Feuerwerkskörper:	**Ungeachtet aller früheren Anweisungen und Freigaben zur Zeit nicht landen**

(2) Auf ein Luftfahrzeug am Boden gerichtete Lichtsignale bedeuten:

1. Grünes Dauersignal:	**Start freigegeben**
2. Rotes Dauersignal:	**Halt**
3. Grünes Blinksignal:	**Rollerlaubnis erteilt**
4. Rotes Blinksignal:	**Benutzte Landefläche freimachen**
5. Weißes Blinksignal:	**Zum Ausgangspunkt auf dem Flugplatz zurückkehren**

In der Luft / In flight: **Am Boden / On the ground:**

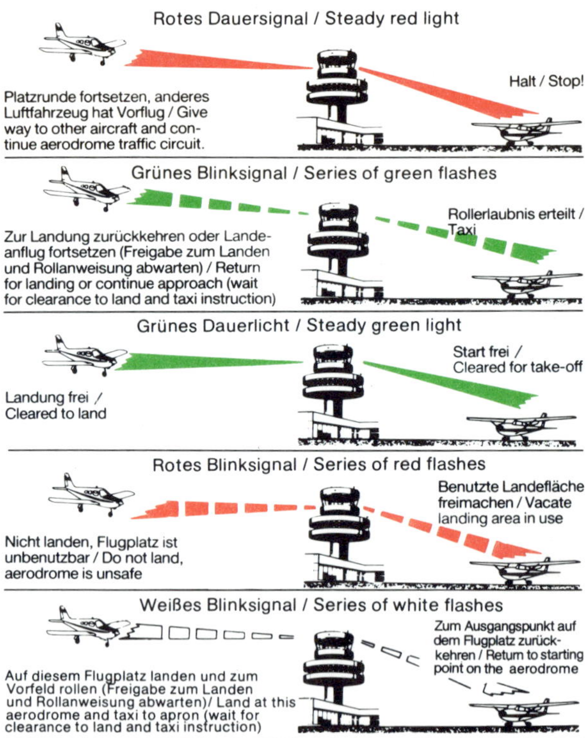

* **Rote Feuerwerkskörper:** Ungeachtet aller früheren Anweisungen und Freigaben zur Zeit nicht landen!
Red pyrotechnical lights: Notwithstanding any previous instructions and clearances, do not land for the time being!

(3) Empfängt ein Luftfahrzeugführer **Signale nach Absatz 1,** hat er diese **wie folgt zu bestätigen:**

1. **zwischen Sonnenaufgang und Sonnenuntergang** durch **wechselweise Betätigung der Querruder,** es sei denn, das Luftfahrzeug befindet sich im Quer- oder Endanflug zur Landung;
2. **zwischen Sonnenuntergang und Sonnenaufgang** durch **zweimaliges Ein- und Ausschalten der Landescheinwerfer** oder der **Positionslichter.**

(4) Empfängt ein Flugzeugführer **Signale nach Absatz 2,** so hat er diese **wie folgt zu bestätigen:**

1. **zwischen Sonnenaufgang und Sonnenuntergang** durch **Bewegen der Querruder** oder **Seitenruder;**
2. **zwischen Sonnenuntergang und Sonnenaufgang** durch **zweimaliges Ein- und Ausschalten der Landescheinwerfer** oder der **Positionslichter.**

Bodensignale (§ 6 Anlage 2 LuftVO)

1. Landeverbot

Signal:
Ein in der Signalfläche ausgelegtes waagerechtes quadratisches rotes Feld mit zwei gelben Diagonalstreifen

Bedeutung:
Landeverbot für längere Zeit.

2. Besondere Vorsicht beim Landeanflug und bei der Landung

Signal:
Ein in der Signalfläche ausgelegtes waagerechtes quadratisches rotes Feld mit einem gelben Diagonalstreifen

Bedeutung:
Beim Landeanflug und bei der Landung ist wegen des schlechten Zustandes des Rollfeldes oder aus anderen Gründen besondere Vorsicht geboten.

3. Benutzung der Start- und Landebahnen und der Rollbahnen

a) Signal:
Eine in der Signalfläche ausgelegte waagerechte weiße Fläche in Form einer Hantel

Bedeuteung:
Zum Starten, Landen und Rollen dürfen nur Start- und Landebahnen und Rollbahnen benutzt werden.

b) Signal:
Eine in der Signalfläche ausgelegte waagerechte weiße Fläche in Form einer Hantel mit je einem schwarzen Streifen in den kreisförmigen Flächenteilen, wobei die Streifen im rechten Winkel zur Längsachse in der Fläche liegen

Bedeutung:
Zum Starten und Landen dürfen nur die Start- und Landebahnen benutzt werden; Rollbewegungen sind nicht auf Start- und Landebahnen oder Rollbahnen beschränkt.

4. Unbenutzbarkeit des Rollfeldes

Signal:

Auf dem Rollfeld ausgelegte Kreuze in weißer oder anderer auffallender Farbe

Bedeutung:

Der durch die Kreuze bezeichnete oder begrenzte Teil des Rollfeldes ist nicht benutzbar.

5. Anweisungen für Start und Landung.

a) Signal:

Ein weißes oder orangefarbenes „T" (Lande-T), das bei Nacht entweder beleuchtet oder durch weiße Lichter dargestellt ist

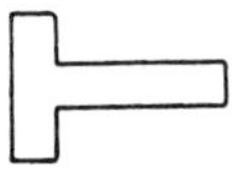

Bedeutung:

Starts und Landungen sind parallel zum Längsbalken des Lande-T in Richtung auf den Querbalken durchzuführen.

b) Signal:

Ein liegendes Tetraeder, das, von der Grundfläche in Richtung auf die Spitze gesehen, auf der linken Seite orangefarbig oder schwarz, auf der rechten Seite weiß oder aluminiumfarbig ist und das bei Nacht, von der Grundfläche in Richtung auf die Spitze gesehen, durch auf der Mittellinie und der rechten Begrenzung angebrachte grüne Lichter und durch auf der linken Begrenzung angebrachte rote Lichter dargestellt ist

Bedeutung:

Starts und Landungen sind in der Richtung auszuführen, in die die Spitze des Tetraeders zeigt.

c) Signal:

Eine zweistellige Zahl auf einer Tafel, die am Kontrollturm oder in dessen Nähe senkrecht angebracht ist

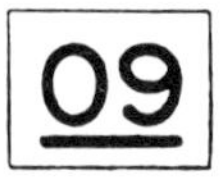

Bedeutung:

Angabe der Startrichtung, abgerundet auf die nächstliegenden zehn Grad der mißweisenden Kompaßrose

6. Richtungsänderungen nach rechts nach dem Start und vor der Landung

Signal:

Ein in der Signalfläche oder am Ende der Start- und Landebahn oder des Schutzstreifens waagerecht ausgelegter und nach rechts abgewinkelter Pfeil in auffallender Farbe

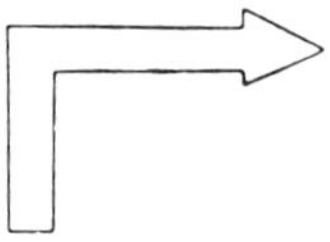

Bedeutung:

Nach dem Start und vor der Landung sind Richtungsänderungen nur nach rechts erlaubt.

6a. Richtungsänderungen nach dem Start und vor der Landung bei getrennter Platzrunde für motorgetriebene Luftfahrzeuge und Segelflugzeuge

Signal:

Ein in der Signalfläche oder am Ende der Start- und Landebahn oder des Schutzstreifens in Start- und Landerichtung ausgelegtes, mit einem nach rechts oder links abgewinkelten Pfeil versehenes Doppelkreuz von auffallender Farbe

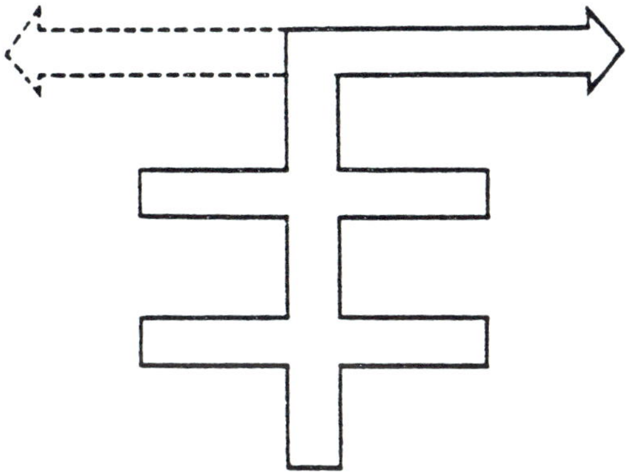

Bedeutung:

Getrennte Platzrunde für motorgetriebene Luftfahrzeuge und Segelflugzeuge. Nach dem Start und vor der Landung sind Richtungsänderungen für motorgetriebene Luftfahrzeuge nur in Pfeilrichtung, für Segelflugzeuge nur entgegengesetzt erlaubt.

7. Abgabe von Flugsicherungsmeldungen

Signal:

Der Buchstabe „C" in schwarz auf einer senkrecht angebrachten gelben Tafel

Bedeutung:

Flugsicherungsmeldungen sind an der so bezeichneten Stelle abzugeben.

8. Segelflugbetrieb

Signal:

Ein in der Signalfläche waagerecht ausgelegtes weißes Doppelkreuz

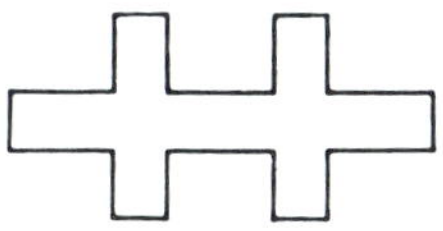

Bedeutung:

Am Flugplatz wird Segelflugbetrieb durchgeführt.

(3) Besteht Funkverbindung, haben Funkanweisungen der zuständigen Stellen Vorrang vor Licht- und Bodensignalen sowie Zeichen; das gilt nicht gegenüber Signalen nach § 5 Abs. 1 Nr. 6 der Anlage 2 (rote Feuerwerkskörper).

Anmerkungen zu § 21 Abs. 3 LuftVO:

Wenn **Funkverbindung** zwischen dem **Luftfahrzeugführer** und der zuständigen **Flugverkehrskontrollstelle** an einem kontrollierten Flugplatz besteht, **heben Sprechfunkanweisungen Licht- und Bodensignale auf!**

Diese Regelung gilt auch an unkontrollierten Flugplätzen mit Luftaufsichtsstelle.

Ausnahme: Rote Feuerwerkskörper!

(4) Beobachtet ein Luftfahrzeugführer bei der Ansteuerung durch ein militärisches Luftfahrzeug die nach Satz 2 festgelegten Signale und Zeichen, hat er die vorgeschriebenen Maßnahmen zu treffen. Der Bundesminister für Verkehr legt die von militärischen Luftfahrzeugen bei der Ansteuerung zu gebenden Signale und Zeichen sowie die von den Führern angesteuerter Luftfahrzeuge zu treffenden Maßnahmen fest.

Zu **§ 21 Abs. 4 LuftVO** gibt es eine **Durchführungsbestimmung** (AIP, Band III, RAC):

Signale und Zeichen sowie die zu treffenden Maßnahmen bei der Ansteuerung von Zivilluftfahrzeugen durch militärische Luftfahrzeuge (NfL I-165/86 – § 21 Abs. 4 LuftVO)

I.

1. Signale ansteuernder Luftfahrzeuge und dementsprechende, von den angesteuerten Luftfahrzeugen zu treffende Maßnahmen:

Signale des ansteuernden militärischen Luftfahrzeugs	Bedeutung	Maßnahmen des angesteuerten Luftfahrzeugs	Bedeutung
1 a) ● bei Tag Wechselweise Betätigung der Querruder von einem etwas oberhalb und, normalerweise, links vor dem angesteuerten Luftfahrzeug befindlichen Standort aus. Nach Bestätigung des Signals langsame flache Horizontalkurve, normalerweise nach links, auf den gewünschten Kurs. **● bei Nacht:** Wie am Tage und zusätzlich in unregelmäßigen Zeitabständen wiederholtes Ein- und Ausschalten der Positionslichter. **Anmerkung 1:** Wetter- oder Bodenverhältnisse können dazu führen, daß das ansteuernde Luftfahrzeug die Signale von einem etwas oberhalb und rechts vor dem angesteuerten Luftfahrzeug befindlichen Standort aus gibt und die anschließende Horizontalkurve nach rechts fliegt. **Anmerkung 2:** Wenn das angesteuerte Luftfahrzeug die Geschwindigkeit des ansteuernden Luftfahrzeugs nicht einhalten kann, sollte das letztere in einer Folge langgestreckter Kurven zum angesteuerten Luftfahrzeug zurückkehren und jeweils erneut wechselweise die Querruder betätigen.	**Folgen Sie mir!**	**Flugzeuge** **● bei Tag:** Wechselweise Betätigung der Querruder und folgen. **● bei Nacht:** Wie am Tage und zusätzlich in unregelmäßige Zeitabständen wiederholtes Ein- und Ausschalten der Positionslichter. **Hubschrauber** **● bei Tag und bei Nacht:** Wechselseitige Veränderung der Querlage, wiederholtes Ein- und Ausschalten der Positionslichter in unregelmäßigen Zeitabständen und folgen.	**Verstanden, Anweisung wird befolgt!**
1 b) ● bei Tag und Nacht: Eine plötzliche Kursänderung von 90° oder mehr bei gleichzeitigem Hochziehen des Luftfahrzeugs, ohne die Flugrichtung des angesteuerten Luft fahrzeugs zu kreuzen.	**Sie können weiterfliegen!**	**● bei Tag und Nacht:** Wechselweise Betätigung der Querruder. Im Falle von Hubschraubern, Verhalten wie oben unter 1 (a) vorgeschrieben!	**Verstanden, Anweisung wird befolgt!**
1 c) ● bei Tag: In der Platzrunde: Ausfahren des Fahrwerks und Überfliegen der Landebahn in Landerichtung. Ist das angesteuerte Luftfahrzeug ein Hubschrauber, Überfliegen des Hubschrauber-Landeplatzes. **● bei Nacht:** Wie am Tage und zusätzlich Landescheinwerfer einschalten.	**Landen Sie auf diesem Flugplatz!**	**Flugzeuge** **● bei Tag:** Fahrwerk ausfahren, dem ansteuernden Luftfahrzeug folgen und, wenn Landebahn nach Überfliegen für eine Landung geeignet erscheint, Landevorgang einleiten und landen. **bei Nacht:** Wie am Tag und zusätzlich, falls verfügbar, Landescheinwerfer einschalten. **Hubschrauber** **● bei Tag und Nacht:** Dem ansteuernden Luftfahrzeug folgen, Landevorgang einleiten und, falls verfügbar, Landescheinwerfer einschalten.	**Verstanden, Anweisung wird befolgt!**

2. Signale angesteuerter Luftfahrzeuge und dementsprechende, von ansteuernden Luftfahrzeugen zu treffende Maßnahmen:

Signale des angesteuerten Luftfahrzeugs	Bedeutung	Maßnahmen des ansteuernden militärischen Luftfahrzeugs	Bedeutung
2 a) ● bei Tag: Einziehen des Fahrwerks beim Überfliegen der Landebahn in einer Höhe zwischen 300 m (1000 ft) und 600 m (2000 ft) über Flugplatzhöhe und Fortsetzung der Platzrunde. **● bei Nacht:** Verhalten wie bei Tage, jedoch ohne Ausfahren des Fahrwerks. Zusätzlich wiederholtes Ein- und Ausschalten der Landescheinwerfer. Falls es nicht möglich ist, mit den Landescheinwerfern Blinksignale zu geben, ist hierzu jede andere zur Verfügung stehende Lichtquelle zu verwenden.	**Der von Ihnen bestimmte Flugplatz ist zur Landung nicht geeignet!**	**● bei Tag und Nacht:** Einziehen des Fahrwerks und das für ansteuernde Luftfahrzeuge vorgeschriebene Signal der Nummer 1 (a), wenn das angesteuerte Luftfahrzeug zu einem Ausweichflugplatz folgen soll. Das für ansteuernde Luftfahrzeuge vorgeschriebene Signal der Nummer 1 (b), wenn das ansteuernde Luftfahrzeug dem angesteuerten Luftfahrzeug die Freigabe zum Weiterflug erteilen will.	**Verstanden, folgen Sie mir!** **Verstanden, Sie können weiterfliegen!**
2 b) ● bei Tag und Nacht: Regelmäßiges Ein- und Ausschalten aller verfügbaren Lichter, jedoch in einer von Blinklichtern unterscheidbaren Weise.	**Kann Anweisungen nicht befolgen!**	**● bei Tag und Nacht:** Verwendung des für ansteuernde Luftfahrzeuge vorgeschriebenen Signals der Nummer 1 (b).	**Verstanden!**
2 c) ● bei Tag und Nacht: Unregelmäßiges Ein- und Ausschalten aller verfügbaren Lichter.	**Bin in Not!**	**● bei Tag und Nacht:** Verwendung des für ansteuernde Luftfahrzeuge vorgeschriebenen Signals der Nummer 1 (b).	**Verstanden!**

II.

1. Der Luftfahrzeugführer eines Luftfahrzeugs, das von einem militärischen Luftfahrzeug angesteuert wird, hat sofort
   - die von dem ansteuernden Luftfahrzeug **gegebenen Anweisungen** in Übereinstimmung mit den Signalen in Abschnitt I, Nr. 1 (a) bis (c) zu **befolgen** oder die Signale in der Abschnitt I, Nr. 2 (a) bis (c) vorgeschriebenen Weise zu geben;
   - wenn möglich, eine **erreichbare Flugverkehrskontrollstelle zu benachrichtigen;**
   - zu versuchen, mit dem ansteuernden Luftfahrzeug oder mit der die Ansteuerung leitenden Kontrollstelle Funkverbindung aufzunehmen, indem er einen **allgemeinen Anruf auf der Notfrequenz 121,5 MHz** abgibt und dabei seine **Identität,** den **Standort seines Luftfahrzeugs** und die **Art des Fluges** angibt und, wenn keine Funkverbindung hergestellt werden kann, nach Möglichkeit diesen Anruf auf der militärischen Notfrequenz 243 MHz wiederholt;
   - ein vorhandenes **Sekundärradar-Antwortgerät** auf **Modus A, Code 7700** zu schalten, sofern er von der angerufenen Flugverkehrskontrollstelle keine anderen Anweisungen erhalten hat.
2. Ergibt sich ein Widerspruch zwischen vom Boden aus gegebenen Funkanweisungen und den durch Funk oder durch Signale gegebenen Anweisungen des ansteuernden Luftfahrzeugs, so hat der Führer des angesteuerten Luftfahrzeugs den Anweisungen des ansteuernden Luftfahrzeugs zu folgen und sich sofort um Klärung der widersprüchlichen Anweisungen zu bemühen **(siehe auch 7.6.3,4.)**!

7.4.14 Regelung des Flugplatzverkehrs (§ 21a LuftVO)

Für die Durchführung des Flugplatzverkehrs können besondere Regelungen getroffen werden. Zuständig hierfür ist die Bundesanstalt für Flugsicherung, wenn Flugplätze mit Flugverkehrskontrollstelle betroffen sind. In allen anderen Fällen werden die Regelungen von der für die Genehmigung des Flugplatzes zuständigen Luftfahrtbehörde des Landes auf Grund einer gutachtlichen Stellungnahme der Bundesanstalt für Flugsicherung getroffen. Die Regelungen werden in den Nachrichten für Luftfahrer bekanntgemacht.

Anmerkungen zu § 21a Abs. 1 LuftVO:

Die **Regelungen des Flugplatzverkehrs** für die einzelnen Flugplätze sind im **Luftfahrthandbuch (AIP), Band III** veröffentlicht.
Die Bezeichnung **Flugplatz mit Flugverkehrskontrollstelle** besagt, daß **Flugverkehrskontrolldienst** für den Flugplatzverkehr besteht, schließt aber **nicht** notwendigerweise ein, daß eine **Kontrollzone** vorhanden ist. Eine **Kontrollzone** ist **nur für Flugplätze** erforderlich, auf denen **Flugverkehrskontrolldienst für IFR-Flüge** durchgeführt wird, nicht jedoch für Flugplätze, auf denen dieser Dienst nur für VFR-Flüge zur Verfügung steht.

(2) Flugplatzverkehr ist der Verkehr von Luftfahrzeugen, die sich in der Platzrunde befinden, in diese einfliegen oder sie verlassen sowie der gesamte Verkehr auf dem Rollfeld. Rollfeld sind die Start- und Landebahnen sowie die weiteren für Start und Landung bestimmten Teile eines Flugplatzes einschließlich der sie umgebenden Schutzstreifen und die Rollbahnen sowie die weiteren zum Rollen bestimmten Teile eines Flugplatzes außerhalb des Vorfeldes; das Vorfeld ist nicht Bestandteil des Rollfeldes.

Anmerkungen zu § 21a Abs. 2 LuftVO:

1. Mit dem Begriff **Flugplatzverkehr** (engl.: aerodrome traffic) meint der Gesetzgeber nicht nur den **Verkehr auf den Bewegungsflächen** eines Flugplatzes, sondern auch alle **in der Nähe eines Flugplatzes** fliegenden Luftfahrzeuge. Ein Luftfahrzeug fliegt in der **Nähe eines Flugplatzes,** wenn es sich in **Platzrunde** (engl.: traffic circuit) befindet, in diese einfliegt oder sie verläßt.
2. **ICAO-Definition für Flugplatzverkehr:**
Der gesamte **Verkehr auf dem Rollfeld** eines Flugplatzes und alle **in der Nähe eines Flugplatzes** fliegenden Luftfahrzeuge.
3. Die folgende schematische Darstellung der **Platzrunde** (engl.: traffic circuit) zeigt die für den ordnungsgemäßen Ablauf des **Flugplatzverkehrs** vorgeschriebenen Flugwege (Platzrundenteilstücke) und Meldepunkte (engl.: reporting points):

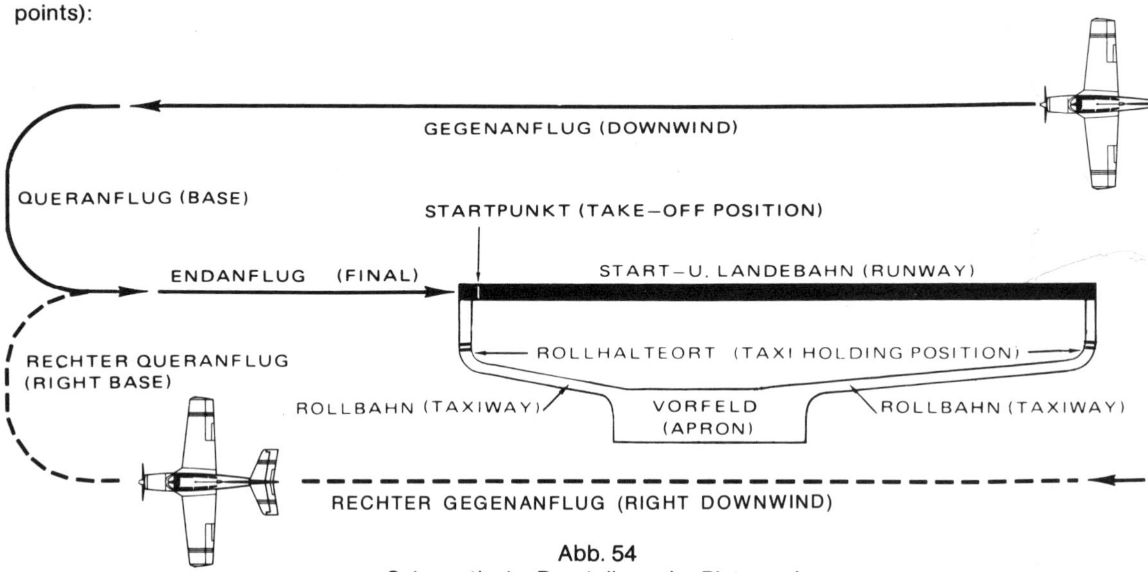

Abb. 54
Schematische Darstellung der Platzrunde

4. Als **Rollfeld** (engl.: manoeuvring area) bezeichnet man denjenigen Teil eines Flugplatzes, der für Start und Landung sowie für die damit verbundenen Bewegungen von Luftfahrzeugen benutzt wird.
5. Das **Rollfeld** (engl.: manoeuvring area) ist immer nur der Teil der Bewegungsflächen, den ein Luftfahrzeug im direkten Zusammenhang mit Start oder Landung benutzen muß. Die **Rollbahn** (engl.: taxiway) ist deshalb ebenso Bestandteil des Rollfeldes wie die **Start- und Landebahn** (engl.: runway).

7.4.15 Flugbetrieb auf einem Flugplatz und in dessen Umgebung (§ 22 LuftVO)

(1) Wer ein Luftfahrzeug auf einem Flugplatz oder in dessen Umgebung führt, ist verpflichtet,

1. **die in den Nachrichten für Luftfahrer bekanntgemachten Anordnungen der Luftfahrtbehörden für den Verkehr von Luftfahrzeugen auf dem Flugplatz oder in dessen Umgebung, insbesondere die nach § 21a getroffenen besonderen Regelungen für die Durchführung des Flugplatzverkehrs, zu beachten;**
2. **die Verfügungen der Luftaufsicht und die Anweisungen des Flugplatzunternehmers zu beachten;**
3. **den Flugplatzverkehr zu beobachten, um Zusammenstöße zu vermeiden;**
4. **sich in den Verkehrsfluß einzufügen oder sich erkennbar aus ihm herauszuhalten;**
5. **Richtungsänderungen in der Platzrunde, beim Landeanflug und nach dem Start in Linkskurven auszuführen, sofern nicht eine andere Regelung getroffen ist;**
6. **gegen den Wind zu landen und zu starten, sofern nicht Sicherheitsgründe, die Rücksicht auf den Flugbetrieb, die Ausrichtung der Start- und Landebahnen oder andere örtliche Gründe es ausschließen;**

7. auf Mitteilungen durch Funk, auf Licht- und Bodensignale sowie auf Zeichen zu achten;

8. sich vor dem Start bei der Luftaufsichtsstelle, auf Flugplätzen ohne Luftaufsichtsstelle bei der Flugleitung, zu melden;

9. beim Rollen Start- und Landebahnen möglichst rechtwinklig und nur dann zu kreuzen, wenn sich dort kein anderes Luftfahrzeug im Landeanflug oder im Start befindet;

10. nach der Landung die Landebahn so schnell wie möglich freizumachen;

11. rechts neben dem Landezeichen aufzusetzen, sofern nicht eine andere Regelung getroffen ist;

12. nach dem Start unter Beachtung der flugtechnischen Sicherheit so schnell wie möglich Höhe zu gewinnen;

13. nach dem Durchstarten entsprechend Nummer 12 zu verfahren;

14. eine Flugplatzverkehrszone zu meiden, wenn nicht beabsichtigt ist, innerhalb der Flugplatzverkehrszone zu landen.

Anmerkungen zu § 22 Abs. 1 LuftVO:

1. **§ 22 LuftVO** gilt sowohl für **kontrollierte** als auch für **unkontrollierte Flugplätze** und deren Umgebung.
2. Nach **Nr. 5** sind **Richtungsänderungen** in der Platzrunde, beim Landeanflug und nach dem Start immer in **LINKSKURVEN** auszuführen, sofern nicht eine andere Regelung getroffen ist.
   RECHTSKURVEN im Flugplatzverkehr werden in jedem Fall durch **Signale** in der Signalfläche oder am Ende der Start- und Landebahn oder durch **Anweisungen über Funk** angeordnet.
3. nach **Nr. 6** wird im Normalfall **gegen den Wind** gestartet und gelandet.
   In bestimmten Fällen (Notlage eines Luftfahrzeugs, Rücksichtnahme auf den laufenden Flugbetrieb, örtliche Gegebenheiten, Sicherheitsgründe) kann von dieser Grundregel abgewichen werden.
   Auf **Flugplätzen mit Flugverkehrskontrolle** ist die Flugverkehrskontrollstelle für die Festlegung der Start- und Landerichtung verantwortlich.
4. Zu **Nr. 8** gibt es eine **Durchführungsbestimmung zur LuftVO** (AIP, Band I, RAC-1-3):

Meldung vor dem Start bei der Luftaufsichtsstelle oder der Flugleitung auf Flugplätzen (NfL I-231/72)

Nach **§ 22 Abs. 1 Nr. 8 LuftVO** hat der Luftfahrzeugführer die **Meldung vor dem Start** bei der Luftaufsichtsstelle oder bei der Flugleitung auf Flugplätzen ohne Luftaufsichtsstelle in nachstehender Weise zu erstatten:

a. **Die Meldung ist vom Luftfahrzeugführer** persönlich, durch Fernsprecher oder durch Funk zu erstatten.
b. **Auf Verlangen der Luftaufsichtsstelle** oder der Flugleitung hat der Luftfahrzeugführer seinen Namen, das Kennzeichen des Luftfahrzeugs, die Anzahl der mitfliegenden Personen und die Art des Fluges anzugeben.
c. **Sind mehrere aufeinanderfolgende Starts** vorgesehen, so genügt eine Meldung vor dem ersten Start.
d. **Für Schulflüge eines Ausbildungsbetriebes** mit mehreren Luftfahrzeugen und mehreren Lehrern kann die Meldung mit Einverständnis der Luftaufsichtsstelle oder der Flugleitung bei Platzflügen in der Weise erstattet werden, daß der Beginn der Ausbildungstätigkeit angezeigt und nach Beendigung der Ausbildungsflüge eine Aufstellung über sämtliche Starts unter Angabe der Fluglehrer, der Flugschüler und der Kennzeichen der Luftfahrzeuge vorgelegt wird.
e. **Bei Flugzeugschleppstarts** genügt die Meldung des Führers des Schleppflugzeugs, wenn er die in b. geforderten Angaben auch für das geschleppte Luftfahrzeug machen kann.
f. **Bei Segelflugbetrieb** mit ständig wechselnden Segelflugzeugführern kann mit Einverständnis der Luftaufsichtsstelle oder Flugleitung gemäß d. verfahren werden.

5. Zu **Nr. 14** ist zu bemerken, das es zur Zeit in der Bundesrepublik Deutschland **keine Flugplatzverkehrszonen** (engl.: Aerodrome Traffic Zones = **ATZ**) gibt.

(2) Flugplatzverkehrszone ist ein um einen Flugplatz oder um mehrere Flugplätze gemeinsam zum Schutz des Flugplatzverkehrs festgelegter Luftraum von bestimmten Abmessungen. Der Bundesminister für Verkehr legt die Flugplatzverkehrszonen fest und gibt sie in dem Bundesanzeiger und in den Nachrichten für Luftfahrer bekannt.

Anmerkung zu § 22 Abs. 2 LuftVO:

Siehe auch 7.1.6 „Die Flugplatzverkehrszonen".

(3) Abweichungen von Absatz 1 kann die Luftaufsichtsstelle, an Flugplätzen ohne Luftaufsichtsstelle die Flugleitung, im Einzelfall zulassen, wenn zwingende Gründe dies notwendig machen und dadurch eine Gefährdung der öffentlichen Sicherheit oder Ordnung, insbesondere der Sicherheit des sonstigen Luftverkehrs, nicht zu erwarten ist.

(4) Auf Flugplätzen sind aus eigener Kraft rollende Luftfahrzeuge gegenüber anderen Fahrzeugen und Fußgängern bevorrechtigt.

(5) Motoren von Luftfahrzeugen dürfen nur in Betrieb gesetzt werden, wenn sich im Führersitz sachkundige Bedienung befindet und Personen nicht gefährdet werden können. Der Motor darf auf Stand nur laufen, wenn außerdem das Fahrwerk genügend gesichert ist. Das Abbremsen der Motoren und das Abrollen von den Hallen ist so vorzunehmen, daß Gebäude, andere Luftfahrzeuge oder andere Fahrzeuge kein stärkerer Luftstrom trifft und Personen nicht verletzt werden können. Bei laufendem Motor darf sich niemand vor dem Luftfahrzeug oder in einem für die Sicherheit nicht ausreichendem Abstand von diesem aufhalten.

Anmerkungen zu § 22 Abs. 5 LuftVO:

Die in **Abs. 5** vorgeschriebenen **Vorsichtsmaßnamen** sind sowohl von Luftfahrzeugführern, als auch von anderen Personen (wie Wartungspersonal, Fluggäste, Besucher usw.) zu beachten.

7.4.16 Flugbetrieb auf einem Flugplatz mit Flugverkehrskontrollstelle (§ 23 LuftVO)

(1) Wer ein Luftfahrzeug auf einem Flugplatz mit Flugverkehrskontrollstelle oder in dessen Umgebung führt, ist über die Vorschriften des § 22 hinaus verpflichtet,

1. **auf der dafür vorgesehenen Funkfrequenz der Flugverkehrskontrollstelle des Flugplatzes empfangsbereit zu sein, sofern er nicht durch eine andere Flugverkehrskontrollstelle betreut wird; ist eine Funkverbindung nicht möglich, so hat der Luftfahrzeugführer auf Anweisungen durch Licht- und Bodensignale sowie Zeichen zu achten;**

2. **durch Funk oder Zeichen die vorherige Genehmigung für alle Bewegungen einzuholen, durch die das Rollen, Starten und Landen eingeleitet werden oder die damit in Zusammenhang stehen;**

3. **für Bewegungen auf dem Vorfeld und den Abstellflächen des Flugplatzes die Signale und Zeichen des Flugplatzunternehmers zu befolgen.**

Anmerkungen zu § 23 Abs. 1 LuftVO:

1. Durch **§ 23 LuftVO** wird sichergestellt, daß der **gesamte Flugplatzverkehr** (engl.: aerodrome traffic) **überwacht und gelenkt** (kontrolliert) werden kann.
2. Der Begriff **Flugplatz mit Flugverkehrskontrollstelle** besagt, daß **Flugverkehrskontrolldienst für den Flugplatzverkehr** besteht, schließt aber nicht notwendigerweise ein, daß eine Kontrollzone vorhanden ist. Eine **Kontrollzone** ist **nur für Flugplätze** erforderlich, auf denen **Flugverkehrskontrolldienst für IFR-Flüge** durchgeführt wird.
3. Für Bewegungen auf dem **Vorfeld** (engl.: apron or ramp) ist auf kontrollierten Flugplätzen der **Flugplatzunternehmer** zuständig, während alle Bewegungen auf dem **Rollfeld** (engl.: manoeuvring area) der Aufsicht der **Flugplatzkontrollstelle** (engl.: Aerodrome Control Tower = **TWR)** unterstehen.
4. Für das **Starten und Landen** sowie für das **Rollen** auf dem Rollfeld ist in allen Fällen die **vorherige Genehmigung** (Freigabe) der zuständigen **Flugplatzkontrollstelle** (TWR) erforderlich. Die **Genehmigung** (Freigabe) hat der Luftfahrzeugführer **über Funk** oder wenn eine Funkverbindung nicht besteht, durch Zeichen zu beantragen. Sie wird als **Freigabe** (engl.: clearance) **über Funk** oder als **Freigabe durch Lichtsignale** erteilt.
5. Bewegungen auf dem **Vorfeld** oder den **Abstellflächen** eines kontrollierten Flugplatzes bedürfen der **Genehmigung des Flugplatzunternehmers.** Dabei sind die Signale und Zeichen — insbesondere die **Einwinkzeichen** (siehe Anlage zu 7.4) — des Flugplatzunternehmers zu beachten.

(2) Auf einem Flugplatz mit Flugverkehrskontrollstelle tritt für die Zulassung von Abweichungen nach § 22 Abs. 3 die Flugverkehrskontrollstelle an die Stelle der Luftaufsichtsstelle, mit Ausnahme der Zulassung von Abweichungen von § 22 Abs. 1 Nr. 8.

(3) Auf dem Rollfeld eines Flugplatzes mit Flugverkehrskontrollstelle bedarf auch der Verkehr von Fußgängern und Fahrzeugen der Erlaubnis der Flugverkehrskontrollstelle. Den von ihr zur Sicherung des Flugplatzverkehrs schriftlich, mündlich, durch Funk, Lichtsignale oder Zeichen erlassenen Verfügungen ist Folge zu leisten.

(4) Flüge nach Sichtflugregeln in Kontrollzonen bedürfen einer Flugverkehrsfreigabe durch die zuständige Flugverkehrskontrollstelle.

Anmerkung zu § 23 Abs. 4 LuftVO:

Alle **Flüge nach Sichtflugregeln** (VFR = Visual Flight Rules) in **Kontrollzonen (CTR)** unterliegen der **Flugverkehrskontrolle** und bedürfen in jedem Fall einer **Flugverkehrsfreigabe** (engl.: Air Traffic Clearance) durch die **zuständige Flugplatzkontrollstelle (TWR)!**

7.4.17 Prüfung der Flugvorbereitung und der vorgeschriebenen Ausweise (§ 24 LuftVO)

Auf Verlangen der für die Wahrnehmung der Luftaufsicht zuständigen Personen oder Stellen hat

1. **der Luftfahrzeugführer nachzuweisen, daß er den Flug ordnungsgemäß vorbereitet hat,**
2. **das Luftfahrtpersonal die vorgeschriebenen Ausweise, insbesondere die Scheine und Zeugnisse für die Besatzung und das Luftfahrzeug, zur Prüfung auszuhändigen.**

Anmerkung zu § 24 LuftVO:
Die **Prüfung** der Flugvorbereitung und der vorgeschriebenen Ausweise erfolgt stichprobenartig durch die **Luftaufsichts-Stellen** der Länder oder durch **sonstige Landesbeauftragte** (BfL = Beauftragte für Luftaufsicht).
Diese Stellen oder Personen können in **Ausübung der Luftaufsicht Verfügungen** erlassen (§ 29 Abs. 1 LuftVG).

7.4.18 Flugplanabgabe (§ 25 LuftVO)

(1) Der Luftfahrzeugführer hat der zuständigen Flugverkehrskontrollstelle einen Flugplan zu übermitteln für

1. **Flüge, die nach Instrumentenflugregeln durchgeführt werden;**
2. **Flüge nach Sichtflugregeln, die der Flugverkehrskontrolle nach § 10 Abs. 4 unterliegen;**
3. **Flüge nach Sichtflugregeln bei Nacht im kontrollierten Luftraum;**
4. **Kunstflüge im kontrollierten Luftraum und über Flugplätzen mit Flugverkehrskontrollstelle;**
5. **Wolkenflüge mit Segelflugzeugen;**
6. **Fahrten von bemannten Freiballonen und Luftschiffen;**
7. **Aufstiege von unbemannten Freiballonen mit einem Gesamtgewicht von Ballonhülle und Ballast von mehr als 0,5 kg sowie Aufstiege von gebündelten Freiballonen und Massenaufstieg von unbemannten Freiballonen;**
8. **Flüge aus der Bundesrepublik oder in die Bundesrepublik;**
9. **Flüge in Gebieten mit Flugbeschränkungen, soweit dies ausdrücklich bei der Festlegung der Gebiete angeordnet wurde.**

Der Bundesminister für Verkehr kann Ausnahmen zulassen, soweit die öffentliche Sicherheit oder Ordnung, insbesondere die Sicherheit des Luftverkehrs, dadurch nicht beeinträchtigt werden.

Anmerkung zu Nr. 6: Die Abgabe von Flugplänen für **Fahrten von bemannten Freiballonen und Luftschiffen** ist derzeit **nicht erforderlich** (NfL I – 193/86)!

Anmerkungen zu § 25 Abs. 1 LuftVO:

1. **Der Flugplan** ist **vor dem Start** aufzugeben, und zwar **höchstens 24 Stunden vor** und **nicht später als 30 Minuten** vor **der voraussichtlichen Abblockzeit** (engl.: estimated off-block time = EOBT). Während des Fluges kann ein Flugplan dann aufgegeben werden, wenn besondere, vor dem Start nicht bekannte Umstände dies erfordern. Für einen Flug mit Zwischenlandung ist die Aufgabe eines Flugplans während des Fluges nicht zulässig.
   Die **Aufgabe eines Flugplanes während des Fluges** ist auch nicht zulässig für **Flüge in das Ausland,** für **Flüge** in die, aus der, oder innerhalb **der Flugüberwachungszone** und für **weiterführende Flüge nach Zwischenlandung.**
   Die Abgabe von Flugplänen, die nur für einen **bestimmten Teil der Flugstrecke** gelten sollen, ist für Flüge in die bzw. aus der **FlugÜZ/ADIZ nicht zulässig.** Bei solchen Flügen ist immer der **Start- bzw. der Zielflugplatz** anzugeben.
2. **Der Flugplan** ist beim zuständigen **Flugberatungsdienst (AIS)** aufzugeben. Bei Aufgabe eines **Flugplans während des Fluges** nimmt der **Fluginformationsdienst (FIS)** den Flugplan auf den **FIS-Funkfrequenzen** zur Weiterleitung an den Flugberatungsdienst entgegen.
3. **Auf Flugplätzen ohne Flugberatungsstelle** ist der Flugplan **fernmündlich** der zuständigen Flugberatungsstelle zu übermitteln. Der Flugplan gilt als angenommen, wenn ein Widerspruch nicht erfolgt.
4. **Bei CVFR-Flügen** sollte der **Flugplan** vorzugsweise **während des Fluges über Funk** aufgegeben werden, es sei denn, für die Weiterführung des beabsichtigten Fluges über ein CVFR-Gebiet hinaus ist die vorherige Abgabe eines Flugplans zwingend vorgeschrieben (ADIZ-Flüge, Flugregelwechsel nach IFR, Flüge ins Ausland usw.).

(2) Der Luftfahrzeugführer kann auch für andere Flüge der zuständigen Flugverkehrskontrollstelle einen Flugplan übermitteln, um die Durchführung des Such- und Rettungsdienstes für Luftfahrzeuge zu erleichtern.

(3) Die Bundesanstalt für Flugsicherung wird ermächtigt, Einzelheiten über Arten, Inhalt, Form, Abgabe, Annahme, Aufhebung, Änderung und zulässige Abweichungen von Flugplänen festzulegen und in den Nachrichten für Luftfahrer bekanntzumachen.

Weitere Anmerkungen zu § 25 LuftVO:

1. **Der Flugplan** ist die Zusammenstellung der an Flugverkehrskontrollstellen zu übermittelnden, vorgeschriebenen Angaben über den beabsichtigten Flug eines Luftfahrzeugs. Er bezweckt die Unterrichtung der zuständigen Flugverkehrskontrollstellen und ermöglicht die **Überwachung des Fluges** durch diese im Rahmen der Flugverkehrskontrolle sowie des Fluginformations- und Flugalarmdienstes.
2. **Zu § 25 LuftVO** gibt es eine sehr ausführliche **Durchführungsverordnung** (29.DVO – § 25 LuftVO), die im **Luftfahrthandbuch (AIP), Band III – RAC,** veröffentlicht ist.
3. **Form und Inhalt von VFR-Flugplänen** (Kurzfassung gemäß 29. DVO – § 25 LuftVO):

Der Flugplan muß die im Formblatt vorgesehenen Angaben für den Flug enthalten. Es sind nach Feldern in der vorgesehenen Kurzform:

[7] **Luftfahrzeug-Kennung** in nicht mehr als 7 Zeichen, wie z. B. **DEABC** oder bei Segelflugzeugen **D1234.**

[8] **Flugregeln und Art des Fluges:** Buchstabe **I** für IFR-Flüge, **V** für VFR-Flüge, **VN** für VFR-Nachtflüge, **VC** für CVFR-Flüge und **VR** für VFR-Flüge innerhalb ED-R9.

Zur Kennzeichnung der **Art des Fluges** können, soweit vorgeschrieben, folgende Buchstaben verwendet werden:
G – für Flüge der Allgemeinen Fuftfahrt (z. B. VG)
X – für Ausbildungs-, Test- und Erprobungsflüge. Bei Verwendung des Buchstabens **„X"** ist zusätzlich in Feld 18 mit der Kenngruppe **„RMK/"** der Buchstabe **„T"** einzusetzen.
Wird vom Lfz-führer eine **Vorrangbehandlung** seines Fluges beantragt, ist der Grund in Feld 18 mit der Kenngruppe **„STS/"** anzugeben (Beispiel: „STS/Regierungsflug"). Der Bundesminister für Verkehr bestimmt, welche Flüge mit Vorrang abzuwickeln sind.

Wird vom Lfz-Führer eine **Vorrangbehandlung** seines Fluges beantragt, ist der Grund in Feld 18 mit der Kenngruppe **"STS/"** anzugeben (Beispiel: "STS/Regierungsflug").

[9] **Anzahl und Muster der Luftfahrzeuge** unter Angabe der für das Muster festgelegten Abkürzung, wie **C 172** für eine Cessna 172. Ist eine Abkürzung nicht festgelegt, dann die Buchstabengruppe **ZZZZ** mit Angabe des Musters in Feld 18 mit der Kenngruppe **"TYP/ . . .".**

Die **Kategorie der Luftwirbelschleppen** eines Luftfahrzeugs ist mit einem der nachstehend aufgeführten Buchstaben anzugeben, der, getrennt durch einen Schrägstrich, an die Kennung des Luftfahrzeugmusters anzufügen ist:

H(schwer) Zulässiges Höchstgewicht von 136.000 kg oder mehr.
M(mittel) Zulässiges Höchstgewicht von weniger als 136.000 kg, jedoch mehr als 7000 kg.
L(leicht) Zulässiges Höchstgewicht **bis 7000 kg** einschließlich (z. B. **C 172/L**).

10 **Ausrüstung des Luftfahrzeugs**
Die Ausrüstung des Luftfahrzeugs mit Funkgeräten, Funknavigationsgeräten für Strecken- und Anflugnavigation sowie mit Sekundärradar-Antwortgeräten (Transponder) ist wie folgt anzugeben:

Für die Ausrüstung COM/NAV vor dem Schrägstrich:

● Der Buchstabe **S,** wenn die Ausrüstung den Erfordernissen für die gesamte Flugstrecke entspricht.

● Der Buchstabe **N,** wenn keine Ausrüstung vorhanden oder eine vorhandene Ausrüstung nicht betriebsbereit ist oder eine vorhandene Ausrüstung vom Luftfahrzeugführer nicht benutzt werden darf;

● einer oder mehrere der nachfolgenden Buchstaben entsprechend der vorhandenen Ausrüstung (Auszug):
D – Entfernungsmeßgerät (DME)
F – Automatisches Funkpeilgerät (ADF)
H – Kurzwelle (Sprechfunk)
L – Instrumentenlandesystem (ILS)
O – UKW-Navigationsempfangsgerät (VOR)
R – Streckenausrüstung für Flächennavigation (RNAV)
U – Dezimeterwelle (Sprechfunk)
V – Ultrakurzwelle (Sprechfunk)
Z – Andere Ausrüstung (Bei Verwendung des Buchstabens **Z** sind ergänzende Angaben in Feld 18 mit der Kenngruppe **COM/ . . .** und/oder **NAV/ . . .** zu machen).

Für die Ausrüstung mit Sekundärradar-Antwortgeräten (SSR-Transponder) ist nach dem Schrägstrich anzugeben:

● Der Buchstabe **N,** wenn ein Transponder nicht vorhanden oder ein vorhandener Transponder nicht betriebsbereit ist.

● Eines der nachfolgend aufgeführten Kennzeichen entsprechend der vorhandenen Ausrüstung:
A – Transponder für den Abfragemodus A (4 Ziffern – 4096 Codes)
C – Transponder für die Abfragemodi A und C (4 Ziffern – 4096 Codes)
X – Transponder für den Abfragemodus S, ohne Übermittlung der Luftfahrzeugkennung und Höhe
P – Transponder für den Abfragemodus S, einschl. Höhenübermittlung
I – Transponder für den Abfragemodus S, einschl. Übermittlung der Luftfahrtzeugkennung
S – Transponder für den Abfragemodus S, einschl. Übermittlung der Luftfahrzeugkennung und Höhe

13 **Startflugplatz und voraussichtliche Abblockzeit (EOBT)** in der ICAO-Ortskennung, wie **EDDK** oder, falls nicht vorhanden – **ZZZZ** mit Angabe in Feld 18 (z. B. DEP/. . .). Die **EOBT** mit einer 4-stelligen Zahl, z. B. **1015.**

Anmerkung: Die **voraussichtliche Abblockzeit (EOBT = estimated off-block time)** ist der Zeitpunkt, zu dem das Luftfahrzeug voraussichtlich mit der Bewegung für den Abflug beginnt.

15 **Geschwindigkeit und Flughöhe sowie die Route** sind wie folgt aufzuführen: Die **Geschwindigkeit in Knoten** durch den Buchstaben **N** und eine 4-stellige Zahl, z. B. **N0110 = 110 Knoten.**
Die **Geschwindigkeit in Kilometer pro Stunde** (km/h) durch den Buchstaben **K** und eine 4-stellige Zahl, z. B. K0280 = 280 km/h.
Bei Flügen in der **BR Deutschland** ist die Angabe der **Geschwindigkeit in km/h** z. Zt. **nicht zulässig.**
Die **Reiseflughöhe** ist bei VFR-Flügen nur bei VFR-Nachtflügen im kontrollierten Luftraum oder bei CVFR-Flügen zu nennen, z. B.: **A 040 = 4000 ft MSL** oder **F 055 = FL 55.** In anderen Fällen ist die Abkürzung **VFR** einzusetzen (z. B.: **N 0110 VFR).**

In der Spalte **ROUTE** ist die beantragte Flugstrecke durch die festgelegte Kennung einer Funknavigationsanlage, wie z. B. **KIR** oder mit dem Zusatz der mißweisenden Richtung und Entfernung oder in Koordinaten anzugeben. Bei **VFR-Nachtflügen** im kontrollierten Luftraum ist die Flugstrecke möglichst entsprechend den veröffentlichten IFR-Streckenführungen anzugeben.
Darüberhinaus sind bei allen Flügen die Punkte anzugeben, an denen Geschwindigkeit und/oder Flughöhe geändert werden sollen. Bei VFR-Flügen in die Bundesrepublik Deutschland ist die Stelle des **Überfluges der Staatsgrenze** bezogen auf die **nächstgelegene größere Ortschaft** in Feld 18 mit der Kenngruppe **"EET/"** anzugeben. Bei Flügen außerhalb von veröffentlichten ATS-Streckenführungen sind (Wende-)Punkte anzugeben, an denen Richtungsänderungen vorgesehen sind oder wenn eine **Flugzeit von 30 Minuten** oder eine **Flugstrecke von 200 NM** überschritten wird.

16 **Bestimmungsflugplatz und voraussichtliche Gesamtflugdauer/Ausweichflugplätze** sind mit der ICAO-Ortskennung oder **ZZZZ** zu nennen, die voraussichtliche Gesamtflugdauer in einer 4-stelligen Zahlengruppe (z. B. **EDDK 0145).**

18 **Andere Angaben** als Ergänzungen zu den Feldern 7 – 16 sind unter Verwendung nachstehender Kenngruppen aufzuführen:

PER/ Leistungsdaten des Flugzeugs
RFP/ Ersatz- (Alternativ-) Flugplan, gefolgt von dem Buchstaben "Q" und der laufenden Nummer (1 – 9) des Ersatzflugplanes über den betreffenden Flug
REG/ Luftfahrzeugkennung
OPR/ Luftfahrzeughalter
STS/ Begründung einer Vorrangbehandlung
TYP/ Luftfahrzeugmuster, falls nicht abzukürzen
COM/ Angaben über Funkausrüstung
NAV/ für Funknavigationsausrüstung
DEP/ Startplatz ohne ICAO-Kennung
EET/ Streckenpunkte, Ortsangaben oder FIR-Grenzen mit akkumulierter voraussichtlicher Flugdauer
RIF/ Streckenführung zum abgeänderten Zielflugplatz und/oder abgeänderter Zielflugplatz
DEST/ für Bestimmungsflugplatz ohne ICAO-Kennung
ALTN/ für Ausweichflugplätze ohne ICAO-Kennung
RMK/ zu sonstigen Angaben

Anmerkung: Die unter der Kenngruppe **STS/** beantragte Vorrangbehandlung wird gewährt für:

a) Schutzflüge der Luftverteidigung;
b) Flüge zur Durchführung des Such- und Rettungsdienstes;
c) Flüge mit kranken oder verletzten Personen, die sofortiger Hilfe bedürfen;
d) Flüge mit Staatsoberhäuptern oder diesen gleichgestellten Personen;
e) Regierungsflüge

19 **Ergänzende Angaben** sind zu machen zu:

E/ Höchstflugdauer (z. B. **0430**)
P/ Anzahl der Personen an Bord
R/ verfügbare Notfrequenzen
S/ mitgeführte Rettungsausrüstung
J/ mitgeführte Schwimmwesten
A/ Farbe und Markierung des Lfz.
N/ ergänzende Angaben zur Rettungsausrüstung
C/ verantwortlicher Luftfahrzeugführer

Der Flugplan wird mit Name und Unterschrift des Luftfahrzeugführers abgeschlossen.

Änderungen des Flugplans oder seine **Aufhebung** sind dem zuständigen **Flugberatungsdienst (AIS)** schriftlich oder telefonisch mitzuteilen bzw. über Funk an den Flugverkehrskontrolldienst.

Bei einem Flug von einem Flugplatz **mit ATC-Stelle** wird der Flugplan von ATC aufgehoben, wenn der Luftfahrzeugführer nicht **innerhalb einer Stunde nach der voraussichtlichen Abblockzeit (EOBT)**

- eine Anlaß- oder Rollerlaubnis eingeholt oder
- eine neue voraussichtliche Abblockzeit angegeben hat.

Bei einem Flug von einem Flugplatz **ohne ATC-Stelle** hat der Luftfahrzeugführer

- den Flugplan unverzüglich aufzuheben oder
- eine neue voraussichtliche Abblockzeit anzugeben.

falls die **tatsächliche Abblockzeit** erkennbar **mehr als 60 Minuten** von der **ursprünglichen voraussichtlichen Abblockzeit** abweicht.

Der **Flugplan kann während des Fluges aufgehoben werden,** sofern für die weitere Flugstrecke ein Flugplan nicht vorgeschrieben ist und es sich nicht um einen grenzüberschreitenden Flug handelt.

Ein **Flugplan** für einen Flug innerhalb eines **CVFR-Gebietes** sowie innerhalb des **Flugbeschränkungsgebietes ED-R9** gilt nach dem **Verlassen des jeweiligen Luftraumes als aufgehoben,** sofern für die Weiterführung des beabsichtigten Fluges kein Flugplan aufgegeben wird oder zwingend vorgeschrieben ist.

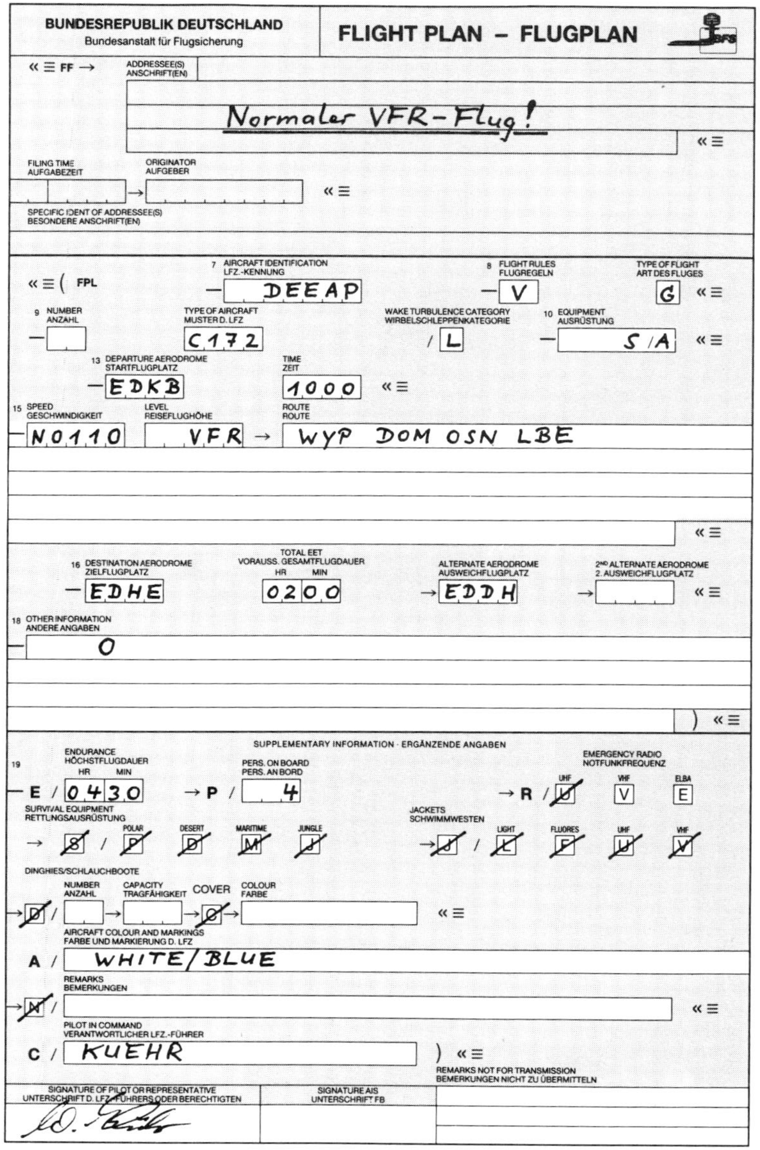
BUNDESREPUBLIK DEUTSCHLAND
Bundesanstalt für Flugsicherung
FLIGHT PLAN – FLUGPLAN

« ≡ FF → ADDRESSEE(S) ANSCHRIFT(EN)

Normaler VFR-Flug!

FILING TIME AUFGABEZEIT → ORIGINATOR AUFGEBER « ≡

SPECIFIC IDENT OF ADDRESSEE(S) BESONDERE ANSCHRIFT(EN)

« ≡ (FPL — 7 AIRCRAFT IDENTIFICATION LFZ.-KENNUNG: DEEAP — 8 FLIGHT RULES FLUGREGELN: V — TYPE OF FLIGHT ART DES FLUGES: G « ≡

9 NUMBER ANZAHL — TYPE OF AIRCRAFT MUSTER D. LFZ: C172 — WAKE TURBULENCE CATEGORY WIRBELSCHLEPPENKATEGORIE: / L — 10 EQUIPMENT AUSRÜSTUNG: S/A « ≡

13 DEPARTURE AERODROME STARTFLUGPLATZ: — EDKB — TIME ZEIT: 1000 « ≡

15 SPEED GESCHWINDIGKEIT: — N0110 — LEVEL REISEFLUGHÖHE: VFR → ROUTE: WYP DOM OSN LBE

« ≡

16 DESTINATION AERODROME ZIELFLUGPLATZ: — EDHE — TOTAL EET VORAUSS. GESAMTFLUGDAUER HR MIN: 0200 — ALTERNATE AERODROME AUSWEICHFLUGPLATZ: → EDDH — 2ND ALTERNATE AERODROME 2. AUSWEICHFLUGPLATZ: → « ≡

18 OTHER INFORMATION ANDERE ANGABEN: — 0

) « ≡

SUPPLEMENTARY INFORMATION · ERGÄNZENDE ANGABEN

19 ENDURANCE HÖCHSTFLUGDAUER HR MIN: — E / 0430 → PERS. ON BOARD PERS. AN BORD: P / 4 → EMERGENCY RADIO NOTFUNKFREQUENZ: R / ~~U~~ V E

SURVIVAL EQUIPMENT RETTUNGSAUSRÜSTUNG: → ~~S~~ / ~~P~~ ~~D~~ ~~M~~ ~~J~~ — JACKETS SCHWIMMWESTEN: → ~~J~~ / ~~L~~ ~~F~~ ~~U~~ ~~V~~

DINGHIES/SCHLAUCHBOOTE: → ~~D~~ / NUMBER ANZAHL → CAPACITY TRAGFÄHIGKEIT → COVER ~~C~~ → COLOUR FARBE « ≡

AIRCRAFT COLOUR AND MARKINGS FARBE UND MARKIERUNG D. LFZ: A / WHITE/BLUE

REMARKS BEMERKUNGEN: → ~~N~~ / « ≡

PILOT IN COMMAND VERANTWORTLICHER LFZ.-FÜHRER: C / KUEHR) « ≡

REMARKS NOT FOR TRANSMISSION BEMERKUNGEN NICHT ZU ÜBERMITTELN

SIGNATURE OF PILOT OR REPRESENTATIVE UNTERSCHRIFT D. LFZ-FÜHRERS ODER BERECHTIGTEN — SIGNATURE AIS UNTERSCHRIFT FB

Abb. 55 Flugplanbeispiel für einen normalen VFR-Flug

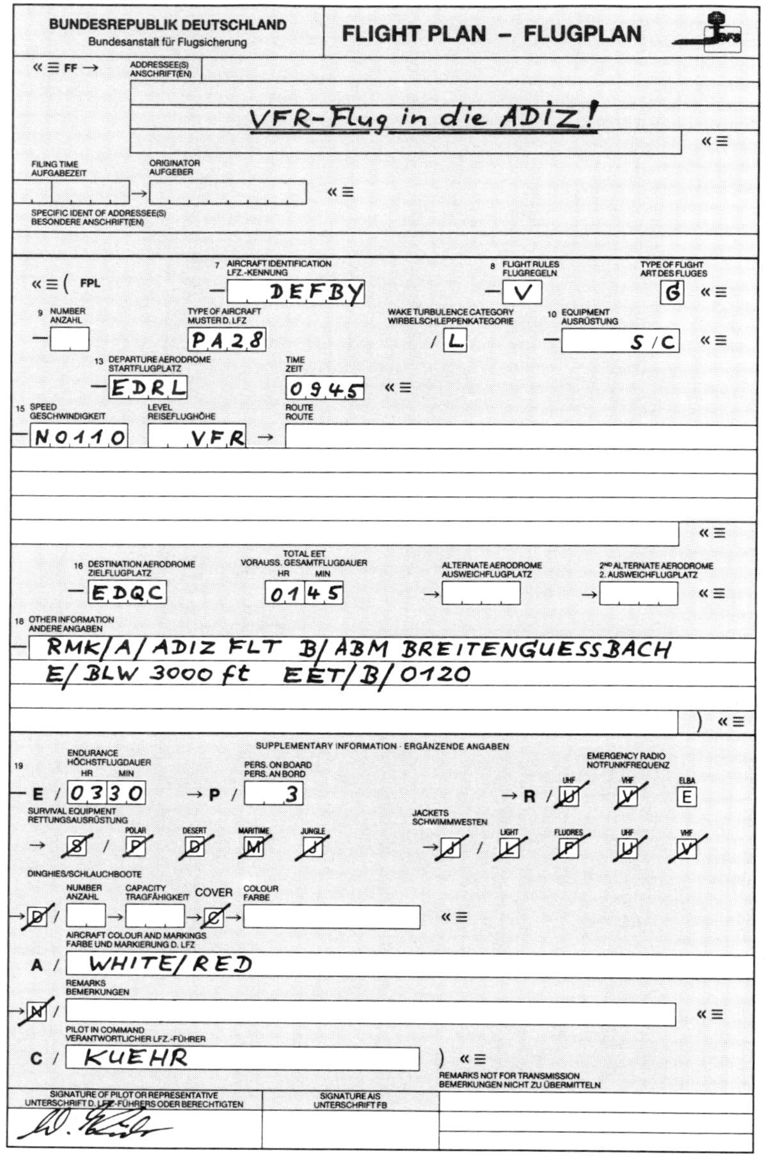
BUNDESREPUBLIK DEUTSCHLAND
Bundesanstalt für Flugsicherung
FLIGHT PLAN – FLUGPLAN

« ≡ FF → ADDRESSEE(S) ANSCHRIFT(EN)

VFR-Flug in die ADIZ!

FILING TIME AUFGABEZEIT → ORIGINATOR AUFGEBER « ≡

SPECIFIC IDENT OF ADDRESSEE(S) BESONDERE ANSCHRIFT(EN)

« ≡ (FPL — 7 AIRCRAFT IDENTIFICATION LFZ.-KENNUNG: DEFBY — 8 FLIGHT RULES FLUGREGELN: V — TYPE OF FLIGHT ART DES FLUGES: G « ≡

9 NUMBER ANZAHL — TYPE OF AIRCRAFT MUSTER D. LFZ: PA28 — WAKE TURBULENCE CATEGORY WIRBELSCHLEPPENKATEGORIE: / L — 10 EQUIPMENT AUSRÜSTUNG: S/C « ≡

13 DEPARTURE AERODROME STARTFLUGPLATZ: — EDRL — TIME ZEIT: 0945 « ≡

15 SPEED GESCHWINDIGKEIT: — N0110 — LEVEL REISEFLUGHÖHE: VFR → ROUTE

« ≡

16 DESTINATION AERODROME ZIELFLUGPLATZ: — EDQC — TOTAL EET VORAUSS. GESAMTFLUGDAUER HR MIN: 0145 — ALTERNATE AERODROME AUSWEICHFLUGPLATZ: → — 2ND ALTERNATE AERODROME 2. AUSWEICHFLUGPLATZ: → « ≡

18 OTHER INFORMATION ANDERE ANGABEN: — RMK/A/ADIZ FLT B/ABM BREITENGUESSBACH E/BLW 3000 ft EET/B/0120

) « ≡

SUPPLEMENTARY INFORMATION · ERGÄNZENDE ANGABEN

19 ENDURANCE HÖCHSTFLUGDAUER HR MIN: — E / 0330 → PERS. ON BOARD PERS. AN BORD: P / 3 → EMERGENCY RADIO NOTFUNKFREQUENZ: R / ~~U~~ ~~V~~ E

SURVIVAL EQUIPMENT RETTUNGSAUSRÜSTUNG: → ~~S~~ / ~~P~~ ~~D~~ ~~M~~ ~~J~~ — JACKETS SCHWIMMWESTEN: → ~~J~~ / ~~L~~ ~~F~~ ~~U~~ ~~V~~

DINGHIES/SCHLAUCHBOOTE: → ~~D~~ / NUMBER ANZAHL → CAPACITY TRAGFÄHIGKEIT → COVER ~~C~~ → COLOUR FARBE « ≡

AIRCRAFT COLOUR AND MARKINGS FARBE UND MARKIERUNG D. LFZ: A / WHITE/RED

REMARKS BEMERKUNGEN: → ~~N~~ / « ≡

PILOT IN COMMAND VERANTWORTLICHER LFZ.-FÜHRER: C / KUEHR) « ≡

REMARKS NOT FOR TRANSMISSION BEMERKUNGEN NICHT ZU ÜBERMITTELN

SIGNATURE OF PILOT OR REPRESENTATIVE UNTERSCHRIFT D. LFZ-FÜHRERS ODER BERECHTIGTEN — SIGNATURE AIS UNTERSCHRIFT FB

Abb. 56 Flugplanbeispiel für einen VFR-Flug in die FlugÜZ/ADIZ

7.4.19 Flugverkehrsfreigabe (§ 26 LuftVO)

(1) Der Luftfahrzeugführer hat bei Flügen, für die ein Flugplan zu übermitteln ist (§ 25 Abs. 1) sowie in den in dieser Verordnung vorgeschriebenen Fällen eine Flugverkehrsfreigabe einzuholen.

Anmerkungen zu § 26 Abs. 1 LuftVO:

1. **Eine Flugverkehrsfreigabe** (engl.: Air Traffic Clearance) ist die für ein Luftfahrzeug erteilte **Genehmigung,** den Flug unter **bestimmten Auflagen** durchzuführen.
2. **Flugverkehrsfreigaben** werden von den zuständigen Flugverkehrskontrollstellen für **alle kontrollierten Flüge** (engl.: controlled flights) erteilt. Sie werden in solchen Fällen als **Flugverkehrskontrollfreigaben** (engl.: Air Traffic Control Clearance) bezeichnet, was bedeutet, daß ein Luftfahrzeug unter den von einer **Flugverkehrskontrollstelle festgelegten Bedingungen** zu verkehren hat.
3. **Flugverkehrsfreigaben** sind vom Luftfahrzeugführer auch für diejenigen **unkontrollierten Flüge** einzuholen, für die nach **§ 25 Abs. 1 LuftVO** ein **Flugplan** abgegeben werden muß oder die aus anderen Gründen einer besonderen Genehmigung bedürfen (z. B. Fallschirmabsprünge im kontrollierten Luftraum).
   Im Normalfall wird die **Flugverkehrsfreigabe für unkontrollierte Flüge** (z. B. VFR-Flüge ins Ausland) mit der **Annahme des Flugplans** durch die zuständige **Flugberatungsstelle (AIS)** erteilt.

(2) Flugverkehrsfreigaben sollen, soweit es die öffentliche Sicherheit oder Ordnung, insbesondere die Sicherheit des Luftverkehrs, zulassen, Schnelligkeit, Wirtschaftlichkeit und Regelmäßigkeit des Luftverkehrs berücksichtigen.

Anmerkung zu § 26 Abs. 2 LuftVO:

Dieser Absatz besagt, daß die Flugverkehrskontrollstellen bei der Erteilung von Flugverkehrsfreigaben die **Interessen der Luftfahrzeugführer bzw. der Luftfahrtunternehmen** zu berücksichtigen haben. Diese Interessen müssen jedoch zurücktreten, wenn es die öffentliche Sicherheit und Ordnung oder die Sicherheit des Luftverkehrs erfordern.

(3) Beantragt der Luftfahrzeugführer aus zwingenden Gründen eine bevorzugte Flugverkehrsfreigabe, hat er diese Gründe in seinem Antrag anzugeben.

Anmerkungen zu § 26 Abs. 3 LuftVO:

Bei der Durchführung des Flugverkehrskontrolldienstes gilt normalerweise folgender Grundsatz: Das zuerst kommende Luftfahrzeug wird als erstes bedient (engl.: „First come - first served“).
Folgenden Flügen wird jedoch auf Antrag des Luftfahrzeugführers **Vorrangbehandlung** eingeräumt bzw. eine **bevorzugte Flugverkehrsfreigabe** in der angegebenen Reihenfolge erteilt:

1. Schutzflügen der Luftverteidigung;
2. Flügen, bei denen der Luftfahrzeugführer eine Notlage erklärt oder bei denen eine Notlage offensichtlich ist, einschließlich der von einer Gewaltanwendung betroffenen oder bedrohten Flüge.
3. Flügen im Such- und Rettungseinsatz;
4. Flügen mit kranken oder verletzten Personen, die sofortiger ärztlicher Hilfe bedürfen;
5. Flügen mit Staatsoberhäuptern oder diesen gleichgestellten Personen;
6. Regierungsflügen.

(4) Von dem durch Erteilung der Flugverkehrsfreigabe bestätigten oder durch Erteilung weiterer Flugverkehrsfreigaben ergänzten Flugplan darf der Luftfahrzeugführer nicht abweichen, bevor ihm nicht eine neue Flugverkehrsfreigabe erteilt worden ist. Dies gilt nicht in solchen Notlagen, die eine sofortige eigene Entscheidung erfordern. In diesen Fällen hat der Luftfahrzeugführer unverzüglich die zuständige Flugverkehrskontrollstelle zu benachrichtigen und eine abgeänderte Flugverkehrsfreigabe einzuholen. Unbeschadet des Satzes 1 hat der Luftfahrzeugführer die zuständige Flugverkehrskontrollstelle zu benachrichtigen, wenn der Ablauf des Fluges nicht mehr mit dem Flugplan übereinstimmt.

Anmerkungen zu § 26 Abs. 4 LuftVO:

1. **Der Flugplan** ist als Grundlage für die Flugverkehrsfreigabe zu betrachten. Jedes **Abweichen** vom durch Erteilung der Flugverkehrsfreigabe **bestätigten** oder durch Erteilung weiterer Flugverkehrsfreigaben **ergänzten Flugplan** bedeutet, daß von der **gültigen Flugverkehrsfreigabe abgewichen** wird. Dies ist nach der Vorschrift des **§26 Abs. 4 LuftVO** ausdrücklich **verboten.** Der Luftfahrzeugführer darf erst dann von dem durch die Flugverkehrsfreigabe bestätigten **Flugplan abweichen,** wenn ihm vorher eine **neue Flugverkehrsfreigabe** erteilt worden ist.

2. **Bei Notlagen,**die eine sofortige eigene Entscheidung des Luftfahrzeugführers erfordern, (z.B. Wetterverschlechterung bei einem VFR-Flug mit Flugplan), darf vom gültigen Flugplan abgewichen werden. In solchen Fällen ist jedoch die **zuständige Flugverkehrskontrollstelle** sofort zu benachrichtigen und eine **abgeänderte Flugverkehrsfreigabe** einzuholen. Das gleiche gilt, wenn der Ablauf des Fluges aus irgendwelchen anderen Gründen nicht mehr mit dem Flugplan übereinstimmt.

7.4.20 Funkverkehr (§ 26a LuftVO)

(1) Der Funkverkehr wird als Sprechfunkverkehr im Flugfunkdienst durchgeführt. Hierbei sind die nach Absatz 3 festgelegten Verfahren anzuwenden.

(2) Der Luftfahrzeugführer hat an Bord eine dauernde Hörbereitschaft auf der nach Absatz 3 festgelegten Funkfrequenz der zuständigen Flugverkehrskontrollstelle aufrechtzuerhalten und im Bedarfsfall einen Funkverkehr mit ihr herzustellen

1. bei Flügen nach Instrumentenflugregeln,

2. bei Flügen nach Sichtflugregeln, wenn sie
  a) der Flugverkehrskontrolle nach § 10 Abs. 4 unterliegen,
  b) innerhalb von Kontrollzonen durchgeführt werden,
  c) zu Flugplätzen mit Flugverkehrskontrollstelle führen oder
  d) bei Nacht im kontrollierten Luftraum durchgeführt werden.

Die Bundesanstalt für Flugsicherung kann Ausnahmen zu Nummer 2 Buchstabe b) und c) zulassen.

Anmerkungen zu § 26a Abs. 1 und 2 LuftVO:

1. **Zur Durchführung des Sprechfunkverkehrs** muß das Luftfahrzeug mit einem betriebsklaren **UKW-Sende- und Empfangsgerät** gemäß der **Verordnung über die Flugsicherungsausrüstung der Luftfahrzeuge (FSAVO)** ausgerüstet sein.
2. **Ständige Hörbereitschaft** auf der festgelegten **Funkfrequenz der zuständigen Flugverkehrskontrollstelle** ist gemäß § 26a Abs. 2 LuftVO für folgende **Flüge nach Sichtflugregeln** (VFR-Flüge) vorgeschrieben:

- **CVFR-Flüge** in CVFR-Gebieten (siehe 7.6);
- **VFR-Flüge** innerhalb von **ED-R9** und **oberhalb FL 200** (siehe 7.6);
- **VFR-Flüge** innerhalb von **Kontrollzonen** (CTR);
- **VFR-Flüge** zu, von oder an **Flugplätzen mit Flugverkehrskontrollstelle;**
- **VFR-Flüge bei Nacht** im kontrollierten Luftraum.

Im Bedarfsfall muß der Luftfahrzeugführer **Funkverbindung** mit der zuständigen Flugverkehrskontrollstelle aufnehmen.

(3) Die Bundesanstalt für Flugsicherung wird ermächtigt, die Funkfrequenzen der Flugverkehrskontrollstellen und die Funkfrequenzen der Bodenstellen für den Sprechfunkverkehr im Flugfunkdienst, die nicht von der Bundesanstalt für Flugsicherung betrieben werden, sowie die Sprechfunkverfahren und die Verfahren bei Ausfall der Funkverbindung festzulegen und in den Nachrichten für Luftfahrer bekanntzumachen.

Anmerkungen zu § 26a Abs.3 LuftVO:

1. **Die festgelegten Funkfrequenzen** der zuständigen Flugverkehrskontrollstellen sind im **Luftfahrthandbuch, Band I, COM-2** veröffentlicht.

   Die **Funkfrequenzen der Bodenfunkstellen** von Flugplätzen **ohne** Flugverkehrskontrollstelle (Landeplätze, Rufzeichen: INFO) sind im **Luftfahrthandbuch, Band III** auf den entsprechenden **Sichtanflugkarten** (engl.: Visual Approach Charts) zu finden.
2. **Die Sprechfunkverfahren** (engl.: Radio Communication Procedures) für den beweglichen Flugfunkdienst (engl.: Aeronautical Mobile Service) sind im **Luftfahrthandbuch, Band I, COM-0** veröffentlicht.
3. **Die Verfahren bei Ausfall der Funkverbindung** (engl.: Radio Failure Procedures) sind in einer **Durchführungsverordnung zur LuftVO (104.DVO – § 26a Abs. 3 LuftVO)** geregelt. Diese DVO schreibt – neben allgemeinen Verfahren – für **Flüge in Sichtwetterbedingungen (VMC)** folgendes vor:

Verfahren bei Ausfall der Funkverbindung
(104.DVO – § 26a Abs. 3 LuftVO – NfL I 138/89)

Allgemeines (§ 1)

Bei Ausfall der Funkverbindung auf einem Flug, für den Funkverbindung vorgeschrieben ist, hat der Luftfahrzeugführer zunächst den **Transponder** – sofern vorhanden – auf **Modus 3/A, Code 7600** zu schalten und die **nachfolgenden Funkausfallverfahren** – soweit zutreffend – anzuwenden.

Flüge in Sichtwetterbedingungen (§ 2)

(1) Befindet sich das Luftfahrzeug in Sichtwetterbedingungen, hat der Luftfahrzeugführer – ausgenommen in dem Fall, in dem die Fortsetzung des Fluges in Sichtwetterbedingungen nicht ratsam erscheint oder nicht möglich ist –

a) **den Flug in Sichtwetterbedingungen fortzusetzen,**
b) **auf dem nächstgelegenen geeigneten Flugplatz zu landen** und
c) **der zuständigen Flugverkehrskontrollstelle unverzüglich die Beendigung des Fluges anzuzeigen.**

(2) Ein Flug nach Sichtflugregeln darf nur dann in eine Kontrollzone einfliegen, wenn der Luftfahrzeugführer **vorher eine entsprechende Flugverkehrsfreigabe** erhalten hat oder eine Landung auf einem Flugplatz innerhalb der Kontrollzone aus flugbetrieblichen Gründen unumgänglich wird. Bei einem Flug nach Instrumentenflugregeln gilt die erforderliche Einflugfreigabe als erteilt.

(3) Fällt bei einem Flug nach Sichtflugregeln die Funkverbindung vor Einflug in ein CVFR-Gebiet, in die **ED-R9** oder in den **Luftraum oberhalb Flugfläche 200** aus, hat der Luftfahrzeugführer dieses **Gebiet** unbeschadet einer bereits erhaltenen Einflugfreigabe **zu meiden;** tritt der **Funkausfall innerhalb eines dieser Gebiete** ein, hat der Luftfahrzeugführer den **Flug gemäß erhaltener und bestätigter Freigabe weiterzuführen** oder, falls dies nicht möglich ist, dieses **Gebiet unter Einhaltung der Sichtflugregeln gem. § 28 Abs. 1 LuftVO auf dem kürzesten Wege zu verlassen.**

Bei **Flügen nach Sichtflugregeln oberhalb Flugfläche 200** gilt die Flugverkehrsfreigabe zum Durchflug der ED-R9 als erteilt.

7.4.21 Standortmeldungen (§ 26b LuftVO)

(1) Der Luftfahrzeugführer hat in den Fällen des § 26a Abs. 2 Nr. 1 und 2 Buchstabe a) bis c) beim Überfliegen jedes nach Absatz 2 festgelegten Meldepunktes unverzüglich eine Standortmeldung an die zuständige Flugverkehrskontrollstelle zu übermitteln.

Anmerkung zu § 26b Abs. 1 LuftVO:

Standortmeldungen (engl.: Position Reports) sind vom Luftfahrzeugführer beim Überfliegen der **festgelegten Meldepunkte** (engl.: Reporting Points) an die **zuständige Flugverkehrskontrollstelle** zu übermitteln. Dies trifft für **Flüge nach Sichtflugregeln** (VFR-Flüge) zu, wenn sie

- **der Flugverkehrskontrolle nach § 10 Abs. 4 LuftVO unterliegen** (CVFR-Flüge und VFR-Flüge innerhalb von ED-R 9 oder oberhalb FL 200),
- **innerhalb von Kontrollzonen** (CTR) durchgeführt werden,
- **zu Flugplätzen mit Flugverkehrskontrollstelle** führen
  oder
- **bei Nacht im kontrollierten Luftraum** durchgeführt werden.

(2) Die Bundesanstalt für Flugsicherung wird ermächtigt, die Meldepunkte sowie die Einzelheiten über Inhalt und Form der Standortmeldungen festzulegen und in den Nachrichten für Luftfahrer bekanntzumachen. Die zuständige Flugverkehrskontrollstelle kann im Einzelfall Standortmeldungen an weiteren Punkten verlangen oder auf die Übermittlung von Standortmeldungen verzichten.

Anmerkungen zu § 26b Abs. 2 LuftVO:

1. Es wird grundsätzlich zwischen **Pflichtmeldepunkten** (engl.: Compulsary Reporting Points) und **Meldepunkten auf Anforderung** (engl.: Reporting Point on Request) unterschieden.
   Über **Meldepunkten auf Anforderung** (on request) ist vom Luftfahrzeugführer **nur dann** eine **Standortmeldung** (Position Report) abzugeben, wenn die **zuständige Flugverkehrskontrollstelle** ihn ausdrücklich dazu **angewiesen** hat.

2. Die von der Bundesanstalt für Flugsicherung (BFS) **festgelegten Meldepunkte** (Reporting Points) werden in den **Luftfahrtkarten** (z. B. Sichtanflugkarten für die Verkehrsflughäfen, Funknavigationskarte) mit einem **Dreieck** gekennzeichnet und bedeuten:

(▲) = **Pflichtmeldepunkt,** bei dessen Überfliegen der Luftfahrzeugfüher nach **§ 26b Abs. 1 der Luftverkehrs-Ordnung** unverzüglich eine **Standortmeldung** an die zuständige Flugverkehrskontrollstelle zu übermitteln hat;

(△) = **Meldepunkt auf Anforderung,** bei dessen Überfliegen der Luftfahrzeugführer nach **§ 26b Abs. 1 der Luftverkehrs-Ordnung** eine **Standortmeldung nur auf besondere Anforderung** der zuständigen Flugverkehrskontrollstelle zu übermitteln hat.

3. **Luftfahrzeugführer können von der Verpflichtung zur Abgabe einer Standortmeldung** über einem oder mehreren Pflichtmeldepunkten von der zuständigen Flugverkehrskontrollstelle **befreit werden,** wenn die Sicherheit des Luftverkehrs hierdurch nicht beeinträchtigt wird.

4. **Über Inhalt und Form der Standortmeldungen** gibt es eine **Durchführungsverordnung zur LuftVO** (5. DVO - § 26 b Abs. 2 Satz 1 LuftVO), die folgenden Wortlaut hat (Auszug für VFR - Flüge) :

Standortmeldungen

(5. DVO - § 26 b Abs. 2 Satz 1 LuftVO, zuletzt geändert durch die 2. Änderungsverordnung NfL I - 187/83)

§ 2 Standortmeldungen bei Flügen nach Sichtflugregeln

1. Der Luftfahrzeugführer hat auf einem Flug nach Sichtflugregeln bei der Übermittlung einer Standortmeldung folgende Angaben in der nachstehenden Reihenfolge zu machen:

   a) Funkrufzeichen des Luftfahrzeuges
   b) Standort
   c) Überflugzeit
   d) Flughöhe

2. Die Zeitangabe nach Absatz 1 c) kann entfallen, wenn der gemeldete Standort zum Zeitpunkt der Standortmeldung erreicht wird.

§ 3 Standortmeldungen bei Flügen in der Platzrunde

Bei der Übermittlung einer Standortmeldung in der **Platzrunde** eines Flugplatzes hat der Luftfahrzeugführer folgende Angaben in der nachstehenden Reihenfolge zu machen:

a) Funkrufzeichen des Luftfahrzeugs
b) Standort

7.4.22 Beendigung der Flugverkehrskontrolle (§ 26c LuftVO)

Der Luftfahrzeugführer hat bei Flügen nach Instrumentenflugregeln und bei Flügen nach Sichtflugregeln, die der Flugverkehrskontrolle nach § 10 Abs. 4 unterliegen, die zuständige Flugverkehrskontrollstelle unverzüglich zu benachrichtigen, wenn er den kontrollierten Luftraum oder den nach § 10 Abs. 4 festgelegten Teil des kontrollierten Luftraums verläßt.

Anmerkung zu § 26c LuftVO:

Diese Vorschrift trifft für **Flüge nach Sichtflugregeln** (VFR-Flüge) nur zu

a) bei CVFR-Flügen in CVFR-Gebieten (siehe 7.6);
b) bei VFR-Flügen innerhalb von **ED-R 9** (siehe 7.6).

7.4.23 Startmeldungen (§ 26d LuftVO)

(1) Der Luftfahrzeugführer hat für Flüge, für die ein Flugplan abgegeben wurde, der zuständigen Flugverkehrskontrollstelle die tatsächliche Startzeit unverzüglich zu übermitteln, wenn sie von der im Flugplan angegebenen Zeit abweicht. Dies gilt nicht für Flüge von Flugplätzen mit Flugverkehrskontrollstelle. Der Bundesminister für Verkehr kann Ausnahmen von Satz 1 zulassen.

(2) Die Bundesanstalt für Flugsicherung wird ermächtigt, Einzelheiten über Inhalt, Form, zulässige zeitliche Abweichungen und Übermittlungsart der Startmeldungen festzulegen und in den Nachrichten für Luftfahrer bekanntzumachen.

Anmerkungen zu § 26d LuftVO:

Zu dieser Vorschrift über **Startmeldungen** (engl.: Report of Departure) bei Flügen, für die ein **Flugplan** aufgegeben wurde, gibt es eine **Durchführungsverordnung zur LuftVO** (30. DVO - § 26d Abs. 2 LuftVO):

Startmeldungen
(30. DVO - § 26d Abs. 2 LuftVO, geändert durch die 2. Änderungsverordnung - NfL I - 21/81)

Grundsatz (§ 1)
Ist für einen Flug von einem **Flugplatz ohne Flugverkehrskontrollstelle** ein **Flugplan** übermittelt worden, hat der Luftfahrzeugführer die **tatsächliche Startzeit** zu übermitteln.

Übermittlungsart (§ 2)
Die **tatsächliche Startzeit** ist unverzüglich **nach dem Start** entweder

1. **durch einen vom Luftfahrzeugführer Beauftragten** dem zuständigen Flugberatungsdienst **oder**
2. **mittels Sprechfunk** in Form einer **Startmeldung** der **zuständigen Flugverkehrskontrollstelle,** oder wenn diese nicht erreichbar ist, dem **zuständigen Fluginformationsdienst** zur Weiterleitung an den Flugberatungsdienst zu übermitteln.

Inhalt der Startmeldung (§ 3)
Die Startmeldung hat **folgende Angaben** zu erhalten:

1. **Luftfahrzeugkennung,**
2. **Startflugplatz,**
3. **Startzeit** und
4. **Zielflugplatz.**

7.4.24 Landemeldung (§ 27 LuftVO)

(1) Der Luftfahrzeugführer hat bei Flügen, für die ein Flugplan abgegeben wurde, der zuständigen Flugverkehrskontrollstelle unverzüglich eine Landemeldung zu übermitteln. Dies gilt nicht für Flüge zu Flugplätzen mit Flugverkehrskontrollstelle. Der Bundesminister für Verkehr kann Ausnahmen zulassen.

(2) Die Bundesanstalt für Flugsicherung wird ermächtigt, Einzelheiten über Inhalt, Form und Übermittlungsart der Landemeldungen festzulegen und in den Nachrichten für Luftfahrer bekanntzumachen.

Anmerkung zu § 27 LuftVO:

Zu dieser Vorschrift über **Landemeldungen** (engl.: Report of Arrival) bei Flügen, für die ein **Flugplan** aufgegeben wurde, gibt es eine **Durchführungsverordnung zur LuftVO** (31. DVO - § 27 Abs. 2 LuftVO):

Landemeldungen
(31. DVO - § 27 Abs. 2 LuftVO, geändert durch die 2. Änderungsverordnung - NfL I - 22/81)

Übermittlungsart (§ 1)

(1) der Luftfahrzeugführer hat die **Landemeldung** an die für den Landeflugplatz **zuständige Flugberatungstelle** oder, wenn diese nicht betriebsbereit ist, an die **zuständige Flugverkehrskontrollstelle** zu übermitteln.

(2) Der Luftfahrzeugführer kann **anstelle der Landemeldung** die **voraussichtliche Landezeit** mittels **Sprechfunk** der **zuständigen Flugverkehrskontrollstelle** oder, wenn diese nicht erreichbar ist, dem **zuständigen Fluginformationsdienst** zur Weiterleitung an den Flugberatungsdienst übermitteln, sofern das Luftfahrzeug sich **bereits in der Platzrunde** befindet und die **Landung sichergestellt** erscheint.

Inhalt der Landemeldung (§ 2)

Die Landemeldung hat **folgende Angaben** zu enthalten:

1. **Luftfahrzeugkennung,**
2. **Landeflugplatz** und
3. **Landezeit.**

Bei Landungen, die **nicht auf dem Bestimmungsflugplatz** durchgeführt werden, sind **zusätzlich** der **Startflugplatz** und der im **Flugplan angegebene Bestimmungsflugplatz** anzugeben.

7.4.25 Flugverfahren (§ 27a LuftVO)

(1) Der Luftfahrzeugführer hat bei Flügen innerhalb von Kontrollzonen, bei An- und Abflügen zu und von Flugplätzen mit Flugverkehrskontrollstelle, bei Flügen nach Instrumentenflugregeln und bei Flügen nach Sichtflugregeln, die der Flugverkehrskontrolle nach § 10 Abs. 4 unterliegen, die vorgeschriebenen Flugverfahren zu befolgen.

(2) Die Bundesanstalt für Flugsicherung wird ermächtigt, die Verfahren nach Absatz 1 festzulegen und in den Nachrichten für Luftfahrer bekanntzumachen.

Anmerkung zu § 27a Abs. 1 und 2 LuftVO:

Der Begriff **Flugverfahren** (engl.: Flight Procedures) ist ein allgemeiner Begriff. Bei **Flügen nach Sichtflugregeln** (VFR-Flüge) gibt es z. B. **folgende Flugverfahren:**

- **Sichtanflugverfahren** (engl.: Visual Approach Procedures), die im **Luftfahrthandbuch, Band III** veröffentlicht sind;
- **Sichtabflugverfahren** (engl.: Visual Departure Procedures), die im **Luftfahrthandbuch, Band III** veröffentlicht sind;
- **VFR-Warteverfahren** (engl.: VFR Holding Procedures), die ebenfalls im **Luftfahrthandbuch, Band III** veröffentlicht sind;
- **CVFR-Flugverfahren** (engl.: CVFR Flight Procedures), die unter **7.6** behandelt werden;
- **Flugverfahren für VFR-Flüge** innerhalb von **ED-R 9** und **oberhalb FL 200,** die unter **7.6** behandelt werden usw.

(3) Die Flugverkehrskontrollstellen können in Einzelfällen Abweichungen von den Verfahren nach Absatz 1 zulassen, soweit die öffentliche Sicherheit oder Ordnung, insbesondere die Sicherheit des Luftverkehrs, dadurch nicht beeinträchtigt werden.

Anlage zu 7.4 Allgemeine Regeln:

1. Zeichen des Einwinkers (Anlage 2 § 7 LuftVO)

(1) Auf einem Flugplatz werden Luftfahrzeugführern Zeichen durch den Einwinker mittels Signalkellen, Leuchtstablampen, Taschenlampen oder nur mit den Armen und Händen gegeben.

(2) Gibt der Einwinker Zeichen, so steht er mit Blickrichtung zum Luftfahrzeug

a) bei Starrflüglern vor der linken Tragflächenspitze im Blickfeld des Luftfahrzeugführers,

b) bei Drehflüglern so, daß er für den Luftfahrzeugführer am besten zu sehen ist.

(3) Triebwerke von Luftfahrzeugen werden mit fortlaufenden Nummern angegeben. Das äußere Backbordtriebwerk hat die Nummer 1.

(4) Es werden folgende Zeichen gegeben, wobei die Zeichen Nummer 16 bis 20 für Drehflügler bestimmt sind:

1. Auf Zeichen des Einwinkers achten!

Der rechte Arm ist senkrecht nach oben ausgestreckt und wird wiederholt nach links und rechts bewegt.

2. Hier Stillstand!

Beide Arme werden senkrecht nach oben ausgestreckt, die Handflächen zeigen nach innen.

3. Auf Zeichen des nächsten Einwinkers achten!

Der rechte oder linke Arm zeigt abwärts; der andere Arm wird quer vor dem Körper ausgestreckt und zeigt in Richtung auf den nächsten Einwinker.

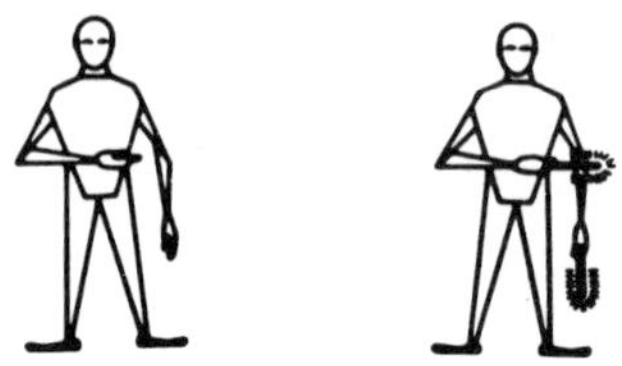

4. Geradeaus rollen!

Die leicht seitlich ausgestreckten Arme mit nach rückwärts gerichteten Handflächen winken aus Schulterhöhe wiederholt vorwärts-rückwärts.

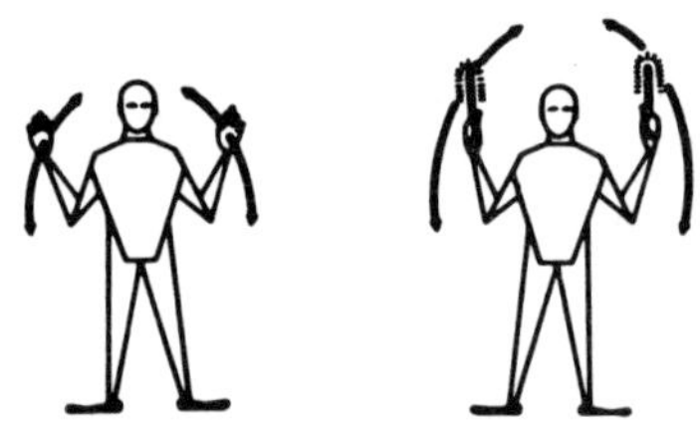

5.a) Nach links drehen!

Der rechte Arm zeigt abwärts, der linke Arm winkt wiederholt aufwärts-rückwärts; die Schnelligkeit der Bewegung zeigt die erforderliche Drehgeschwindigkeit an.

b) Nach rechts drehen!

Der linke Arm zeigt abwärts, der rechte Arm winkt wiederholt aufwärts-rückwärts; die Schnelligkeit der Bewegung zeigt die erforderliche Drehgeschwindigkeit an.

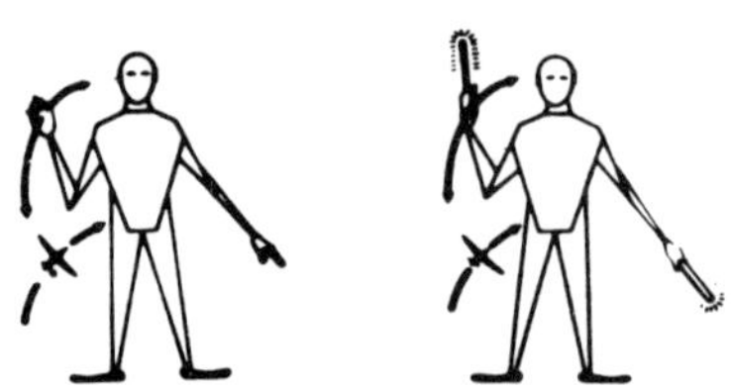

6. Halt!

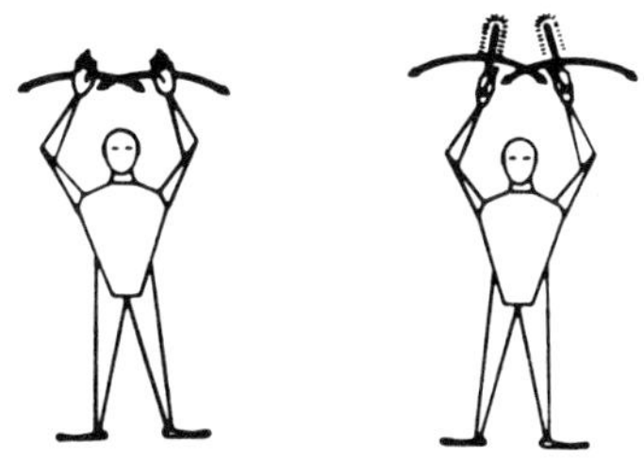

Beide Arme werden wiederholt über dem Kopf gekreuzt; die Schnelligkeit der Armbewegung entspricht der Dringlichkeit des Anhaltens.

7.a) Bremsen anziehen!

Der rechte oder linke Arm wird waagerecht vor dem Körper gehalten; die Finger der Hand sind ausgestreckt und werden zur Faust geschlossen.

b) Bremsen lösen!

Der rechte oder linke Arm wird waagerecht vor dem Körper gehalten; die Hand ist zur Faust geschlossen und wird geöffnet.

8.a) Bremsklötze sind vorgelegt!

Beide Arme werden aus seitlich ausgestreckter Haltung mit zum Körper gerichteten Handflächen nach unten und innen bewegt.

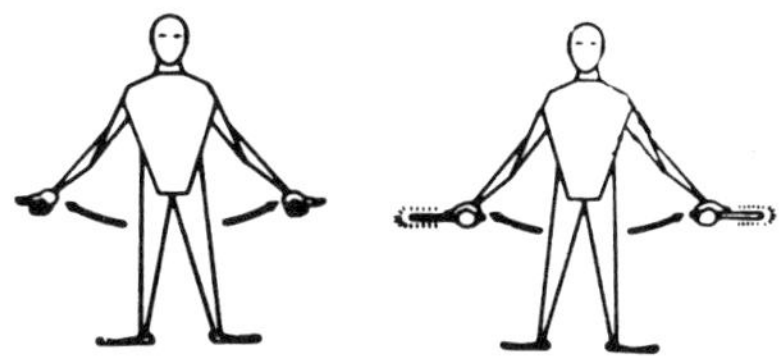

b) Bremsklötze sind entfernt!

Beide Arme hängen herab und werden mit zum Körper gerichteten Handrücken zur Seite bewegt.

9. Triebwerke anlassen!

Der linke Arm ist nach oben ausgestreckt, die Anzahl der ausgestreckten Finger gibt die entsprechende Nummer des anzulassenden Triebwerks an; die rechte Hand beschreibt kreisende Bewegungen in Kopfhöhe.

10. Triebwerke abstellen!

Rechter oder linker Arm wird mit der Handfläche nach unten und mit dem Daumen vor der Kehle in Schulterhöhe gehalten; die Hand wird bei angewinkeltem Arm seitlich hin- und herbewegt.

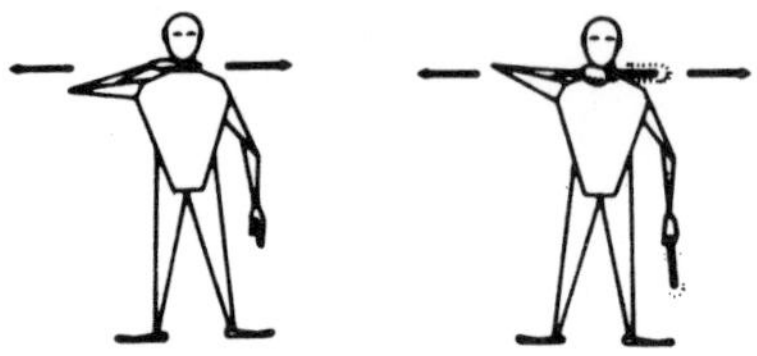

11. Langsamer rollen!

Beide Arme hängen mit nach unten zeigenden Handflächen herab und werden wiederholt auf- und abbewegt.

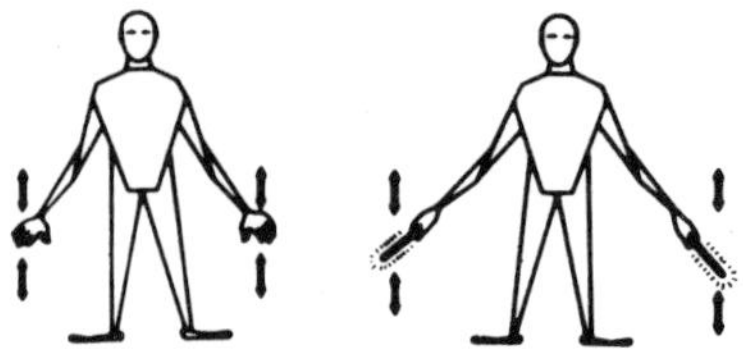

12. Triebwerkdrehzahl auf der angezeigten Seite verringern!

Beide Arme hängen mit nach unten gerichteten Handflächen herab; dann wird entweder die rechte oder linke Hand auf- und abbewegt, je nachdem, ob die Drehzahl der Triebwerke auf der linken oder rechten Seite verringert werden soll.

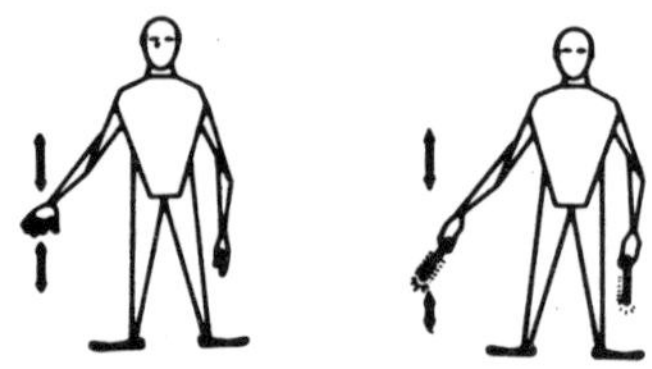

13. Rückwärts rollen!

Beide Arme werden mit zum Luftfahrzeug gerichteten Handflächen wiederholt vorwärts-aufwärts bis zur waagerechten Armhaltung gebracht.

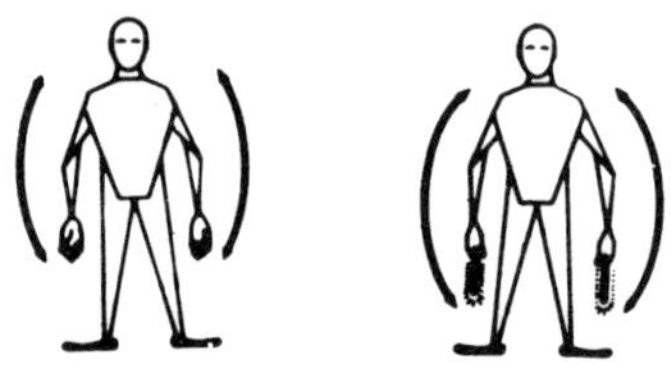

14.a) Rückwärts rollen und Luftfahrzeugheck nach Steuerbord drehen!

Der linke Arm zeigt nach unten, der rechte Arm wird aus der senkrechten Haltung über dem Kopf wiederholt in waagerechte Armhaltung nach vorn bewegt.

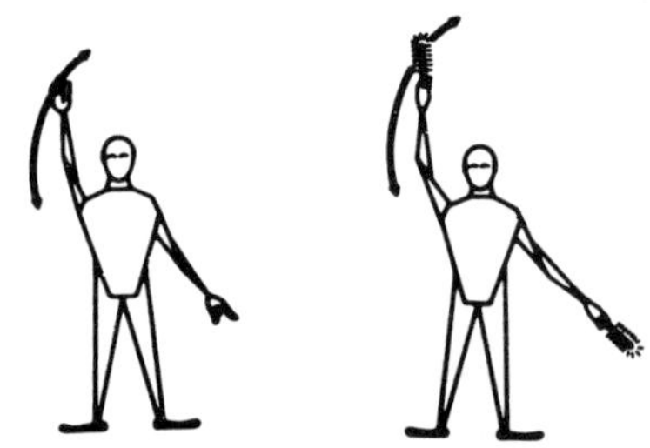

b) Rückwärts rollen und Luftfahrzeugheck nach Backbord drehen!

Der rechte Arm zeigt nach unten, der linke Arm wird aus der senkrechten Haltung über dem Kopf wiederholt in waagerechte Armhaltung nach vorn bewegt.

15. Alles klar!

Der rechte Arm wird vom Ellenbogen ab nach oben gehalten; der Daumen zeigt nach oben.

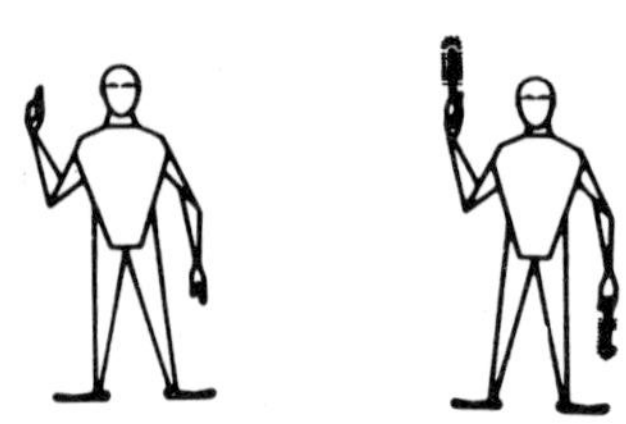

Anmerkung: Die Zeichen Nr. 16 bis 20 sind für Drehflügler (Hubschrauber) bestimmt und werden hier nicht dargestellt.

2. Zeichen des Luftfahrzeugführers (Anlage 2 § 8 LuftVO)

(1) Dem Einwinker werden von dem Luftfahrzeugführer vom Führerraum des Luftfahrzeugs aus Zeichen mit den Armen und Händen gegeben. Die Zeichen müssen für den Einwinker klar erkennbar sein; wenn erforderlich, ist bei der Zeichengebung eine Lichtquelle zu Hilfe zu nehmen.

(2) Für die Bezeichnung von Triebwerken durch den Luftfahrzeugführer gilt § 7 Abs. 3 entsprechend.

(3) Es werden folgende Zeichen gegeben:

1.a) **Bremsen sind angezogen!**
Der rechte oder linke Arm wird waagerecht vor dem Gesicht gehalten; die Finger der Hand sind ausgestreckt und werden zur Faust geschlossen.

b) **Bremsen sind gelöst!**
Der rechte oder linke Arm wird waagerecht vor dem Gesicht gehalten; die Hand ist zur Faust geschlossen und wird geöffnet.

2.a) **Bremsklötze vorlegen!**
Die Arme werden seitlich ausgestreckt und mit den Handflächen nach außen vor dem Gesicht gekreuzt.

b) **Bremsklötze entfernen!**
Die Arme werden vor dem Gesicht gekreuzt und mit den Handflächen nach außen seitlich ausgestreckt.

3. **Fertig zum Anlassen der Triebwerke!**
Die Anzahl der ausgestreckten Finger einer Hand gibt die entsprechende Nummer des anzulassenden Triebwerks an.

7.5 Die Sichtflugregeln (§§ 28 bis 34 LuftVO)

Neben den vorher behandelten **Allgemeinen Regeln (7.4),** die beim Betrieb eines Luftfahrzeugs **grundsätzlich beachtet** werden müssen, muß der Lutfahrzeugführer bei der Führung eines Luftfahrzeugs **während des Fluges zusätzliche Flugregeln** einhalten, die sich aus den gerade herrschenden **Wetterbedingungen** ergeben.
Flüge können nach **Sicht** als sogenannte **Sichtflüge** (engl.: Visual Flights) oder mit Hilfe von **Instrumenten** ohne Sicht nach außen als **Instrumentenflüge** (engl.: Instrument Flights) durchgeführt werden.

Die **LuftVO** berücksichtigt diese Möglichkeiten der Durchführung von Flügen weitgehend und schreibt - zusätzlich zu den Allgemeinen Regeln - die **Sichtflugregeln** (engl.: **V**isual **F**light **R**ules = **VFR)** oder die **Instrumentenflugregeln** (engl.: **I**strument **F**light **R**ules = IFR) vor.

Die in den Sichtflugregeln (VFR) festgelegten **Mindestwerte für Flugsicht** (engl.: flight visibility) und den **Abstand von Wolken** (engl.: distance from clouds) beschreiben Wetterbedingungen, die als **Sichtwetterbedingungen** (engl.: **V**isual **M**eteorological **C**onditions = **VMC)** oder als **Instrumentenwetterbedingungen** (engl.: **I**nstrument **M**eteorological **C**onditions = **IMC)** bezeichnet werden. Diese Wetterbedingungen **(VMC oder IMC)** - festgelegt durch die **Flugsicht** und den **Abstand von Wolken** - bestimmen die Anwendung der entsprechenden Regeln **(VFR oder IFR):**

- **Sichtwetterbedingungen** (VMC) **erlauben** die Anwendung der **Sichtflugregeln (VFR).**
- **Instrumentenwetterbedingungen** (IMC) **verhindern** die Anwendung der **Sichtflugregeln (VFR).**

Flugsicht (engl.: flight visibility) im Sinne der Sichtflugregeln (VFR) ist die **Sicht in Flugrichtung** aus dem Führerraum eines Luftfahrzeugs.

Bodensicht (engl.: ground visibility) im Sinne der Sichtflugregeln ist die von einem **amtlich beauftragten Beobachter gemeldete Sicht auf einem Flugplatz.**

Erdsicht (engl.: visual contact to the ground) im Sinne der Sichtflugregeln ist gegeben, wenn der **Luftfahrzeugführer die Erdoberfläche sieht.**

Abstände von den Wolken (engl.: distance from clouds) sind in den Sichtflugregeln als **Abstände in waagerechter Richtung** und als **Abstände in senkrechter Richtung** festgelegt.

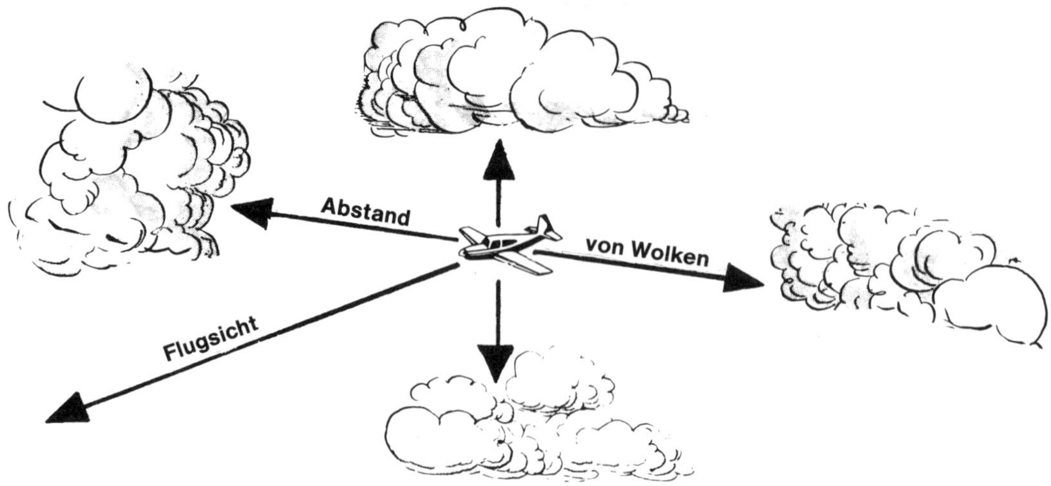

Abb. 57
Flugsicht und Abstände von Wolken

Bevor nun die Sichtflugregeln (§§ 28 bis 34 LuftVO) behandelt werden, noch ein wichtiger Hinweis für die Durchführung von VFR-Flügen:

Alle Flüge nach Sichtflugregeln (VFR) müssen nach dem Grundsatz **„SEHEN UND GESEHEN WERDEN“** durchgeführt werden!

Der **Luftfahrzeugführer** trägt bei VFR-Flügen die **alleinige Verantwortung** für die **Vermeidung von Zusammenstößen** und ist deshalb verpflichtet, die **Sichtflugregeln** (VFR) **genauestens zu beachten** und den **Luftraum ständig zu beobachten!**

7.5.1 Flüge nach Sichtflugregeln im kontrollierten Luftraum oder in einer Höhe von 900 m (3000 ft) und mehr über Grund oder Wasser außerhalb des kontrollierten Luftraums (§ 28 LuftVO)

(1) Im kontrollierten Luftraum oder in einer Höhe von 900 m (3000 ft) und mehr über Grund oder Wasser außerhalb des kontrollierten Luftraums sind Flüge nach Sichtflugregeln so durchzuführen, daß

1. der Luftfahrzeugführer eine Flugsicht von mindestens 8 km hat und

2. das Luftfahrzeug von den Wolken in waagerechter Richtung mindestens 1,5 km, in senkrechter Richtung mindestens 300 m (1000 ft) Abstand hält.

Flugsicht ist die Sicht in Flugrichtung aus dem Führerraum eines Luftfahrzeugs.

Anmerkungen zu § 28 Abs. 1 LuftVO:

1. **Flüge nach Sichtflugregeln** (VFR-Flüge) sind gemäß **§ 30 LuftVO** (siehe 7.5.3) **oberhalb Flugfläche 200** (FL 200) grundsätzlich **verboten!**
2. **Flüge nach Sichtflugregeln** (VFR-Flüge) innerhalb von **ED-R 9** (FL 100 bis FL 200) und **oberhalb Fl 200** sind zwar **grundsätzlich nicht erlaubt,** jedoch sind unter bestimmten Voraussetzungen **Ausnahmen möglich** (siehe 7.6 „Sonderregelungen“).
3. **Motorgetriebene Luftfahrzeuge** müssen bei **VFR-Flügen oberhalb von 5000 ft MSL oder oberhalb von 3500 ft über Grund** – wobei der höhere Wert maßgebend ist – mit einem **Transponder** ausgerüstet sein.

   Der Transponder muß für den **Abfragemodus A mit 4096 Codes** und **ab 1. April 1991 zusätzlich** für den **Abfragemodus C** mit automatischer Höhenübermittlung ausgestattet sein (§ 3 Abs. 4, 1. DVO zur Verordnung über die Flugsicherungsausrüstung – FSAVO).

   Der **Luftfahrzeugführer** hat bei VFR-Flügen im oben festgelegten Luftraum den **Transponder selbständig** auf **Modus A bzw. Modi A/C, Code 0022** zu schalten. Bei Verlassen dieses Luftraums ist das Aussenden des Codes unaufgefordert zu beenden.

(2) In Kontrollzonen können Flüge nach Sichtflugregeln nur durchgeführt werden, wenn zusätzlich

1. eine Bodensicht von mindestens 8 km herrscht und

2. die Hauptwolkenuntergrenze in einer Höhe von mindestens 600 m (2000 ft) über Grund oder Wasser liegt.

Bodensicht ist die Sicht auf einem Flugplatz, wie sie von einer amtlich beauftragten Person festgestellt wird. Hauptwolkenuntergrenze ist die Untergrenze der niedrigsten Wolkenschicht über Grund oder Wasser, die mehr als die Hälfte des Himmels bedeckt und unterhalb von 6000 m (20000 ft) liegt.

Anmerkungen zu § 28 Abs. 2 LuftVO:

1. **Kontrollzonen (CTR)** sind - wie die Kontrollbezirke (CTA) und die Nahverkehrsbereiche (TMA) - **kontrollierte Lufträume.**

2. Während der Luftfahrzeugführer die Flugsicht und den Abstand von Wolken selbst beurteilen muß, ziehen die für **Kontrollzonen (CTR) zuständigen Flugverkehrskontrollstellen** (TWR/APP) die vom **Deutschen Wetterdienst** (DWD) festgestellten Werte für die **Bodensicht** (ground visibility) und die **Hauptwolkenuntergrenze** (engl.: ceiling) heran, um zu entscheiden, ob innerhalb einer Kontrollzone **Sichtwetterbedingungen** (VMC) herrschen oder nicht.

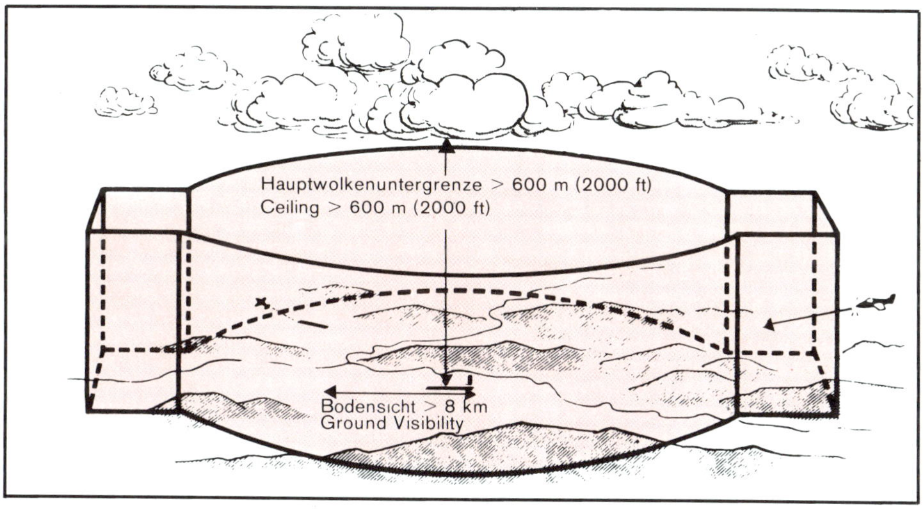

Abb. 58
Zusätzliche Mindestwetterbedingungen für Flüge nach Sichtflugregeln innerhalb von Kontrollzonen (CTR)

3. **Vor dem Einflug** in eine **Kontrollzone** (CTR) und **vor dem Start** von einem Flugplatz **innerhalb einer Kontrollzone** ist in jedem Fall eine **Flugverkehrsfreigabe** (ATC clearance) von der **zuständigen Flugverkehrskontrollstelle** einzuholen.

(3) Der Bundesminister für Verkehr kann niedrige Mindestwerte für Flugsicht und Abstand von Wolken sowie für Bodensicht und die Hauptwolkenuntergrenze festlegen, soweit die öffentliche Sicherheit oder Ordnung, insbesondere die Sicherheit des Luftverkehrs, dadurch nicht beeinträchtigt werden.

Anmerkung zu § 28 Abs. 3 LuftVO:

Der Bundesminister für Verkehr (BMV) hat für bestimmte Kontrollzonen **niedrigere VFR-Mindestwerte** festgelegt. Diese Ausnahmen sind im **Luftfahrthandbuch, Band I, RAC-2-4** veröffentlicht.

(4) Wenn die nach den Absätzen 1 bis 3 vorgeschriebenen Mindestwerte innerhalb einer Kontrollzone nicht gegeben sind, dürfen nach Sichtflugregeln betriebene Luftfahrzeuge nur dann auf einem in der Kontrollzone gelegenen Flugplatz starten, landen oder in die Kontrollzone einfliegen, wenn die zuständige Flugverkehrskontrollstelle hierzu eine Flugverkehrsfreigabe für einen Sonderflug nach Sichtflugregeln erteilt hat. Die Voraussetzungen für die Erteilung der Flugverkehrsfreigabe werden von der Bundesanstalt für Flugsicherung festgelegt und in den Nachrichten für Luftfahrer bekanntgemacht.

Anmerkungen zu § 28 Abs. 4 LuftVO:

1. Sind die **Mindestwetterbedingungen** für **VFR-Flüge** innerhalb einer **Kontrollzone** (CTR) **nicht** erfüllt, so kann der Luftfahrzeugführer eine **Flugverkehrsfreigabe** (ATC clearance) für einen **Sonderflug nach Sichtflugregeln** (Sonder-VFR-Flug; engl.: Special VFR-Flight) beantragen.

2. **Die Voraussetzungen** für die Erteilung einer Flugverkehrsfreigabe für einen **Sonderflug nach Sichtflugregeln** in Kontrollzonen (CTR) sind in einer **Durchführungsbestimmung zur LuftVO** festgelegt, die im **Luftfahrthandbuch, Band I, RAC-1-3** veröffentlicht ist:

Voraussetzung für die Erteilung einer Flugverkehrsfreigabe für einen Sonderflug nach Sichtflugregeln in Kontrollzonen (NfL I – 196/85)

Aufgrund des **§ 28 Abs. 4 Satz 2 LuftVO** werden die **Voraussetzungen** für die Erteilung einer **Flugverkehrsfreigabe für einen Sonderflug nach Sichtflugregeln in Kontrollzonen** wie folgt festgelegt:

1. **Eine Flugverkehrsfreigabe** für einen **Sonderflug nach Sichtflugregeln** ist vom Luftfahrzeugführer **nur dann zu beantragen,** wenn der Flug so durchgeführt werden kann, daß

a) **der Luftfahrzeugführer** mindestens eine **Flugsicht von 1500 Metern** oder, wenn es sich um Drehflügler handelt, mindestens eine Flugsicht von 800 Metern hat,

b) **Wolken nicht berührt werden,**

c) **die Hauptwolkenuntergrenze** die **Einhaltung der Sicherheitsmindesthöhe** gestattet, es sei denn, der Luftfahrzeugführer ist im Besitz einer Ausnahmegenehmigung zum Unterschreiten der Sicherheitsmindesthöhe,

d) **Erdsicht** jederzeit gewährleistet ist.

2. **Eine Flugverkehrsfreigabe** für einen **Sonderflug nach Sichtflugregeln** wird von der Flugverkehrskontrolle **nur dann erteilt,** wenn

a) **die Verkehrsverhältnisse es zulassen,**

b) **die Bodensicht nicht unter** dem Mindestwert von **1500 Metern** oder, wenn es sich um Drehflügler handelt, nicht unter dem Mindestwert von 800 Metern liegt,

c) **die Hauptwolkenuntergrenze mindestens 500 Fuß** beträgt.

3. Liegen die unter Nr. 2 Buchstabe b) bzw. c) genannten Mindestwerte nicht vor, wird eine Flugverkehrsfreigabe für einen Sonderflug nach Sichtflugregeln nur dann erteilt, wenn der Luftfahrzeugführer in seinem Antrag zum Ausdruck bringt, daß er im Besitz einer Ausnahmegenehmigung zum Unterschreiten der entsprechenden Mindestwerte ist. Diese Erklärung ist bei Flügen, die offenkundig gem. § 34 LuftVO oder § 30 LuftVG durchgeführt werden, nicht erforderlich.

7.5.2 Flüge nach Sichtflugregeln außerhalb des kontrollierten Luftraums in Höhen von weniger als 900 m (3000 ft) über Grund oder Wasser (§ 29 LuftVO)

(1) Flüge nach Sichtflugregeln außerhalb des kontrollierten Luftraums in Höhen von weniger als 900 m (3000 ft) über Grund oder Wasser sind außer von Drehflüglern, Luftschiffen und Freiballonen so durchzuführen, daß

1. der Luftfahrzeugführer Erdsicht und eine Flugsicht von mindestens 1,5 km hat und

2. das Luftfahrzeug Wolken nicht berührt.

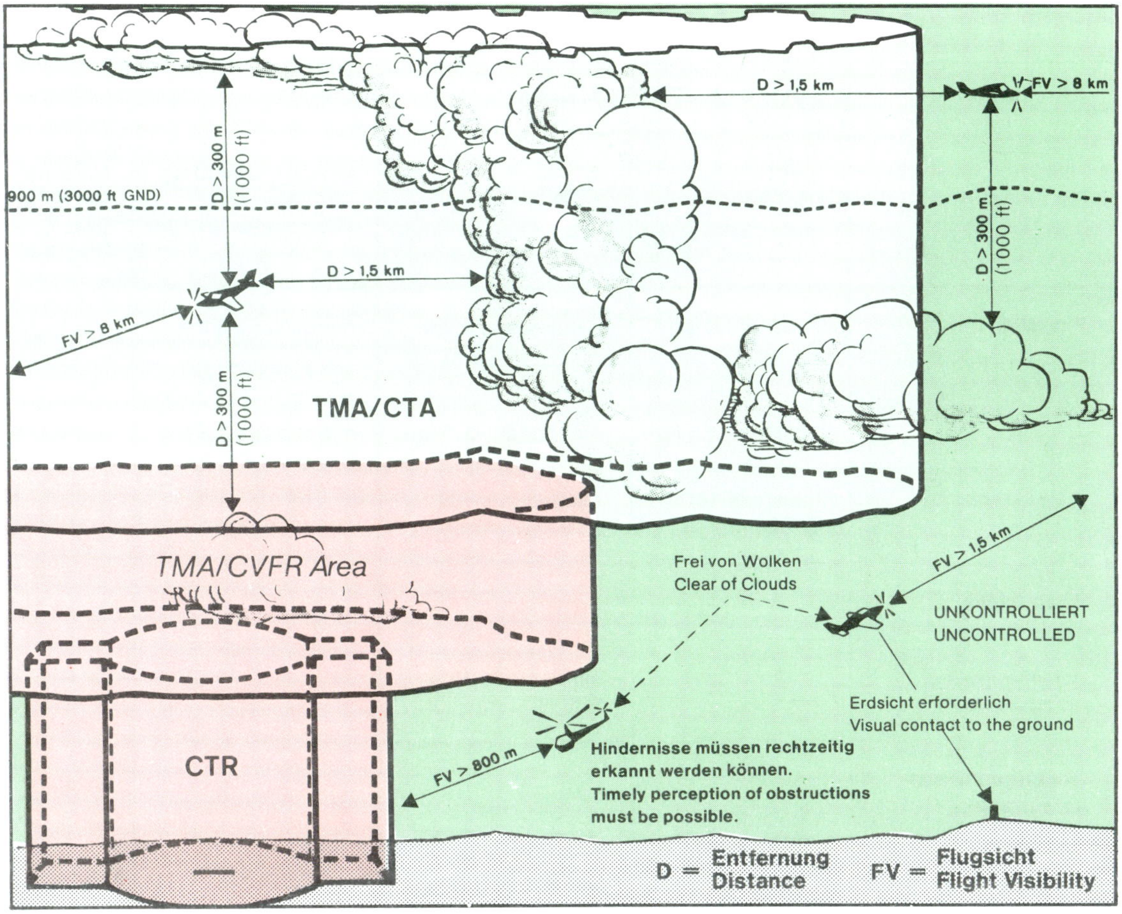

Abb. 59
Die Sichtflugregeln im kontrollierten und im unkontrollierten Luftraum

(2) Außerhalb des kontrollierten Luftraums in Höhen von weniger als 900 m (3000 ft) über Grund oder Wasser sind Flüge von Drehflüglern sowie Luftschiff- und Ballonfahrten nach Sichtflugregeln so durchzuführen, daß

1. der Luftfahrzeugführer Erdsicht und eine Flugsicht von mindestens 800 m hat,

2. das Luftfahrzeug Wolken nicht berührt und

3. ein rechtzeitiges Erkennen von Hindernissen möglich ist.

(3) Der Bundesminister für Verkehr kann Ausnahmen von den in den Absätzen 1 und 2 vorgeschriebenen Werten zulassen, soweit die öffentliche Sicherheit oder Ordnung, insbesondere die Sicherheit des Luftverkehrs, dadurch nicht beeinträchtigt werden.

Übersichtstafel „Sichtflugregeln“

KRITERIEN	KONTROLLIERTER LUFTRAUM		UNKONTROLLIERTER LUFTRAUM	
	CTA/TMA	**CTR**	**In 900 m (3000 ft) und mehr über Grund oder Wasser**	**Unterhalb von 900 m (3000 ft) über Grund oder Wasser**
Flugsicht	mindestens **8 km**	mindestens **8 km**	mindestens **8 km**	mindestens **1,5 km**
Abstand von Wolken: **1. waagerecht**	mindestens **1,5 km**	mindestens **1,5 km**	mindestens **1,5 km**	**frei von Wolken**
2. senkrecht	mindestens **1000 Fuß** (300 m)	mindestens **1000 Fuß** (300 m)	mindestens **1000 Fuß** (300 m)	**frei von Wolken**
Bodensicht:		mindestens **8 km**		
Hauptwolken-untergrenze		mindestens **2000 Fuß** (600 m)		
Sonstige Voraus-setzungen:				**Erdsicht**
Bemerkungen:		**Sonder-VFR-Flüge** sind möglich, wenn die **Mindestwerte nicht erfüllt** sind (siehe 7.5.1)		**Für Drehflügler, Luftschiffe und Freiballone: Flugsicht** mindestens **800 m;** rechtzeitiges Erkennen von Hindernissen muß möglich sein

7.5.3 Flüge nach Sichtflugregeln oberhalb der Flugfläche 200 (§ 30 LuftVO)

Flüge nach Sichtflugregeln oberhalb der Flugfläche 200 sind untersagt. Der Bundesminister für Verkehr kann Ausnahmen zulassen.

Anmerkung zu § 30 LuftVO:

Die zugelassenen **Ausnahmen** werden unter **7.6 „Sonderregelungen“** behandelt.

7.5.4 Höhenmessereinstellung und Reiseflughöhen bei Flügen nach Sichtflugregeln (§ 31 LuftVO)

(1) Bei Flügen nach Sichtflugregeln in und unterhalb der nach Absatz 3 festgelegten Höhe hat der Luftfahrzeugführer den Höhenmesser auf den ONH-Wert des zur Flugstrecke nächstgelegenen Flughafens mit Flugverkehrskontrollstelle einzustellen, wenn der Flug über die Umgebung des Startflugplatzes hinausführt. QNH-Wert ist der auf mittlere Meereshöhe reduzierte Luftdruckwert eines Ortes, unter der Annahme, daß an dem Ort und unterhalb des Ortes die Temperaturverhältnisse der Normalatmosphäre herrschen.

Anmerkungen zu § 31 Abs. 1 LuftVO:

1. Die **festgelegten Höhen** werden unter **Abs. 3** dieses Paragraphen behandelt.
2. **Die Höhenmessereinstellung** auf den **QNH-Wert** des zur Flugstrecke **nächstgelegenen Flughafens mit Flugverkehrskontrollstelle** (engl.: controlled airport) ist bei **Flügen nach Sichtflugregeln** (VFR) in **niedrigen Höhen** notwendig, weil bei dieser Einstellung die **angezeigte Höhe** annähernd genau der **Höhe über NN** (engl.: **MSL** = **M**ean **S**ea **L**evel) entspricht. Der Luftfahrzeugführer kann mit der **QNH-Höhenmessereinstellung** seine tatsächliche **Höhe über der Erdoberfläche** (GND = ground) ziemlich genau bestimmen.
3. **Die QNH-Werte** werden von den **Flugwetterwarten des DWD** ermittelt und stehen auf **sämtlichen Verkehrsflughäfen** zur Verfügung.
4. Durch das **Einstellen des Höhenmessers** auf **QNH-Wert** wird gleichzeitig ermöglicht, daß der Luftfahrzeugführer die notwendige **Bodenfreiheit** und die vorgeschriebene **Sicherheitsmindesthöhen** einhalten kann.

(2) Bei Flügen nach Sichtflugregeln oberhalb der nach Absatz 3 festgelegten Höhe hat der Luftfahrzeugführer den Höhenmesser auf 1013,2 hPa einzustellen (Standard-Höhenmessereinstellung). Dabei ist die Flugfläche einzuhalten, die nach den Regeln über Halbkreis-Flughöhen (Anlage 3) dem jeweiligen mißweisenden Kurs über Grund entspricht. Dies gilt nicht, soweit das Luftfahrzeug sich im Steig- oder Sinkflug befindet oder die nach § 28 Abs. 1 und 3 vorgeschriebenen Werte für Flugsicht und Abstand von Wolken in der entsprechenden Flugfläche nicht eingehalten werden können. Flugflächen sind zum Zwecke der Höhenstaffelung vorgesehene Flächen in der Atmosphäre, die durch festgelegte Anzeigewerte eines auf 1013,2 hPa eingestellten Höhenmessers bestimmt sind. Halbkreis-Flughöhe ist die festgelegte Reiseflughöhe, die nach der jeweiligen Hälfte der Kompaßgradeinteilung, in der der mißweisende Kurs über Grund liegt, bestimmt wird.

Anmerkungen zu § 31 Abs. 2 LuftVO:

1. **Die Standardhöhenmessereinstellung** (engl.: Standard Altimeter Setting) bedeutet, daß der Höhenmesser auf den **Druckwert der ICAO-Normalatmosphäre in NN** (MSL) eingestellt wird. Dieser Wert beträgt

   - **1013,2 Hektopascal (hPa).**

2. **Die Standardhöhenmessereinstellung** bietet gegenüber der QNH-Höhenmessereinstellung den Vorteil, daß **während des Reiseflugs** oberhalb der festgelegten Höhe (siehe Abs. 3) **nur eine Höhenmessereinstellung** (1013,2 hPa) vorzunehmen ist. Die **Bodenfreiheit** und die Einhaltung der vorgeschriebenen **Sicherheitsmindesthöhen** sind oberhalb der festgelegten Höhe für diese Höhenmessereinstellung immer gewährleistet.

(3) Die Bundesanstalt für Flugsicherung wird ermächtigt, die Höhen nach Absatz 1 Satz 1 und Absatz 2 Satz 1 festzulegen und in dem Bundesanzeiger sowie in den Nachrichten für Luftfahrer bekanntzumachen.

Anmerkung zu § 31 Abs. 3 LuftVO:

Zu **§ 31 Abs. 3 LuftVO** gibt es eine **Durchführungsverordnung zur LuftVO,** die im **Luftfahrthandbuch, Band I, RAC-1-2** veröffentlicht ist:

Höhenmessereinstellung bei Flügen nach Sichtflugregeln (6. DVO - § 31 Abs. 3 LuftVO - NfL I-5/70 und 48/82)

1. Bei Flügen nach Sichtflugregeln in und unterhalb einer Höhe von 5000 ft über NN (MSL) oder in und unterhalb einer Höhe von 2000 ft über Grund - wobei der **höhere Wert** maßgebend ist - ist der Höhenmesser auf den **QNH-Wert** des zur Flugstrecke **nächstgelegenen Flughafens** mit Flugverkehrskontrollstelle einzustellen.

2. Oberhalb dieser Höhe ist der Höhenmesser auf **1013,2 hPa** einzustellen (Standardhöhenmessereinstellung).

Halbkreisflughöhen (Semi-circular Cruising Levels) gemäß Anlage 3 LuftVO

Sofern nach **§ 31 Abs. 2** und § 37 Abs. 4 der Luftverkehrs-Ordnung die Benutzung von **Halbkreis-Flughöhen vorgeschrieben** ist, hat der Luftfahrzeugführer eine der Flughöhen über NN oder **Flugflächen** einzuhalten, die nach der folgenden Tabelle seinem jeweiligen **mißweisenden Kurs über Grund** entsprechen:

mwK über GND von 000° bis 179°						**mwK über GND von 180° bis 359°**					
Flüge nach Sichtflugregeln **(VFR)**			Flüge nach Instrumentenflugregeln (IFR)			Flüge nach Sichtflugregeln **(VFR)**			Flüge nach Instrumentenflugregeln (IFR)		
Flughöhe			**Flughöhe**			**Flughöhe**			**Flughöhe**		
FL	Meter	Fuß	FL	Meter	Fuß	FL	Meter	Fuß	FL	Meter	Fuß
55	**1700**	**5500**	50	1500	5000	**65**	**2000**	**6500**	60	1850	6000
75	**2300**	**7500**	70	2150	7000	**85**	**2600**	**8500**	80	2450	8000
95	**2900**	**9500**	90	2750	9000	**105**	**3200**	**10500**	100	3050	10000
115	**3500**	**11500**	110	3350	11000	**125**	**3800**	**12500**	120	3650	12000
135	**4100**	**13500**	130	3950	13000	**145**	**4400**	**14500**	140	4250	14000
155	**4700**	**15500**	150	4550	15000	**165**	**5050**	**16500**	160	4900	16000
175	**5350**	**17500**	170	5200	17000	**185**	**5650**	**18500**	180	5500	18000
195	**5950**	**19500**	190	5800	19000				200	6100	20000
VFR nur bis FL200			usw.			VFR nur bis FL200			usw.		

= **ED-R9**

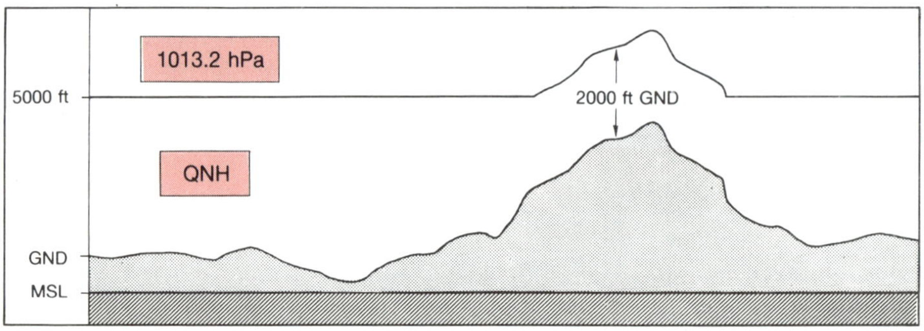

Abb.60 Höhenmessereinstellung bei Flügen nach Sichtflugregeln

(4) In den nach § 10 Abs. 4 festgelegten Teilen des kontrollierten Luftraums sind bei Flügen nach Sichtflugregeln die von der zuständigen Flugverkehrskontrollstelle zugewiesenen Flughöhen oder Flugflächen einzuhalten.

Anmerkung zu § 31 Abs. 4 LuftVO:

Diese Vorschrift gilt für **CVFR-Flüge** in CVFR-Gebieten und für **VFR-Flüge** innerhalb von **ED-R 9** oder **oberhalb FL 200** (siehe 7.6 „Sonderregelungen“).

7.5.5 Flüge nach Sichtflugregeln über Wolkendecken (§ 32 LuftVO)

Bei Flügen nach Sichtflugregeln dürfen Wolkendecken nur dann überflogen werden, wenn

1. **die Flughöhe mindestens 300 m (1000 ft) über Grund oder Wasser beträgt und die Flugsicht sowie der Abstand von den Wolken nach § 28 Abs. 1 Nr. 1 und 2 eingehalten werden;**
2. **der Luftfahrzeugführer in der Lage ist, den beabsichtigten Flugweg einzuhalten;**
3. **der Anflug zum Zielflugplatz und die Landung bei Flugverhältnissen, bei denen nach Sichtflugregeln geflogen werden darf, gewährleistet ist;**
4. **der Luftfahrzeugführer die Berechtigung zur Ausübung des Flugfunkverkehrs hat.**

Anmerkung zu § 32 LuftVO:

Das Luftfahrzeug muß bei **VFR-Flügen über geschlossenen Wolkendecken** gemäß der **1. DVO zur Verordnung über die Flugsicherungsausrüstung (FSAVO)** mit einem

- **betriebsbereitem UKW-Sende- und Empfangsgerät** für den Sprechfunkverkehr
  und mit einem
- **VOR-Navigations-Empfangsgerät**
  oder einem
- **automatischen Funkpeilgerät** (ADF)

ausgerüstet sein.

Für **Segelflugzeuge,** bemannte Freiballone und Luftschiffe reicht ein **UKW-Sende- und Empfangsgerät** aus.

7.5.6 Flüge nach Sichtflugregeln bei Nacht (§ 33 LuftVO)

Für Flüge nach Sichtflugregeln bei Nacht gelten die §§ 28 bis 32. Als Nacht gilt der Zeitraum zwischen einer halben Stunde nach Sonnenuntergang und einer halben Stunde vor Sonnenaufgang.

Anmerkungen zu § 33 LuftVO:

1. **Begriff der Nacht**
   Als Nacht gilt der **Zeitraum** zwischen einer **halben Stunde nach Sonnenuntergang** und einer **halben Stunde vor Sonnenaufgang** (SS +30 bis SR −30).
2. **Flugregeln**
   Für Flüge nach Sichtflugregeln bei Nacht gelten die **§ 28-32 LuftVO,** also die **Sichtflugregeln** dieses Abschnitts.
3. **Flugplanabgabe, Start- und Landemeldung**
   Für Flüge bei Nacht **im kontrollierten Luftraum** hat der Luftfahrzeugführer der zuständigen Flugverkehrskontrolle einen **Flugplan** zu übermitteln, eine **Flugverkehrsfreigabe** einzuholen und der zuständigen Flugverkehrskontrollstelle die **tatsächliche Startzeit** sowie die **Landemeldung** unverzüglich zu übermitteln.
   Im **Flugplan** sollte grundsätzlich eine **veröffentlichte Streckenführung** angegeben werden. Ist dies in Ausnahmefällen nicht möglich, sind veröffentlichte Meldepunkte anzugeben.

   Anmerkungen:
   Wird als Flugstrecke **keine veröffentlichte Streckenführung** angegeben, muß u. U. mit einer **Verzögerung** gerechnet werden, da in diesem Fall kein automatischer Datenaustausch zwischen den betroffenen Flugverkehrskontrollstellen erfolgen kann.
   Unbeschadet der Annahme des Flugplanes durch den Flugberatungsdienst ist vom Luftfahrzeugführer **rechtzeitig vor Einflug in den kontrollierten Luftraum** bzw. **vor dem Start** eine **Flugverkehrsfreigabe** bei der **zuständigen Flugverkehrskontrollstelle** einzuholen (§ 26 Abs. 1 LuftVO).

   Luftfahrzeugführer, deren Luftfahrzeug **nicht mit einem funktionstüchtigen Transponder** ausgerüstet ist, müssen unter Umständen mit **Einschränkungen** und – wenn besondere Umstände (z. B. Wettersituation, Verkehrslage) vorliegen – mit einer **Ablehnung** durch den Flugverkehrskontrolldienst rechnen.

   Flüge nach Sichtflugregeln bei Nacht im kontrollierten Luftraum werden vom Flugverkehrskontrolldienst grundsätzlich **wie Flüge nach Instrumentenflugregeln** behandelt.
4. **Funkverkehr**
   Bei Nachtflügen im **kontrollierten Luftraum** hat der Luftfahrzeugführer eine **dauernde Hörbereitschaft** auf der festgelegten Funkfrequenz der zuständigen Flugverkehrskontrollstelle aufrecht zu erhalten und im **Bedarfsfall Funkverkehr** mit ihr herzustellen. Der Sprechfunkverkehr kann auch in **deutscher Sprache** abgewickelt werden (BFZ II reicht aus).
5. **Flüge in Sichtweite eines für den Nachtflugbetrieb genehmigten und befeuerten Flugplatzes**
   Für Flüge nach Sichtflugregeln bei Nacht **in Sichtweite eines für den Nachtflugbetrieb genehmigten und befeuerten Flugplatzes** müssen Luftfahrzeuge mit einem **UKW-Sende- und Empfangsgerät** ausgerüstet sein (FSAVO).
6. **Flüge außerhalb der Sichtweite eines für den Nachtflugbetrieb genehmigten und befeuerten Flugplatzes (Überlandflüge)**
   Für Flüge nach Sichtflugregeln bei Nacht, die **außerhalb der Sichtweite von für den Nachtflugbetrieb genehmigten und befeuerten Plätzen** durchgeführt werden, müssen Flugzeuge, Drehflügler und Motorsegler gemäß **FSAVO** ausgerüstet sein:

a. **im kontrollierten Luftraum (CTA, TMA, CTR)** mit einem

- **betriebsbereiten UKW-Sende- und Empfangsgerät** für den Sprechfunkverkehr

und einem

- **VOR-Navigations-Empfangsgerät;**

b. **im unkontrollierten Luftraum** mit einem

- **betriebsbereiten UKW-Sende- und Empfangsgerät** für den Sprechfunkverkehr

und einem

- **VOR-Navigations-Empfangsgerät**

oder einem

- **automatischen Funkpeilgerät** (ADF).

7. **Erforderliche Zusatzausrüstung für VFR-Flüge bei Nacht**
   Gemäß **§ 21 Abs. 4 LuftBO** muß das Luftfahrzeug bei **VFR-Nachtflügen** - zusätzlich zu den Lichtern, die nach LuftVO Anlage 1 zu führen sind - mit einer **Instrumentenbeleuchtung** ausgerüstet sein.

8. Voraussetzungen für VFR-Flüge bei Nacht gemäß LuftPersV

a. **Privatflugzeugführer und Motorseglerführer** dürfen **bei Nacht in der Umgebung eines Flugplatzes** fliegen, wenn sie eine **Gesamtflugerfahrung von 75 Stunden** besitzen und je **10 Nachtstarts und Nachtlandungen mit Fluglehrer** durchgeführt haben (§ 4 Abs. 2 und § 35 Abs. 2 LuftPersV).

b. **Privatflugzeugführer und Motorseglerführer ohne Instrumentenflugberechtigung** (IFR rating) bedürfen zur Durchführung von Überlandflügen bei Nacht der **„Nachtflugberechtigung"** gemäß **§ 83 LuftPersV.** Diese kann nur mit **„CVFR-Berechtigung"** (§ 82 LuftPersV) und einer entsprechenden **Flugausbildung** erworben werden (siehe 6.3.4.).

c. **Segelflugzeugführer** dürfen **nur am Tage** fliegen (§ 39 Abs. 2 LuftPersV, siehe 6.2.3.)

7.5.7 Such- und Rettungsflüge (§ 34 LuftVO)

Bei Flügen im Such- und Rettungseinsatz oder zur Hilfeleistung bei einer Gefahr für Leib und Leben einer Person kann von den §§ 28 bis 33 abgewichen werden.

7.6 Sonderregelungen

7.6.1 Kontrollierte Sichtflüge (CVFR-Flüge) im Bereich von Verkehrsflughäfen Controlled VFR Flights (CVFR Flights) within the Vicinity of International Airports

1. Definition

CVFR-Flüge sind VFR-Flüge, die in bestimmten Teilen des kontrollierten Luftraums (CVFR-Gebiete) der Flugverkehrskontrolle unterliegen, d. h. diese Flüge werden von Flugverkehrskontrollstellen durch Freigaben oder Anweisungen in Bezug auf Strecke und Höhe sowohl von IFR-Flügen als auch von anderen CVFR-Flügen gestaffelt. CVFR-Regelungen bestehen im Bereich der meisten Verkehrsflughäfen.

2. Zweck von CVFR-Regelungen

CVFR-Regelungen verfolgen den Zweck

- die **Sicherheit** in Lufträumen mit **IFR/VFR-Mischverkehr** und hoher Verkehrsdichte zu erhöhen,
- dem **VFR-Verkehr** einen **Dienst** anzubieten.

3. Umfang der CVFR-Dienste

Luftfahrzeugführer können CVFR-Dienste für folgende Zwecke in Anspruch nehmen:

- für den **Streckenflug durch** das CVFR-Gebiet, oder
- für den Flug zu und von einem **Flugplatz unterhalb des CVFR-Gebietes,** sofern ein Teil des Fluges innerhalb dieses Gebietes vorgesehen ist.

4. Voraussetzungen für CVFR-Flüge

4.1 Luftfahrzeuge und Ausrüstung

CVFR-Flüge dürfen nur mit **motorgetriebenen Luftfahrzeugen** durchgeführt werden. Diese Luftfahrzeuge müssen **zusätzlich ausgerüstet** sein mit

- **Kurskreisel,**
- **Wendezeiger oder künstlichem Horizont,**
- **Uhr mit Stopeinrichtung und Sekundenanzeige,**
- **Variometer,**
- **UKW-Sprechfunkgerät,**
- **VOR-Navigations- und Empfangsanlage.**
- **Transponder** (Modus A mit 4096 Codes) – **ab 1. April 1991 zusätzlich Modus C** mit automatischer Höhenübermittlung.

4.2 Luftfahrzeugführer-Qualifikation

Für CVFR-Flüge müssen Luftfahrzeugführer eine **CVFR-Berechtigung** besitzen (§ 82 LuftPersV). Wenn die Voraussetzungen gemäß 4.1 und 4.2 **nicht** erfüllt sind, haben Luftfahrzeugführer **CVFR-Gebiete zu meiden.**
Luftfahrzeugführer können CVFR-Gebiete unterfliegen, seitlich umfliegen und - je nach Obergrenze - überfliegen.

5. Flugplanaufgabe

5.1 Für CVFR-Flüge sollte der **Flugplan während des Fluges** aufgegeben werden, es sei denn, für die Weiterführung des beabsichtigten Fluges über ein CVFR-Gebiet hinaus ist die Aufgabe eines Flugplanes vor dem Start zwingend vorgeschrieben **(ADIZ-Flüge, Flugregelwechsel nach IFR, Flüge ins Ausland usw.).**

5.2 Bei Aufgabe des Flugplans während des Fluges ist die Übermittlung **folgender Angaben** an die zuständige Flugverkehrskontrollstelle ausreichend:

- **Luftfahrzeugkennung und -muster**
- **Flugstrecke und Transponder** (soweit vorhanden).

6. **CVFR-Minima**
   - **Flugsicht 8 km (5 NM)**
   - **Frei von Wolken.**

7. **Sprechfunk, Flugverkehrsfreigabe**

   7.1 Der Sprechfunkverkehr wird in **englischer und deutscher Sprache** durchgeführt.

   7.2 Einflüge in CVFR-Gebiete bedürfen einer **Flugverkehrsfreigabe.** Dazu ist mit der zuständigen Flugverkehrskontrollstelle **Sprechfunkverbindung** wie folgt aufzunehmen:

a) Beim Streckenflug und beim Flug zu einem Flugplatz unterhalb des CVFR-Gebietes: **Spätestens 5 Minuten vor den Pflichtmeldepunkten außerhalb des CVFR-Gebietes (im Raum München: spätestens 5 Minuten vor Einflug in das CVFR-Gebiet).**

b) Beim Abflug von einem Flugplatz unterhalb des CVFR-Gebietes, wie folgt:
- **Bei kontrollierten Flugplätzen:** Nach Anweisung der Flugplatzkontrollstelle.
- **Bei unkontrollierten Flugplätzen:** Sobald wie möglich nach dem Start.

8. **Flugdurchführung**

   8.1 CVFR-Flüge sind, soweit nicht anderweitig freigegeben oder angewiesen, auf den **veröffentlichten CVFR-Strecken** durchzuführen. **Standortmeldungen** sind über den gekennzeichneten **CVFR-Meldepunkten** zu übermitteln.

   8.2 Ist der CVFR-Flug auf den veröffentlichten CVFR-Strecken aus besonderen Gründen nicht durchführbar (z. B. bei Vermessungsflügen, Fotoflügen), ist eine dem Flugvorhaben entsprechende Flugverkehrsfreigabe zu beantragen.

   8.3 Kann die **zugewiesene Flugstrecke** oder **Flughöhe/Flugfläche** aus **Wettergründen nicht eingehalten** werden, ist rechtzeitig eine **geänderte Flugverkehrsfreigabe** zu beantragen.

9. **Funkausfall (bei CVFR-Flügen)**

   Maßnahmen bei Funkausfall:
- **Bei Funkausfall vor Einflug** in das CVFR-Gebiet ist dieses **Gebiet** ungeachtet einer bereits erhaltenen CVFR-freigabe zu **meiden.**
- Bei Funkausfall **innerhalb** des CVFR-Gebietes ist dieses **Gebiet** unter Einhaltung der im kontrollierten Luftraum geltenden Sichtflugregeln **auf** dem **kürzesten Wege** zu **verlassen.**
  In beiden Fällen ist auf dem **nächstgelegenen Flugplatz außerhalb einer Kontrollzone** zu landen und die zuständige FS-Stelle zu benachrichtigen.

10. **Betriebszeiten**

    CVFR-Regelungen gelten nur am Tage **(SR -30 bis SS +30).**

11. **Einschränkung oder Einstellung des CVFR-Dienstes**

    Die zuständige Flugverkehrskontrollstelle kann den **CVFR-Dienst vorübergehend einschränken oder einstellen,** wenn dies aus Gründen der Sicherheit oder Ordnung erforderlich ist.

12. **Luftfahrtkarten**

    Die Luftfahrtkarte ICAO 1:500000 enthält folgende Angaben über CVFR-Regelungen:
    - **CVFR-Gebiete** (Bezeichnung: „CVFR", seitliche Grenzen, Obergrenzen in FL, Untergrenzen in Fuß MSL).
    - **CVFR-Strecken mit Pflichtmeldepunkten** (in grüner Farbe), ausgenommen im **Raum München.**
    - **Rufzeichen und Frequenz** der zuständigen Flugverkehrskontrollstelle.

13. **Besondere Hinweise**

    Die Flugverkehrskontrollstellen unterrichten Luftfahrzeugführer über den Einflug in das CVFR-Gebiet und über den Ausflug aus diesem Gebiet.

    Wichtig: Die für Verkehrsflughäfen in den Sichtflugkarten veröffentlichten VFR-An- und Abflugstrecken sind von CVFR-Regelungen **nicht** betroffen.

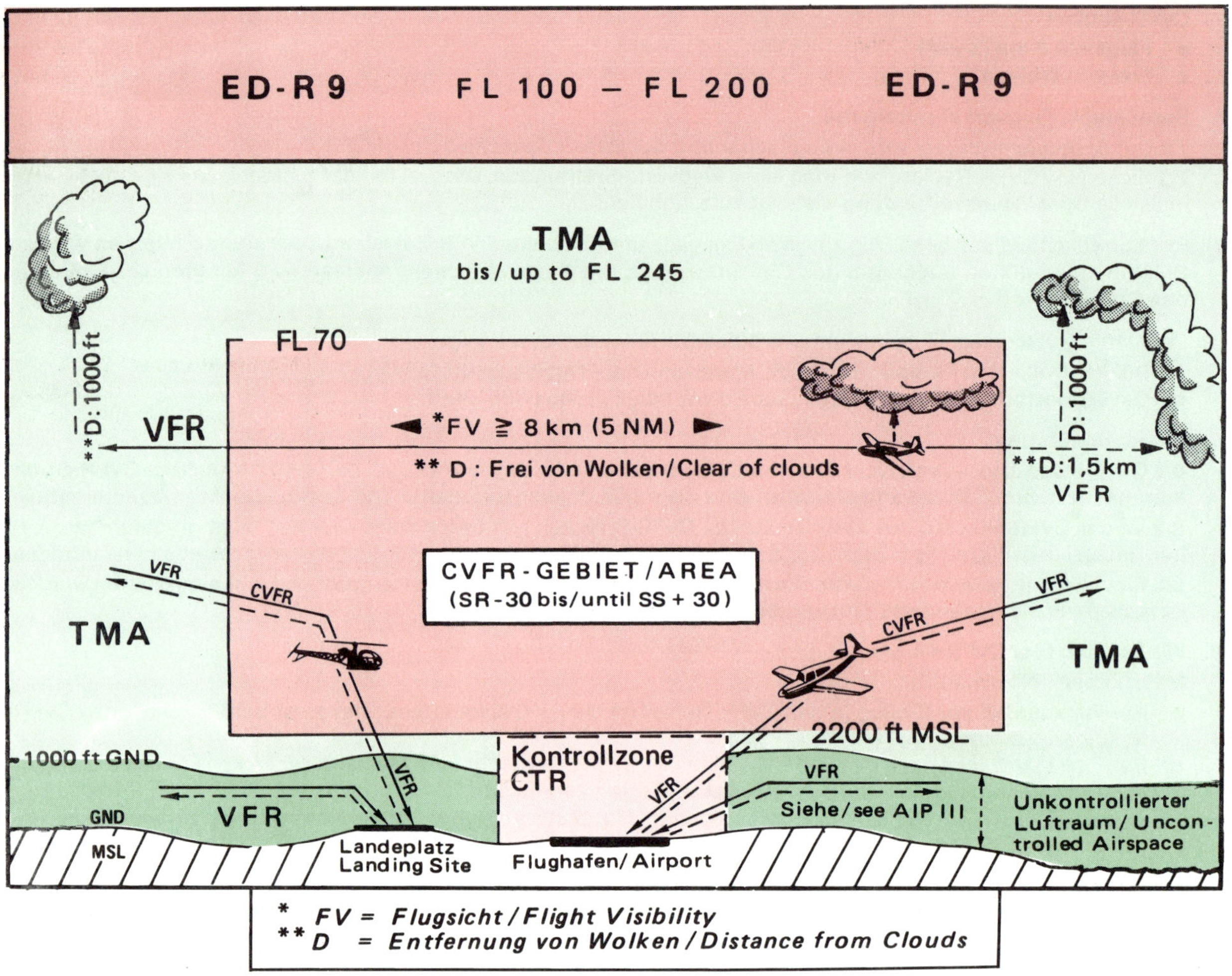

Abb. 61
Beispiel für eine CVFR-Regelung

7.6.2 Ausnahmeregelung für VFR-Flüge innerhalb von ED-R 9 und oberhalb FL 200 (NfL 40/80)

Mit Wirkung vom 20. März 1980 gilt folgende **Ausnahmeregelung für VFR-Flüge innerhalb des Flugbeschränkungsgebietes ED-R 9** und **oberhalb FL 200:**

VFR-Flüge dürfen innerhalb von **ED-R 9** und im Luftraum von **FL 200 bis FL 460** durchgeführt werden, wenn die zuständige Flugverkehrskontrollstelle eine **Flugverkehrsfreigabe** erteilt hat.

1. Voraussetzungen

Flugverkehrsfreigaben werden durch die zuständigen ATC-Stellen erteilt, wenn folgende Voraussetzungen erfüllt sind:

a) **die Verkehrsverhältnisse** lassen es zu;

b) **der Luftfahrzeugführer** ist im Besitz der **Berechtigung zur Durchführung von CVFR-Flügen** und eines **Flugfunkzeugnisses,** welches zur Ausübung des Sprechfunkverkehrs in **englischer Sprache** berechtigt;

c) **das Luftfahrzeug** ist für die Durchführung von **CVFR-Flügen** sowie mit einem **Transponder** für Abfragemodus A/3 mit **4096 Antwortcodes** ausgerüstet;

d) **der Luftfahrzeugführer** hat vor Einflug in das Flugbeschränkungsgebiet ED-R 9 und in den Luftraum von FL 200 bis FL 460 **Sprechfunkverbindung** mit der **zuständigen FIS-Stelle** aufgenommen und einen **Flugplan** übermittelt, in dem der geplante Flugweg unter **Bezugnahme auf Funknavigationsanlagen** anzugeben ist. **(Die Weiterleitung an die zuständige ATC-Stelle erfolgt durch FIS).**
Der Flugplan gilt mit dem Verlassen des o. a. Luftraums als aufgehoben. Dies gilt nicht für Flüge, für die ein Flugplan anderweitig vorgeschrieben ist.

2. **Flugdurchführung**
Bei der Durchführung des Fluges ist folgendes zu beachten:

a) **Während des Fluges** ist **ständige Hörbereitschaft** auf der Frequenz der zuständigen ATC-Stelle aufrechtzuerhalten; **der Sprechfunkverkehr wird in englischer Sprache durchgeführt;**

b) **Standortmeldungen** sind an den von der ATC-Stelle angegebenen **Meldepunkten** zu übermitteln;

c) **während des Durchfluges** hat der Luftfahrzeugführer die ihm von der ATC-Stelle **zugewiesene Flughöhe** einzuhalten, d. h. in diesem Fall braucht der Luftfahrzeugführer die **Flughöhen nach den Halbkreisflughöhen nicht zu beachten;**

d) erkennt der Luftfahrzeugführer, daß bei Einhaltung der Flugverkehrsfreigabe die **Anwendung der Sichtflugregeln in Frage gestellt** sein wird, hat er dies der zuständigen ATC-Stelle **unverzüglich anzuzeigen** und eine **geänderte Flugverkehrsfreigabe** einzuholen;

e) **bei Verlassen des Luftraums** ist die zuständige ATC-Stelle entsprechend zu unterrichten;

f) **bei Ausfall der Funkverbindung** hat der Luftfahrzeugführer seinen **Transponder** auf Modus A/3 zu schalten, den **Code 7600** abzustrahlen, den **Luftraum unter Einhaltung der Sichtflugregeln auf dem kürzesten Wege zu verlassen** und auf dem **nächsten geeigneten Flugplatz** zu landen. Nach der Landung hat er die **zuständige ATC-Stelle unverzüglich zu unterrichten.**

Mit der Flugverkehrsfreigabe wird **Staffelung zu IFR-Flügen** sichergestellt; zwischen VFR-Flügen wird Staffelung nicht hergestellt, es werden jedoch **Verkehrshinweise** im Rahmen des Fluginformationsdienstes erteilt.

7.6.3 Flugbeschränkungen in der Flugüberwachungszone (FlugÜZ/ADIZ)

1. **Räumliche Ausdehnung**
Die Flugüberwachungszone ist auf der Luftfahrkarte ICAO 1:500000 dargestellt. Sie erstreckt sich höhenmäßig vom Erdboden (GND) bis in unbegrenzte Höhe (UNL).

2. **Beschränkungen**
2.1. Für alle Flüge in der **FlugÜZ** müssen Sie einen **Flugplan** aufgeben und eine **Flugverkehrsfreigabe** einholen. Für Flüge innerhalb des örtlichen Übungsgebietes des Flugplatzes Lübeck-Blankensee wird anstelle eines Flugplans eine Flugbenachrichtigung entgegengenommen.

● **Flüge in einer Entfernung von weniger als 5 NM von der Grenze zur DDR und zur deutsch-tschechoslowakischen Grenze sind nicht erlaubt!**

Ausgenommen sind:
a) Flüge zu, von und an den in Nr. 1 der Anlage 1 zu AIP I, RAC-1-3, Nr. 5 aufgeführten Flugplätzen in den dort beschriebenen Begrenzungen,
b) Flüge auf den Flugverkehrsstrecken und Flugverkehrsberatungsstrecken im grenzüberschreitenden Verkehr oder in dem die Grenze zur DDR überschreitenden Verkehr.

2.2 VFR-Flüge von einem Platz außerhalb der FlugÜZ, die durch die FlugÜZ
a) zu einem anderen Flugplatz außerhalb der FlugÜZ führen oder
b) zum Startplatz zurückführen,
werden grundsätzlich nur in besonderen begründeten Fällen (z. B. Arbeitsflüge) und für Höhenflüge am Flughafen Braunschweig genehmigt.

3. **Einzelheiten für VFR-Flüge**
3.1 Geben Sie bitte den **Flugplan** so frühzeitig wie möglich auf, jedoch **nicht später als 1 Stunde vor der voraussichtlichen Startzeit;** bei **Arbeitsflügen und Flügen in die FlugÜZ** unmittelbar **aus dem Ausland nicht später als 3 Stunden**, aus Skandinavien nicht später als 1 Stunde vor der voraussichtlichen Startzeit.

3.1.1 Der **Flugplan** muß, soweit zutreffend, folgende Angaben enthalten:
1) in Feld 18: „RMK/“
a) FlugÜZ-Flug
b) Ort des Einflugs in die FlugÜZ
c) Wendepunkte innerhalb der FlugÜZ
d) Ort des Ausflugs aus der FlugÜZ
e) Flughöhe in ft MSL oder Flugfläche
f) die Bemerkung „Bildflug“, „Sprüh- oder Streuflug“ oder „geographische Vermessung“ usw.
2) In Feld 18: „EET/“ die voraussichtliche akkumulierte Flugdauer bis zu den unter b – d aufgeführten Punkten.

Anmerkung: Bei Standortangaben dürfen **nur Ortsbezeichnungen aus der Luftfahrkarte** ICAO 1:500000 Anwendung finden.

3.1.2. Bei Flügen von einem **Flugplatz außerhalb der FlugÜZ** zu einem **Flugplatz innerhalb der FlugÜZ** ist der **Start möglich,** sofern der **Einflug in die FlugÜZ frühestens 1 Stunde nach Abgabe des Flugplans** erfolgt und Sprechfunkverbindung auf **123.200 MHz** mit der zuständigen Flugverkehrskontrollstelle besteht **(FIS).**
Für Arbeitsflüge gilt 3.1.

3.2 Die **Flugverkehrsfreigabe** gem. 2.1 gilt mit der **Annahme des Flugplans** oder der Flugbenachrichtigung als **erteilt**
a) **für Flüge in den örtlichen Fluggebieten** und dem örtlichen Übungsgebiet des Flugplatzes Lübeck-Blankensee;
b) **für Streckenflüge von motorgetriebenen Luftfahrzeugen,** vorausgesetzt
- **Flughöhe 3000 ft GND und darunter;**
- **TAS 280 km/h (150 KT) und darunter;**
- **die Flugstrecke** ist die **kürzeste Entfernung** zwischen der Westgrenze der FlugÜZ und dem Start- oder Zielflugplatz in der FlugÜZ oder zwischen den in der FlugÜZ gelegenen Flugplätzen;

c) **für Streckenflüge von Motorseglern, Segelflugzeugen, Ultraleichtflugzeugen, Gleitflugzeugen und Hängegleitern:** Dabei haben sich Motorsegler und Ultraleichtflugzeuge wie die unter Buchstabe b) genannten Luftfahrzeuge zu verhalten. Segelflugzeuge, Gleitflugzeuge und Hängegleiter haben die Vorschriften für die unter Buchstabe b) genannten Luftfahrzeuge soweit wie möglich im Rahmen ihrer flugbetrieblichen Möglichkeiten zu befolgen; Abweichungen aus anderen Gründen sind verboten.

3.3 Sie müssen die **tatsächliche Startzeit übermitteln** für
a) Flüge nach 3.2 a), wenn der **erste Start** von der übermittelten Startzeit um **mehr als 15 Minuten** abweicht,
b) alle **anderen Flüge** sobald wie möglich nach dem Start auf **Frequenz 123.200 MHz** an die zuständige Flugverkehrskontrollstelle (FIS).

3.4 Bei **Flügen innerhalb der FlugÜZ** müssen sie auf der **Frequenz 123.200 MHz** (Fluginformationsdienst) **ständig hörbereit sein;** ausgenommen hiervon sind Flüge in den örtlichen Fluggebieten und dem Übungsgebiet des Flugplatzes Lübeck-Blankensee.

3.5 Standortmeldungen müssen Sie abgeben
- **5 Minuten vor Einflug** in die FlugÜZ,
- beim **Überflug** der/des im Flugplan angegebenen **Wendepunkte(s)** und
- bei **Verlassen der FlugÜZ.**

3.6 Achtung! Bei **Orientierungsverlust** müssen Sie
- **südlich von 51°N einen Steuerkurs von 240°Mag., nördlich von 51°N einen Steuerkurs von 270°Mag. fliegen,**
- **auf dem nächsten geeigneten Flugplatz landen und**
- **die zuständige Flugsicherungsdienststelle unverzüglich benachrichtigen.**

3.7 Bei **Ausfall der Sprechfunkverbindung** mit der zuständigen Flugverkehrskontrollstelle müssen Sie den Flug in **VMC unterhalb von 3000 ft GND** mit einer **TAS von nicht mehr als 280 km/h (150 KT)** fortsetzen. Ist Ihnen dies **nicht möglich,** so ist die **FlugÜZ gem. 3.6 zu verlassen** (Landung auf dem nächsten geeigneten Flugplatz außerhalb der FlugÜZ und sofortige Benachrichtigung der zuständigen Flugverkehrskontrollstelle).

3.8 Die Abgabe von **Landemeldungen** erfolgt gemäß den Vorschriften des § 27 LuftVO (siehe 7.4.24).

3.9 Neues Betriebsverfahren für VFR-Flüge innerhalb der FlugÜZ/ADIZ
Am 22 OCT 1987 wurde ein neues Betriebsverfahren eingeführt, mit dem eine größere Sicherheit bei der Flugdurchführung für Flüge nach Sichtflugregeln innerhalb der Flugüberwachungszone erreicht werden soll. Die neue Regelung geht davon aus, daß alle betroffenen Flüge auf der **Frequenz 123.200 MHz** kontinuierlich hörbereit sein müssen (siehe auch NfL I – 192/87). Diese Frequenz ist **flächendeckend als ADIZ-Frequenz** ausgewiesen und wird zusätzlich zu den regionalen FIS-Frequenzen der Fluginformationsgebiete (FIRs) Bremen, Frankfurt und München sowie den FIS- bzw. FIS/CVFR-Frequenzen der Nahverkehrsbereiche Hamburg, Hannover und Nürnberg betrieben.
Überwacht wird diese Frequenz zusätzlich und damit natürlich auch der dazugehörige Luftraum einschließlich des darin verkehrenden **genehmigten Sichtflugverkehrs** durch die **„Control and Reporting Center" (CRC)** der Luftverteidigungsstellen. Auch diese Stellen können gegebenenfalls aktiv werden, sofern sich eine grenzkritische Situation ankündigt.

Zu dem Verfahren selbst:
Erkennt ein Fluglotse an einem FIS-Arbeitsplatz ein Fehlverhalten in diesem Luftraum, das zu einer möglichen Grenzverletzung führen könnte, so wird das **Grenzrückrufverfahren** auf der **Frequenz 123.200 MHz** in deutscher und englischer Sprache eingeleitet. Aber auch eines der **CRCs** kann sich auf dieser Frequenz direkt an den Piloten wenden.

Anzuwendende Sprechgruppen:

- **„Hier ... Information/Here ... Information"**

sofern der Ruf von einem FIS-Arbeitsplatz ausgeht, oder

- **„Luftraumüberwachung/Air Monitor"**

wenn ein CRC die aussendende Stelle ist.

Danach erfolgt dreimal die Redewendung

- **„Grenzrückruf/Border recall"**

gefolgt von

- **„für alle Luftfahrzeuge Kurs ... unter 3000 ft GND/
for all aircraft heading ... below 3000 ft GND".**

Es folgt dann eine Kursempfehlung, die sich zunächst an den im Luftfahrthandbuch (AIP) veröffentlichten ADIZ-Verfahren orientiert. Nördlich einer Position von 51° Nord wird ein mißweisender Steuerkurs von 270° und südlich dieses Breitengrades ein solcher von 240° empfohlen.

Hat sich die Situation entschärft, so wird dies durch folgende Sprechgruppe angezeigt:

Entweder

● **„... Information beendet Grenzrückruf/**
... Information cancels border recall"

oder

● **„Luftraumüberwachung beendet Grenzrückruf/**
Air Monitor cancels border recall".

Danach wird der Sprechfunkverkehr in der Regel wieder vom zuständigen FIS-Arbeitsplatz auf der ADIZ-Frequenz übernommen bzw. weitergeführt.

4. Bei der Ansteuerung durch militärische Luftfahrzeuge in der FlugÜZ ist gemäß 7.4.13 zu verfahren. Die nächste Flugverkehrskontrollstelle ist über Sprechfunk oder sofort nach der Landung zu unterrichten.
Der Führer des Luftfahrzeugs, das von einem militärischen Luftfahrzeug angesteuert wird, hat

- den von dem ansteuernden Luftfahrzeug **gegebenen Anweisungen zu folgen;**
- wenn möglich, die **zuständige Flugverkehrskontrollstelle** zu **benachrichtigen;**
- zu versuchen, mit dem ansteuernden Luftfahrzeug oder mit der zuständigen Ansteuerungskontrollstelle Funkverbindung aufzunehmen, indem er einen **allgemeinen Anruf auf der Notfrequenz 121,5 MHz** durchführt und (nach Möglichkeit) diesen Anruf auf der Notfrequenz 243 MHz wiederholt und dabei die **Identität** und den **Standort des Luftfahrzeugs** und die **Art des Fluges** angibt;
- **Modus A Code 7700** zu wählen, wenn das Luftfahrzeug mit einem SSR-Transponder ausgerüstet ist und wenn er von der zuständigen Flugverkehrskontrollstelle keine anderen Anweisungen erhalten hat.

Ergibt sich ein Widerspruch zwischen vom Boden aus gegebenen Funkanweisungen und den durch Funk oder durch Signale gegebenen Anweisungen des ansteuernden Luftfahrzeugs, so hat der Führer des angesteuerten Luftfahrzeugs den Anweisungen des ansteuernden Luftfahrzeugs zu folgen und sich sofort um Klärung der widersprüchlichen Anweisungen zu bemühen.

- **Falls Sprechfunkverbindung zwischen dem angesteuerten Luftfahrzeug und dem ansteuernden Luftfahrzeug aufgenommen werden kann,** jedoch keine Verständigungsmöglichkeit in einer gemeinsamen Sprache besteht, ist durch Anwendung nachstehender Kodeworte in englischer Aussprache zu versuchen, wesentliche Informationen auszutauschen und erhaltene Anweisungen zu bestätigen. Jedes Kodewort ist zweimal hintereinander zu übermitteln.

a) Kodeworte, die vom **ansteuernden Luftfahrzeug** benutzt werden:

Kodewort/ Phrase:	**Bedeutung/ Meaning:**
CALL SIGN	– Wie ist Ihr Rufzeichen?/What is your call sign?
FOLLOW	– Folgen Sie mir/Follow me
DESCEND	– Beginnen Sie Sinkflug zur Landung/ Descend for Landing
YOU LAND	– Landen Sie auf diesem Flugplatz/Land at this aerodrome
PROCEED	– Sie können weiterfliegen/You may proceed

b) Kodeworte, die vom **angesteuerten Luftfahrzeug benutzt werden:**

Kodewort/ Phrase:	**Bedeutung/ Meaning:**
CALL SIGN	– Mein Rufzeichen ist (Rufzeichen)/My call sign is (call sign)
WILCO	– Verstanden, Anweisung wird befolgt/Understood, Will comply
CANNOT	– Unmöglich, die Anweisung zu befolgen/Unable to comply
REPEAT	– Wiederholen Sie Ihre Anweisung/Repeat your instruction
AM LOST	– Standort unbekannt/Position unknown
MAYDAY	– Bin in Not/I am in distress
HIJACK	– Werde entführt/I have been hijacked
LAND (Flugplatzangabe)	– Erbitte Landung in (Flugplatzangabe)/Request to land at (place name)
DESCEND	– Erbitte Sinkflug/I require descent

7.7 Ergänzungsausrüstung der Luftfahrzeuge und Allgemeine Flugbetriebsvorschriften gemäß LuftBO

7.7.1 Ergänzungsausrüstung der Luftfahrzeuge

In den **§§ 18 bis 22 LuftBO** wird die **Ergänzungsausrüstung** der Luftfahrzeuge vorgeschrieben, die neben der **Grundausrüstung** nach den Bauvorschriften und der **Flugsicherungsausrüstung** gemäß der Verordnung über die Flugsicherungsausrüstung der Luftfahrzeuge (FSAVO) vorhanden sein muß.

7.7.1.1 Ergänzungsausrüstung, die durch den Verwendungszweck erforderlich ist (§ 19 LuftBO)

(1) Luftfahrzeuge, die für die **Beförderung von Personen oder Sachen** verwendet werden, müssen ausgerüstet sein mit:

1. **einem Sitz für jede Person** und einem **Anschallgurt für jeden Sitz;** zwei Kinder mit einem Höchstalter bis zu zwei Jahren oder ein Kind mit einem Höchstalter bis zu zwei Jahren und ein Erwachsener können auf einem Sitz untergebracht werden; **in Flugzeugen,** die **nicht** in der **Lufttüchtigkeitsgruppe Verkehrsflugzeuge** zugelassen sind, und **sonstigen Luftfahrzeugen** mit einem **höchstzulässigen Fluggewicht bis zu 5700 kg** können **zwei Kinder** mit einem **Höchstalter bis zu 10 Jahren** auf **einem Sitz** untergebracht werden, wenn dadurch die Sicherheit und Ordnung nicht gefährdet wird; Freiballone sind von den Vorschriften dieser Nummer ausgenommen;
2. **Einrichtungen, Sicherheits- und Rettungsgeräten** zum Schutz der Insassen in Notlagen und bei Unfällen;
3. **Einrichtungen und Geräten,** die es ermöglichen, den Insassen Verhaltensmaßregeln zu erteilen;
4. **Einrichtungen,** die zur **Sicherung der beförderten Sachen** erforderlich sind.

(2) Luftfahrzeuge, die für **Luftarbeit** verwendet werden, müssen mit Geräten und Einrichtungen, die eine sichere Durchführung der Arbeitsflüge ermöglichen, ausgerüstet sein.

7.7.1.2 Ergänzungsausrüstung, die durch die Betriebsart erforderlich ist (§ 20 LuftBO)

(1) Für Flüge nach **Instrumentenflugregeln,** für **kontrollierte Flüge nach Sichtflugregeln und für Flüge nach Sichtflugregeln über geschlossenen Wolkendecken** müssen die Luftfahrzeuge mit den für eine sichere Durchführung der Flüge unter den zu erwartenden Betriebsbedingungen und vorgeschriebenen Landeverfahren erforderlichen **Flugüberwachungs- und Navigationsgeräten** und **Flugregelsystemen** ausgerüstet sein. Das gleiche gilt für **Wolkenflüge mit Segelflugzeugen.**

(2) Für Kunstflüge müssen die Luftfahrzeuge mit einem **vierteiligen Anschnallgurt für jeden Insassen** ausgerüstet sein.

Anmerkung zu § 20 Abs. 1 LuftBO:

Die **Ergänzungsausrüstung** von Luftfahrzeugen für **Flüge nach Instrumentenflugregeln** (IFR) und für **kontrollierte Flüge nach Sichtflugregeln** (CVFR) **außerhalb** von Luftfahrtunternehmen ist in der **3. DVO zur LuftBO** geregelt:

Ausrüstung für Flüge nach Instrumentenflugregeln (§ 2)
(zu § 20 Abs. 1 LuftBO)

(1) Motorgetriebene Luftfahrzeuge, die nach Instrumentenflugregeln geflogen werden, müssen ausgerüstet sein mit:

1. einem Doppelsteuer, wenn das Luftfahrzeug nach den Vorschriften der Betriebsordnung für Luftfahrtgerät von zwei Luftfahrzeugführern zu führen und zu bedienen ist;
2. Flugüberwachungsgeräten, die für die sichere Führung und Bedienung des Luftfahrzeugs notwendig sind; mindestens jedoch mit
   a) einer Fahrtmesseranlage, die gegen Vereisung und Kondensation geschützt ist;
   b) zwei barometrischen Höhenmesseranlagen, darunter einem Feinhöhenmesser,
   c) einem Variometer,
   d) einem Kurskreisel,
   e) einem Magnetkompass,
   f) einem Kreiselhorizont,
   g) einer Scheinlotanzeige,
   h) einem Wendezeiger oder einem zusätzlichen Kreiselhorizont, die unabhängig von der Energiequelle des unter f) geforderten Kreiselhorizontes versorgt werden,
   i) einem Außenluftthermometer,
   j) einer Uhr mit großem Sekundenzeiger und Stoppeinrichtung,
   k) einer Beleuchtungsanlage für alle Instrumente und Bedienungsgeräte, die für die sichere Führung des Luftfahrzeuges erforderlich sind,
   l) einem Anzeigegerät für die ordnungsgemäße Funktion der Energieversorgung der Kreiselgeräte.

(2) Die nach den Bauvorschriften (Lufttüchtigkeitsforderungen) geforderte Ausrüstung wird auf die Ausrüstung nach Absatz 1 angerechnet.

Ausrüstung für kontrollierte Flüge nach Sichtflugregeln (§ 3)
(zu § 20 Abs. 1 LuftBO)

(1) Für kontrollierte Flüge nach Sichtflugregeln in dafür festgelegten Lufträumen müssen motorgetriebene Luftfahrzeuge ausgerüstet sein mit:

1. einem Magnetkompass,
2. einem Kurskreisel,
3. einem barometrischen Höhenmesser,
4 einer Fahrtmesseranlage,
5. einem Variometer,
6. einem Wendezeiger oder einem Kreiselhorizont,
7. einer Scheinlotanzeige und
8. einer Uhr mit Sekundenanzeige.

(2) § 2 Abs. 2 gilt entsprechend.

Sonstige Ausrüstung (§ 4)

Die Verordnung über die Flugsicherungsausrüstung der Luftfahrzeuge und die dazu erlassenen Durchführungsverordnungen bleiben von den Vorschriften dieser Verordnung unberührt.

7.7.1.3 Ergänzungsausrüstung, die durch äußere Betriebsbedingungen erforderlich ist (§ 21 LuftBO)

(1) Für Flüge über Wasser, bei denen im Falle einer Störung mit einer Notlandung auf dem Wasser zu rechnen ist, und für **Flüge über unerschlossenen Gebieten,** bei denen im Falle einer Störung mit einer Notlandung auf nicht vorbereitetem Gelände zu rechnen ist, müssen die Luftfahrzeuge entsprechend den zu erwartenden Verhältnissen mit den **erforderlichen Retuungs- und Signalmitteln** ausgerüstet sein.

(2) Für Flüge über 6000 m (20000 Fuß) NN müssen Luftfahrzeuge für die **gewerbsmäßige Beförderung** von Personen mit **Druckkabine** ausgerüstet sein. Luftfahrzeuge mit Druckkabine müssen mit einer Sauerstoffanlage und Atemgeräten ausgestattet sein und für Flüge über 3000 m (10000 Fuß) NN einen angemessenen Sauerstoffvorrat mitführen. Für Füge über 7600 m (25000 Fuß) NN müssen alle diensthabenden Mitglieder der Flugbesatzung schnell anlegbare Sauerstoffmasken griffbereit haben. Flugzeuge mit Druckkabine, die nach dem 1. Juli 1962 erstmals zugelassen sind und für Flüge über 7600 m (25000 Fuß) NN eingestzt werden sollen, müssen mit einer Warnanlage für gefährlichen Druckabfall ausgerüstet sein. **Luftfahrzeuge ohne Druckkabine** müssen mit einer **Sauerstoffanlage** und **Atemgeräten** sowie einem **angemessenen Sauerstoffvorrat** ausgestattet sein, wenn sie **mehr als 30 Minuten** in **Höhen über 3600 m (12000 Fuß) NN,** im gewerbsmäßigen Luftverkehr in Höhen über 3000 m (10000 Fuß) NN, fliegen, oder wenn sie **4000 m (13000 Fuß) NN übersteigen.**

(3) Für Flüge unter Wetterbedingungen, bei denen **Vereisung** zu erwarten ist, müssen alle Luftfahrzeuge mit **Einrichtungen zur Verhütung** oder zur **Beobachtung** und **Beseitigung von Eisansatz** ausgerüstet sein.

(4) Für Flüge nach Sichtflugregeln bei Nacht sind Luftfahrzeuge zusätzlich zu den Lichtern, die nach der Luftverkehrs-Ordnung zu führen sind, mit einer **Instrumentenbeleuchtung** auszurüsten. Für **Flüge nach Instrumentenflugregeln bei Nacht** müssen Luftfahrzeuge außerdem mit **Landescheinwerfern, Beleuchtungsanlagen für die Führer-, Fluggast- und Frachträume** sowie mit **elektrischen Handlampen,** die **unabhängig vom Bordnetz** sind, ausgerüstet sein.

7.7.1.4 Zusätzliche Ergänzungsausrüstung (§ 22 LuftBO)

Die Zulassungsbehörde kann zusätzliche Geräte oder Anlagen, die für die Sicherheit des Luftverkehrs erforderlich sind, für die Ausrüstung der Luftfahrzeuge vorschreiben. Dies gilt auch für Geräte, die zur Ermittlung von Unfallursachen beitragen können.

7.7.2 Allgemeine Flugbetriebsvorschriften

Die **§§ 23 bis 33 LuftBO** enthalten **Allgemeine Flugbetriebsvorschriften,** die von allen Luftfahrzeugführern unbedingt zu beachten sind (Auszug aus der LuftBO):

7.7.2.1 Verwendung des Luftfahrzeugs (§ 23 LuftBO)

Ein Luftfahrzeug darf nur in Übereinstimmung mit dem im **Lufttüchtigkeitszeugnis eingetragenen Verwendungszweck** (Kategorie) betrieben werden.

7.7.2.2 Betriebsgrenzen für Luftfahrzeuge (§ 24 LuftBO)

(1) Ein Luftfahrzeug darf nur in Übereinstimmung mit dem im zugehörigen **Flughandbuch** und in anderen **Betriebsanweisungen** angegebenen **Leistungsdaten** und festgelegten **Betriebsgrenzen** betrieben werden. Das **Flughandbuch** ist **an Bord des Luftfahrzeuges** mitzuführen.

(2) Für jeden Flug ist zu prüfen, ob das **Abfluggewicht** begrenzt werden muß oder ob der **Flug überhaupt durchgeführt** werden kann. Hierbei sind, soweit erforderlich, alle die **Leistung des Luftfahrzeugs beeinflussenden Faktoren,** insbesondere **Gewicht des Luftfahrzeugs, Luftdruck, Temperatur und Wind** sowie **Höhe, Beschaffenheit und Zustand der Start- und Landebahnen,** zu berücksichtigen.

(3) Luftfahrzeuge, deren Tragflächen, Rotorblätter, Steuerflächen oder Propeller einen die Flugsicherheit gefährdenden **Eis-, Reif- oder Schneebelag** aufweisen, **dürfen nicht starten.**

7.7.2.3 Verlust der Lufttüchtigkeit (§ 25 LuftBO)

(1) Werden beim Betrieb des zugelassenen Luftfahrzeugs Mängel festgestellt, die seine **Lufttüchtigkeit beeinträchtigen** oder beeinträchtigen können, oder bestehen begründete **Zweifel an der Lufttüchtigkeit** des Luftfahrzeugs, kann die Zulassungsbehörde das Luftfahrzeug bis zum Nachweis der Lufttüchtigkeit nach den Vorschriften der Prüfordnung für Luftfahrtgerät für **luftuntüchtig** erklären.

(2) Ein Luftfahrzeug, das luftuntüchtig ist oder von der Zulassungsbehörde für luftuntüchtig erklärt worden ist, darf nicht in Betrieb genommen werden. Die **Inbetriebnahme** für Zwecke der **Nachprüfung** ist **zulässig.**

(3) Die Zulassungsbehörde kann auf Antrag des Halters in Ausnahmefällen für ein luftuntüchtiges Luftfahrzeug die **Erlaubnis** erteilen, das **Luftfahrzeug im Fluge** auf einen Flugplatz **zu überführen,** auf dem die für die **Wiederherstellung der Lufttüchtigkeit** erforderlichen Reparaturen durchgeführt werden können. Die Erlaubnis kann mit Auflagen verbunden und befristet werden.

7.7.2.4 Ausfall von Ausrüstungsteilen (§ 26 LuftBO)

(1) Sind beim Antritt eines Flugs vorgeschriebene Anlagen, Geräte oder Bauteile der Ausrüstung des Luftfahrzeugs nicht betriebsbereit, darf der Flug nicht durchgeführt werden. Die Zulassungsbehörde kann allgemein oder im Einzelfall Ausnahmen zulassen, wenn der Flug auch bei Ausfall von vorgeschriebenen Anlagen, Geräten oder Bauteilen der Ausrüstung des Luftfahrzeugs sicher durchgeführt werden kann. Die Erlaubnis kann mit Auflagen verbunden oder befristet werden. **Der Halter des Luftfahrzeugs kann eine Mindestausrüstungsliste erstellen,** die den Luftfahrzeugführer ermächtigt, Flüge mit ausgefallenen Anlagen, Geräten oder Bauteilen der Ausrüstung durchzuführen. Die Liste bedarf der Zustimmung der Zulassungsbehörde.

(2) Fallen nach Antritt eines Flugs Anlagen, Geräte oder Bauteile der Ausrüstung des Luftfahrzeugs ganz oder teilweise aus, so hat der verantwortliche Luftfahrzeugführer unter Berücksichtigung aller Umstände, unter denen der Flug durchzuführen ist, zu entscheiden, ob der Flug fortgesetzt werden kann oder zur Behebung des Schadens abgebrochen werden muß.

7.7.2.5 Kontrollen nach Klarlisten (§ 27 LuftBO)

Der Luftfahrzeugführer hat **vor, bei und nach dem Flug** sowie **in Notfällen** an Hand von **Klarlisten** die **Kontrollen** vorzunehmen, die für den **sicheren Betrieb** des Luftfahrzeugs erforderlich sind.

7.7.2.6 Anzeigepflicht (§ 28 LuftBO)

Der **Luftfahrzeugführer** hat dem **Halter des Luftfahrzeugs** die bei dem Betrieb des Luftfahrzeugs **festgestellten Mängel** des Luftfahrzeugs **unverzüglich anzuzeigen.**

7.7.2.7 Betriebsstoffmengen (§ 29 LuftBO)

Motorgetriebene Luftfahrzeuge müssen eine **ausreichende Betriebsstoffmenge** mitführen, die unter Berücksichtigung der Wetterbedingungen und der zu erwartenden Verzögerungen die sichere Durchführung des Flugs gewährleistet. Darüber hinaus muß eine **Betriebsstoffreserve** mitgeführt werden, die für **unvorhergesehene Fälle** und für den **Flug zum Ausweichflugplatz** zur Verfügung steht, sofern ein Ausweichflugplatz im Flugplan angegeben ist.

7.7.2.8 Bordbuch (§ 30 LuftBO)

(1) Für jedes Luftfahrzeug ist ein Bordbuch zu führen.

(2) Das Bordbuch ist den für die Nachprüfung des Luftfahrzeugs nach der Prüfordnung für Luftfahrtgerät zuständigen Stellen bei der Prüfung vorzulegen. Die zuständigen Luftfahrtbehörden können die Einsicht in das Bordbuch jederzeit verlangen.

(3) Das Bordbuch muß enthalten:

1. das Staatszugehörigkeits- und Eintragungszeichen;
2. Art, Muster, Geräte- und Werknummer des Luftfahrzeugs;
3. für die durchgeführten Flüge
   a) Ort, Tag, Zeit (UTC) des Abflugs und der Landung sowie die Betriebszeit; die an einem Tage während des Flugbetriebs auf einem Flugplatz und in dessen Umgebung durchgeführten Flüge können unter Angabe der Anzahl der Flüge und der gesamten Betriebszeit eingetragen werden;
   b) Name des verantwortlichen Luftfahrzeugführers;
   c) Anzahl der zur Besatzung gehörenden Personen;
   d) Anzahl der Fluggäste;
   e) technische Störungen und besondere Vorkommnisse während des Flugs;
   f) Gesamtbetriebszeit und Betriebszeit nach der letzten Grundüberholung;
4. Angaben über die Instandhaltung und Nachprüfung des Luftfahrzeugs nach § 15 Abs. 2 Nr. 1 Buchstaben b) und c).

(4) Für die Führung des Bordbuches ist der Halter verantwortlich. Daneben ist der verantwortliche Luftfahrzeugführer für die seinen Flug betreffenden Angaben nach Absatz 3 Nr. 3 Buchstaben a) bis e) verantwortlich. Die Eintragungen nach Absatz 3 Nr. 3 sind alsbald und dauerhaft vorzunehmen und von den dafür verantwortlichen Personen abzuzeichnen. Die Bordbücher sind zwei Jahre nach dem Tage der letzten Eintragung aufzubewahren.

(5) Das Bordbuch ist an Bord des Luftfahrzeugs mitzuführen.

7.8 Sonstige Bestimmungen (LuftVG und LuftVZO)

7.8.1 Selbstkostenflüge (§ 20 Abs. 1 LuftVG und §§ 69 bis 72 LuftVZO)

Nach § 20 Abs. 1 LuftVG ist die Beförderung von Personen oder Sachen grundsätzlich auch dann **genehmigungspflichtig,** wenn als Entgeld nur die **Selbstkosten des Fluges** vereinbart sind.

Wichtig: Ausgenommen von dieser Regelung ist die **Beförderung von Personen** in Luftfahrzeugen, die für **höchstens 4 Personen zugelassen** sind!

Ist ein Luftfahrzeug für **mehr als 4 Personen zugelassen,** so muß für **Selbstkostenflüge** eine **Genehmigung der zuständigen Luftfahrtbehörde des Landes** vorliegen.
Der Antrag ist bei der Luftfahrtbehörde des Landes zu stellen, in dem der Antragsteller seinen Wohnsitz oder Sitz hat (§ 69 LuftVZO).
Der **Halter des Luftfahrzeugs** hat bei genehmigungspflichtigen Selbstkostenflügen **Aufzeichnungen** zu führen, aus denen Flugstrecke, Flugzeug und **Kosten je Flugstunde** für jeden Tag ersichtlich sind. Erklärungen der beförderten Personen über den von ihnen entrichteten Kostenbeitrag sind beizufügen. Die Aufzeichnungen sind der Genehmigungsbehörde vom Halter des Luftfahrzeugs halbjährlich vorzulegen (§ 72 LuftVZO).

7.8.2 Mitführen gefährlicher Güter (§ 27 LuftVG und §§ 76 bis 78 LuftVZO)

In Luftfahrzeugen dürfen gemäß **§ 27 Abs. 1 LuftVG** sogenannte **gefährliche Güter** (wie Waffen, Munition, Sprengstoffe usw.) **nur mit behördlicher Erlaubnis** mitgeführt werden.
Gefährliche Güter im Sinne des **§ 76 LuftVZO** sind

1. Waffen, Munition, Sprengstoffe,
2. sonstige, feste, flüssige oder gasförmige Stoffe, die leicht entzündbar, selbstentzündlich, entzündend, ätzend, giftig, radioaktiv oder magnetisch sind oder zur Polymerisation neigen, soweit es sich nicht um geringe Mengen handelt, die üblicherweise für den täglichen Gebrauch verwendet werden,
3. Stoffe, die bei Berührung mit Wasser entzündliche oder die Verbrennung unterstützende Gase entwickeln,
4. verdichtete, verflüssigte oder unter Druck gelöste Gase, soweit sie nicht zur Ausrüstung des Luftfahrzeugs gehören,
5. Gegenstände oder Stoffe, die das Luftfahrzeug oder dessen Ausrüstung oder Zubehör in einer die Sicherheit beeinträchtigenden Weise beschädigen können oder andere schädliche oder belästigende Merkmale besitzen, die sie zu Beförderungen in Luftfahrzeugen ungeeignet machen.

Die **Erlaubnis** zum **Mitführen gefährlicher Güter** wird vom **Luftfahrt-Bundesamt** (LBA) erteilt (§ 78 LuftVZO).

Ausnahmen von der Erlaubnispflicht (NfL I – 114/88):

1. Ohne behördliche Erlaubnis dürfen gefährliche Güter, wenn es sich um geringe Mengen handelt, die üblicherweise für den täglichen Gebrauch verwendet werden, im Luftverkehr befördert werden. Dazu gehören zum Beispiel: Medizinische Artikel (wie alkoholhaltige Medizin), kosmetische Artikel (wie Parfum, Haarspray), alkoholische Getränke sowie mit Zustimmung des Luftfahrzeughalters bis zu 5 kg Sportwaffen-Munition im aufgegebenen Gepäck.
2. Nicht geladene Waffen, die während des Fluges nicht zugänglich sind und keine in die Gefahrgut-Definitionen fallenden Bestandteile haben, bedürfen keiner behördlichen Erlaubnis.
Die **Vorschriften des Kriegswaffen-Kontrollgesetzes** bleiben unberührt.
3. Ferner dürfen die in § 77 LuftVZO genannten gefährlichen Güter ohne Erlaubnis in Luftfahrzeugen mitgeführt werden. Es handelt sich dabei um:
a) gefährliche Güter im Rahmen einer nach § 20 Abs. 1 Satz 2 des Luftverkehrsgesetzes genehmigten Verwendung,
b) Waffen, die der Mitführende nach anderen Rechtsvorschriften tragen darf.

7.8.3 Mitführen von Funkgeräten (§ 27 LuftVG und §§ 79 bis 80 LuftVZO)
Das **Mitführen von Funkgeräten** in Luftfahrzeugen ist nach **§ 27 Abs. 1 LuftVG erlaubnispflichtig.**
Die **Erlaubnis, Funkgeräte** (Funksende- und Empfangsgeräte) in Luftfahrzeugen mitzuführen, wird erteilt, wenn Sicherheit oder Ordnung im Luftverkehr dadurch nicht beeinträchtigt werden.

Ohne Erlaubnis dürfen mitgeführt werden

1. Funkgeräte, die zur **Ausrüstung des Luftfahrzeugs** gehören,
2. andere Funkgeräte, die aufgrund ihrer Unterbringung im Luftfahrzeug oder aus anderen Gründen während des Fluges nicht in Betrieb genommen werden können (§ 79 LuftVZO).
Die **Erlaubnis** wird bei **Auslandsflügen** vom **Bundesminister für Verkehr** (BMV) und in allen **anderen Fällen** von der **Luftfahrtbehörde des Landes,** in dem das Funkgerät an Bord genommen wird, erteilt (§ 80 LuftVZO).

~~**7.8.4 Luftbildaufnahmen (§ 27 LuftVG und §§ 83 bis 89 LuftVZO)**~~
Für **Luftbildaufnahmen,** die **außerhalb des Fluglinienverkehrs** von einem Luftfahrzeug aus gemacht werden, ist gemäß **§ 27 Abs. 2 LuftVG** eine **behördliche Erlaubnis** erforderlich.
Die **Erlaubnis** wird von der **Luftfahrtbehörde des Landes** erteilt, in dem der Antragsteller seinen Wohnsitz oder Sitz hat (§ 84 LuftVZO).

7.8.5 Flüge im grenzüberschreitenden Verkehr (Auslandsflüge; § 2 Abs. 6 LuftVG und §§ 90 bis 93 LuftVZO)
Nach **§ 2 Abs. 6 LuftVG** und **§ 90 Luft VZO** dürfen deutsche Luftfahrzeuge die Bundesrepublik Deutschland grundsätzlich nur mit **Erlaubnis** des **Bundesministers für Verkehr** (BMV) verlassen.
Der **Antrag** auf Erteilung der Erlaubnis ist **spätestens zwei volle Werktage vor Beginn der beabsichtigten Flüge** bei der Erlaubnisbehörde zu stellen. Bei der Berechnung der Frist gilt der Sonnabend nicht als Werktag (§ 91 LuftVZO).
In **§ 92 Abs. 1 LuftVZO** ist der **erlaubnisfreie Ausflug** deutscher Luftfahrzeuge geregelt:

Der Erlaubnis nach § 90 bedarf es nicht für Flüge zu nichtgewerblichen Zwecken, wenn der Bestimmungsort in einem Vertragsstaat der Internationalen Zivilluftfahrt-Organisation (ICAO-Mitgliedstaat) liegt.

Der **Bundesminister für Verkehr,** kann die **Befreiung gemäß § 92 Abs. 1 LuftVZO** für Ausflüge nach bestimmten Staaten **zeitweilig außer Kraft setzen,** soweit dies im Interesse der Sicherheit und Ordnung sowie der Landesverteidigung der Bundesrepublik Deutschland notwendig ist.

Die Erlaubnisbehörde kann anordnen, daß eine **Erlaubnis einzuholen** ist, wenn im Einzelfall **begründeter Verdacht** besteht, daß der Flug die **öffentliche Sicherheit und Ordnung stört,** oder geeignet ist, Handlungen zu dienen, die **verfassungswidrig im Sinne des Artikels 26 Abs. 1 des Grundgesetzes** sind oder nach deutschen Rechtsvorschriften unter Strafe gestellt sind.

Der **Ausflug** aus dem und der **Einflug** in das Hoheitsgebiet der Bundesrepublik Deutschland darf nur von oder zu den **internationalen Verkehrsflughäfen** und **Landeplätzen** mit

- **zoll- und grenzpolizeilicher Abfertigung**

erfolgen.
Eine **Zwischenlandung** zwischen diesen Verkehrsflughäfen oder Landeplätzen und der Bundesgrenze ist **verboten.**
Desweiteren muß der Luftfahrzeugführer für **alle Auslandsflüge** (sowohl Aus- als auch Einflüge) gemäß **§ 25 Abs. 1 Nr. 8 LuftVO** einen **Flugplan** abgeben.

8.0 Haftung im Luftverkehr

8.1 Allgemeines zu Haftung im Luftverkehr

Nach unserem **Luftverkehrsgesetz** (LuftVG) wird grundsätzlich bezüglich der Haftung im Luftverkehr zwischen

- **der Haftung des Luftfahrzeughalters** (Haftung für Personen und Sachen, die nicht im Luftfahrzeug befördert werden - siehe 8.2) und
- **der Haftung des Luftfrachtführers** (Haftung aus dem Beförderungsvertrag - siehe 8.3)

unterschieden.
Alle **Haftungsvorschriften des LuftVG** haben **privatrechtlichen Charakter** und sind im 2. Abschnitt unter dem Titel **„Haftpflicht“** zu finden (§§ 33 bis 56).

8.2 Die Haftung des Luftfahrzeughalters (§§ 33 bis 43 LuftVG)

Der **Halter** eines Luftfahrzeugs haftet gemäß **§ 33 LuftVG** für Schäden an Personen und Sachen, die **nicht** im Luftfahrzeug befördert werden auch dann, wenn er den Unfall **nicht verschuldet** hat. Es handelt sich hier um eine sogenannte **„Gefährdungshaftung“**, bei der die Schadensersatzpflicht grundsätzlich ohne Rücksicht auf ein Verschulden eintritt. Auch **höhere Gewalt** oder sonstige **unabwendbare Zufälle** schließen eine Haftung des Luftfahrzeughalters dabei nicht aus.

§ 33 LuftVG:

(1) Wird beim Betrieb eines Luftfahrzeugs durch Unfall jemand getötet, sein Körper oder seine Gesundheit verletzt oder eine Sache beschädigt, so ist der Halter des Luftfahrzeugs verpflichtet, den Schaden zu ersetzen. Für die Haftung aus dem Beförderungsvertrag sowie für die Haftung des Halters militärischer Luftfahrzeuge gelten die besonderen Vorschriften der §§ 44 bis 54. Wer Personen zu Luftfahrern ausbildet, haftet diesen Personen gegenüber nur nach den allgemeinen gesetzlichen Vorschriften.

(2) Benutzt jemand das Luftfahrzeug ohne Wissen und Willen des Halters, so ist er anstelle des Halters zum Ersatz des Schadens verpflichtet. Daneben bleibt der Halter zum Ersatz des Schadens verpflichtet, wenn die Benutzung des Luftfahrzeugs durch sein Verschulden ermöglicht worden ist. Ist jedoch der Benutzer vom Halter für den Betrieb des Luftfahrzeug angestellt oder ist ihm das Luftfahrzeug vom Halter überlassen worden, so ist der Halter zum Ersatz des Schadens verpflichtet; die Haftung des Benutzers nach den allgemeinen gesetzlichen Vorschriften bleibt unberührt.

Hat bei der Entstehung des Schadens ein **Verschulden des Verletzten** mitgewirkt, so hat dieser selbst den Schaden zu tragen (§ 34 LuftVG und § 254 BGB).
Die **Haftung des Luftfahrzeughalters** ist **ausgeschlossen,**

1. wenn jemand **ohne Wissen und Willen des Halters** das Luftfahrzeug benutzt hat (§ 33 Abs. 2 LuftVG - siehe Anmerkungen);
2. wenn ein **eigenes Verschulden des Verletzten** vorliegt (§ 34 LuftVG);
3. wenn der Ersatzberechtigte (Geschädigte) **nicht spätestens 3 Monate,** nachdem er von dem Schaden und der Person des Ersatzpflichtigen (Halters) Kenntnis erhalten hat,diesem den Unfall anzeigt (§ 40 LuftVG).

Anmerkung zu 1:

Ist die Benutzung des Luftfahrzeugs durch ein **Verschulden des Halters** ermöglicht worden, dann **haftet der Halter** neben dem widerrechtlichen Benutzer.

Sollte jedoch der **Benutzer vom Halter** für den Betrieb des Luftfahrzeugs **angestellt** sein oder ist dem Benutzer das **Luftfahrzeug vom Halter überlassen** worden, so ist der **Halter zum Ersatz des Schadens verpflichtet.**
Neben dem Schadensersatzanspruch nach § 33 LuftVG kann sich für den **Halter** auch eine in der Höhe **unbegrenzte Haftung** gemäß **§ 823 BGB** ergeben, wenn ein **Verschulden** nachgewiesen wird.
Für den **Luftfahrzeugführer** (Benutzer) oder andere Besatzungsmitglieder eines Luftfahrzeugs sieht das LuftVG **keine** besonderen Haftungsvorschriften vor. Hier gelten die **allgemeinen gesetzlichen Vorschriften des BGB** (§§ 823 ff.), nach denen der **Schadensverursacher** nur für ein **Verschulden** - dann aber in **unbegrenzter Höhe** - haftet.
Haben also der Halter eines Luftfahrzeugs oder der Luftfahrzeugführer (Benutzer) den Eintritt eines Schadens verschuldet, so entfällt jede Haftungsbeschränkung.
Die **Höhe der Haftung des Luftfahrzeughalters** ist gemäß **§ 37 LuftVG begrenzt.** Sie richtet sich immer nach dem für den Abflug zugelassenen Höchstgewicht des Luftfahrzeugs.

§ 37 LuftVG:

(1) Der Ersatzpflichtige haftet für die Schäden aus einem Unfall

a) bei Luftfahrzeugen bis 1000 Kilogramm Gewicht bis zu 850000 Deutsche Mark,

b) bei Luftfahrzeugen mit mehr als 1000 Kilogramm bis 2000 Kilogramm Gewicht bis zu 850000 Deutsche Mark zuzüglich 650 Deutsche Mark je Kilogramm des 1000 Kilogramm übersteigenden Gewichts,

c) bei Luftfahrzeugen mit mehr als 2000 Kilogramm Gewicht bis zu 1500000 Deutsche Mark zuzüglich 200 Deutsche Mark je Kilogramm des 2000 Kilogramm übersteigenden Gewichts.

Gewicht ist das für den Abflug zugelassene Höchstgewicht des Luftfahrzeugs.

(2) Die Höchstsumme des Schadensersatzes für jede verletzte Person beträgt 500000 Deutsche Mark. Das gilt auch für den Kapitalwert einer als Entschädigung festgesetzten Rente.

(3) Übersteigen die Entschädigungen, die mehreren auf Grund desselben Ereignisses zustehen, die Höchstbeträge nach Absatz 1, so verringern sich die einzelnen Entschädigungen vorbehaltlich des Absatzes 4 in dem Verhältnis, in dem ihr Gesamtbetrag zum Höchstbetrag steht.

(4) Beruhen die Schadensersatzansprüche sowohl auf Sachschäden als auch auf Personenschäden, so dienen zwei Drittel des nach Absatz 1 Satz 1 errechneten Betrages vorzugsweise für den Ersatz von Personenschäden. Reicht dieser Betrag nicht aus, so ist er anteilmäßig auf die Ansprüche zu verteilen. Der übrige Teil des nach Absatz 1 Satz 1 errechneten Betrages ist anteilmäßig für den Ersatz von Sachschäden und für die noch ungedeckten Ansprüche aus Personenschäden zu verwenden.

Eine **Ausnahme von dieser Regelung** ergibt sich für die **Halter von Segelflugzeugen, Ballonen, Hängegleitern (Drachen), Flugmodellen und Fallschirmen, deren Versicherungspflicht nach § 103 LuftVZO wesentlich geringer** ist, obwohl die gesetzliche Haftpflicht sich auch hier nach **§ 37 LuftVG** richtet, üblicherweise also bei **850000 DM** liegt, so daß diesen Haltern empfohlen werden muß, ihre **Halter-Haftpflicht-Versicherungen** so abzuschließen, daß die **Gefährdungshaftung** mit grundsätzlich bis zu **850000 DM** abgesichert ist.
Nach **§ 43 LuftVG** ist der **Halter** eines Luftfahrzeugs zur Sicherung der Schadensersatzforderungen verpflichtet, eine **Haftpflichtversicherung** (Halter-Haftpflicht-Versicherung) abzuschließen oder durch Hinterlegung von Geld oder Wertpapieren eine entsprechende Sicherheit zu leisten.
Die **Höhe** der abzuschließenden **Haftpflichtversicherung** ist in **§ 103 LuftVZO** geregelt. Sie entspricht in den meisten Fällen (Ausnahmen: Segelflugzeuge, Ballone, Fallschirme usw.) den **Haftungssummen gemäß § 37 LuftVG.**
Bei der **Zulassung eines Luftfahrzeugs** ist der Zulassungsbehörde (LBA) der Abschluß einer **Halter-Haftpflicht-Versicherung** nachzuweisen. Der Versicherungsnachweis (Blaue Karte) wird vom Versicherer ausgestellt.

Wichtig: Das Original dieses **Haftpflicht-Versicherungnachweises** ist **stets an Bord** des Luftfahrzeugs **mitzuführen.**

Die Halter-Haftpflicht-Versicherung deckt die Haftung des Halters und des berechtigten Flugzeugführers im Rahmen der vereinbarten Deckungssumme. Im Hinblick auf den **Wegfall der Haftungsbegrenzung** im Falle des **Verschuldens** sollten beim Abschluß einer Halter-Haftpflicht-Versicherung **hohe Deckungssummen** gewählt werden.

8.3 Die Haftung des Luftfrachtführers (§§ 44 bis 52 LuftVG)

Die **Haftung aus dem Beförderungsvertrag** für Schäden an Fluggästen und Sachen, die **im Luftfahrzeug befördert** werden, richtet sich nach den **§§ 44 bis 52 LuftVG.**
Luftfrachtführer ist derjenige, der sich **schriftlich oder mündlich, entgeltlich oder unentgeltlich** verpflichtet hat, die Beförderung auf dem Luftweg vorzunehmen. Es ist in diesem Zusammenhang unerheblich, wer der Halter des Luftfahrzeugs ist, mit dem die Beförderung durchgeführt wird. Chartert eine Person ein Luftfahrzeug, um eine Beförderung, zu der sie sich verpflichtet hat, durchzuführen, so ist der **Charterer Luftfrachtführer.**
Gemäß **§ 46 LuftVG** haftet der **Luftfrachtführer** im Falle der Tötung oder Verletzung einer beförderten Person (Fluggast) für **jede Person** bis zu einem Betrag von **320000 DM** bzw. für **Gegenstände,** die der Fluggast an sich trägt oder mit sich führt oder die als **Reisegepäck** aufgegeben sind, bis zu **3200 DM je Fluggast.**
Die **Ersatzpflicht** des Luftfrachtführers **entfällt,** wenn er beweist, daß er oder seine Leute alle **erforderlichen Maßnahmen zur Verhütung des Schadens** getroffen haben oder daß sie diese **Maßnahmen nicht treffen konnten** (Verschuldenshaftung mit umgekehrter Beweislast; § 45 LuftVG).
Ist der Eintritt des Schadens vom **Luftfrachtführer** oder einem seiner Leute **vorsätzlich oder grob fahrlässig** herbeigeführt worden, so **entfällt** die **Haftungsbeschränkung gemäß § 46 LuftVG** (320000 DM für Personenschäden und 3200 DM für Gegenstände oder Reisegepäck) und es tritt eine **unbeschränkte Haftung** nach **§ 823 BGB** ein (§ 48 LuftVG).

Bei **grenzüberschreitenden Beförderungen** auf dem Luftweg können die einschlägigen **internationalen Bestimmungen,** die hier nicht behandelt werden, zum Zuge kommen (Warschauer Abkommen, Haager Protokoll,Zusatzabkommen von Guadalajara usw.).
Der Abschluß einer **Luftfrachtführer-Haftpflicht-Versicherung** (Passagier-Haftpflicht-Versicherung) ist zwar gesetzlich **nicht** vorgeschrieben, er ist aber im Hinblick auf die **Haftung** – auch im privaten nichtgewerblichen Luftverkehr – in jedem Falle **ratsam.**

§ 46 LuftVG:

(1) Im Falle der Tötung oder Verletzung einer beförderten Person haftet der Luftfrachtführer für jede Person bis zu einem Betrage von 320.000 Deutsche Mark. Dies gilt auch für den Kapitalwert einer als Entschädigung festgesetzten Rente.

(2) Im Falle des Verlustes oder Beschädigung von beförderten Gütern haftet der Luftfrachtführer bis zu einem Betrag von 67,50 Deutsche Mark für das Kilogramm. Diese Beschränkung gilt nicht, wenn der Absender bei der Aufgabe des Stücks einen Lieferwert angegeben und den vereinbarten Zuschlag entrichtet hat. In diesem Falle hat der Luftfrachtführer bis zur Höhe des angegebenen Lieferwerts Ersatz zu leisten, sofern er nicht beweist, daß der angegebene Lieferwert höher ist als der tatsächlich entstandene Schaden.

(3) Die Haftung des Luftfrachtführers für Gegenstände, die der Fluggast an sich trägt oder mit sich führt oder die als Reisegepäck aufgegeben sind, ist auf einen **Höchstbetrag von 3200 Deutsche Mark** gegenüber jedem Fluggast beschränkt.

9.0 Straf- und Bußgeldvorschriften

9.1 Allgemeines

Die **§§ 58 bis 63 LuftVG** enthalten die **Straf- und Bußgeldvorschriften** für den Luftverkehr. In diesen Vorschriften wird zwischen

- **Ordnungswidrigkeiten,** die mit **Geldbußen** geahndet werden können, und
- **Straftaten,** die mit **Freiheitsstrafen** oder mit **Geldstrafen** bestraft werden,

unterschieden.

9.2 Ordnungswidrigkeiten (§ 58 LuftVG)

Nach **§ 58 LuftVG** handelt z. B. **ordnungswidrig,** wer vorsätzlich oder fahrlässig

- den im Rahmen der Luftaufsicht (§ 29 LuftVG) erlassenen Verfügungen zuwiderhandelt;
- es unternimmt, ohne Erlaubnis Luftfahrer auszubilden;
- ohne die erforderliche Genehmigung einen Flugplatz anlegt, wesentlich erweitert, ändert oder betreibt;
- Luftfahrthindernisse ohne Genehmigung errichtet;
- ohne die erforderliche Genehmigung Luftfahrtunternehmen betreibt oder Luftfahrzeuge verwendet;
- ohne Genehmigung Luftfahrtveranstaltungen durchführt;
- als Führer eines Luftfahrzeugs entgegen § 25 Abs. 1 Satz 2 Nr. 2 oder 3 LuftVG startet oder landet;
- sich der Pflicht zur Auskunfterteilung nach einer Notlandung entzieht (§ 25 Abs. 2 LuftVG);
- einer aufgrund des § 32 LuftVG erlassenen Rechtsvorschrift (LuftVO, LuftVZO, LuftPersV, LuftBO, LuftGerPO usw.) zuwiderhandelt, wenn darin ausdrücklich auf die Bußgeldvorschriften des LuftVG hingewiesen wird;
- ohne die Erlaubnis in den Geltungsbereich des LuftVG ein- oder aus dem Geltungsbereich des LuftVG ausfliegt;
- ohne Erlaubnis außerhalb des Fluglinienverkehrs von einem Luftfahrzeug aus eine Lichtbildaufnahme fertigt oder ein Lichtbild, das außerhalb des Fluglinienverkehrs von einem Luftfahrzeug aus gefertigt ist, oder eine danach hergestellte Zeichnung oder Abbildung in Verkehr bringt usw.

Diese **Ordnungswidrigkeiten** können mit **Geldbußen** bis zu **10.000 DM,** in einigen Fällen sogar bis zu **20.000 DM** geahndet werden.

9.3 Straftaten (§§ 59, 60 und 62 LuftVG)

Nach **§ 59 LuftVG** wird mit **Freiheitsstrafe** bis zu **fünf Jahren** oder mit **Geldstrafe** bestraft, wer als Führer eines Luftfahrzeugs oder als sonst für die Sicherheit Verantwortlicher durch **grob pflichtwidriges Verhalten** gegen eine im Rahmen der **Luftaufsicht erlassene Verfügung** (§ 29 LuftVG) verstößt und dadurch Leib oder Leben eines anderen oder fremde Sachen von bedeutendem Wert gefährdet.
Wer eine solche Tat **fahrlässig** begeht, wird mit **Freiheitsstrafe** bis zu **zwei Jahren** oder mit **Geldstrafe** bestraft.

§ 60 LuftVG bestimmt folgendes:

Wer

1. ein Luftfahrzeug führt, das nicht zum Luftverkehr zugelassen ist, oder als Halter einem Dritten das Führen eines solchen Luftfahrzeugs gestattet,
2. ein Luftfahrzeug ohne die Erlaubnis nach § 4 Abs. 1 LuftVG führt oder bedient oder als Halter eines Luftfahrzeugs die Führung oder das Bedienen Dritten, denen diese Erlaubnis nicht erteilt ist, gestattet,
3. praktische Flugausbildung ohne eine Lehrberechtigung nach § 5 Abs. 3 LuftVG erteilt,
4. als Führer eines Luftfahrzeugs entgegen § 25 Abs.1 Satz 1 oder Satz 2 Nr. 1 LuftVG startet oder landet,
5. ohne Erlaubnis Sachen, deren Mitführung nach § 27 Abs. 1 LuftVG erlaubnispflichtig ist, an Bord eines Luftfahrzeugs mitführt,

wird mit **Freiheitsstrafe** bis zu **zwei Jahren** oder mit **Geldstrafe** bestraft.

Wer die Tat **fahrlässig** begeht, wird mit **Freiheitsstrafe** bis zu **sechs Monaten** oder mit **Geldstrafe** bis zu einhundertachtzig Tagessätzen bestraft.